航天器操控技术丛书

# 空间目标跟踪测量数据融合技术

**Data Fusion Technology for Space Target Tracking and Measurement**

赵树强　李恒年　宋卫红　王 敏　柴 敏　著

国防工業出版社

·北京·

# 内容简介

本书面向航天测控数据处理领域，紧密结合航天测控网跟踪测量设备技术发展和数据处理技术在航天测控中的应用，突出理论应用与工程实践相结合，给出了空间目标跟踪测量数据处理方法，系统梳理了空间目标跟踪测量数据处理技术的相关基础知识，全面阐释了测量数据误差修正和跟踪测量设备数据处理、多源观测数据融合方法及空间目标轨迹重构方法。本书主要内容包括测量数据误差辨识与修正、大地测量与坐标系、跟踪测量设备数据处理、多源观测数据融合和空间目标轨迹融合、空间目标轨迹重构与评估、数据处理系统等。其中，测元数据融合的目标飞行参数确定模型与算法、空间目标轨迹融合方法以及目标轨迹重构与评估是本书的重点，也是笔者近年来在空间目标跟踪测量数据融合处理技术研究中的最新成果，并且在多个实际工程中成功应用，具有较强的工程应用价值。

本书面向航天测控领域广大工程技术人员，可作为从事导弹和运载火箭发射测量数据处理工作的科技人员的教材，也可作为轨道测量数据处理、航空航天测量数据融合处理、精度分析评估等与数据处理相关领域科技人员的参考书。

**图书在版编目（CIP）数据**

空间目标跟踪测量数据融合技术 / 赵树强等著.
北京：国防工业出版社，2025.5. --（航天器操控技术丛书 / 李恒年主编）. -- ISBN 978-7-118-13436-0

Ⅰ. TN953

中国国家版本馆 CIP 数据核字第 2025SK4929 号

※

国防工業出版社出版发行
（北京市海淀区紫竹院南路 23 号　邮政编码 100048）
北京虎彩文化传播有限公司印刷
新华书店经售

*

**开本** 710×1000　1/16　**印张** 18½　**字数** 342 千字
2025 年 5 月第 1 版第 1 次印刷　**印数** 1—1500 册　**定价** 138.00 元



国防书店：（010）88540777　　书店传真：（010）88540776
发行业务：（010）88540717　　发行传真：（010）88540762

# 丛书编写委员会

**主　编：**

李恒年（太空系统运行与控制全国重点实验室）

**副主编：**

罗建军（航天飞行动力学技术国家级重点实验室）

高　扬（中国科学院空间应用工程与技术中心）

姜　宇（太空系统运行与控制全国重点实验室）

**委　员：**

陈　刚（太空系统运行与控制全国重点实验室）

曹鹏飞（北京航天飞行控制中心）

党朝辉（航天飞行动力学技术国家级重点实验室）

马卫华（航天飞行动力学技术国家级重点实验室）

贺波勇（太空系统运行与控制全国重点实验室）

李海阳（国防科技大学）

刘建平（太空系统运行与控制全国重点实验室）

李　勇（太空系统运行与控制全国重点实验室）

沈红新（太空系统运行与控制全国重点实验室）

王明明（航天飞行动力学技术国家级重点实验室）

张天骄（太空系统运行与控制全国重点实验室）

朱　俊（太空系统运行与控制全国重点实验室）

赵树强（太空系统运行与控制全国重点实验室）

# 丛 书 序

探索浩瀚宇宙，发展航天事业，建设航天强国，是我们不懈追求的航天梦。近年来，中国航天迎来了一个又一个的惊喜和成就：“天问一号”迈出了我国自主开展行星探测的第一步；“北斗三号”全球卫星导航系统成功建成；“嫦娥五号”探测器成功携带月球样品安全返回着陆；中国空间站天和核心舱发射成功，我国空间站进入全面运营阶段。这些重要突破和捷报，标志着我国探索太空的步伐越来越大、脚步将迈得更稳更远。

航天器操控技术作为航天科技的核心技术之一，在这些具有重要意义的事件中，无时无刻不发挥着它的作用。目前，我国已进入了航天事业高速发展的阶段，飞行任务和环境日益复杂，航天器操控技术的发展面临着前所未有的机遇与挑战。航天器操控技术包括星座控制、操控任务规划、空间机器人操控、碰撞规避、精密定轨等，相关技术是做好太空系统运行管理的基础。习近平总书记指出，“要统筹实施国家太空系统运行管理，提高管理和使用效益”，“太空资产是国家战略资产，要管好用好，更要保护好”。这些重要指示，为我们进一步开展深入研究与应用工作提供了根本遵循。

航天器操控技术是做好太空交通管理，实现在轨操作、空间控制、交会控制等在轨操控航天任务的基础。随着航天工程的发展、先进推进系统的应用和复杂空间任务的开展，迫切需要发展航天器操控的新理论与新方法，提高航天器操控系统能力，提升我国卫星进入并占据“高边疆”的技术能力。航天器操控理论与技术的发展和控制科学与工程等学科的发展紧密结合，一方面航天器操控是控制理论重要研究背景和标志性应用领域之一，另一方面控制科学与工程学科取得的成果也推动了先进控制理论和方法的不断拓展。经过数十年的发展，中国已经步入世界航天大国的行列，航天器操控理论与技术已取得了长足进步，适时总结航天器操控技术的研究成果很有必要，因此我们组织编写《航天器操控技术丛书》。

丛书由西安卫星测控中心太空系统运行与控制全国重点实验室牵头组织，航天飞行动力学技术国家级重点实验室、国防科技大学等多家单位参与编写，丛书整体分为4部分：动力学篇、识别篇、操控技术篇、规划篇；“动力学篇”部分介绍我国航天器操控动力学实践的最新进展，内容涵盖卫星编队动力学、星座动力学、高轨操控动力学等；“识别篇”部分介绍轨道确定和姿态识别领域的最新研究成果；“操控技术篇”部分介绍了星座构型控制技术、空间操控地面信息系统技术、站网资源调度技术、数字卫星技术等核心技术进展；“规划篇”部分介绍航天任务规划智能优化、可达域、空间机械臂运动规划、非合作目标交会规划、航天器协作博弈规划与控制等领域的研究成果。

总体来看，丛书以航天器轨道姿态动力学为基础，同时包含规划和控制等学科丰富的理论与方法，对我国航天器操控技术领域近年来的研究成果进行了系统总结。丛书内容丰富、系统规范，这些理论方法和应用技术能够有效支持复杂操控任务的实施。丛书所涉相关成果成功应用于我国“北斗”星座卫星、“神舟”系列飞船、“风云”“海洋”“资源”“遥感”“天绘”“天问”“量子”等系列卫星以及“高分专项工程”“探月工程”等多项重大航天工程的测控任务，有效保障了出舱活动、火星着陆、月面轨道交会对接等的顺利开展。

丛书各分册作者都是航天器操控领域的知名学者或者技术骨干，其中很多人还参加过多次卫星测控任务，近年来他们的研究拓展了航天器操控及相关领域的知识体系，部分研究成果具有很强的创新性。本套丛书里的研究内容填补了国内在该方向的研究空白，对我国的航天器操控研究和应用具有理论支持和工程参考价值，可供从事航天测控、航天操控智能化、航天器长期管理、太空交通管理的研究院所、高等院校和商业航天企业的专家学者参考。希望本套丛书的出版，能为我国航天事业贡献一点微薄的力量，这是我们“航天人”一直以来都愿意做的事，也是我们一直都会做的事。

丛书中部分分册获得了国防科技图书出版基金项目、航天领域首批重点支持的创新团队项目、国家自然科学基金重大项目、科技创新 2030-新一代人工智能重大项目、173 计划重点项目、部委级战略科技人才项目等支持。在丛书编写和出版过程中，丛书编委会得到国防工业出版社领导和编辑、西安卫星测控中心领导和专家的大力支持，在此一并致谢。

丛书编委会

2022 年 9 月

# 前言

随着航天技术的飞速发展，人类在空间领域的竞争日趋激烈，空间开发和应用需求显著提高，空间在军事、政治、经济等领域内的战略地位日益凸显，对空间的开发利用和控制水平已经成为衡量一个国家综合实力强弱的重要标准。现代战争信息化、网络化和空间化特征明显增强，对空间目标跟踪测量技术的精确性和实时性的要求显著提高。空间目标的分类和范围非常广泛，这里主要指航天器和运载器等空间合作目标。空间目标跟踪测量数据融合处理技术和方法一直伴随着我国航天测控系统的发展而快速发展和提高。空间目标跟踪测量数据融合处理是航天发射任务和航天测控工程的重要组成部分，对于高精度确定空间目标轨迹、鉴定测控网设备跟踪精度都具有十分重要的作用。当前，随着航天技术的快速发展和对空间目标跟踪测量数据处理要求的不断提高，测量系统正在向多设备、多体制、多冗余的综合测控体系发展，在这种体系下，如何充分利用海量的跟踪测量数据获得更丰富、更理想的空间目标飞行试验结果是一个值得研究的复杂问题。

本书紧密结合航天测控网技术发展和空间目标跟踪测量数据融合技术在航天测控中的应用，给出了空间目标跟踪测量数据处理方案，在测量数据误差辨识与修正、大地测量和坐标系、跟踪测量设备数据处理、空间目标轨迹确定方法等方面，进行了深入、系统的研究，提出了多源数据融合的空间目标轨迹计算、测量数据的空间目标轨迹融合、重构与评估等一系列新颖、实用的新方法。在具体工程的应用上，本书吸收了多项自主研制的重要创新成果。可以说，本书是作者近10年空间目标跟踪测量数据处理工作的结晶，是多项课题研究成果和处理经验的总结。本书旨在研究空间目标跟踪测量数据处理技术，试图让从事本专业的技术人员尽快掌握空间目标跟踪测量数据处理的基础理论和技术，并对这一领域的最新技术及其应用有所了解，为技术人员提供一本操作性强的实用参考书。

本书的内容坚持理论与应用并重，系统梳理了空间目标跟踪测量数据处理技术的相关基础知识，全面阐释了测量数据误差修正和跟踪测量设备的数据处理方法，重点突出了观测数据融合以及空间目标轨迹确定和重构方法。全书共分为8

章：第 1 章概述了空间目标跟踪测量数据融合处理的发展历程和趋势；第 2 章介绍了测量数据误差辨识和修正方法；第 3 章梳理了与空间目标跟踪测量数据处理相关的大地测量和坐标系及其相互转换方法；第 4 章描述了跟踪测量设备的数据处理方法和处理流程；第 5 章研究了基于多源数据融合的空间目标轨迹解算模型和算法；第 6 章论述了基于空间目标轨迹融合的跟踪测量数据定位方法；第 7 章给出了空间目标轨迹重构与评估的方法和策略；第 8 章介绍了实际工程应用背景下开发的空间目标跟踪测量数据处理系统，重点描述了系统功能与性能、数据处理流程和系统架构等内容。

全书由赵树强统稿与审稿，第 1、4、7 章由赵树强、李恒年撰写，第 2、3 章由柴敏、王敏撰写，第 5、6 章由宋卫红、赵树强撰写，第 8 章由赵树强、宋卫红撰写。本书在撰写过程中得到各级领导、同仁的大力支持和无私帮助，在此一并表示衷心的感谢。

本书力求做到理论和实践相结合，力争反映当前的新技术和应用，但由于本书内容涉及面较广，加上时间较仓促、笔者水平有限，书中难免有不足和疏漏之处，敬请读者批评指正。

作者

2024 年 1 月

目录

# 01 第 1 章 绪论

## 1.1 引言

众所周知，空间目标跟踪测量是航天测控系统和目标识别感知的核心，而数据处理融合技术则是空间目标飞行状态确定的倍增器。空间目标跟踪测量数据融合技术就是利用可获取的各种多源跟踪测量信息和数据，对目标进行探测、跟踪与定位，依据最佳估计原理，采用多种滤波和融合估计方法，对被噪声污染的有关目标状态的观测信息（如时差、斜距、方位角、俯仰角、多普勒频率等）进行数据预处理、数据特征提取、数据关联。融合解算目标运动要素包括位置、速度、加速度和其他参数等，实时提供运动目标的轨迹参数。典型的空间目标跟踪测量数据融合处理结构如图 1-1 所示，通常是由传感器测量系统和数据融合处理系统组成。这里的传感器测量系统泛指各种雷达测量系统、光电测量系统、卫星导航测量系统等，可实现对空间目标的持续跟踪测量，获取目标运动的各种观测信息；数据融合处理系统主要功能包括多传感器跟踪测量数据获取、数据预处理、数据特征提取、数据关联、数据融合解算等，以及完成目标状态估计，给出目标运动轨迹参数。

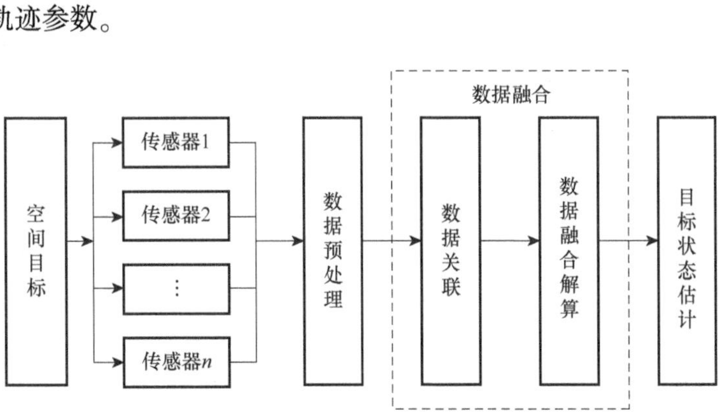


**图 1-1　空间目标跟踪测量数据融合处理结构**

数据融合作为一种数据综合和处理技术，是一门新兴的边缘交叉学科，是多种传统学科和新技术在数据处理领域的集成和应用，其涉及的内容广泛和多样。从一般意义上讲，数据融合是一个信息综合处理的过程，用于估计或预测现实世界中某一目标的状态。通常情况下，多传感器测量数据融合与单一传感器测量数据相比，具有十分明显的对目标状态估计的优势，通过综合利用测量信息的冗余性和互补性，能显著提高数据处理的精度和可信度，具有较好的故障容错能力，可增强系统的鲁棒性和可靠性。

随着航天测控系统的不断发展，对空间目标跟踪测量数据的处理方法也在不断发展和完善，从最初的几何定位法、代数解析法、最小二乘法，到后来的卡尔曼滤波、误差模型最佳弹道估计（EMBET）、递推最小二乘估计、马尔可夫估计等一系列弹道参数解算方法，有效提高了外测数据处理结果的精度。本书针对空间目标跟踪测量和目标状态估计问题，系统介绍了测量数据误差辨识与修正、大地测量和坐标系、跟踪测量设备数据处理、空间目标轨迹确定等方法，重点研究了多源观测数据融合的空间目标轨迹计算模型与算法、测量数据的空间目标轨迹融合方法、空间目标轨迹重构与评估等技术。

## 1.2 空间目标跟踪测量

1957 年 10 月 4 日，苏联发射了世界上第一颗人造卫星斯普特尼克一号（Sputnik1），由此拉开了人类空间活动的序幕。据不完全统计，从那时起陆续有 40 多个国家进行了超过 4 000 次的空间发射，超过 9 000 个航天器被送入太空。这些数量庞大的空间目标聚集在太空并沿各自的轨道飞行，随着空间目标的不断增加，彼此发生碰撞的概率越来越大，人类空间活动越来越频繁，空间环境也越来越恶化，如何精确获得己方航天器位置和敌方目标的空间轨迹显得越发重要。

一般来说，空间目标（space objects）主要是指在地球表面以上、在空间中以轨道方式持续运行的物体，其中大部分为距地表 100km 以上环绕地球运行的人造天体，包括在轨工作的航天器、运载器、空间站和空间碎片等。在跟踪测量方式上，空间目标通常分为合作目标和非合作目标两类。空间目标的分类和范围非常广泛，这里主要讨论的是航天器和运载器等空间合作目标，其跟踪测量方式主要有地基跟踪测量和天基跟踪测量两种。地基跟踪测量系统包括光学测量系统和无线电测量系统，天基跟踪测量系统通常包括在轨运行的中继卫星等星载跟踪测量系统和全球卫星导航定位系统（Global Navigation Satellite System，GNSS）。其中，GNSS 包括美国的 GPS、俄罗斯的 GLONASS、欧洲的 Galileo 和中国的 BDS 等。总之，空间目标跟踪测量就是指通过光学测量系统、无线电测量系统、GNSS 测量系统等对在轨运行的空间目标进行跟踪和精确测量，经数据处理后获取空间目标的三维位置、速度等轨迹信息，为航天器或运载器等空间目标的飞行性能和精度评定及改进提供可靠依据。

空间目标跟踪测量是航天发射飞行试验任务的重要组成部分，对于保障运载器飞行试验的圆满完成和促进测控技术发展具有重要的作用。世界上著名的航天发射场如俄罗斯的拜科努尔航天发射场、美国的肯尼迪航天中心、欧空局的法属圭亚那航天中心、日本的种子岛航天中心等大多采用高精度的光学测量设备、中高精度的无线电外测设备，以及相应的遥测、遥控设备等对运载器飞行轨迹进行全程跟踪测量。20 世纪 80 年代后期，美国和苏联相继建立了各自的跟踪与数据中继卫星系统，取代了大量传统的地面测控站。全球卫星导航定位系统的投入运行为空间目标轨迹测量和姿态测定提供了更方便、更精确的测量手段，该系统的普遍应用为空间目标跟踪测量和航天测控网带来了革命性的变革。

中国现有的酒泉、太原、西昌、文昌 4 个航天发射场已圆满完成了 500 余次各型号航天发射任务，新建并已投入使用的中国文昌航天发射场已具备 CZ-5、CZ-7、CZ-8 等新型运载器的发射能力，各个发射场和各射向任务航区拥有固定、车载、船载等百余套光学和无线电测控设备，形成了比较完备的空间目标跟踪测控系统。光学实况景象可以直观地显示运载器飞行状态，为试验指挥提供良好的视觉效果和快速反应支持；同时，一旦飞行异常，也可为故障判决提供直接的依据。在航天发射任务中，高清晰度、多谱段飞行实况景象测量将始终是测控系统争取达到的目标，运载火箭飞行试验所得全程落点和实测弹道数据是运载器设计、改进和定型最具说服力的依据。

空间目标跟踪测量系统主要由飞行器上的合作目标设备和地面设备组成，其任务是测量飞行中目标在空间的实时位置和速度。目前，空间目标跟踪测量系统主要有光学测量系统、无线电测量系统和 GNSS 测量系统等。

**1. 光学测量系统**

光学测量系统作为高精度的目标跟踪测量设备和实况景象记录设备，在目标飞行的初始段漂移量测量、目标姿态测量和运载器一级飞行段弹道测量中有着不可替代的作用。光学测量系统由不同类型的光学测量设备组成，主要包括高速电视测量仪、光电经纬仪、光电望远镜和光学实况景象记录仪等，如图 1-2 所示。光电经纬仪用于测量飞行目标按时间顺序相对测量站本身的方位角和俯仰角。用两台处于不同位置的光电经纬仪同时测量飞行目标相对于自身的方位角和俯仰角，通过计算得到飞行目标的空间位置，可以采用两个以上的测量站同时进行测量，以保证测量数据的可靠性和精度。

光电经纬仪是空间目标和航天发射飞行试验外测的主要手段，具有测量精度高、直观性强、性能稳定可靠、不受“黑障区”和地面杂波干扰影响等优点。其主要缺点是测量距离较近和受天气影响等。由于光电经纬仪所具有的优点，加上新技术的应用，在航天发射运载器飞行试验的初始段和再入段测量中，光测设备现在仍是主要的测量手段之一。它与无线电测量设备相辅相成，共同完成空间目标飞行试验的测量任务。

图 1-2 光学测量系统

**2. 无线电测量系统**

无线电测量是空间目标跟踪测量的另一种重要方式，无线电测量系统如图 1-3 所示。该系统从测量体制上可分为脉冲雷达和连续波雷达两种，也可采用混合测量体制。随着运载器和航天器等飞行试验的射程越来越远，测量精度的要求越来越高，无线电测量系统逐渐成为空间目标跟踪测量的主要手段。

图 1-3 无线电测量系统

脉冲雷达和合作目标上的脉冲应答机用来连续测量运载器等目标飞行的空间位置，主要测量参数包括距离、方位角及俯仰角等，用于完成对空间目标的飞行距离、速度测量及卫星入轨的预报。脉冲雷达的测量数据主要用于运载器和航天器等空间目标飞行阶段的实时轨迹计算和显示，常用来辅助完成高精度测量任务，为运载器型号研制部门提供可靠的事后数据处理结果。该系统有反射式和应答式两种方式，缺点是对回波的起伏很敏感，难以提高测量精度。

连续波测量系统由连续波雷达及空间目标上连续波应答机组成。它既可利用多普勒原理来测量空间目标的位置、速度及轨迹，也可利用干涉仪原理（同一源发射的两个无线电波，经不同路径后，在某一点重新结合，给出的相角正比于两条传播路径的长度差）进行测量。连续波测量系统一般包括一个主站和多个副站，主站在发射信号的同时也接收空间目标应答机转发的信号，多个副站接收应答机转发下来的信号。连续波测量系统的形式多种多样，如有由一台单脉冲雷达和一套连续波测速雷达组成、采用混合体制的测量系统，有短基线干涉仪测量系统等。连续波干涉仪是一个独立的弹道测量系统，其测量量为 3 个定位元素和 3 个测速元素。

**3. GNSS 测量系统**

GNSS 测量系统就是在运载器或航天器等空间目标上安装的高动态 GNSS 接收机，通过接收导航卫星信号来实时确定空间目标飞行轨迹的三维位置、速度参数，或者通过事后高精度处理解算出运载器和航天器等空间目标的轨迹参数，如图 1-4 所示。

图 1-4　GNSS 测量系统

自美国 GPS 实施以来，其在空间目标轨迹测量中的应用技术受到各国军方的高度重视。20 世纪 80 年代初，美国国防部组建了三军 GPS 协调委员会，专门研究 GPS 在空间目标跟踪测量方面的应用，并进行了大量的试验，取得了很好的效果，得出“GPS 系统适合绝大多数航天发射飞行试验，是一种有生命力的空间目标跟踪测量手段”的结论。

近年来，随着中国航天测控技术的快速发展，GNSS 在航天测控领域的应用日益广泛，GNSS 用于运载器或航天器等空间目标跟踪测量也取得了很好的效果。特别是近年来，我国所有型号的运载器和航天器均配置了 GPS 或兼容 GLONASS 的箭载或星载 GNSS 接收机。在航天发射飞行试验中，出于靶场安全的考虑需要对运载器进行实时跟踪，连续测量并显示飞行弹道和姿态角等能反映运载器飞行轨迹状态的参数，供靶场安控系统使用。此外，为鉴定运载器制导系统，分析运载器飞行性能，事后要高精度确定运载器飞行弹道。目前，GNSS 系统越来越多地用于运载器或航天器等空间目标的轨迹跟踪测量。

尽管如此，当前航天发射运载器飞行的所有关键段仍需地基手段提供测控支持。发射段运载器发动机开关机、各类分离动作和姿态调整等关键事件多，是航天任务风险最大的飞行段，因此必须有地面测控系统的支持。运载器初始飞行段，测控系统承担着飞行弹道监视、飞行状态判断，以及必要时刻的安全控制（以下简称安控），确保航区安全的重任。首区段运载器飞行姿态变化大，关键动作多，中继传输受到一定限制，需要配置光学、雷达、遥测、安控等多种类型的测控资源，以保证安控信息源的可靠获取和关键飞行状态的可靠监视。航区飞行段运载器飞行相对稳定，箭载卫星导航接收测量手段的可靠应用能够很好地解决飞行弹道的监测问题，整个航区及入轨段对运载器的测控主要是指高速火箭遥测信息的接收。通过中继卫星系统的遥测天基传输和在运载器飞行关键段配置地面遥测设备，能够实现航区全程的遥测信息传输和关键点的可靠测控。

随着我国北斗卫星导航定位系统和天链中继卫星系统的建成运行，天基测控技术正成为空间目标跟踪测量推广应用的重点。天基测控在航天发射运载器测控任务中得到应用，实现了运载器 GNSS 跟踪测量，其定位精度达到米级，测速精度达到厘米级。GNSS 在运载器上的成功应用，不但提高了整个飞行轨道的测量精度，而且为简化航区的地面外测设备奠定了基础。数据中继卫星的应用，将在大范围、长弧段内为运载器提供数据传输手段。我国已建成了覆盖全球的北斗卫星导航定位系统，以及多星组网的准全球覆盖中继卫星系统。天基测控手段的成熟应用，将为地面测控系统的组成优化创造良好条件。

目前，在我国航天发射任务中，对运载器和航天器等空间目标的跟踪测量主要采用以下 3 种方式：一是地基测量首区主要采用光学、雷达、遥测、遥控等手段，重点解决运载器发射初始段中继天线覆盖受限、首区安全测量与控制等问题；二是航区测量主要采用遥测手段，重点保证运载器飞行关键段的可靠监视；三是天基测量主要采用中继卫星系统和以北斗卫星导航定位系统为基础的 GNSS 测量手段，重点解决覆盖范围和全程测量精度问题。运载器等空间目标测控总体上采用天地基测控相结合的体系结构，如图 1-5 所示。

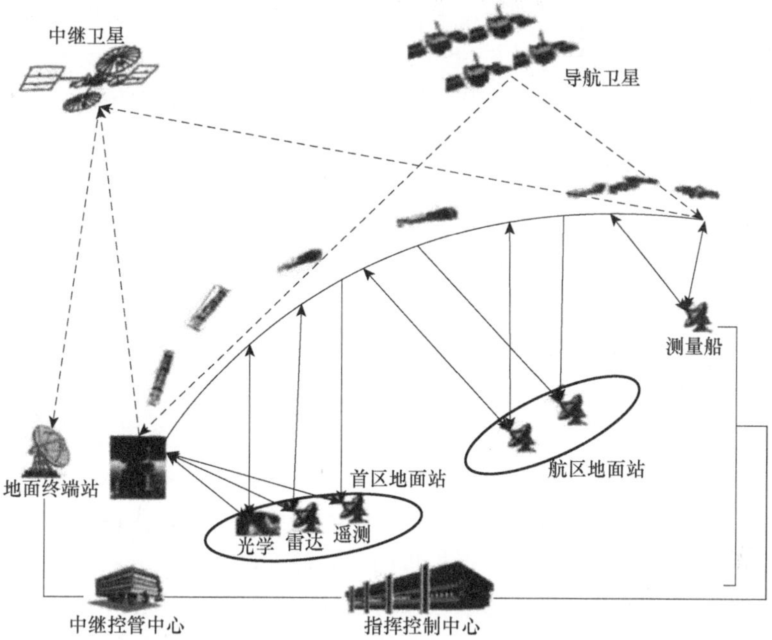


图 1-5　空间目标跟踪测量系统体系结构示意图

在航天发射中心靶场系统建设中，随着首区反射式动目标测量脉冲雷达、GNSS 测量等无线电测量设备的使用，对光学设备轨迹跟踪测量功能的需求逐步降低；而光学飞行实况景象测量功能具有无线电设备无法比拟的优势，能够直接反映空间目标的飞行状态，为任务指挥和故障分析提供更好的条件。因此，发射场光学测量设备功能将由以轨迹跟踪测量为主向以实况景象测量为主发展。但因易受天气影响，靶场将进一步加强红外测量手段的应用，实现由可见光测量向多谱段综合测量的转变；同时，支持运载器发展箭载高清图像测量，为运载器飞行状态判断及飞行故障识别、定位提供更加直观的依据。

随着航天测控技术的飞速发展，基于中继卫星的运载器中继测控技术将全面应用，Ka 频段运载器的返向遥测码速率会提高至 2 ～ 5Mbit/s；同时，随着前向遥控技术的应用，运载器等空间目标的中继遥控技术将取得重大突破。此外，我国已全面推进北斗卫星导航系统（BeiDou Navigation satellite system，BDS）在运载器等空间目标轨迹测量中的应用，空间目标的跟踪测量将由现在的 GPS 测量逐步过渡到以 BDS 系统为主，同时兼容 GPS、GLONASS 等其他导航系统的测量，这将进一步提高运载器等空间目标 GNSS 的可靠性和精确性。

## 1.3　跟踪测量数据处理

空间目标跟踪测量数据处理是航天发射飞行试验的重要组成部分，对于保障航天飞行试验圆满完成、促进运载器性能改进具有重要的作用。跟踪测量数据处理是指在运载器等空间目标飞行试验时和试验后对空间目标跟踪测量数据的处理。其主要任务包括：①分析航天测控网外测系统各设备跟踪情况，评价、鉴定测量设备的跟踪精度；②综合利用各测站有效跟踪测量数据，高精度解算出空间目标的完整飞行轨迹，包括位置、速度、加速度、弹道倾角、弹道偏角等多组弹道参数，为分析运载器等空间目标的飞行性能和改进设计提供可靠依据；③异常情况的快速处理，为准确地分析各种可能发生的故障和异常情况提供有价值的数据、资料和参考意见。

跟踪测量数据处理一般分为实时数据处理和事后数据处理两类。

**1. 实时数据处理**

实时数据处理是为了确保运载器等空间目标飞行试验时发射场和航区的安全，提供实时安全控制信息。一般来说，实时数据处理通常是指在运载器飞行试验过程中，对外测系统所获取的信息进行即时处理，为指挥人员和安控、引导系统提供所需信息的过程。实时数据处理的主要任务是对测量分系统送来的各种测量信息及时加工、计算，提供给各级指挥员及安控系统使用，并为航区各测控站提供实时数字引导信息，使各测控设备能及时捕获目标。实时数据处理通常包含信息复原、合理性检验和所需参数解算等流程，要求处理速度快、时间短，处理方法和计算公式较简单，只要满足安控和引导精度要求即可。

**2. 事后数据处理**

事后数据处理通常是指飞行试验结束后对各测量分系统跟踪空间目标所获得的外测系统原始观测数据进行整理、加工，用完善的数学方法和精确的公式，对所包含的各种误差进行修正和压缩，消除系统误差，减少随机误差，并进行综合处理，解算出运载器等空间目标在发射坐标系中的飞行弹道的位置、速度等型号研制部门所需弹道参数的过程。事后数据处理的主要任务是在飞行试验结束后，立即处理部分重要的数据，为型号研制部门和指挥机构提供运载器等空间目标飞行试验的基本情况；同时为研制方评定运载器飞行性能和制导精度、改进型号设计和定型，提供完整而精确的弹道参数和其他参数。事后数据处理要求结果精确，因此处理流程多，处理方法和计算公式精细、复杂。事后数据处理是提供给运载器研制部门，作为型号试验的精度分析、评定和性能改进、提高的依据，也可为测控系统总体设计、设备研制和使用提供信息反馈，改进和提高测控设备的测量精度。因此，型号研制部门、测量总体、测控设备研制单位和试验靶场都极为重视空间目标跟踪测量数据处理工作，希望能不断改进数据处理的方法和技术，提高数据处理的质量和精度以及处理工作的效率。

空间目标跟踪测量数据处理按处理流程一般可分为预处理和综合处理两个步骤。预处理是指对外测系统测量并记录的原始数据和信息，进行初步加工处理的过程。预处理一般包含记录数据的判读和检查、物理量纲复原、合理性检验、误差特性统计、数据平滑滤波及各种系统误差修正等处理过程。综合处理是把预处理后的多种或多台套外测系统的跟踪测量数据汇集起来，利用先进的数理统计方法进一步估计和校准系统误差，并解算出运载器等空间目标精确的飞行轨迹参数。另外，在预处理中，虽然对观测数据进行了各种系统误差修正，但由于对误差特性的认识有限或修正模型不准确等因素，仍然存在着系统误差残差。在综合处理时，要充分利用观测数据的冗余度、更合理的模型和估计方法，进一步修正这些残差，进而提高目标飞行弹道的最终精度。由于各外测系统跟踪运载器等空间目标上的部位不同，在综合处理时，还需要进行跟踪部位修正。

由于试验任务和精度要求不同，跟踪测量数据处理的流程、内容和方法也不完全相同。一般来说，对于高精度运载器主动段弹道测量的综合处理，首先进行跟踪部位不一致修正，将各外测系统跟踪不同目标部位得到的观测数据统一修正到对应运载器制导系统平台中心的观测数据；其次进行系统误差的估计和自校准，对各外测系统的跟踪测量数据应用统计估计理论和方法，估计出误差模型的误差系数，然后修正各观测数据的系统误差；最后进行弹道参数解算，将自校准后的外测系统观测数据进行多台交会，应用高斯-马尔可夫估计法解算出目标在发射坐标系中的弹道参数。对外测精度要求不高的飞行试验任务，由于主动段的测量设备较少，一般不进行系统误差自校准处理。处理流程可简化为跟踪部位不一致修正和弹道参数解算两个流程，有时还包括利用光测数据、GNSS 数据修正脉冲雷达和连续波雷达定位元素系统误差的过程。

跟踪测量数据处理的结果主要用于评定运载器等空间目标飞行的性能和精度，分离制导系统误差。国外在运载器制导系统精度评定中，最初采取比对遥、外测数据处理结果的办法，现已改进为综合利用遥、外测数据重建弹道的方法。它直接利用外测数据和遥测制导数据，采用卡尔曼滤波技术，同时分离外测系统误差和制导系统误差，并评定其精度。这种方法不仅利用了主动段跟踪测量数据，还充分利用了自由飞行段和再入段的外测数据和遥测制导数据，能有效改善运载器等空间目标精度评定的效果。

## 1.4 数据处理发展趋势

空间目标跟踪测量数据融合处理方法和技术伴随着我国航天运载技术和航天靶场外测系统的不断发展而快速发展。

我国早期的航天靶场外测系统主要由苏联制造的光学跟踪测量设备组成，其对近中程导弹跟踪测量数据的处理方法是以“L”公式或“K”公式等几何投影方法解算光学经纬仪交会测量的导弹位置参数。随着我国自行研制的大型光学经纬仪用于中程导弹试验的测量，跟踪测量数据处理方法首次采用最小二乘估计法解算多台光学设备交会测量的弹道位置参数，并应用多项式最优滤波器对其进行微分求解速度参数。此后，我国研制的测量精度更高、跟踪距离更远的无线电外测系统用于中远程和高弹道导弹主动段弹道测量试验，连续波雷达和单脉冲雷达等测量数据处理方法应运而生，卡尔曼滤波技术、递推最小二乘估计、误差模型最佳弹道估计（EMBET）和多台连续波系统交会的加权最小二乘估计即马尔可夫估计等一系列弹道参数解算方法不断发展和完善，有效提高了外测数据处理结果的精度。近年来，随着数理统计方法的快速发展，跟踪测量数据处理中又陆续采用了先进的参数估计理论、时间序列分析和数字滤波等许多新颖方法，如利用ARIMA 模型检验观测数据平稳性条件和应用周期图辨识隐周期的方法、应用 AR 模型统计和预报观测数据随机误差特性的方法、应用统计检验方法辨识外测系统固定误差模型的技术、EMBET 自校准技术的主成分估计方法、统计检验特征根筛选的方法、再入测量的卡尔曼滤波技术等。此外，为降低观测数据的随机噪声，开展了频域滤波微分求速技术和小波理论的应用研究；采用样条约束的 EMBET 方法大大增加了观测数据的多余度，有效修正了连续波雷达的系统误差，提高了弹道参数的精度。

在运载器飞行试验中，利用 EMBET 方法不仅可以完成弹道精确测量的任务，还可利用外测数据分离飞行器制导系统误差，完成外测系统的测量精度鉴定。然而要获得较好的效果，实际应用 EMBET 方法时需具备以下条件：一是要有较多的测量设备同时交会测量，使观测数据有足够的冗余度；二是要有较长的观测弧段，以增加多余度；三是要有较佳的观测几何，使得外测设备尽可能分布在空间目标飞行轨迹的两侧，保持站间距离较远以减小误差模型系数间的相关性；四是观测数据随机误差较小；五是具有与实际测量较为符合的、有效的、相对稳定的误差模型；六是应用优良而实用的统计估计方法。其中，前四个条件是基本的，由航天飞行试验任务确定，后两个条件是自校准技术使用成功的关键。如果前四个条件满足，但不能提供符合实际的测量模型或待估模型参数过多，则外测系统误差的估计效果往往不佳。以往 EMBET 技术中主要采用最小二乘估计法，但当误差模型的系数过多或系数之间相关性较强时，矩阵求逆会出现病态现象，此时最小二乘估计法显得无能为力。随着参数估计方法的发展，利用某些有偏估计方法，如主成分估计、岭回归等参数估计方法，可有效解决系统误差模型的紧致性和病态性问题，从而改进 EMBET 自校准技术的参数估计效果。

当前，随着航天技术的飞速发展和运载器研制部门对跟踪测量数据处理要求的不断提高，外测系统正向着多设备、多体制（光雷遥）、多冗余的综合测控体系发展，在这种体系下，如何充分利用海量的外测数据获得更丰富、更理想的飞行试验结果是一个值得研究的复杂问题。空间目标跟踪测量数据处理技术将呈现以下主要特点：一是航天发射运载器等弹道测量设备类型呈现多样化，从最初单一的光学、雷达测量，到现在的高速电视测量仪、光电望远镜、实况景象记录设备、脉冲雷达、多测速系统、USB统一测控系统、箭载GNSS测量系统等多种弹道跟踪测量设备，以及基于中继卫星和北斗卫星导航定位系统的天基测控，观测数据的类型将更加多样，冗余信息将更加丰富，对跟踪测量数据处理将提出更多更高的要求。二是各类误差修正模型趋于精细化，随着航天科技的发展和人们对地球物理、空间环境的认识进一步深入，光学、雷达轴系误差修正和大气折射误差修正需进一步精确，系统误差估计的模型需进一步优化，以满足运载器跟踪测量数据处理越来越高的精度需求。三是多元数据融合处理技术是运载器等空间目标跟踪测量数据处理的发展方向，随着基于多项式样条函数约束的EMBET方法和弹道重构技术以及箭载GNSS高精度弹道确定技术在空间目标跟踪测量数据处理中的应用进一步深入，运载器弹道参数解算方法正向多模式、多系统、多测量元素融合定位方向发展。四是航天发射运载器等空间目标跟踪测量数据快速处理与评估的要求越来越高，随着靶场通信系统建设能力的不断提升，运载器等空间目标跟踪测量数据的高效准实时传输成为可能，跟踪测量数据处理自动化水平进一步提高，一体化数据分析与智能精度评估等技术深度发展，以满足高密度任务常态化情况下型号研制部门对运载器等空间目标飞行性能快速评估的需求。

在误差模型改正方面，由于误差模型是基本物理测量量的函数，如距离$R$、方位角$A$、俯仰角$E$、时间$t$等，一般不是线性模型，但是为了研究和使用方便，通常将它们近似写成线性模型。不同测量体制的外测系统的误差模型是不相同的，但通常包含光速误差、频率误差、设备零值误差、电波折射误差、时间误差、站址误差等。上述误差中，光速误差影响极小，频率误差也比较小，一般可以不考虑；设备零值误差、电波折射修正误差和时间误差是影响测量误差的主要误差源。随着科学技术的发展进步，误差改正模型不断得到精化，取得了一些新进展，如采用新的海洋负荷改正、大气负荷改正、大气延迟改正模型。其中大气延迟改正模型是通过对全球数字化气象信息分析得到的映射函数，采用绝对标定的卫星与接收机天线相位中心改正，这些精化的误差改正量值一般为毫米级。这些精度更高的误差改正模型是多学科研究融合的结果。

在系统误差辨识方面，由于引起外测跟踪设备系统性误差的物理因素较多，因此需要用一个合适的数学模型来描述其对外测数据的影响。在使用实测数据进行EMBET自校准处理时，上述系统误差模型中某些误差项影响很小。当测量元素较多、待估的误差源过多时，加上众多误差源之间可能存在相关性，会造成矩阵的病态。此时必须通过系统误差模型辨识、压缩和筛选影响很小的误差项，合并相关性较强的误差项。由于引入的误差模型已近似为线性模型，因此可以应用线性模型假设检验方法对实测数据系统误差模型进行辨识，辨识内容通常有三项：一是系统误差模型准确性检验或称显著性检验；二是系统误差模型的紧致性检验或称有效性检验；三是系统误差模型的稳定性检验。实测数据的系统误差模型往往难以准确表示，而且存在紧致性、有效性问题，利用系统误差模型辨识可以进行误差模型的显著性、紧致性和稳定性检验，但会大大增加数据处理的工作量，特别是在观测量和误差源很多时，处理和判断都十分复杂，会影响其实用价值。

在 GNSS 精密定位方面，随着全球卫星导航定位技术的飞速发展，空间目标 GNSS 数据处理将呈现以下主要特点：一是接收导航卫星信号类型呈现多样化，从最初单一的 GPS 卫星信号，到现在的 GPS、GLONASS 和 BDS 信号，未来还要接收来自 Galileo 卫星的导航信号。二是观测数据记录格式更加规范高效，GNSS 数据格式标准化是高动态空间目标 GNSS 数据交换和处理中的关键问题之一。近几年不仅已有的数据格式，如 RINEX 推出了新的版本，以适应 GNSS 观测数据内容的变化与发展。还推出一些新的数据格式，如电离层数据、对流层数据、地球自转参数、钟差数据、卫星与接收机天线等数据的格式。从 GNSS 数据格式标准化及其发展可以看出，采用（压缩）数据文件是未来 GNSS 数据存储并加以管理的主要方式。三是各类误差修正模型趋于精细化，随着航天科技的发展和人们对地球物理、空间环境的认识进一步深入，影响空间目标 GNSS 精密定位的误差模型会进一步优化，以满足空间目标 GNSS 越来越高的定位需求。四是定位解算方法向多模多星座融合定位发展，随着全球卫星导航系统的日益成熟完善，可用信号资源及精密单点定位数据源极大丰富，组合观测量理论会进一步发展，模糊度确定效率、周跳探测与修复精度会显著提高。多频数据处理已成为空间目标 GNSS 精密定位的发展趋势，利用多频、多系统数据处理将为削弱其电离层二阶项影响以及提高空间目标 GNSS 精密单点定位精度和可靠性创造条件。五是高动态空间目标 GNSS 接收机的观测数据采样率将有很大的提高，有的甚至可达 50～100Hz。高动态 GNSS 观测已扩展到星载观测，特别是低轨卫星观测，为卫星重力测量、对流层和电离层研究提供了新的更加有效的途径。六是高动态箭载 GNSS 定位精度和可靠性显著提高，通过建立雷达、光学和箭载 GNSS 原始观测数据的融合解算模型和精度评估模型，提升了空间飞行目标跟踪测量的连续性和高可靠性，针对多模卫星导航系统能自适应调整各导航系统所占的权值，实现 GNSS 自适应高精度融合定位。

在弹道参数解算方面，随着数据处理方法和计算机软硬件技术水平的发展，光学、雷达和 GNSS 观测数据的多源数据融合解算技术和高精度数字滤波应用技术的快速发展，空间目标跟踪测量的连续性和可靠性进一步提高，弹道精度评估的可靠性以及可扩展性进一步增强。在主动段弹道测量中，运载器推力随时间发生变化，使得运载器实际飞行的精确动力学方程难以描述，但在外测系统测量运载器主动段弹道中，存在某些约束条件，可使解算弹道参数的数据减少，相当于增加了观测数据的冗余度。在不发生故障的情况下，运载器主动段飞行弹道是随时间缓慢变化的，至少在短时间短弧段上可以用时间多项式逼近弹道位置参数，这样不需要解算所有采样时刻的弹道位置参数，此时应用样条约束 EMBET 方法将会很好地提高系统误差的修正效果和弹道参数估计的精度。基于多项式样条函数约束的 EMBET 方法就是利用多项式样条函数描述弹道轨迹，将多个设备的测量数据、多个采样时刻的测量方程融合，建立关于多项式样条函数系数和设备系统误差模型系数为待估参数的误差联合方程，从而可以大量压缩待估参数的数量，减轻矩阵病态程度，提高弹道参数估算精度和稳定度，同时对各测量元素的系统误差进行可靠的探查和估计，达到自校准各测量元素系统误差的目的。

在数据处理软件方面，弹道测量数据处理软件在自动化、高精度、快速甚至实时处理多系统观测数据方面取得重大进展。在运载器跟踪测量中，高速电视测量仪、光电望远镜、光学实况景象记录设备、脉冲雷达、多测速系统和 USB 统一测控系统以及箭载 GNSS 测量系统等多种弹道跟踪测量设备接力完成运载器弹道跟踪测量任务，观测数据准时传输至数据处理中心，经自动化数据处理平台分析处理，得到各外测设备数据跟踪质量情况，完成高精度运载器等空间目标飞行弹道参数的解算和精度评估。一般来说，根据航天发射任务特点和运载器测量精度要求，空间目标跟踪测量数据处理软件系统分为漂移量数据处理子系统、光学数据处理子系统、雷达数据处理子系统、多测速数据处理子系统、GNSS 数据处理子系统和综合数据处理子系统。根据数据处理策略的不同配置，各子系统既可单独完成数据处理工作，又可依据测量数据情况进行多测量元素、多弹道融合定位解算。在 GNSS 数据处理子系统中，根据定位计算方法的不同，GNSS 数据处理软件分为精密单点定位软件、双差定位软件和同时具有这两种功能的软件，对于精度要求较高的空间目标跟踪测量或其他高精度定位，大多采用伪距和相位观测等基本观测量，通过实时或事后处理求解高精度定位结果。

在设备精度鉴定方面，随着北斗卫星导航系统的全球组网部署完成，箭载 GNSS 定位精度上了一个新台阶，高精度弹道测量和测量设备精度鉴定将得到快速发展。基于 GNSS 的精度鉴定克服了以往光学测量设备和雷达测量设备跟踪目标空间范围小的局限，具有全天候工作、数据处理简单快捷、设备和系统组成简单、投入人员少、基本不受地理条件限制等特点，并且在被鉴定系统的整个跟踪过程中，GNSS 定位精度基本保持不变，从而可在大空域范围内为精度鉴定提供高精度比对数据。另外，GNSS 精度系统加上实时数据链路后，可为试验场区航路显示及设备引导提供实时、高精度测量信息，进而及时、全面地检查、分析和判断被鉴定系统的性能，有利于尽早发现和解决问题，可大大缩短精度鉴定试验时间。GNSS 用于外测设备精度鉴定试验，通常采用“硬比较”的方法，即飞机校飞鉴定方法。试验时，比较标准设备与被鉴定设备同时跟踪测量同一目标，通过比对两者的测量结果，可以估计外测设备的测量精度。在这种模式下，GNSS 设备作为比较标准设备，用于获取飞机校飞试验中相当于外测设备的测量真值数据。目前，GNSS 精度鉴定系统已基本取代光学设备完成外测设备精度鉴定试验。此外，GNSS 可提供高精度的时频信息，可以用 GNSS 的时频信号校准地面测控系统的时频信号，完成对时和校频工作，为航天测控网提供统一的时间和频率基准。

在数据处理策略方面，随着航天发射场和测控网的建设发展，多型号、多射向、多场区交叉并行的航天发射飞行试验任务需求越来越多，新型号高精度测控设备的数量不断增多，这对运载器等空间目标跟踪测量数据快速处理与精度评估的能力提出了更高要求，针对新型号运载器飞行试验高精度弹道测量数据处理的需求，在处理策略上，采用精度更高、速度更快的处理模式是必然趋势。正常情况下，主要实施运载器等空间目标飞行高度在 3000km 以下以箭载 GNSS 精密测量数据处理为主，飞行高度在 3000km 以上以高精度外测设备跟踪测量数据处理为主的策略；在异常情况下，开展对故障运载器的所有观测数据的快速处理与综合分析，为指挥机关和型号研制部门快速定位运载器故障提供可靠依据。在处理方法上，采用更加先进的数据处理技术成为必然的发展趋势。重点开展测量数据异常值的诊断与识别、跟踪测量设备系统误差模型的辨识、运载器等空间目标飞行的全弹道可视化技术、飞行试验数据的快速分析、目标飞行结果的鉴定与评估，以及弹道数据深度挖掘和特征提取等方面的处理技术研究，以满足运载器型号研制部门的更高要求。

加快推进运载器等空间目标弹道测量和数据处理技术，将为中国运载器发展和航天测控以及深空探测提供更加广阔的发展空间，对促进国民经济发展，提升国家综合实力有着重要的战略意义。

## 1.5 小结

本章简要介绍了基于多传感器的空间目标跟踪测量数据融合处理的基本概念和一般方法，探讨了跟踪测量系统的组成和测量原理，分析了跟踪测量数据处理的现状和发展动态，提出了多源测量数据融合处理的发展趋势，试图让从事跟踪测量数据处理相关专业的工程技术人员尽快掌握空间目标跟踪测量数据处理的基础理论、技术及相关知识，并对这一领域的最新技术发展及其应用有所了解。

# 参考文献

[1] 董光亮，张国亭，韩秋龙．运载火箭测控系统技术与发展［J］．飞行器测控学报，2014，33（2）：93-98.

[2] 张守信，等．GPS卫星测量定位理论与应用［M］．长沙：国防科技大学出版社，1996.

[3] 刘利生．外测数据事后处理［M］．北京：国防工业出版社，2000.

[4] 赵树强，许爱华，苏睿，等．箭载GNSS测量数据处理［M］．北京：国防工业出版社，2015.

[5] 赵树强，许爱华．GPS在外弹道测量中的应用［J］．全球定位系统，2005，8（4）：12-17.

[6] 王正明，易东云，周海银，等．弹道跟踪数据的校准与评估［M］．长沙：国防科技大学出版社，1999.

[7] 刘丙申，刘春魁，杜海涛．靶场外测设备精度鉴定［M］．北京：国防工业出版社，2008.

[8] 郭军海．弹道测量数据融合技术［M］．北京：国防工业出版社，2012.

[9] 龙乐豪．我国航天运输系统的发展展望［J］．航天制造技术，2010，6（3）：2-6.

[10] 王正明，易东云．测量数据建模与参数估计［M］．长沙：国防科技大学出版社，1996.

[11] 张劲松，刘靖，高祥武．基于中继卫星的运载火箭遥测传输技术［J］．导弹与航天运载技术，2009，12（6）：11-15.

[12] 李征航，张小红．卫星导航定位新技术及高精度数据处理方法［M］．武汉：武汉大学出版社，2009.

[13] 李艳华，卢满宏．天基测控系统应用发展趋势研讨［J］．飞行器测控学报，2012，31（4）：1-5.

[14] 刘保国，吴斌．中继卫星系统在我国航天测控中的应用［J］．飞行器测控学报，2012，31（6）：1-5.

[15] 寿少峻，陆培国，柳井莉，等．高精度光电弹道测量系统［J］．应用光学，2011，32（5）：822-826.

# 02 第2章 测量数据误差辨识与修正

## 2.1 引言

测量是人类认识世界和改造世界的重要手段之一，测量技术的水平、测量结果的可靠性在于其精确度，也就是说在于测量误差的大小。在对空间目标跟踪测量的过程中，由于设备结构、空间环境、目标飞行状态、测量方法以及跟踪设备相对位置等各种因素的相互影响与作用，测量数据中不可避免地会包含误差。为了更好地满足跟踪测量数据处理精度的要求，必须深入分析引起跟踪测量误差的各种因素，提出克服误差的数学模型和方法，尽可能修正、减小或消除这类误差对测量数据精度的影响。

本章主要介绍了误差的相关理论知识，分析误差的来源与分类、误差的传播原理，给出了常用的跟踪测量系统的测量数据随机误差分析与处理、系统误差辨识与修正的模型和方法，以及野值的递推辨识与剔除方法。这些误差模型和修正方法，为后续跟踪测量数据融合处理奠定了基础。

## 2.2 误差来源与分类

### 2.2.1 误差来源

误差是指某观测目标的观测值 $y$ 与该目标的真值 $u$ 之间的差。误差公理认为测量误差 $\varepsilon$ 是存在于一切观测过程中的，它的值随着每次试验观测值与真值的贴近程度而改变，是未知的。所谓真值就是指在某一时刻和某一位置或状态下，该目标所体现出的客观值或实际值。真值是理想中的概念，它通常是未知的、待求的，但又是客观存在的。每次试验或观测的结果都只是真值的一个近似值，而永远不可能和真值严格相等。用数学公式可表示为：真值$(u)$= 观测值$(y)$-观测误差$(\varepsilon)$。

通常，跟踪测量目标的观测值一般包括对目标的测量值、实验值、计算近似值等要研究和给出的非真值。由于观测目标一般处于运动状态，因此观测值的集合往往是一个动态时间序列，可表示为

$$y(t)=u(t)+\varepsilon(t)$$

与一般的跟踪测量一样，观测离不开一定的工具、方法和环境，因此，产生误差的因素是多样的。一般来说，在空间目标跟踪测量数据处理中，主要的误差源包括以下 5 类。

**1. 目标误差**

对于靶场观测来说，目标误差是不可避免的。例如，对合作目标的跟踪测量，由于提供推力产生的喷焰对周围大气的电离作用，使其对多普勒频率产生一定干扰，从而使得测量信号产生漂移或跃变；当目标转弯或做其他运动时，可能对激光合作目标产生遮挡，使得光测数据包含一定的误差；由于目标的运动，目标相对于雷达设备有一定的角速度和加速度，引起角动态滞后误差，等等。这些都属于目标误差的范畴。

**2. 环境误差**

观测总是在一定环境下进行的，由于实际环境条件（温度、湿度、压力等）不完全符合测量要求的条件而引起的误差称为环境误差。例如，由于大气的疏密不均和电离辐射作用，在利用光波或电波观测空中动态目标时，将引起折射误差。

**3. 设备误差**

在空间目标跟踪测量过程中，设备误差是普遍存在的。例如，雷达和光学设备的三轴（光轴、电轴与机械轴）不正交误差，雷达测量信号、计数频率以及时钟信号的基线误差、热噪声等，都是造成观测数据包含误差的主要因素。

**4. 方法误差**

运动目标状态参数，包括位置、速度及加速度等的确定，往往是通过间接方法获取的，因此，不同的计算方法将引入不同的误差；另外，在许多情况下，精度估计、参数估计是和一定模型相联系的，在模型不准或非线性模型的线性化处理中，都将引入模型误差。

**5. 传播误差**

传播误差是靶场测量中的主要误差源之一，也是工程技术人员讨论的主要问题之一。在利用光波、电波观测动态目标时，因大气折射而产生的误差，或因为干扰、反射而产生的误差等，都属于传播误差。这类误差并不能用经典方法予以估计，必须考虑测量环境和传播媒介的特性，建立相对准确的模型，并对其进行估计和修正。不可否认的是，无论如何修正，传播误差必有剩余误差的存在。

### 2.2.2 误差分类

影响空间目标跟踪测量数据质量的误差是多种多样的，但从数据处理和统计角度分析，根据其性质和产生的原因，这些误差分为以下 3 类。

**1. 随机误差**

从概率论和统计观点看，随机误差是指服从某一分布的随机量，它可以取实数值上某一集合中的值。在大多数情况下，工程测量中的随机误差一般被视为服从正态分布的随机量。从测量角度看，随机误差是指在相同条件下进行重复测量，取值大小及符号不断变化的误差，其主要表现在误差出现的随机性和抵偿性。

实际上，在空间目标跟踪测量试验中，面对的大多问题是对动态目标的测量，这时的随机误差是一个时间序列。此时，如果随机误差序列的均值、方差和相关函数不随目标运动而变化，则该误差是平稳时间序列；反之，就是非平稳随机误差序列。例如，在靶场测量中，目标起伏误差是平稳时间序列；而目标闪烁误差的均方差与雷达至目标的斜距成反比，热噪声的均方差与斜距的平方成正比，而在雷达测量中，目标斜距随时间变化，因此，这两种误差都是非平稳随机误差。关于平稳随机误差序列的分析与统计，现代误差理论已有相当成熟的成果，为了有效利用这些误差理论成果，工程实际中一般将随机误差序列分成几段，使每段内目标的运动参数变化不大，这样每段的误差序列可近似看成平稳时间序列。这种近似对随机误差分析和工程实际来说都是必要的。当然，从谱分析角度看，随机误差的功率谱分布在从低频到高频的整个频域内，能量多集中于高频。

**2. 系统误差**

系统误差是一种非随机误差，即在相同条件下重复测量时误差的大小和符号不发生变化的误差。对于静态目标测量，有部分系统误差是变化的，该部分误差在一定程度上相互抵消，对参数估计精度的影响将有所降低；有一部分系统误差不随条件变化，一般称为恒定系统误差。由于靶场测量面对的是动态目标，故主要关心的是动态测量中系统误差的特性与估计等。

在空间目标跟踪测量中，系统误差的表现是极其复杂的，有些属于不变的系统误差，例如雷达系统的轴系误差、光测设备的零值误差等；有些属于可变误差，其中有些可通过模型化加以处理，例如电波折射误差，可通过建立大气模型和测量大气参数而予以估计和修正；有些属于不可模型化处理的系统误差，例如频率的相移和慢漂。另外，还有一种可归为系统误差的常值误差，该误差自始至终属于一个固定值，但对该值的估计并不是一件容易的事。实际上，空间目标跟踪测量系统的复杂性直接导致了动态跟踪测量数据系统误差的复杂性。

**3. 过失误差**

过失误差又称粗差，主要是指由于某种突发因素而引起的误差。这类误差既不同于随机误差也不同于系统误差，在空间动态目标测量中往往表现为野值，即在测量数据集合中出现少量明显偏离数据主体变化趋势的小部分数据。这类误差往往成为影响观测数据质量和数据处理精度的主要因素。

### 2.2.3 误差传播

运动目标状态参数的确定，大部分是通过间接方法和一定函数来完成的，测量原始数据的各种误差将通过函数求解传递给最后处理结果。因此，分析和掌握误差传递规律，可以通过一定方法正确估计总误差并有效消除误差对处理结果的影响，以提高数据处理精度。

设由 $n$ 个直接测量量 $x_1,x_2,\cdots,x_n$ 及其标准差 $\sigma_1,\sigma_2,\cdots,\sigma_n$，求间接测量量 $y=F(x_1,x_2,\cdots,x_n)$ 的标准差 $\sigma$。

实际工程中，$F$ 一般可微，因此，在 $x_j(j=1,2,\cdots n)$ 均含有小误差的情况下，取 $F$ 的一阶泰勒展开，有

$$\Delta F = \sum_j \frac{\partial F}{\partial x_j}\Delta x_j \tag{2-1}$$

式（2-1）关于 $\Delta x_j$ 取方差，有

$$\sigma^2 = \sum_j \left(\frac{\partial F}{\partial x_j}\right)^2 \sigma_j^2 + 2\sum\sum_{i<j} \frac{\partial F}{\partial x_i}\frac{\partial F}{\partial x_j}\rho_{ij}\sigma_i\sigma_j \tag{2-2}$$

式中：$\rho_{ij}$ 为相关系数，特别是当 $x_j$ 独立时，有以下误差传播公式：

$$\sigma^2 = \sum_j \left(\frac{\partial F}{\partial x_j}\right)^2 \sigma_j^2 \tag{2-3}$$

式中：$\dfrac{\partial F}{\partial x_j}$ 称为误差传播系数。

以上是在 $\sigma_j$ 较小的情况下，建立的误差传播公式，而一般情况下，$\sigma_j$ 不是很小，因此，在计算 $\sigma$ 时，常需对 $F$ 取二阶甚至更高阶近似展开，并由此得到更精确的误差传播公式：

$$\sigma^2 = \sum_j \left(\frac{\partial F}{\partial x_j}\right)^2 \sigma_j^2 + \frac{1}{2}\sum_j \left(\frac{\partial^2 F}{\partial x_j^2}\right)^2 \sigma_j^4 + \sum_{j<k}\left(\frac{\partial^2 F}{\partial x_j \partial x_k}\right)^2 \sigma_j^2\sigma_k^2 + 2\sum\sum_{i<j} \frac{\partial F}{\partial x_i}\frac{\partial F}{\partial x_j}\rho_{ij}\sigma_i\sigma_j \tag{2-4}$$

在多数情况下，特别是在中精度要求下，一般认为 $\rho_{ij}=0$，即各测量量之间独立。此假设显然影响精度估计的准确性，因为对于靶场测量来说，在由雷达等设备完成目标测量时，其各观测量之间的相关性是显然的，若视 $\rho_{ij}=0$，则要造成精度估计的损失和失真。因此，必须对关于观测数据随机误差的特性，即平稳性、独立性和相关性等做进一步的分析与检验。

# 2.3 随机误差分析与处理

在空间目标跟踪测量数据处理中，常用的随机误差统计方法有变量差分法和最小二乘拟合残差法。

## 2.3.1 平稳时间序列及参数估计

设有时间序列$\{x_t, t=1,2,\cdots\}$，定义$\mu_t=\mathrm{E}(x_t)$、$r_{t,k}=\mathrm{Cov}(x_t,x_{t+k})$、$\rho_{t,k}=r_{t,k}/r_{t,0}$、$\varphi_{t,kk}=\dfrac{\mathrm{E}(x_t x_{t-k}\mid x_{t-1},\cdots,x_{t-k+1})}{\mathrm{Var}(x_t\mid x_{t-1},\cdots,x_{t-k+1})}$分别为其均值函数、自协方差函数、自相关函数、偏相关函数。

若$\mu_t\equiv\mu$，$r_{t,k}\equiv r_k$（即均值、自协方差与统计起点无关），则$\{x_t, t=1,2,\cdots\}$称为（宽）平稳时间序列。

下面分别介绍自相关函数和偏相关函数的估计，以及平稳时间序列 AR 模型。

**1. 自相关函数和偏相关函数的估计**

设有平稳时间序列$\{x_t, t=1,2,\cdots\}$的一组观测数据$x_1,x_2,\cdots,x_m$，令

$$\hat{\mu}=\frac{\sum_{t=1}^{m}x_t}{m} \tag{2-5}$$

$$\hat{r}(k)=\frac{1}{m}\sum_{t=1}^{m-k}(x_t-\hat{\mu})(x_{t+k}-\hat{\mu}) \tag{2-6}$$

式（2-6）中：$k=0,1,\cdots,m$。

在确定$\hat{r}(k)$后，自相关函数的估计由式（2-6）得到：

$$\hat{\rho}(k)=\frac{\hat{r}(k)}{\hat{r}(0)} \tag{2-7}$$

偏相关函数的估计由递推公式得到：

$$\hat{\varphi}_{kk}=\begin{cases}\hat{\rho}(1) & (k=1)\\ \dfrac{\hat{\rho}(k)-\sum\limits_{j=1}^{k-1}\hat{\varphi}_{k-1,j}\hat{\rho}(k-j)}{1-\sum\limits_{j=1}^{k-1}\hat{\varphi}_{k-1,j}\hat{\rho}(j)} & (k=2,3,\cdots,m)\end{cases} \tag{2-8}$$

$$\hat{\varphi}_{kj}=\begin{cases}\hat{\varphi}_{k-1,j}-\hat{\varphi}_{k,k}\hat{\varphi}_{k-1,k-j} & (j=1,2,\cdots,k-1)\\ \hat{\varphi}_{kk} & (j=k)\end{cases} \tag{2-9}$$

式（2-8）中，$m$ 通常取$\sqrt{m}$或 $m/10$。

**2. AR 模型**

设$\{\varepsilon_t\}$为零均值高斯白噪声序列，$B$ 为一步后移算子（即 $B\varepsilon_t=\varepsilon_{t-1}$，$\Phi(B)=1-\varphi_1 B-\cdots-\varphi_p B^p$，若零均值平稳序列$\{x_t,t=1,2,\cdots\}$满足下式：

$$\begin{cases}\Phi(B)x_t=\varepsilon_t\\ \varepsilon_t x_{t-k}=0\\ \forall k>0\\ \mathrm{Var}(\varepsilon_t)=\sigma_\varepsilon^2\end{cases} \tag{2-10}$$

则$\{x_t,t=1,2,\cdots\}$称为 $p$ 阶自回归序列 AR($p$)。

1）参数的矩估计

对于 AR($p$)序列的样本$\{x_1,x_2,\cdots,x_m\}$，其自相关函数的估计$\{\hat{\rho}_k,k=1,2,\cdots,m\}$由式（2-5）~式（2-7）得到，记为

$$\hat{\boldsymbol{V}}=\begin{bmatrix}1 & \hat{\rho}_1 & \cdots & \hat{\rho}_{p-1}\\ \hat{\rho}_1 & 1 & \cdots & \hat{\rho}_{p-2}\\ \vdots & \vdots & \ddots & \vdots\\ \hat{\rho}_{p-1} & \hat{\rho}_{p-2} & \cdots & 1\end{bmatrix};\quad \hat{\boldsymbol{b}}=\begin{bmatrix}\hat{\rho}_1\\ \hat{\rho}_2\\ \vdots\\ \hat{\rho}_p\end{bmatrix};\quad \hat{\boldsymbol{\varphi}}=\begin{bmatrix}\hat{\varphi}_1\\ \hat{\varphi}_2\\ \vdots\\ \hat{\varphi}_p\end{bmatrix}$$

则其参数的矩估计为

$$\begin{cases}\hat{\boldsymbol{\varphi}}=\hat{\boldsymbol{V}}^{-1}\hat{\boldsymbol{b}}\\ \hat{\sigma}_\varepsilon^2=\hat{r}_0-\hat{\varphi}_1\hat{r}_1-\cdots-\hat{\varphi}_p\hat{r}_p\end{cases} \tag{2-11}$$

2）参数的最小二乘估计

对于 AR($p$)序列的样本$\{x_1,x_2,\cdots,x_m\}$，设 $\boldsymbol{Y}=(x_{P+1},x_{p+2},\cdots,x_m)^{\mathrm{T}}$，

$$\boldsymbol{X}=\begin{bmatrix}x_p & \cdots & x_1\\ \vdots & \cdots & \vdots\\ x_{m-1} & \cdots & x_{m-p}\end{bmatrix},\quad \boldsymbol{\varepsilon}=(\varepsilon_{p+1},\varepsilon_{p+2},\cdots,\varepsilon_m)^{\mathrm{T}}$$，则有

$$\boldsymbol{Y}=\boldsymbol{X}\boldsymbol{\varphi}+\boldsymbol{\varepsilon} \tag{2-12}$$

由最小二乘估计得到 $\boldsymbol{\varphi}$、$\sigma_\varepsilon$的估计为

$$\begin{cases}\hat{\boldsymbol{\varphi}}=(\boldsymbol{X}^{\mathrm{T}}\boldsymbol{X})^{-1}\boldsymbol{X}^{\mathrm{T}}\boldsymbol{Y}\\ \hat{\sigma}_\varepsilon^2=\dfrac{\boldsymbol{Y}^{\mathrm{T}}[\boldsymbol{I}-\boldsymbol{X}(\boldsymbol{X}^{\mathrm{T}}\boldsymbol{X})^{-1}\boldsymbol{X}^{\mathrm{T}}\boldsymbol{Y}]}{m-p}\end{cases} \tag{2-13}$$

3）AR 模型定阶的准则

准则 1　设有观测数据$\{x_t,t=1,2,\cdots,m\}$，令 $\hat{r}_k=\dfrac{1}{m}\sum\limits_{t=1}^{m-k}x_t x_{t+k},\hat{\rho}_k=\hat{r}_k/\hat{r}_0$，由 $\hat{\varphi}_{kk}$递推公式（2-8）和式（2-9）得到：若存在 $p>0$，使得$\hat{\varphi}_{kk}=0$，$k>p$，则$\{x_t\}$为 AR 序列。

准则 2　AR($p$)模型的定阶准则为：令 $\mathrm{AIC}(k)=\log\hat{\sigma}_{\varepsilon}^{2}(k)+2k/m$，$\mathrm{AIC}(p)=\min\limits_{k}\mathrm{AIC}(k)$，其中，$\hat{\sigma}_{\varepsilon}^{2}(k)$为用 $k$ 阶 AR 模型表示$\{x_t\}$时 $\sigma_{\varepsilon}^{2}$的估计值（由式（2-11）或式（2-13）给出)。

## 2.3.2 变量差分估计算法

对于随机误差序列为白噪声的测量数据，变量差分法不失为原理简单、计算方法易行的误差统计方法。特别是在空间目标运动过程中，一般认为测量数据是随时间变化的连续曲线，即可利用具有一定阶数的多项式予以表示。这样通过逐次差分，可消除观测数据中的趋势项（真实信号和系统误差），从而分离出观测数据中的随机误差成分，并估计其方差。

假设在时间 $t_1,t_2,\cdots,t_N$采样点已获得观测数据 $x_i(i=1,2,\cdots,n)$，其和真值 $x_i^0$之间有以下关系：

$$x_i=x_i^0+\Delta s_i+\varepsilon_i \tag{2-14}$$

式中：$\Delta s_i$为观测数据的系统误差；$\varepsilon_i$为随机误差。

根据前面的分析，假设观测数据的真实信息 $x_i^0$和系统误差 $\Delta s_i$可用一个 $m$ 阶多项式表示，现记为

$$y_i = x_i^0 + \Delta s_i = \sum_{j=0}^{m} a_j t_i^j \tag{2-15}$$

则式（2-14）可表示为

$$x_i = y_i + \varepsilon_i = \sum_{j=0}^{m} a_j t_i^j + \varepsilon_i \tag{2-16}$$

根据随机误差的零均值、等方差和不相关性（白噪声）假设，可对式（2-16）进行差分处理，以分离观测数据的随机误差部分和多项式部分，并估计出随机误差 $\varepsilon_i$的方差。

在空间目标跟踪测量中，光学及无线电设备等获得的观测数据序列 $x_i(i=1,2,\cdots,n)$是一个等间隔时间序列，现对它做 $p$ 阶前向差分，当 $p+1<n$ 时，一阶差分为

$$\Delta x_i=x_{i+1}-x_i \tag{2-17}$$

二阶差分为

$$\Delta^2 x_i=\Delta x_{i+1}-\Delta x_i \tag{2-18}$$

$p$ 阶差分为

$$\Delta^p x_i = \sum_{j=0}^{p} (-1)^j C_p^j x_{i+p-j} \tag{2-19}$$

式中：$C_p^j=\dfrac{p!}{j!(p-j)!}$。

由于 $\Delta^p x_i=\Delta^p y_i+\Delta^p \varepsilon_i$，显然，当 $p=m$ 时，$\Delta^p y_i$为常数，所以当 $p\geqslant m+1$ 时有

$\Delta^p y_i=0$，此时序列$\{\Delta^p x_i\}$是一个数学期望为零的随机序列，且由下式表示：

$$\Delta^p x_i = \Delta^p \varepsilon_i = \sum_{j=0}^{p} (-1)^j C_p^j \varepsilon_{i+p-j} \tag{2-20}$$

序列$\{\Delta^p x_i\}$的方差为

$$D(\Delta^p x_i) = D\left(\sum_{j=0}^{p} (-1)^j C_p^j \varepsilon_{i+p-j}\right) = \sum_{j=0}^{p} [(-1)^j C_p^j]^2 D(\varepsilon_{i+p-j}) = \sum_{j=0}^{p} (C_p^j)^2 \sigma^2 \tag{2-21}$$

容易证明 $\sum_{j=0}^{p} (C_p^j)^2 = C_{2p}^p$，故式（2-21）可表示为

$$D(\Delta^p x_i) = C_{2p}^p \sigma^2 \tag{2-22}$$

式中：$D(\Delta^p x_i)$为$t_i$时刻观测数据$p$阶差分$\Delta^p x_i$的方差。

为了尽可能应用所有的差分信息准确估计观测数据的方差，需求平方和 $\sum_{i=1}^{n-p} (\Delta^p x_i)^2$，其中$p=m+1$，现在对其取数学期望，并利用$\Delta^p y_i=0$和式（2-22），可以得到：

$$E\left[\sum_{i=1}^{n-p} (\Delta^p x_i)^2\right] = (n-p) C_{2p}^p \sigma^2 \tag{2-23}$$

由此可得统计量为

$$\hat{\sigma}_p^2 = \sum_{i=1}^{n-p} (\Delta^p x_i)^2/(n-p)/C_{2p}^p \tag{2-24}$$

式（2-24）是$\sigma^2$的无偏估计，而均方差$\sigma$的估计可用下式得到：

$$\hat{\sigma} = \sqrt{\frac{\sum_{i=1}^{n-p} (\Delta^p x_i)^2}{(n-p) C_{2p}^p}} \tag{2-25}$$

### 2.3.3 最小二乘估计算法

最小二乘估计算法是理论和工程中统计随机误差的常用方法，特别是线性模型参数的估计问题，最小二乘估计结果往往是最优的。

设观测数据序列$x_i(i=1,2,\cdots,n)$，可用$m$阶多项式表示为

$$x_i = y_i + \varepsilon_i = \sum_{j=0}^{m} a_j t_i^j + \varepsilon_i \tag{2-26}$$

其中，多项式表示真实信号和系统误差服从的模型，$\varepsilon_i$为随机误差。不难知道，只要准确确定了多项式系数$a_j$，则式（2-26）也就确定了。假设观测数据的随机误差序列$\varepsilon_i(i=1,2,\cdots,n)$无偏、等方差且不相关，则当$n>m+1$时，对于$n$个观测数据$x_i(i=1,2,\cdots,n)$，可利用最小二乘估计算法估计出多项式的拟合系数$a_j$。

对于 $n$ 个观测数据 $x_i(i=1,2,\cdots,n)$，将式（2-26）写成矩阵形式：

$$\boldsymbol{X}=\boldsymbol{H}\boldsymbol{a}+\boldsymbol{\varepsilon} \tag{2-27}$$

其中

$$\boldsymbol{H}=\begin{bmatrix}1 & t_1 & \cdots & t_1^m\\ 1 & t_2 & \cdots & t_2^m\\ \vdots & \vdots & \ddots & \vdots\\ 1 & t_n & \cdots & t_n^m\end{bmatrix};\quad \boldsymbol{X}=\begin{bmatrix}x_1\\ x_2\\ \vdots\\ x_n\end{bmatrix};\quad \boldsymbol{a}=\begin{bmatrix}a_1\\ a_2\\ \vdots\\ a_m\end{bmatrix};\quad \boldsymbol{\varepsilon}=\begin{bmatrix}\varepsilon_1\\ \varepsilon_2\\ \vdots\\ \varepsilon_n\end{bmatrix}$$

取使式（2-27）残差平方和

$$\boldsymbol{Q}=(\boldsymbol{X}-\boldsymbol{H}\hat{\boldsymbol{a}})^2(\boldsymbol{X}-\boldsymbol{H}\hat{\boldsymbol{a}}) \tag{2-28}$$

达到最小的$\hat{\boldsymbol{a}}$作为未知参数向量 $\boldsymbol{a}$ 的估计。取极值并经整理，不难得到：

$$\hat{\boldsymbol{a}}=(\boldsymbol{H}^{\mathrm{T}}\boldsymbol{H})^{-1}\boldsymbol{H}^{\mathrm{T}}\boldsymbol{X} \tag{2-29}$$

将式（2-29）代入式（2-26），可得到观测数据 $x_i$的拟合估计值为

$$\hat{x}_i=\sum_{j=0}^{m}\hat{a}_j t_i^j \tag{2-30}$$

观测数据的残差平方和为

$$\sum_{i=1}^{n}(x_i-\hat{x}_i)^2=\sum_{i=1}^{n}\left(x_i-\sum_{j=0}^{m}\hat{a}_j t_i^j\right)^2 \tag{2-31}$$

观测数据随机误差序列方差 $\sigma^2$的无偏估计为

$$\hat{\sigma}^2=\frac{\sum_{i=1}^{n}\left(x_i-\sum_{j=1}^{m}\hat{a}_j t_i^j\right)^2}{n-m-1} \tag{2-32}$$

随机误差的均方差 $\sigma$ 的估计为

$$\hat{\sigma}=\left[\frac{\sum_{i=1}^{n}\left(x_i-\sum_{j=1}^{m}\hat{a}_j t_i^j\right)^2}{n-m-1}\right]^{1/2} \tag{2-33}$$

## 2.3.4 容错最小二乘估计算法

**1. 算法模型的建立**

首先对最小二乘曲线拟合法进行容错改进。具体地，对测量数据的任意局部弧段进行容错曲线拟合：

$$\tilde{\tilde{y}}(t)=\hat{a}_0+\hat{a}_1 t+\cdots+\hat{a}_p t^p \tag{2-34}$$

其中，拟合系数的容错估计为

$$\begin{pmatrix}\hat{a}_0\\ \vdots\\ \hat{a}_p\end{pmatrix}=(\boldsymbol{X}^{\mathrm{T}}\boldsymbol{X})^{-1}\boldsymbol{X}^{\mathrm{T}}\begin{pmatrix}\tilde{\tilde{y}}(t_{i-s})\\ \vdots\\ \tilde{\tilde{y}}(t_{i+s})\end{pmatrix} \tag{2-35}$$

式（2-35）中，

$$\begin{cases}\tilde{\tilde{y}}(t_i)=\hat{y}(t_i)+\phi[y(t_i)-\hat{y}(t_i),c]\\ \hat{y}(t_i)=(t_i^0,\cdots,t_i^p)(\boldsymbol{X}^{\mathrm{T}}\boldsymbol{X})^{-1}\boldsymbol{X}^{\mathrm{T}}\begin{pmatrix}y(t_{i-s})\\ \vdots\\ y(t_{i+s})\end{pmatrix}\end{cases};\quad \phi(x,c)=\begin{cases}x(|x|\leqslant c)\\ c(|x|>c)\end{cases}$$

得到均方差的容错估计：

$$\hat{\sigma}_{ic}=\left[\frac{1}{2s+1}\sum_{j=i-s}^{i+s}\phi^2(y(t_i)-\tilde{\tilde{y}}(t_i),c)\right]^{\frac{1}{2}} \tag{2-36}$$

批处理式总量估计算法：

$$\hat{\sigma}_{c}=\left[\frac{1}{n-p}\sum_{i=1}^{n-p}\phi^2(y(t_i)-\tilde{\tilde{y}}(t_i),c)\right]^{\frac{1}{2}} \tag{2-37}$$

**2. 算法流程**

根据 2.2.4 中 1 节的方法，设计容错最小二乘算法流程，如图 2-1 所示。

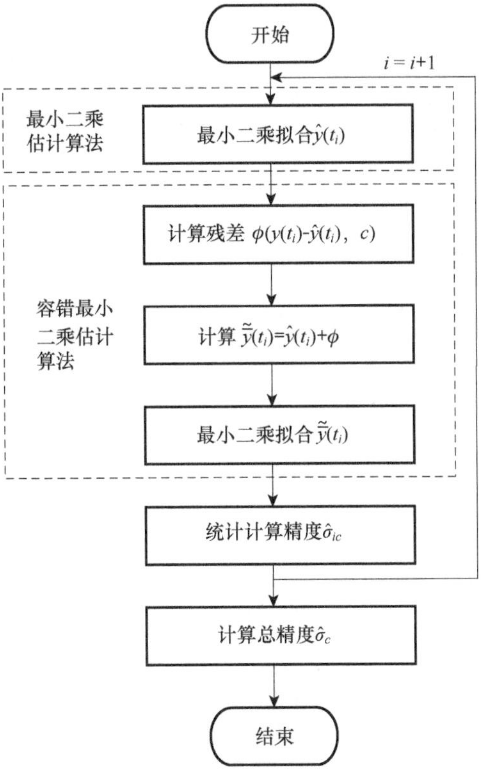


**图 2-1　容错最小二乘算法流程图**

**3. 效果分析**

雷达设备是空间运动目标跟踪测量的主要地面设备，在跟踪过程中，由于受雷达设备性能、机理和工作范围的制约，经常会出现高仰角或低仰角跟踪以及动态滞后等情况，导致测量数据出现异常。在某实际目标跟踪测量任务中，某雷达测角数据中方位角、俯仰角数据分别在 129. 70 ~ 130. 50s、148. 60 ~ 149. 35s 出现异常，为连续 16 个点、13 个点的斑点型异常数据，如图 2-2 和图 2-3 所示，分别应用传统最小二乘估计算法和容错最小二乘估计算法对此测角数据进行随机误差统计。

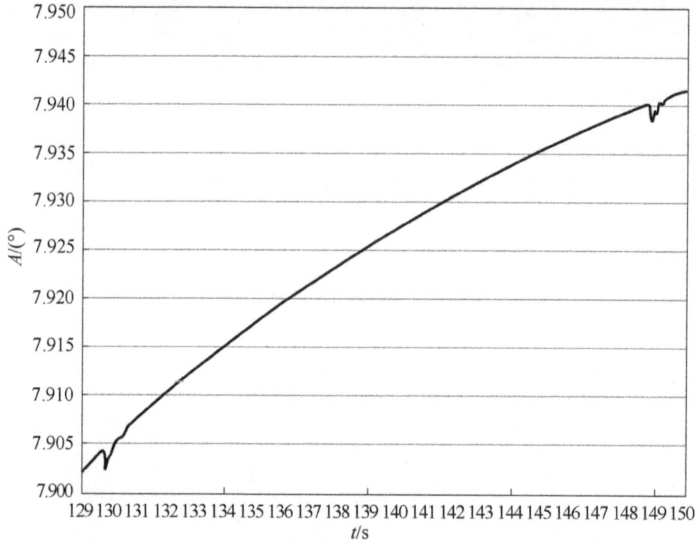


(a)

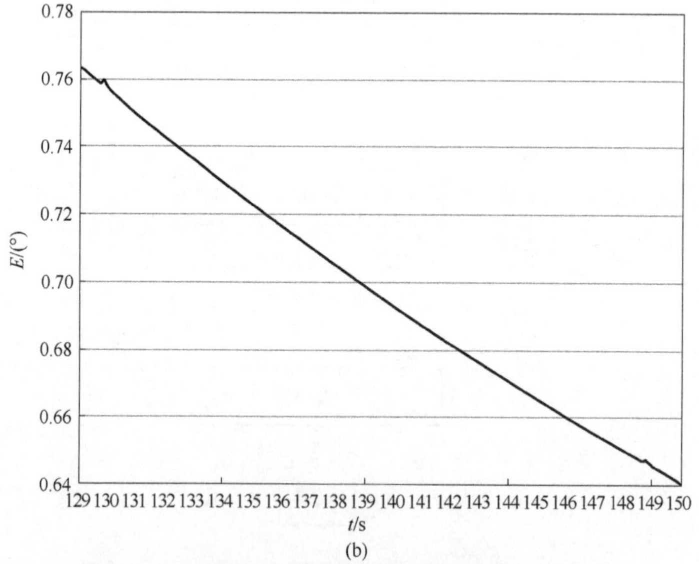


(b)

**图 2-2 某雷达含异常值的测角数据曲线（局部）**

（a）方位角数据；（b）俯仰角数据。

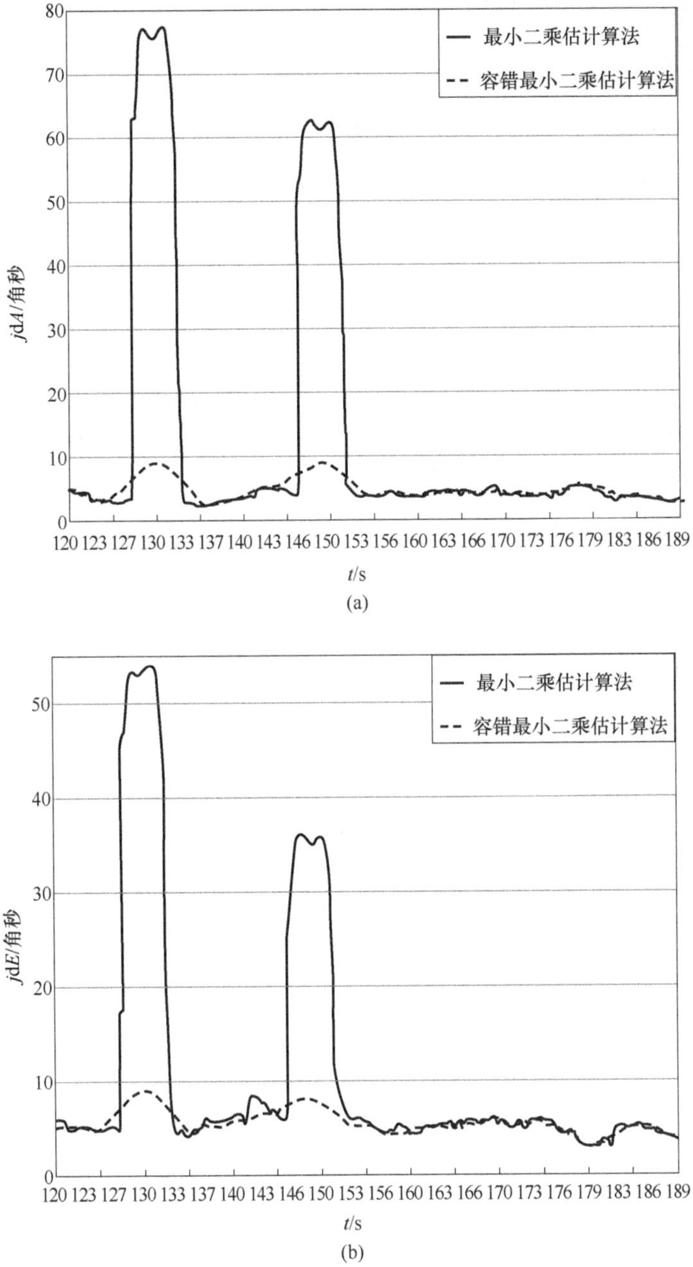


**图 2-3 用两种方法统计某雷达测角数据随机误差曲线（局部）**

（a）方位角数据；（b）俯仰角数据。

从图 2-2 和图 2-3 可以看出，在测量数据异常弧段，用现有的最小二乘估计算法统计的随机误差数据呈现明显的“鼓包”状，与前后正常统计数据相比，量值明显偏大。在同样的时间段采用容错最小二乘估计算法进行随机误差统计，统计结果明显好于传统的最小二乘估计算法，而且趋势更加平稳。

## 2.4 系统误差辨识与修正

### 2.4.1 系统误差模型的诊断和检测

测量设备、测量原理以及测量环境的复杂性，导致了观测数据包含的系统误差形式的多样性，诸如时间不对齐系统误差、测量设备三轴不正交引入的轴系误差、测角系统的动态滞后误差、站址误差、跟踪部位误差、距离变化率慢漂误差、电波折射误差等。如何对测量数据中是否存在上述系统误差进行诊断是测量数据处理的首要任务，是对存在的系统误差进行估计和修正的前提，也是对测量数据进行质量分析和对测量数据处理结果进行评价的重要手段。

误差诊断的原理是在实际数据存在某项误差的情况下，仍然采用不存在该项误差的模型方法进行处理，对处理结果进行分析，提取处理结果的特征从而对误差进行诊断。

下面用时间不对齐系统误差的诊断来说明误差诊断的原理。以连续波雷达系统为例，它的测量元素为 $S$、$P$、$Q$，其变化率为 $\dot{S}$、$\dot{P}$、$\dot{Q}$，$S$ 表示从中心发射机到目标再到中心接收机的距离的和，$P$ 和 $Q$ 分别表示副站与中心站到目标的距离的差，$S(t)$、$\dot{S}(t)$ 的测量数据有如下匹配模型：

$$\begin{cases} Y_S(t)=S(t)+\varepsilon_1(t) \\ Y_{\dot{S}}(t)=\dot{S}(t)+\varepsilon_2(t) \end{cases} \tag{2-38}$$

若测距与测速存在时间不对齐误差 $\tau$，则实际模型应为

$$\begin{cases} Y_S(t)=S(t)+\varepsilon_1(t) \\ Y_{\dot{S}}(t)=\dot{S}(t+\tau)+\varepsilon_2(t) \end{cases} \tag{2-39}$$

$S(t)$、$\dot{S}(t)$ 可用三次样条函数进行逼近，有

$$\begin{cases} S(t)=\sum\limits_{j=1}^{M} b_j B\left(\dfrac{t-T_j}{h}\right) \\ \dot{S}(t)=\sum\limits_{j=1}^{M} \dfrac{b_j}{h}\dot{B}\left(\dfrac{t-T_j}{h}\right) \end{cases} \tag{2-40}$$

式中：$B$ 为三次样条函数；$T_j(j=1,2,\cdots M)$ 为样条节点；$h$ 为步长。

设采样时刻为 $t_1,t_2,\cdots,t_n$，则可得实际数据的向量模型为

$$\begin{cases} \boldsymbol{Y}=\boldsymbol{W}+\boldsymbol{Z} \\ \boldsymbol{W}=\boldsymbol{\beta X}+\boldsymbol{\varepsilon} \end{cases} \tag{2-41}$$

式中：$\boldsymbol{\beta}=(b_1,b_2,\cdots,b_n)^{\mathrm{T}}$，$\boldsymbol{\varepsilon}=(\boldsymbol{\varepsilon}_1,\boldsymbol{\varepsilon}_2)^{\mathrm{T}}$，假设 $\boldsymbol{\varepsilon}\sim N(0,1)$，有

$$\begin{cases}\boldsymbol{Y}=(\boldsymbol{Y}_S,\boldsymbol{Y}_{\dot{S}})^{\mathrm{T}}\\ \boldsymbol{Y}_S=(Y_S(t_1),Y_S(t_2),\cdots Y_S(t_n))^{\mathrm{T}}\\ \boldsymbol{Y}_{\dot{S}}=(Y_{\dot{S}}(t_1),Y_{\dot{S}}(t_2),\cdots Y_{\dot{S}}(t_n))^{\mathrm{T}}\end{cases} \tag{2-42}$$

$$\begin{cases}\boldsymbol{W}=(\boldsymbol{W}_S,\boldsymbol{W}_{\dot{S}})^{\mathrm{T}}\\ \boldsymbol{W}_S=\boldsymbol{Y}_S\\ \boldsymbol{W}_{\dot{S}}=(Y_{\dot{S}}(t_1)-\ddot{S}(t_1)\boldsymbol{\tau},Y_{\dot{S}}(t_2)-\ddot{S}(t_2)\boldsymbol{\tau},\cdots,Y_{\dot{S}}(t_n)-\ddot{S}(t_n)\boldsymbol{\tau})^{\mathrm{T}}\end{cases} \tag{2-43}$$

$$\begin{cases}\boldsymbol{Z}=(\boldsymbol{Z}_S,\boldsymbol{Z}_{\dot{S}})^{\mathrm{T}}\\ \boldsymbol{Z}_S=(0,\cdots 0)^{\mathrm{T}}\\ \boldsymbol{Z}_{\dot{S}}=(\ddot{S}(t_1)\boldsymbol{\tau},\ddot{S}(t_2)\boldsymbol{\tau},\cdots,\ddot{S}(t_n)\boldsymbol{\tau})^{\mathrm{T}}\end{cases} \tag{2-44}$$

采用模型 $\boldsymbol{Y}=\boldsymbol{X\beta}+\boldsymbol{\varepsilon}$，可得 $\boldsymbol{\beta}$ 的最小估计为

$$\hat{\boldsymbol{\beta}}=(\boldsymbol{X}^{\mathrm{T}}\boldsymbol{X})^{-1}\boldsymbol{X}^{\mathrm{T}}\boldsymbol{Y}=(\boldsymbol{X}^{\mathrm{T}}\boldsymbol{X})^{-1}\boldsymbol{X}^{\mathrm{T}}(\boldsymbol{W}+\boldsymbol{Z}) \tag{2-45}$$

分析产生的残差数据：

$$\begin{aligned}\boldsymbol{Y}-\boldsymbol{X}\hat{\boldsymbol{\beta}}&=\boldsymbol{W}+\boldsymbol{Z}-\boldsymbol{X}(\boldsymbol{X}^{\mathrm{T}}\boldsymbol{X})^{-1}\boldsymbol{X}^{\mathrm{T}}\boldsymbol{W}-\boldsymbol{X}(\boldsymbol{X}^{\mathrm{T}}\boldsymbol{X})^{-1}\boldsymbol{X}^{\mathrm{T}}\boldsymbol{Z}\\ &=(\boldsymbol{I}-\boldsymbol{X}(\boldsymbol{X}^{\mathrm{T}}\boldsymbol{X})^{-1}\boldsymbol{X}^{\mathrm{T}})\boldsymbol{W}-(\boldsymbol{I}-\boldsymbol{X}(\boldsymbol{X}^{\mathrm{T}}\boldsymbol{X})^{-1}\boldsymbol{X}^{\mathrm{T}})\boldsymbol{Z}\\ &=\boldsymbol{\varepsilon}-\begin{bmatrix}\boldsymbol{I}_S-\boldsymbol{X}_S(\boldsymbol{X}^{\mathrm{T}}\boldsymbol{X})^{-1}\boldsymbol{X}_S^{\mathrm{T}} & -\boldsymbol{X}_S(\boldsymbol{X}^{\mathrm{T}}\boldsymbol{X})^{-1}\boldsymbol{X}_{\dot{S}}^{\mathrm{T}}\\ -\boldsymbol{X}_{\dot{S}}(\boldsymbol{X}^{\mathrm{T}}\boldsymbol{X})^{-1}\boldsymbol{X}_S^{\mathrm{T}} & \boldsymbol{I}_{\dot{S}}-\boldsymbol{X}_{\dot{S}}(\boldsymbol{X}^{\mathrm{T}}\boldsymbol{X})^{-1}\boldsymbol{X}_{\dot{S}}^{\mathrm{T}}\end{bmatrix}\begin{bmatrix}\boldsymbol{0}\\ \boldsymbol{Z}_{\dot{S}}\end{bmatrix}\\ &=\boldsymbol{\varepsilon}+\begin{bmatrix}\boldsymbol{X}_S(\boldsymbol{X}^{\mathrm{T}}\boldsymbol{X})^{-1}\boldsymbol{X}_S^{\mathrm{T}}\boldsymbol{Z}_{\dot{S}}\\ -(\boldsymbol{I}_{\dot{S}}-\boldsymbol{X}_{\dot{S}}(\boldsymbol{X}^{\mathrm{T}}\boldsymbol{X})^{-1}\boldsymbol{X}_{\dot{S}}^{\mathrm{T}})\dot{\boldsymbol{Z}}\end{bmatrix}\end{aligned} \tag{2-46}$$

从而有数据残差：

$$\begin{cases}\boldsymbol{Y}_S-\hat{\boldsymbol{Y}}_S=\boldsymbol{X}_S(\boldsymbol{X}^{\mathrm{T}}\boldsymbol{X})^{-1}\boldsymbol{X}_S^{\mathrm{T}}\boldsymbol{Z}_{\dot{S}}+\boldsymbol{\varepsilon}_1\\ \boldsymbol{Y}_{\dot{S}}-\hat{\boldsymbol{Y}}_{\dot{S}}=-(\boldsymbol{I}_{\dot{S}}-\boldsymbol{X}_{\dot{S}}(\boldsymbol{X}^{\mathrm{T}}\boldsymbol{X})^{-1}\boldsymbol{X}_{\dot{S}}^{\mathrm{T}})\boldsymbol{Z}_{\dot{S}}+\boldsymbol{\varepsilon}_2\end{cases} \tag{2-47}$$

需要指出的是，实际数据中不只存在一种误差，残差数据还可能表现出几种误差特征的组合形式，一方面要结合工程实际背景知识仔细分析；另一方面可在假设条件下做实际误差估计，对估计的误差合理性进行检验；同时结合这两个方面最终给出正确的判断。

假设随机误差为零均值的时间序列，并假设建立了准确的飞行轨迹参数模型，那么正确的数据处理结果必须满足以下 3 点：首先，各测量元素的残差应不含明显趋势项，判断残差是否含趋势项，最简单有效的方法是看残差图，也可以用统计方法，如估计均值、方差、时序变化规律、频谱等；其次，估计的系统误

差大小量级、符号等应符合工程背景；最后，在确定误差模型后，各测量元素组合的联合模型得到的估计结果，其估计值的差别应该最小，而且在一定的权重范围内，其估计结果应该是稳定的。此外，系统误差的估计值也应该差别不大，否则，极有可能还有其他较大的系统误差项没有考虑在内。

### 2.4.2 常值系统误差的诊断

常值系统误差以大小和符号固定的形式存在于测量数据中，它仅影响测量的算术平均值，并不影响其测量误差的分布规律，对残差和标准差无影响。

检验系统误差中是否含有常值误差，通常假设系统误差是常值误差。首先拟定一条飞行轨迹，加入系统误差，包含常值误差和动态误差，在假设只含常值误差的情况下进行滤波处理，观察补偿后的数据与理论值的误差分布。

用卡尔曼滤波估计出系统误差，观察系统误差的图形就可以判断假设是否成立，如果系统误差是常值误差，那么误差图形最后应该近似一条非零值的水平线，否则系统误差不是常值。若用最小二乘方法估计系统误差，则需要用估算出的系统误差对测量元素进行补偿，比较补偿后的飞行轨迹参数与理论值，当其差值在零附近一定范围内波动时表明系统误差为常值误差。

下面以雷达测量为例说明常值系统误差诊断的方法。首先设定出理论弹道，加入常值系统误差和动态系统误差，假设系统误差是常值，进行数据处理，可以用卡尔曼滤波或者最小二乘法。

动态误差模型用测量元素的一阶导数的线性关系表示，测量元素 $R$（斜距）、$E$（俯仰角）、$A$（方位角）的表达式为

$$\begin{cases} R=\sqrt{x^2+y^2+z^2} \\ E=\arctan\dfrac{z}{\sqrt{x^2+y^2}} \\ A=\arctan\dfrac{y}{x} \end{cases} \tag{2-48}$$

测量元素 $R$、$A$、$E$ 的一阶导数分别为

$$\begin{cases} R_c=\dfrac{x\partial_x+y\partial_y+z\partial_z}{\sqrt{x^2+y^2+z^2}} \\ E_c=\dfrac{\partial_z(x^2+y^2)-zx\partial_y}{(x^2+y^2+z^2)\sqrt{x^2+y^2}} \\ A_c=\dfrac{-y\partial_x+x\partial_y}{x^2+y^2} \end{cases} \tag{2-49}$$

根据基本的运动学知识，假设理论飞行轨迹为

$$\begin{cases}x(i)=x(i-1)+v_x(i-1)T+\dfrac{1}{2}a_x(i-1)T^2\\ y(i)=y(i-1)+v_y(i-1)T+\dfrac{1}{2}a_y(i-1)T^2\\ z(i)=z(i-1)+v_z(i-1)T+\dfrac{1}{2}a_z(i-1)T^2\end{cases}$$

其中

$$\begin{cases}v_x(i)=v_x(i-1)+a_x(i-1)T\\ v_y(i)=v_y(i-1)+a_y(i-1)T\\ v_z(i)=v_z(i-1)+a_z(i-1)T\end{cases}$$

$$\begin{cases}a_x(i)=20+2\times \text{normrnd}(0,1)\\ a_y(i)=20+2\times \text{normrnd}(0,1)\\ a_z(i)=20+2\times \text{normrnd}(0,1)\end{cases}$$

其中，$i=1,2,\cdots,1000$；normrnd(0,1)表示服从均值为 0、方差为 1 的正态分布的随机数。设定 $x(0)=1000$，$y(0)=5000$，$z(0)=5000$，$v_x=50$，$v_y=-100$，$v_z=200$，$T=0.02$。在雷达测量坐标系中，目标位置参数为

$$\begin{bmatrix}x_{ci}\\ y_{ci}\\ z_{ci}\end{bmatrix}=\boldsymbol{B}_i^{\mathrm{T}}\begin{bmatrix}x\\ y\\ z\end{bmatrix}-\begin{bmatrix}0\\ 0\\ R_{\mathrm{g}}\end{bmatrix}$$

其中，$i=1,2$；$\boldsymbol{B}_i=\begin{bmatrix}-\sin\lambda_i & -\cos\lambda_i\sin\varphi_i & \cos\varphi_i\cos\lambda_i\\ \cos\lambda_i & -\sin\lambda_i\sin\varphi_i & \cos\varphi_i\sin\lambda_i\\ 0 & \cos\varphi_i & \sin\varphi_i\end{bmatrix}$，$R_{\mathrm{g}}=6371\mathrm{km}$ 是地球半径，两个雷达的位置经纬度分别为$\left(\dfrac{\pi}{3},\dfrac{\pi}{4}\right)$和$\left(\dfrac{\pi}{4},\dfrac{\pi}{3}\right)$。

雷达测量数据可以表示为

$$\begin{cases}R(i)=\sqrt{x_c(i)^2+y_c(i)^2+z_c(i)^2}+b_R+b_{cR}+\varepsilon_R\\ E(i)=\arctan\dfrac{z_c(i)}{\sqrt{x_c^2(i)+y_c^2(i)}}+b_E+B_{cE}+\varepsilon_E\\ A(i)=\arctan\dfrac{y_c(i)}{x_c(i)}+b_A+b_{cA}+\varepsilon_A\end{cases} \tag{2-50}$$

式中：$b_R$、$b_A$、$b_E$分别为测量元素斜距、方位角、俯仰角的常值系统误差；$b_{cR}$、$b_{cA}$、$b_{cE}$分别为测量元素的动态系统误差；$\varepsilon_R$、$\varepsilon_A$、$\varepsilon_E$分别为测量元素的随机误差。

两个雷达的测量数据的常值系统误差理论值分别为(20,0.001,0.001)，

(18,0.0012,0.0012)；动态系统理论误差分别为($6R_c$,$0.5A_c$,$0.8E_c$)，($8R_c$,$0.65A_c$,$0.5E_c$)；随机误差的理论方差分别为(1,0.0005,0.0006)，(1,0.0004,0.0005)。

假设只存在常值系统误差，利用最小二乘法对测量数据滤波，估算出常值系统误差来补偿测量元素数据，计算出飞行目标位置参数。

### 2.4.3 光电波折射误差修正

电（光）波在空间传播时，因大气层疏密不均而发生折射，从而使测量设备测得的数据包含较大的折射误差，该误差是影响数据质量的最主要误差源之一。因此，如何有效估计和修正该误差，已成为理论和工程着力解决的问题。显然，要精确估计该误差，必须要有较为准确的大气模型以及算法，另外，还要根据测量元素的不同给出相应的修正方法。

**1. 光电波折射误差基本模型**

1）测距数据折射误差修正模型

$$\Delta R=R-r_M\sin\varphi\sec\left\{\arctan\frac{r_M\cos\varphi-r_0}{r_M\sin\varphi}\right\} \tag{2-51}$$

式中：$r_M$为目标地心距；$\varphi$为地心夹角。

2）测角数据电波折射误差修正模型

$$\Delta E=E-\arctan\frac{r_M\cos\varphi-r_0}{r_M\sin\varphi} \tag{2-52}$$

3）测速数据电波折射误差修正模型

$$\Delta\dot{R}=\frac{n(r_M)l_1'-l_1,n(r_M)m_1'-m_1,n(r_M)n_1'-n_1}{n(r_M)}\begin{bmatrix}l_1' & m_1' & n_1'\\1 & 0 & 0\\0 & 1 & 0\end{bmatrix}^{-1}\begin{bmatrix}\dot{R}\\n(r_M)\dot{x}\\n(r_M)\dot{y}\end{bmatrix} \tag{2-53}$$

式中：$n(r_M)$为目标处电波折射指数；$(l_1',m_1',n_1')$为目标处波迹切矢的方向余弦；$(\dot{x},\dot{y})$为目标速度分量。

**2. 折射误差修正的迭代计算**

假设有一个观测站$A$和空中目标$M$，如图2-4所示。$h_d$和$h_M$分别为$A$和$M$距地面的高度，$h_d$一般为雷达等观测设备天线旋转中心距地面的高度，$t$时刻它们之间的直线距离为$R$。设$t$时刻由目标$M$到观测站$A$的电波所走的真实路径（或波迹）为$R_e^0$。由于波速变化和路径弯曲，电波从$A$传播到$M$处的时间$\Delta t$不再等于两点的直线距离$R$与光速$C$的比，而是曲线的积分，即

$$\Delta t=\frac{1}{C}\int_0^{R_e^0}n(r)\mathrm{d}r \tag{2-54}$$

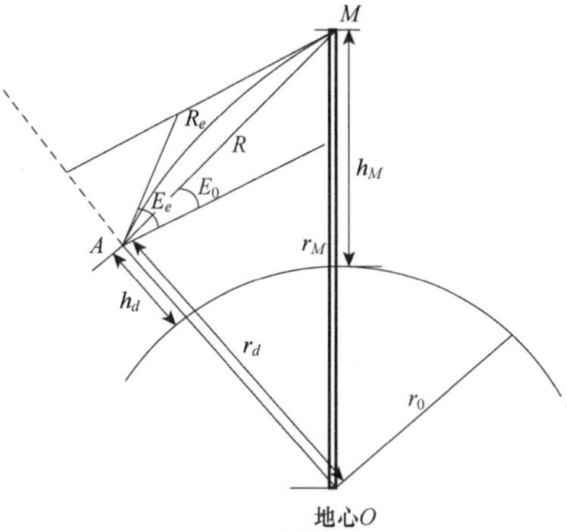


**图 2-4　电波空间传播示意图**

将式（2-54）乘以光速 $C$ 为视在距离 $R_e$，此为测量设备所观测到的量。

同样，受折射影响，$A$ 发出的电波不指向目标 $M$，而是指向 $A$ 处电波的切线方向，它与过 $A$ 点的圆球切面夹角为视在仰角 $E_e$，设备观测到的仰角就是视在仰角。

脉冲雷达的测量元素为斜距 $R$、方位角 $A$ 和俯仰角 $E$。假设地球为圆球且大气结构水平均匀，方位角 $A$ 不受折射影响，所以仅考虑距离和俯仰角的修正。雷测数据处理常用的电波折射误差修正方法就是对大气层进行球形分层，测量每个分层节点处的大气参数，利用某种折射指数模型计算出测站所在地的折射率，然后高斯积分求出视在距离 $R_e$，最后求电波折射误差。具体修正步骤如下。

（1）目标地心距初值 $r_c$ 的计算：

$$r_c=(R_c^2+r_a^2+2R_cr_a\sin E_c)^{\frac{1}{2}} \tag{2-55}$$

式中：$R_c$、$E_c$ 为设备测得的视在距离及视在仰角；$r_a(r_a=r_d+h_d)$ 为测站地心距。

（2）测站折射常数 $C_a$ 的计算：

$$C_a=r_an(r_a)\cos E_e \tag{2-56}$$

（3）以 $r_a$ 为积分下限、$r_c$ 为积分上限，计算视在距离 $R_e$：

$$R_e=\int_{r_a}^{r_c}\frac{n^2\tau\mathrm{d}\tau}{\sqrt{n^2\tau^2-n(r_a)^2r_a^2\cos^2E_c}}=\int_{r_a}^{r_c}g(\tau)\mathrm{d}\tau=\sum_{j=1}^{L}\Delta r_j\sum_{k=1}^{4}C_kg(\tau_{j,k}) \tag{2-57}$$

（4）迭代计算，判别

若 $|R_e-R_c|<\varepsilon$，则令 $r_M=r_c$

若$|R_e-R_c|\geqslant\varepsilon$，则令$\begin{cases} r_c=r_c+\dfrac{|R_e-R_c|}{2} & (R_e>R_c) \\ r_c=r_c-\dfrac{|R_e-R_c|}{2} & (R_e<R_c) \end{cases}$

（5）继续运算得到新的 $r_c$，重复步骤（3）和步骤（4），反复计算，直至$|R_e-R_c|<\varepsilon$ 时迭代结束并取 $r_M=r_c$。

（6）以所得 $r_M$为上限，$r_a$为下限计算地心夹角 $\phi$：

$$\phi=\int_{r_a}^{r_M}\frac{n(r_d)r_d\cos E_c\mathrm{d}r}{r\sqrt{n(r)^2r^2-n(r_d)^2r_d^2\cos^2E_c}}=\int_{r_a}^{r_M}f(\tau)=\sum_{j=1}^{L}\Delta r_j\sum_{k=1}^{4}C_kF(\tau_{j,k}) \tag{2-58}$$

（7）计算目标相对测站的真实仰角$\overline{E}_i$与真实斜距$\overline{R}_i$：

$$\begin{cases} \overline{E}_i=\arctan^{-1}\dfrac{r_M\cos\phi-r_a}{r_M\sin\phi} \\ \overline{R}_i=\dfrac{r_M\sin\varphi}{\cos\overline{E}_i} \end{cases} \tag{2-59}$$

**3. 基于测角的折射误差修正方法**

在无测距数据情况下，要完成折射误差的修正，首先必须利用两个以上测站的测角信息求解目标的坐标初值。

不妨设观测数据为 $A_i$、$E_i(i=1,2,\cdots)$，且假设各站观测数据均已转换到同一坐标系下，如图 2-5 所示。

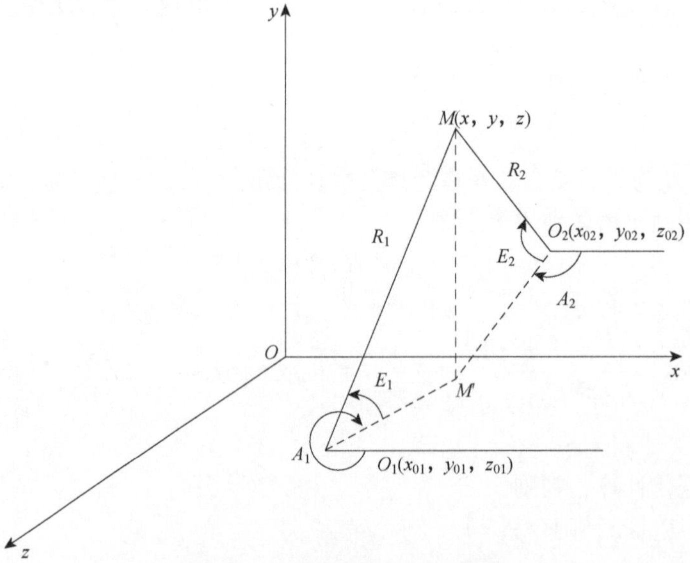


**图 2-5 测站与目标关系示意图**

（1）设目标到测站的距离分别为 $R_1$、$R_2$，则目标在直角坐标系中的坐标为

$$\begin{cases}x=x_{0i}+R_i\cos E_i\cos A_i\\ y=y_{0i}+R_i\sin E_i\\ z=z_{0i}+R_i\cos E_i\sin A_i\end{cases} \tag{2-60}$$

式中：$i$ 为测站编号，$i=1,2$。

（2）由式（2-60）可得

$$\begin{cases}R_1=\dfrac{(x_{01}-x_{02})\sin A_2-(z_{01}-z_{02})\cos A_2}{\cos E_1\sin(A_1-A_2)}\\ R_2=\dfrac{(x_{01}-x_{02})\sin A_1-(z_{01}-z_{02})\cos A_1}{\cos E_2\sin(A_1-A_2)}\end{cases} \tag{2-61}$$

（3）由图2-5可知，测站到目标的观测线方向余弦为

$$\begin{cases}l_i=\cos E_i\cos A_i\\ m_i=\sin E_i\\ n_i=\cos E_i\sin A_i\end{cases} \tag{2-62}$$

（4）根据最小二乘原理，计算得到目标的初始坐标为

$$\begin{cases}x=\dfrac{1}{2}\sum\limits_{i=1}^{2}(l_iR_i+x_{0i})\\ y=\dfrac{1}{2}\sum\limits_{i=1}^{2}(m_iR_i+y_{0i})\\ z=\dfrac{1}{2}\sum\limits_{i=1}^{2}(n_1R_i+z_{0i})\end{cases} \tag{2-63}$$

（5）计算目标到地心的距离：

$$r_M=[x^2+(y+r_a)^2+z^2]^{\frac{1}{2}} \tag{2-64}$$

其中，$r_a=r_d+h_d$。

（6）由式（2-64）确定目标地心夹角 $\varphi$，计算目标真实仰角 $E$：

$$E=\arctan\frac{r_M\cos\varphi-r_a}{r_M\sin\varphi} \tag{2-65}$$

（7）第一次计算的 $E$ 记为 $E_i^1$，用其代替 $E_i$ 重复以上有关步骤，以此类推，直到 $|E_i^n-E_i^{n-1}|<\varepsilon$，其中 $\varepsilon$ 为迭代门限，$i=1,2$ 为测站编号，根据需要选取。由此可求出经折射误差修正后的目标真实仰角 $E_i$：

$$E_i=E_i^n \tag{2-66}$$

**4. 基于测速的折射误差修正方法**

在仅有测速元素的多测速系统，每台设备不能独立定位，测速电波折射修正需要目标的一条初始轨迹，经过多次迭代计算测站处目标视在仰角。

设某测速雷达的测站站址，即测速雷达的天线位置为$(x_0,y_0,z_0)$，目标初始轨迹为$(x、y、z、\dot{x}、\dot{y}、\dot{z})$，目标处的电波折射率为$n_{MM}$，目标处地面一点折射率为$n_0$。其折射误差修正具体步骤如下。

（1）计算测站至地心距离$r_0$：

$$r_0=\sqrt{(x_0-x_d)^2+(y_0-y_d)^2+(z_0-z_d)^2}$$

（2）计算目标至地心距离$r_M$：

$$r_M=\sqrt{(x-x_d)^2+(y-y_d)^2+(z-z_d)^2}$$

（3）计算目标至测站距离$R_0$：

$$R_0=\sqrt{(x_0-x)^2+(y_0-y)^2+(z_0-z)^2}$$

（4）计算目标与测站间的地心夹角$\varphi$：

$$\varphi=\arccos\frac{r_0^2+r_M^2-R_0^2}{2r_0r_M}$$

（5）计算真实仰角$E_0$：

$$E_0=\arccos\frac{R_0^2+r_0^2-r_M^2}{2r_0R_0}-\frac{\pi}{2}$$

（6）给定迭代初值$\Delta\theta^{(0)}=0$，$\overline{E}^{(0)}=E_0$，$\overline{E}$为测站处视在仰角，有

$$\begin{cases}\overline{E}^{(i)}=\overline{E}^{(i-1)}+\Delta\theta^{(i-1)}\\ \varphi^{(i)}=n_0r_0\cos(\overline{E}^{(i)})\displaystyle\int_{r_0}^{r_M}\frac{1}{r\sqrt{n^2r^2-n_0^2r_0^2\cos^2(\overline{E}^{(i)})}}\mathrm{d}r\\ E_0^{(i)}=\arctan\dfrac{r_M\cos(\varphi^{(i)})-r_0}{r_M\sin(\varphi^{(i)})}\\ \Delta\theta^{(i)}=E_0-E_0^{(i)}\end{cases}$$

（7）计算目标处的视在仰角$E_e$：

$$E_e=\arccos\frac{r_0n_0\cos\overline{E}}{n_{MM}r_M}$$

（8）计算测站至地心的方向余弦：

$$\begin{cases}l_0=\dfrac{x_0-x_d}{r_0}\\ m_0=\dfrac{y_0-y_d}{r_0}\\ n_0=\dfrac{z_0-z_d}{r_0}\end{cases}$$

（9）计算目标至地心的方向余弦：

$$\begin{cases} l_d = \dfrac{x-x_d}{r_M} \\ m_d = \dfrac{y-y_d}{r_M} \\ n_d = \dfrac{z-z_d}{r_M} \end{cases}$$

（10）计算目标处的波迹切矢的方向余弦：

$$\begin{bmatrix} l_M \\ m_M \\ n_M \end{bmatrix} = \frac{\cos(E_e-\varphi)}{\sin\varphi}\begin{bmatrix} l_d \\ m_d \\ n_d \end{bmatrix} - \frac{\cos E_e}{\sin\varphi}\begin{bmatrix} l_0 \\ m_0 \\ n_0 \end{bmatrix}$$

（11）计算视在距离变化率$\dot{R}_e$：

$$\dot{R}_e = n_{MM}(l_M\dot{x}+m_M\dot{y}+n_M\dot{z})$$

（12）计算距离变化率的大气折射修正量 $\Delta\dot{R}$：

$$\Delta\dot{R} = \dot{R}_e - \dot{R}_0 \tag{2-67}$$

其中，$\dot{R}_0 = \dfrac{x-x_0}{R_0}\dot{x} + \dfrac{y-y_0}{R_0}\dot{y} + \dfrac{z-z_0}{R_0}\dot{z}$。

### 2.4.4 电离层折射误差修正

电离层是地球高层大气的一部分，太阳紫外线等的辐射使该层内的大气分子发生电离，从而产生大量自由电子，使无线电波的传播方向、速度、相位、振幅及偏振状态等发生变化，一般认为电离层在离地高度 60 ～ 2000km 处。

电离层是色散介质，折射指数 $n$ 与电波的频率、电子浓度、碰撞频率及地磁场有关。由于测量系统使用的频率比碰撞频率高得多，故在实际应用中可忽略碰撞频率的影响。

**1. 电离层折射指数**

为了区分对流层与电离层，假设

$$n = \begin{cases} n_1 & (h \leqslant 60\text{km}) \\ n_2 & (h > 60\text{km}) \end{cases}$$

在均匀介质内，若忽略碰撞及地磁场的影响而仅考虑寻常波传播，则电离层折射指数 $n_2$可近似为

$$n_2^2 = 1 - \frac{b_0 N_e}{f^2} \tag{2-68}$$

式中：$N_e$为电子浓度（电子数/$\text{cm}^3$）；$f$ 为电波频率（MHz）；$b_0 = (1/1.24)\times 10^{-4}$。

**2. 测距数据折射修正方法**

在空间目标跟踪测量系统中，受大气折射的影响，目标的视在距离 $R_e$ 为

$$R_e = \int_r n\mathrm{d}r \tag{2-69}$$

式中：$r$ 为观测点到目标的路径；$n$ 为折射指数。

由于测量系统通过无线电信号传播时延 $\Delta\tau$ 来计算目标至测量站的距离 $R_e$，而电波在电离层以群速 $v_g$ 沿弯曲路径传播，因此，$R_e$ 与目标至测量站的几何路径（直线路径）$R_0$ 不同，$R_e>R_0$，$R_0$ 为实际距离，$R_e$ 为

$$R_e = c\Delta\tau = c\left(\int_{r_0}^{r_i} \frac{\mathrm{d}r}{v} + \int_{r_i}^{r_t} \frac{\mathrm{d}r}{v_g}\right) \tag{2-70}$$

由于对流层为非色散介质，电波信号各谐波分量在此层的传播速度（相速）相同，因此其可表示为 $v=c/n_1$，在电离层传播的群速为 $v_g=c/n_g\cos\alpha$，于是有

$$R_e = c\Delta\tau = c\left(\int_{r_0}^{r_i} n_1\mathrm{d}r + \int_{r_i}^{r_t} n_g\cos\alpha\mathrm{d}r\right) \tag{2-71}$$

式中：$\alpha$ 为波法线与波射线的夹角，当工作频率足够高时，有 $\alpha\approx 0$，$n_g$ 为电离层群折射指数。

$$n_g = \frac{1}{n_2}\left(1 - \frac{b_0 N_e f_H}{2f^2} + \frac{b_0 N_e f_H^2}{f^2}\right) \tag{2-72}$$

由此可得

$$R_e = \int_{r_0}^{r_i} \frac{n_1^2 r}{\sqrt{n_1^2 r^2 - n_0^2 r_0^2 \cos^2 E_0}}\mathrm{d}r + \int_{r_i}^{r_t}\left[1 - b_0 N_e\left(\frac{f_H}{2f^2} - \frac{f_H^2}{f^2}\right)\right]\frac{r}{\sqrt{n_2^2 r^2 - n_0^2 r_0^2 \cos^2 E_0}}\mathrm{d}r \tag{2-73}$$

不考虑地磁场影响时，$n_g=1/n_2$，则

$$R_e = \int_{r_0}^{r_i} \frac{n_1^2 r}{\sqrt{n_1^2 r^2 - n_0^2 r_0^2 \cos^2 E_0}}\mathrm{d}r + \int_{r_i}^{r_t} \frac{r}{\sqrt{n_2^2 r^2 - n_0^2 r_0^2 \cos^2 E_0}}\mathrm{d}r \tag{2-74}$$

式中：$r_t=a+h_t$，$r_0=a+h_0$，$r=a+h$。其中，$h_t$ 为目标高度，$h_0$ 为测站高度，$a$ 为地球半径，$r_i$ 为电离层起始高度的地心距，$E_0$ 为测站电波路径的视在仰角，$n_0$ 为地面折射指数。

## 2.5 野值的识别与处理

在数据处理领域，野值又称异常值，其定义为测量数据集合中严重偏离大部分数据所呈现趋势的小部分数据点。一般数据处理中出现的野值主要分为两种类型。

（1）孤立型野值。它的基本特点是某一采样时刻 $t_i$ 处的测量数据是否为野值与 $t_{i-1}$ 及 $t_{i+1}$ 时刻的数据的质量无必然联系。而且，比较常见的是，当时刻 $t_i$ 的测量数据呈现异常时，在时刻的一个邻域内采样数据质量是好的，即野值的出现是孤立的。动态测量数据中孤立型野值的出现是比较普遍的。

（2）斑点型野值。它是指成片出现的异常数据，其基本特征是在时刻 $t_{j-p}$ 出现的野值，也可能带动 $y(t_{j-p+1}),\cdots,y(t_j)$ 均严重偏离真值。在测量高仰角跟踪目标的测量数据序列中，斑点型野值的出现是比较常见的。

## 2.5.1 野值的模型描述

假定某系统对空中飞行目标进行跟踪观测，记测量数据集合为

$$D=\{y(t_1),y(t_2),\cdots,y(t_n)\} \tag{2-75}$$

**1. 测量数据的“加性”分解**

由于空间目标运动的连续性，可以假定测量对象 $y(t)$ 可合理分解成以下 4 部分：

$$y(t)=y_{tr}(t)+y_p(t)+\varepsilon_s(t)+\varepsilon_0(t) \tag{2-76}$$

式中：$y_{tr}(t)$ 为趋势分量，描述的是目标的趋势运动；$y_p(t)$ 为周期分量，描述的是目标周期性变化，即目标在趋势运动的同时受周期性变化因素的作用，每隔一段时间后运动状况出现一定的相似性；$\varepsilon_s(t)$ 为测量数据随机误差分量，反映的是测量设备状态随机误差和目标飞行环境中多种不确定性扰动共同作用的结果；$\varepsilon_0(t)$ 为过程的污染分量或突变性分量，其作用结果是使测量数据发生严重偏离，它的量级要么是 0，要么显著大于随机误差标准差。

**2. “加性”野值模型**

在某些采样时刻 $t_t$，测量环境变化发生的影响，或记录与操作的失误使得测量数据严重偏离大部分数据所呈现的趋势，用模型描述为

$$\varepsilon_0(t)=\lambda\delta \tag{2-77}$$

式中：$\lambda$ 为测量数据异常幅度；$\delta$ 为描述函数。

## 2.5.2 差分拟合法判别野值

在测量过程中观测数据是动态变化的，且在误差允许的范围内随时间连续变化。当观察数据存在野值时，就存在超范围的突变，因此，可以利用差分方法来判别观测数据是否为野值。

设 $y(k)$ 为某观测量元素序列，一般包括目标斜距 $R$、方位角 $A$ 和俯仰角 $E$，$k=1,2,\cdots n$，其四阶差分值计算如下：

$$\Delta^4 y(j)=y(j)-4y(j+1)+6y(j+2)-4y(j+3)+y(j+4) \tag{2-78}$$

式（2-78）中，如果 $|\Delta^4 y(j)|\leqslant\delta$，则认为 $y(j)\sim y(j+4)$ 中无野值；否则，判别 $|\Delta^4 y(j-1)|\leqslant\delta$ 是否成立，如果成立，则认为观测数据 $y(j+4)$ 为异常值，

否则认为观测数据 $y(j)$ 为异常值。其中，$\delta$ 为给定的门限，$j\geqslant5$。

工程中一般称式（2-78）为找合理基点，为了不失一般性，设 $y(j)\sim y(j+4)$ 中无野值，后面的测量数据可以此来外推检验，即用 $y(j)\sim y(j+4)$ 求拟合值，有

$$\hat{y}_{j+6}=\sum_{i=1}^{5}w_i y(i+j) \tag{2-79}$$

其中，$w_i=(3i-7)/10, i=1,2,\cdots5$。若 $|\Delta\hat{y}(j+6)|=|y(j+6)-\hat{y}_{j+6}|\leqslant\delta_2$（$\delta_2$ 为给定的门限）成立，则说明测量值 $y(j+6)$ 正常，否则认为其为野值，可用外推值式（2-79）代替，向后滑动一点继续利用式（2-79）求下一个外推值，当 $y(j+7)$ 为合理值时继续此计算，否则从 $j+7$ 点开始重复式（2-78）和式（2-79）的计算过程。

差分拟合判别法简单实用，但不能判别斑点型野值。

### 2.5.3 中值平滑检测法判别野值

中值估计在参数估计中最稳健，在采样数据集合的任意非空子集中，若野值点个数不足一半则算法都不会崩溃，故可构造以下形式的滑动中值平滑器：

$$S_1(y(t_{i-s}),\cdots,y(t_i),\cdots,y(t_{i+s}))=\mathrm{med}(y(t_{i-s}),\cdots,y(t_i),\cdots,y(t_{i+s}))$$

此平滑器具有较好的容错能力，显然，当数据序列单调线性递增或递减时，有 $y(t_i)=S_1(y(t_{i-s}),\cdots,y(t_i),\cdots,y(t_{i+s}))$。因此，所构造的 $y(t_i)$ 的平滑估计为

$$\hat{y}(t_i)=S_1(y(t_{i-s}),\cdots,y(t_i),\cdots,y(t_{i+s})) \tag{2-80}$$

不难验证，当测量对象运动规律具有单调性或滑动窗宽度 $d=2s+1$ 不太大时，能保证平滑曲线真实地反映对象的变化情况。

再构造门限检测函数，有

$$R(x)=\begin{cases}1 & (|x|\leqslant c)\\ 0 & (|x|>c)\end{cases} \tag{2-81}$$

式中：$c$ 为适当选取的非负常数。

利用上述平滑估计便可构造以下残差序列：

$$\Delta^1 y(t_i)=y(t_i)-\hat{y}(t_i)=y(t_i)-S_1(y(t_{i-s}),\cdots,y(t_i),\cdots y(t_{i+s})) \tag{2-82}$$

式中：$i=s+1,s+2,\cdots$，于是，野值点的检测问题可转化为 0/1 序列中 0 的检测问题：

$$|R_c(\Delta^{(1)}y(t_i)),i=s+1,s+2,\cdots| \tag{2-83}$$

当 0 成串出现时所对应的多个野值点便构成野值斑点。中值检测法适用于检测斑点型野值。

### 2.5.4 样条拟合法判别野值

考虑 $t_1,t_2,\cdots,t_m$ 时刻的观测数据 $y(t_j)$，其中 $j=1,2,\cdots,m-1$；$t_{j+1}=t_1+hj$，$h$

为采样间隔，则 $t_j$ 时刻的样条拟合模型为

$$y(t_j)=\sum_{i=1}^{n}\beta_i B_i(t_j)+\varepsilon_j \tag{2-84}$$

其中，$\{B_i(t_j)\}$ 为一组等距节点的三次样条函数基，则有

$$\begin{pmatrix} y(t_1) \\ \vdots \\ y(t_m) \end{pmatrix}=\begin{pmatrix} B_1(t_1) & \cdots & B_n(t_1) \\ \vdots & \ddots & \vdots \\ B_1(t_m) & \cdots & B_n(t_m) \end{pmatrix}\begin{pmatrix} \beta_1 \\ \vdots \\ \beta_n \end{pmatrix}+\begin{pmatrix} \varepsilon_1 \\ \cdots \\ \varepsilon_m \end{pmatrix} \tag{2-85}$$

简记为

$$\boldsymbol{Y}=\boldsymbol{B\beta}+\boldsymbol{\varepsilon} \tag{2-86}$$

根据式（2-86），利用最小二乘法可求解参数 $\hat{\boldsymbol{\beta}}$ 及 $\hat{y}(t_j)$，计算其残差平方和，有

$$\mathrm{RSS}=\sum_{j=1}^{m}[\hat{y}(t_j)-y(t_j)]^2 \tag{2-87}$$

计算门限 $\zeta=k\sqrt{\mathrm{RSS}/(m-n+1)}$，其中，$k$ 的取值范围为 3～5，或由工程背景确定。当 $|y(t_j)-\hat{y}(t_j)|>\zeta$ 时，认为该时刻的数据异常。

## 2.6 小结

本章回顾了有关测量数据误差及数据处理的一些基本概念、理论和相关知识，对误差的来源、分类和传播进行了介绍，讨论了最小二乘估计算法和变量差分估计算法等常用的跟踪测量系统的测量数据随机误差统计方法，给出了系统误差辨识与修正的模型和方法，分析了光电波折射误差和电离层折射误差的修正方法，在野值的识别与处理方面，给出了野值的模型描述和野值数据的辨识与剔除方法。这些相关知识、模型和处理方法将为后续各章的数据融合处理提供必要的理论基础，算法的具体推导可参考相关文献。

## 参考文献

[1] 石章松，刘忠，等．目标跟踪与数据融合理论及方法［M］. 北京：国防工业出版社，2010.
[2] 张守信，等 . GPS 卫星测量定位理论与应用［M］. 长沙：国防科技大学出版社，1996.
[3] 刘利生．外测数据事后处理［M］. 北京：国防工业出版社，2000.
[4] 柴敏．光电经纬仪跟踪误差分析与精度评估［J］. 靶场试验与管理，2004（2）：35-40.
[5] 徐小辉，郭小红，赵树强．抵抗性随机误差统计算法在外弹道数据处理中的应用［J］. 靶场试验与管理，2007，12（6）：29-32.
[6] 徐小辉，郭小红，赵树强．外弹道加权最小一乘模型研究与应用［J］. 飞行器测控学报，

2008，4/27（2）：85-88.
[7] 郭小红，徐小辉，赵树强．基于经验模态分解的外弹道降噪方法及应用［J］．宇航学报，2008，7/29（4）：1272-1276.
[8] 杨增学，杨世宏，宁双侠，等．常规兵器试验交会测量方法及应用［M］．西安：西安交通大学出版社，2010.
[9] 范金城，梅长林．数据分析［M］．北京：科学出版社，2002.
[10] 王正明，易东云，周海银，等．弹道跟踪数据的校准与评估［M］．长沙：国防科技大学出版社，1999.
[11] 刘丙申，刘春魁，杜海涛．靶场外测设备精度鉴定［M］．北京：国防工业出版社，2008.
[12] 郭军海．弹道测量数据融合技术［M］．北京：国防工业出版社，2012.
[13] 刘利生，郭军海，刘元，等．空间轨迹测量融合处理与精度分析［M］．北京：清华大学出版社，2014.
[14] 王正明，易东云．测量数据建模与参数估计［M］．长沙：国防科技大学出版社，1996.
[15] 李济生．人造卫星精密轨道确定［M］．北京：解放军出版社，1995.
[16] 李征航，张小红．卫星导航定位新技术及高精度数据处理方法［M］．武汉：武汉大学版社，2009.
[17] 刘林，汤靖师．卫星轨道理论与应用［M］．北京：电子工业出版社，2015.
[18] 刘保国，吴斌．中继卫星系统在我国航天测控中的应用［J］．飞行器测控学报，2012，31（6）：1-5.
[19] 寿少峻，陆培国，柳井莉，等．高精度光电弹道测量系统［J］．应用光学，2011，32（5）：822-826.
[20] 张毅，杨辉耀，李俊莉．弹道导弹弹道学［M］．长沙：国防科技大学出版社，1999.
[21] 费业泰，等．误差理论与数据处理［M］．北京：机械工业出版社，2004.
[22] 吴石林，张玘．误差分析与数据处理［M］．北京：清华大学出版社，2010.

# 03 第3章 大地测量和坐标系

## 3.1 引言

在空间科学技术研究中，大地测量和坐标系是描述物体运动、处理观测数据和解释处理结果的数学和物理基础。空间目标定位实质就是确定目标在某一坐标系中的空间位置。无论是合作目标还是非合作目标的跟踪测量数据处理，其飞行轨迹的测定都是基于一定的参考坐标系中进行的，而参考坐标系的建立又依赖大地测量手段和选择的大地参数。对于多传感器跟踪探测空间目标而言，传感器处于多个不同的平台，采用的坐标系也是不同的，因此在目标融合定位处理过程中，往往涉及诸多坐标系的转换。为此，明确有关坐标系的定义及其相互转换关系是多源数据融合处理的基础和关键。在空间目标飞行轨迹测量数据融合处理过程中，坐标系定义是最基本的环节，各坐标系之间的转换是各种测量设备观测数据统一计算的桥梁。测量的坐标系统规定了空间目标飞行轨迹的起算基准和尺度标准，测量的时间系统规定了时间测量的参考标准，包括时刻的参考标准和时间间隔的尺度标准。

## 3.2 大地测量的有关概念

一般来说，测站是设置在地球表面上的，计算测站的站址坐标就是确定测站在地球上的位置。因此，有必要了解地球的形状、大小以及在地球上确定点的位置的基本元素。

### 3.2.1 大地坐标和天文坐标

**1. 地球椭球体上的面与线**

用来表示地球形状的是一个旋转椭球体。图 3-1 中 $PEP'E'$ 是一个椭圆，称为子午粗圆。若以 $PP'$ 为旋转轴，把子午粗圆绕该轴旋转一周则得到旋转椭球体。

图 3-1 中，$a$ 为旋转椭球体的长半径，$a=OE=OE'=OA$；$b$ 为旋转椭球体的短半径，$b=OP=OP'$。

通过旋转椭球体的中心 $O$ 而垂直于旋转轴 $PP'$ 的平面称为地球赤道面，该平面与粗球体面相截所成的圆弧 $EAE'$ 为地球赤道圈。子午粗圆又叫大地子午圈，或称大地经圈。地球上有无数个大地子午圈，其中通过 $K$ 点的大地子午圈为 $PKAP'$。

凡平行于赤道面的平面均与椭球体面相截而成为互相平行的圆弧，这些圆弧称为平行圈（或称大地纬圈），图 3-1 中，$SKS'$ 为通过 $K$ 点的平行圈。

通过椭球体面上一点的法线可以作无穷多个平面，这些平面称为法截面，法截面与椭球体面相交的弧线称为法截弧。除两极外，椭球体面上的一点沿着不同方向的法截弧的曲率半径都不相等。其中可以找到两个相互垂直的法截弧，其曲率半径具有极大值和极小值，这就是大地子午圈和大地卯酉圈。与子午圈垂直的椭圆曲线称为卯酉圈。图 3-1 中 $Kn$ 是粗球体面上过 $K$ 点的法线，包含曲线 $KW$ 的椭圆就是卯酉圈。

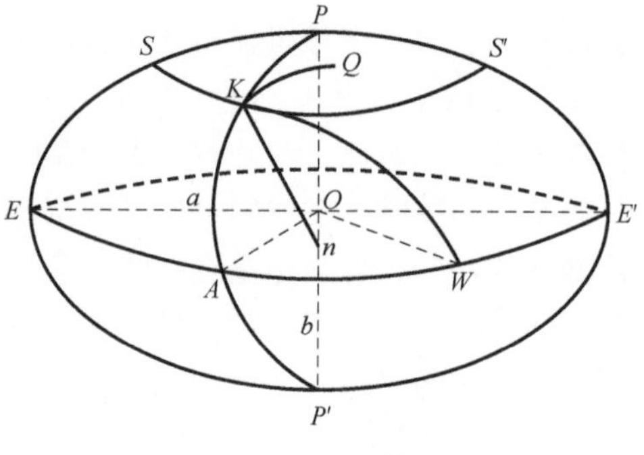


**图 3-1 地球椭球体**

### 2. 大地坐标

在旋转椭球体面上确定某一点 $K$ 的位置根据的是两个基本平面，即地球赤道面和大地子午面。定义 $K$ 点的大地子午面与本初子午面（格林尼治天文台大地子午面）间的夹角 $L$ 为该点的大地经度。$K$ 点对于粗球体面的法线 $Kn$ 与地球赤道面的夹角 $B$ 为该点的大地纬度。$K$ 点的大地经、纬度就是 $K$ 点的大地坐标。

通过 $K$ 点的法线 $Kn$ 和椭球体面上的一点 $Q$ 的平面与 $K$ 点的大地子午面所成的夹角 $A$ 称为 $KQ$ 法平面的大地方位角，大地方位角从 $K$ 点的正北方向开始度量，顺时针为正，范围为 0°～360°，如图 3-2 所示。

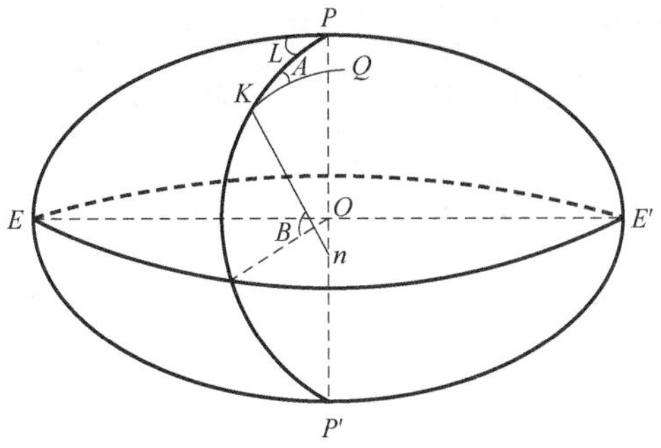


图 3-2　大地坐标

### 3. 天文坐标

用天文经度和天文纬度来确定空间某个点的位置就是天文坐标。确定天文坐标的两个基本面是地球赤道面和天文子午面。天文子午面是包含 *K* 点的铅垂线且与地球旋转轴平行的平面。图 3-3 中过 *K* 点的垂线 *RKV* 同与 *PP'* 平行的直线 *ZZ'* 所成的平面就是子午面，该平面与本初子午面之间的夹角 $\lambda$ 称为 *K* 点的天文经度。*K* 点的铅垂线与地球赤道面的夹角 $\varphi$ 称为 *K* 点的天文纬度。包含 *K* 点的垂线且通过地面上一点（参照点）的平面与 *K* 点的天文子午面构成的夹角 $\alpha$ 称为天文方位角，从 *K* 点的正北方度量，范围为 0°～360°。

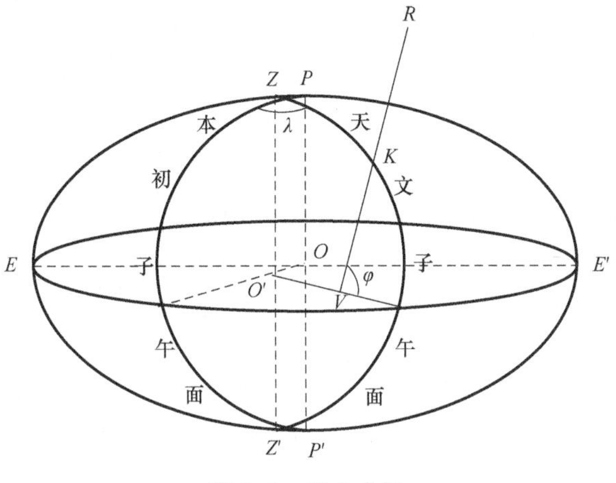


图 3-3　天文坐标

天文坐标与大地坐标的区别在于大地坐标是以法线为依据，而天文坐标是以铅垂线为依据，也就是说大地坐标是建立在旋转椭球体面上的，而天文坐标是建立在大地水准面上的。

### 4. 高程

大地经纬度 *L*、*B* 可以获得参考椭球体面上的点位，而为了得到地球上一点的空间位置，还必须建立第三个坐标——高程。

高程是由高程基准面起算的地面点高度。由于选取的基准面不同，因此有不同的高程系统，比如正高、正常高等。目标飞行轨迹测量的计算工作是建立在参考椭球体基础上的，因此必须要求得大地高。所谓大地高，就是指地球自然表面上的点沿法线方向到参考椭球体面的距离 $H$。从参考椭球体面起度量，向外为正，如图 3-4 所示。

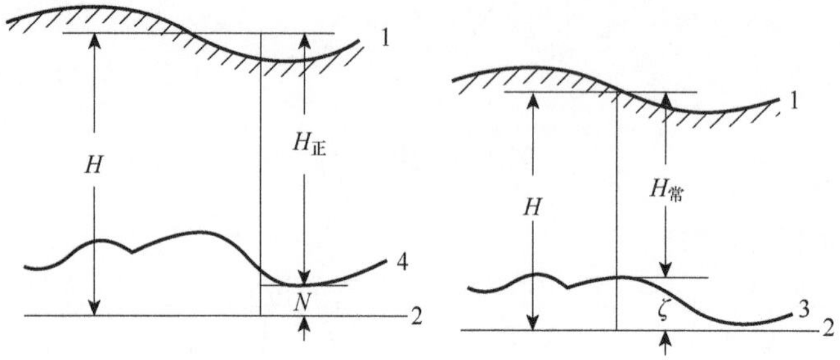


**图 3-4 大地高程**

1—地面；2—参考椭球体面；3—大地水准面；4—似大地水准面。

### 5. 垂线偏差

垂线偏差是参考椭球体面与大地水准面不尽相合的产物。参考椭球体面与大地水准面不相合使地球自然表面上的点的铅垂线方向（重力方向）与该点对参考椭球体面的法线方向不一致，其夹角 $u$ 称为垂线偏差。在实际应用中一般将 $u$ 分解为互相垂直的两个分量：将 $u$ 投影到子午面内得到垂线偏差子午分量 $\xi$，将 $u$ 投影到卯酉面内得到垂线偏差卯酉分量 $\eta$，如图 3-5 所示。

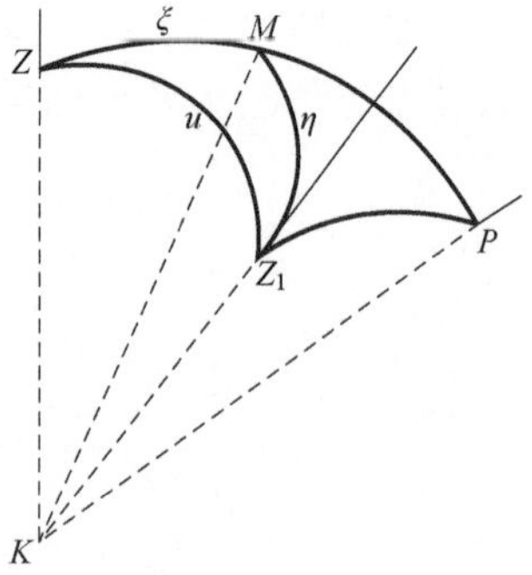


**图 3-5 垂线偏差及其分量**

设地球自然表面上的一点 $K$，已知其大地坐标 $L$、$B$ 和天文坐标 $\varphi$、$\lambda$，以 $K$ 点为球心作单位辅助球，以 $Z_1$ 表示与垂线重合的天文天顶方向，以 $Z$ 表示相应于参考椭球体面法线的大地天顶方向，以 $P$ 表示与地球旋转轴平行的天极方向。$Z_1$、$Z$、$P$ 分别为 $K$ 的垂线、法线和天极方向与辅助球面的交点，构成一个球面三角形。其中，圆弧 $PZ$ 位于大地子午面上，数值等于 $90°-B$；$PZ_1$ 位于天文子午面上，数值等于 $90-\varphi$；圆弧 $ZZ_1$ 为垂线偏差所对应的大圆弧，数值等于 $u$。假定天文坐标系和大地坐标系用同一个天极方向，同时假定天文经度和大地经度都从同一个起始子午面起算，则球面角 $\angle Z_1PZ=\lambda-L$。现从 $Z_1$ 作一圆弧垂直于大地子午面截线 $PZ$，得到弧段 $MZ$ 和 $MZ_1$，$MZ$ 是垂线偏差在子午方向的分量 $\xi$，$MZ_1$ 是垂线偏差在卯酉方向的分量 $\eta$。

由球面三角形 $Z_1MP$ 得

$$\begin{cases}\cos(\lambda-L)=\tan\varphi\operatorname{ctan}(B+\xi)\\ \sin\eta=\sin(\lambda-L)\cos\varphi\end{cases} \tag{3-1}$$

由于 $\xi$、$r_1$ 是微小量，所以式（3-1）可简化为

$$\xi=\varphi-B \tag{3-2}$$

垂线偏差实质上反映了大地坐标与天文坐标之间的差异与关系，故两坐标系之间的转换关系式为

$$\begin{cases}B=\varphi-\xi\\ L=\lambda-\eta\sec\varphi\\ h=H+\zeta\end{cases} \tag{3-3}$$

## 3.2.2 参考椭球与坐标系

由于地球表面起伏不平、地球内部物质分布不均匀，大地水准面的形状（几何性质）和重力场（物理性质）都是不规则的，因此它不能用一个简单的几何形状和数学公式来表达。为了实际应用，还必须有一个概括性的、足够简单的地球形状的数学近似面代替大地体。在表示地球形状的许多方案中，最方便同时又具有确切物理意义的是地球椭球体，它是一个旋转椭圆体，其大小和形状通常用椭圆的半径 $a$ 和扁率 $\alpha$ 来表示。与大地体符合最好的地球椭球体称为总地球椭球体，它是一个比较理想化的概念，只有当全球都布满了天文大地网，并进行了重力测量之后才能获得。在没有获得总地球椭球体之前，各国为了进行测量成果的处理，都采用了一个在本国领土内与大地体比较相合的地球椭球体作为测量成果处理的依据，称为参考椭球体。空间目标跟踪测量数据处理工作都是建立在参考椭球体基础上的。地球椭球一般用以下 4 个参数来表征：

（1）$a$——地球椭球的长半轴；

（2）$GM$——引力常数与地球质量乘积；

（3）$j_2$——地球重力场二阶带球谐系数；

（4）$\overline{\omega}$——地球自转角速度。

**1. 国际地球参考框架（ITRF）**

国际地球参考框架是由国际大地测量学和地球物理学联合会（IUGG）、国际天文学会（IAU）专门决定建立的，有关工作由国际地球自转局（IERS）地球参考框架部门执行，由设在法国巴黎的国家地理院（ING）大地测量室（LAREG）主持，使用的空间大地测量技术是激光测月、激光测卫、甚长基线干涉测量、全球定位系统、多普勒卫星跟踪和无线电定位系统。

国际地球参考框架原点位于地球质量中心，其中心误差小于 10cm，ITRF 的维护是通过具有高精度且满足下列条件的站点来实现的：

（1）连续观测至少 3 年；

（2）远离板块边缘及变形区域；

（3）速度精度优于 3mm/s；

（4）至少有 3 个不同解的速度残差小于 3mm/s。

ITRF 坐标和速度解由于 IERS 分析中心分析方法的不断精化、观测和数据处理精度的不断提高，目前达到的精度为毫米级。

**2. WGS-84 坐标系**

WGS-84 坐标系是通过对美国海军导航卫星系统（NNSS）的坐标系系统进行适当改进来定义的。这种改进包括对 NNSS 的原点、尺度因子和经度等定义上偏差的消除。这些改正措施确保 WGS-84 与 BIH 于 1984 年定义的 CTS 一致。

WGS-84 坐标系的定义与国际地球参考系（ITRS）一致，坐标系原点为地球质心，$Z$ 轴指向 BIH1984.0 定义的协议地球极（CTP）方向，$X$ 轴指向 BIH1984.0 定义的零度子午面和赤道的交点，$Y$ 轴与 $X$ 轴、$Z$ 轴构成右手坐标系。

## 3.2.3 参心坐标系

以参考椭球为基准建立的大地坐标系统称为参心坐标系。它的坐标系原点是参考椭球的中心。

**1. 1954 年北京坐标系**

参心坐标系是我国基本测图和常规大地测量的基础。新中国成立后，国家就着手建立新的统一的国家坐标系，由于技术条件和交通条件的限制，要在全国建立统一的坐标系，其工作量是相当艰辛和巨大的，经过测绘系统近 4 年的努力，我国扩展和延伸了苏联 1942 年的普尔科夫坐标系，于 1954 年首次建立了我国统一的国家大地坐标系“1954 年北京坐标系”。20 世纪 60 年代初，北京坐标系首级网覆盖了我国的大部分地区。

该坐标系采用的地球椭球为卡拉索夫斯基粗球，其几何参数为长半轴 $a=6378245\text{m}$，扁率 $f=1:298.3$。

**2. 1980 年国家大地坐标系**

1980 年，“北京坐标系”改算为“1980 年国家大地坐标系”（1980 西安坐标系），“西安坐标系”首级坐标网和加密已覆盖全国。

1980 年国家大地坐标系地球参数采用 1975 年国际大地测量与地球物理联合会第 16 届大会的推荐值，其参数为长半轴 $a=6378140\text{m}$，扁率 $f=1:298.257$。

地球制球采用多点定位，椭球短轴平行于由地球质心指向 JYD1968.0 的方向，起始大地子午面平行于格林尼治平均天文台子午面，大地原点位于陕西省泾阳县永乐镇。

**3. 新 1954 年北京坐标系（整体平差转换值）**

新 1954 年北京坐标系是在求得“1954 年北京坐标系”的参心在“1980 年国家大地坐标系”的 3 个坐标平移参数后，将“1980 年国家大地坐标系”内的天文大地网整体平差结果经平移转换到“1954 年北京坐标系”而建立的。该坐标系采用“1954 年北京坐标系”的参考椭球参数和参心作为坐标原点，但 3 个轴指向与“1980 年国家大地坐标系”轴向平行，起点位精度与“1980 年国家大地坐标系”相当。

### 3.2.4 地心坐标系

地心坐标系是为了满足远程武器和航天技术发展需要而建立的一种大地坐标系统，它可以最大限度地满足使用空间测量手段进行测绘与导航的要求。

地心坐标系的坐标原点是地球质心，其地球制球的中心应与地球质心重合；椭球的短轴应与地球旋转轴一致；粗球面应与全球大地水准面实现最佳密合，椭球面的正常位应与大地水准面位相等；椭球的起始大地子午面应与起始天文子午面一致，椭球赤道面应与地球赤道面重合。

**1. 1978 年地心坐标系**

1978 年地心坐标系的原点在地球质心，坐标轴的指向与“1980 年国家大地坐标系”和“新 1954 年北京坐标系”（整体平差转换值）相同。地球椭球采用 LAG-75 椭球。

它通过 5 种方法确定“1978 年地心坐标系”与“新 1954 年北京坐标系”（整体平差转换值）的 3 个坐标平移转换参数实现。其转换参数通常称为“DX-1”，求得的精度为 15m。

**2. 1988 年地心坐标系**

1988 年地心坐标系的原点为地球质心，*Z* 轴指向国际协议地极 CTP，*X* 轴指向 BIH 经度零点，*Y* 轴与 *X* 轴、*Z* 轴构成右手坐标系。地球椭球仍采用 LAG-75。

该坐标系是通过“全国多普网”、“卫星动力测地”和“全球天文大地水准面差距”这 3 种方法，求得与“1980 年国家大地坐标系”的 7 个转换参数来建立的。其转换参数通常称为“DX-2”，求得的地心坐标精度优于 5m。

**3. 2000 国家大地坐标系**

国务院批准自 2008 年 7 月 1 日起启用我国的地心坐标系——2000 国家大地坐标系（China Geodetic Coordinate System 2000，CGCS 2000）。

CGCS 2000 的原点为包括海洋和大气的整个地球的质量中心。*Z* 轴指向国际地球自转与参考系服务（IERS）参考极方向，*X* 轴为 IERS 参考子午面与通过原点且同 *Z* 轴正交的赤道面的交线，*Y* 轴与 *Z*、*X* 轴构成右手地心直角坐标系，如图 3-6 所示。长度单位为 m(SI)，这一尺度与地心局部框架的地球坐标时（TCC）时间坐标一致；定向在 1984.0（1984 年 1 月 1 日 0 时 0 分 0 秒）时，与国际时间局（BIH）的定向一致。

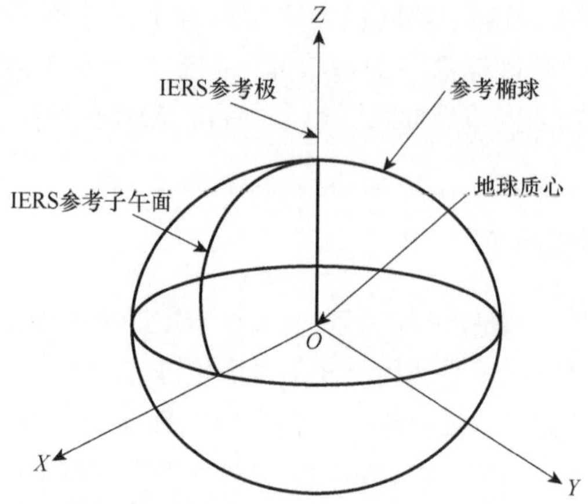


**图 3-6 CGCS 2000 定义的示意图**

CGCS 2000 采用的地球椭球参数的数值为半长轴 $a=6378137\text{m}$，扁率 $f=1:298.257222101$，地心引力常数为 $3.986004418\times10^{14}\text{m}^3/\text{s}^2$，自转角速度 $\omega=7.292115\times10^{-5}\text{rad/s}$。

## 3.3 坐标系及其转换

在研究空间目标运动特性和规律时，必须将不同坐标系所描述的同一物理量统一到一个坐标系内，以便统一处理和应用。而两个坐标系间的关系可用它们之间的方向余弦矩阵表示，也可用四元数方法表示。

### 3.3.1 方向余弦矩阵及矢量导数

**1. 坐标系间的方向余弦矩阵**

若 $Ox_py_pz_p$ 和 $Ox_qy_qz_q$ 为两个坐标原点重合而坐标轴向不重合的右手直角坐标系，$\boldsymbol{p}$ 为 $Ox_qy_qz_q$ 坐标轴单位矢量变换成 $Ox_py_pz_p$ 坐标轴单位矢量的转换矩阵，则有

$$\boldsymbol{E}_p=\boldsymbol{p}\boldsymbol{E}_q \tag{3-4}$$

式中：$\boldsymbol{E}_p$、$\boldsymbol{E}_q$ 为列矩阵。

$$\begin{cases}\boldsymbol{E}_p=(x_p^0,y_p^0,z_p^0)^{\mathrm{T}}\\ \boldsymbol{E}_q=(x_q^0,y_q^0,z_q^0)^{\mathrm{T}}\end{cases} \tag{3-5}$$

因 $\boldsymbol{E}_q\cdot\boldsymbol{E}_q^{\mathrm{T}}=\boldsymbol{I}$（单位阵），故有

$$\boldsymbol{p}=\boldsymbol{E}_p\cdot\boldsymbol{E}_q^{\mathrm{T}}=\begin{bmatrix}x_p^0\cdot x_q^0 & x_p^0\cdot y_q^0 & x_p^0\cdot z_q^0\\ y_p^0\cdot x_q^0 & y_p^0\cdot y_q^0 & y_p^0\cdot z_q^0\\ z_p^0\cdot x_q^0 & z_p^0\cdot y_q^0 & z_p^0\cdot z_q^0\end{bmatrix} \tag{3-6}$$

式（3-6）可简记为

$$\boldsymbol{p}=[a_{ij}] \tag{3-7}$$

式中：$a_{ij}$为第 $i$ 行第 $j$ 列的矩阵元素（$i=1,2,3;j=1,2,3$），如

$$a_{11}=x_p^0\cdot x_q^0=\cos(x_p,x_q)$$
$$a_{12}=x_p^0\cdot y_q^0=\cos(x_p,y_q)$$
$$a_{13}=x_p^0\cdot z_q^0=\cos(x_p,z_q)$$
$$\vdots$$

因为 $\boldsymbol{p}$ 矩阵中的 9 个元素是由两个坐标轴间夹角的余弦值组成的，故称该矩阵为方向余弦矩阵。由于 $Ox_py_pz_p$和 $Ox_qy_qz_q$两个坐标系均为右手直角正交坐标系，因此它们的方向余弦矩阵为正交矩阵，有

$$\boldsymbol{p}^{\mathrm{T}}=\boldsymbol{p}^{-1}$$

两个坐标系间方向余弦矩阵的一个最简单形式，就是这两个坐标系的 3 个坐标轴中，有一个相对应的坐标轴平行，假如 $z_p$与 $z_q$平行，$y_p$与 $y_q$夹角为 $\xi$，则对应的方向余弦矩阵为

$$\boldsymbol{p}=\begin{bmatrix}\cos\xi & \sin\xi & 0\\ -\sin\xi & \cos\xi & 0\\ 0 & 0 & 1\end{bmatrix}=M_3[\xi] \tag{3-8}$$

式中：$M_3[\xi]$表示这两个坐标系第 3 个坐标轴（$z$ 轴）平行，而其他相应坐标轴夹角为 $\xi$ 的方向余弦矩阵。

采用相同的方法可获得这两个坐标系的第二个坐标轴和第一个坐标轴平行，而其他相应坐标轴夹角分别为 $\eta$ 和 $\zeta$ 的方向余弦矩阵为 $M_2[\eta]$和 $M_1[\zeta]$。由此可将此类方向余弦记为一般形式：$M_i[\theta](i=1,2,3)$，$i$ 表示第 $i$ 轴平行，$\theta$ 为其他相应两坐标轴间的夹角。

**2. 坐标系转换矩阵的欧拉角表示法**

利用 3.2.1 节中的方法，可以获得任意两个坐标系间的方向余弦矩阵关系式。

设有 $Ox_py_pz_p$和 $Ox_qy_qz_q$为任意两个坐标原点和坐标轴均不重合的右手空间直角坐标系，并且认为 $Ox_py_pz_p$坐标系是由 $Ox_qy_qz_q$坐标系经过 3 次旋转后获得的。为了求得坐标系间的方向余弦矩阵关系式，先将 $Ox_qy_qz_q$坐标平移到 $Ox_py_pz_p$坐标系，并使两个坐标系的原点重合。

1）*第一次旋转*

将平移后的 $Ox_qy_qz_q$坐标系绕 $Oz_q$轴逆时针旋转 $\xi$ 角得到坐标系 $Ox_1y_1z_q$，如果空间任意一点在坐标系 $Ox_qy_pz_q$和 $Ox_1y_1z_q$各轴上的投影分别为$(x_q,y_q,z_q)$及$(x_1,y_1,z_q)$，由图 3-7 可写出该点在这两坐标系中坐标间的方向余弦为

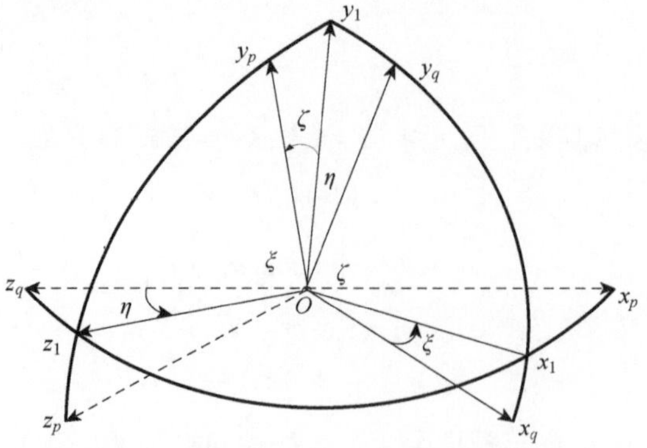


图 3-7 任意两个坐标系间的方向余弦关系

$$\begin{bmatrix} x_1 \\ y_1 \\ z_q \end{bmatrix} = M_3(\xi) \begin{bmatrix} x_q \\ y_q \\ z_q \end{bmatrix} \tag{3-9}$$

若令

$$[x_q] = \begin{bmatrix} x_q \\ y_q \\ z_q \end{bmatrix} \text{及} [x_1] = \begin{bmatrix} x_1 \\ y_1 \\ z_q \end{bmatrix}$$

则

$$[x_1] = M_3(\xi)[x_q] \tag{3-10}$$

2）第二次旋转

将坐标系 $Ox_1y_1z_q$ 绕 $Oy_1$ 轴逆时针 $\dot{\eta}$ 旋转 $\eta$ 角得到新坐标系 $Ox_py_1z_1$，此时若任意一点在 $Ox_py_1z_1$ 坐标系中的坐标为（$x_p, y_1, z_1$），则由图 3-7 可得上述两个坐标系间的方向余弦阵式为

$$\begin{bmatrix} x_p \\ y_1 \\ z_1 \end{bmatrix} = M_2(\eta) \begin{bmatrix} x_1 \\ y_1 \\ z_q \end{bmatrix} \tag{3-11}$$

或

$$[x_p] = M_2(\eta)[x_1] \tag{3-12}$$

其中

$$M_2[\eta] = \begin{bmatrix} \cos\eta & 0 & -\sin\eta \\ 0 & 1 & 0 \\ -\sin\mu & 0 & \cos\eta \end{bmatrix} \tag{3-13}$$

3）第三次旋转

将坐标系 $Ox_py_1z_1$ 绕 $Ox_p$ 轴逆时针旋转 $\zeta$ 角，使 $Oy_1$ 轴与 $Oy_p$ 轴重合，即可得

坐标系 $Ox_py_pz_p$。若任意一点在坐标系 $Ox_py_pz_p$ 中的坐标为（$x_p,y_p,z_p$），则由图 3-7 可得两个坐标系间的方向余弦矩阵关系式为

$$\begin{bmatrix} x_p \\ y_p \\ z_p \end{bmatrix} = M_1(\zeta)\begin{bmatrix} x_p \\ y_1 \\ z_1 \end{bmatrix} \tag{3-14}$$

其中

$$M_1[\zeta] = \begin{bmatrix} 1 & 0 & 0 \\ 0 & \cos\zeta & \sin\zeta \\ 0 & -\sin\zeta & \cos\zeta \end{bmatrix} \tag{3-15}$$

由矩阵变换关系，可得 $Ox_py_pz_p$ 坐标系与 $Ox_qy_qz_q$ 坐标系间的方向余弦矩阵关系：

$$[x_p] = M[x_q] \tag{3-16}$$

其中

$$\begin{cases} [x_p] = \begin{bmatrix} x_p \\ y_p \\ z_p \end{bmatrix} \\ \boldsymbol{M} = M_1(\zeta)\cdot M_2(\eta)\cdot M_3(\xi) \end{cases} \tag{3-17}$$

因方向余弦转换矩阵 $\boldsymbol{M}$ 为正交矩阵，其转置矩阵等于逆矩阵，即

$$\boldsymbol{M}^{\mathrm{T}} = \boldsymbol{M}^{-1}$$

故式（3-16）可表示为

$$[x_q] = \boldsymbol{M}^{\mathrm{T}}[x_p] \tag{3-18}$$

式（3-18）中转置矩阵为

$$\boldsymbol{M}^{\mathrm{T}} = M_3(\xi)\cdot M_2(\eta)\cdot M_1(\zeta) \tag{3-19}$$

即

$$\boldsymbol{M}^{\mathrm{T}} = \begin{bmatrix} \cos\xi\cos\eta & -\sin\xi\cos\zeta+\cos\xi\sin\eta\sin\zeta & \cos\xi\sin\eta\cos\zeta+\sin\xi\sin\zeta \\ \sin\xi\cos\eta & \sin\xi\sin\eta\sin\zeta+\cos\xi\cos\zeta & \sin\xi\sin\eta\cos\zeta-\cos\xi\sin\zeta \\ -\sin\eta & \cos\eta\sin\zeta & \cos\eta\cos\zeta \end{bmatrix}$$

上式即为用欧拉角 $\xi$、$\eta$、$\zeta$ 表示的两个坐标间方向余弦矩阵。由于任意两个坐标系经过旋转至重合的 3 个角度与旋转次序有关，根据转动次序的排列数可知具有 6 种次序，即有 6 种不同的欧拉角，上式中每个元素的表达式也有所不同，但每个元素的值是一样的。

**3. 坐标系间矢量导数的关系**

设有坐标系原点重合的两个右手直角坐标系，$Oxyz$ 坐标系相对于另一个坐标系 $p$ 以角速度 $\omega$ 转动。$\boldsymbol{x}^0$、$\boldsymbol{y}^0$、$\boldsymbol{z}^0$为转动坐标系的单位矢量，则任意矢量 $\boldsymbol{A}$ 可表示为

$$A = a_x x^0 + a_y y^0 + a_z z^0 \tag{3-20}$$

将式（3-20）微分，则有

$$\frac{dA}{dt} = \frac{da_x}{dt}x^0 + \frac{da_y}{dt}y^0 + \frac{da_z}{dt}z^0 + a_x\frac{dx^0}{dt} + a_y\frac{dy^0}{dt} + a_z\frac{dz^0}{dt} \tag{3-21}$$

定义

$$\frac{\delta A}{\delta t} = \frac{da_x}{dt}x^0 + \frac{da_y}{dt}y^0 + \frac{da_z}{dt}z^0 \tag{3-22}$$

$\frac{\delta A}{\delta t}$是处于转动坐标系 $Oxyz$ 内的矢量 $A$ 随时间的变化率，称其为在 $Oxyz$ 坐标系的相对导数。对于该坐标系，只有 $A$ 的分量变化。而单位矢量 $x^0$、$y^0$、$z^0$是固定不动的。但对于 $p$ 坐标系来说，$\frac{dx^0}{dt}$是具有单位矢量 $x^0$的点，转动 $\omega$ 形成的速度，由理论力学可知，该点速度为

$$\frac{dx^0}{dt} = \omega \cdot x^0 \tag{3-23}$$

同理

$$\begin{cases} \dfrac{dy^0}{dt} = \omega \cdot y^0 \\ \dfrac{dz^0}{dt} = \omega \cdot z^0 \end{cases} \tag{3-24}$$

将式（3-24）代入式（3-21）得

$$\frac{dA}{dt} = \frac{\delta A}{\delta t} + \omega \cdot A \tag{3-25}$$

式中：$\frac{dA}{dt}$为绝对导数，相当于由惯性坐标系所看到的矢量 $A$ 的变化率。

### 3.3.2 发射坐标系和弹体坐标系

**1. 发射坐标系**

一般的发射坐标系，其坐标原点为发射台中心在发射工位的地面投影点；$oy$ 轴取过原点的铅垂线，向上为正，其延长线过地球赤道平面交轴于 $o_e'$，它与赤道平面的夹角 $B_T$称为天文纬度，而 $oy$ 轴所在的天文子午面与起始天文子午面（过格林尼治天文台的天文子午面）之间的二面角 $\lambda_T$称为天文经度；$ox$ 轴与 $oy$ 轴垂直，且指向瞄准方向，它与发射点天文子午面正北方向构成的夹角 $A_T$称为天文瞄准方位角；$oz$ 轴与 $ox$ 轴、$oy$ 轴构成右手直角坐标系。如图 3-8 所示，显然这一坐标系为动坐标系。

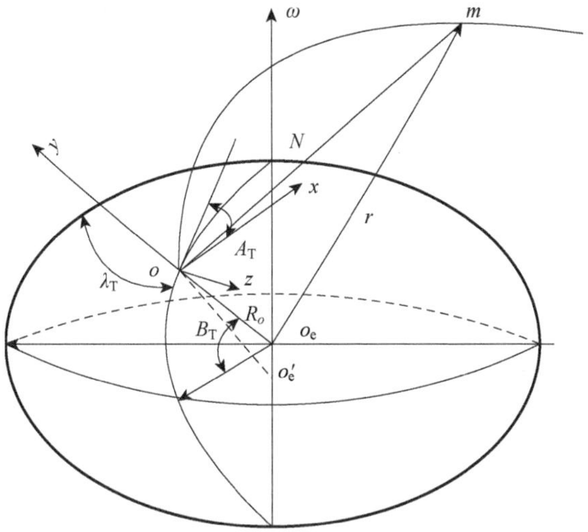


**图 3-8　发射坐标系和地心空间直角坐标系**

由于真实地球近似为一个椭球，因此发射坐标系 $oy$ 轴与发射点处的法线并不重合，只有在忽略垂线偏差时，$oy$ 轴才沿该点的法线方向。此外，$oy$ 轴的延长线也并不通过地心 $o_e$。

在实际工程中，经常提供的射击方位角是大地射击方位角 $A$，而并非天文射击方位角，两者的关系可以用拉普拉斯方程式表示为

$$A=A_T-(\lambda_T-L)\sin B_T=A_T-\eta\tan B_T$$

式中：$\lambda_T$、$B_T$分别为原点的天文经度和天文纬度；$L$ 为大地经度；$\eta$ 为垂线偏差卯酉分量。

有了发射坐标系，可方便地描述运动中的空间目标质心任意时刻相对于地球的位置和速度，同时也可用来描述地球对运动物体的吸引力问题。

假设目标在某时刻位于空间 $m$ 点，那么该点位置既可用 $m$ 点在发射坐标系中的坐标$(x,y,z)$来表示，也可用 $m$ 点对地心的矢经 $\boldsymbol{r}$ 来确定。由图 3-8 可得

$$\boldsymbol{r}=\boldsymbol{R}_o+\boldsymbol{om} \tag{3-26}$$

或

$$\boldsymbol{r}=(R_{ox}+x)\boldsymbol{x}^0+(R_{oy}+y)\boldsymbol{y}^0+(R_{oz}+z)\boldsymbol{z}^0 \tag{3-27}$$

式中：$R_{ox}$、$R_{oy}$、$R_{oy}$为发射点地心矢经 $\boldsymbol{R}_o$在发射坐标系各轴上的投影；$\boldsymbol{x}^0$、$\boldsymbol{y}^0$、$\boldsymbol{z}^0$为发射系各轴的单位矢量。

矢量 $\boldsymbol{r}$ 的大小及其方向余弦可表为

$$
\begin{cases}
\boldsymbol{r}=\sqrt{(R_{ox}+x)^2+(R_{oy}+y)^2+(R_{oz}+z)^2} \\
\cos(\boldsymbol{r},x)=\dfrac{R_{ox}+x}{\boldsymbol{r}} \\
\cos(\boldsymbol{r},y)=\dfrac{R_{ox}+y}{\boldsymbol{r}} \\
\cos(\boldsymbol{r},z)=\dfrac{R_{ox}+z}{\boldsymbol{r}}
\end{cases} \tag{3-28}
$$

在确定了空间目标质心相对于发射坐标系的矢经后，描述其质心相对于该坐标系的速度也就容易了。因此发射坐标系在研究空间目标相对于地面的规律时，是一个较为方便的参考系。

**2. 本体坐标系**

为描述空间目标相对于地球的运动姿态，一般用固连于弹体且随弹体一起运动的直角坐标系来描述，也称弹体坐标系。

坐标系原点取在空间目标质心 $o_z$上；$o_zx_1$轴与目标本体纵对称轴一致，指向头方向；$o_zy_1$轴垂直于 $o_zx_1$轴，且位于空间目标纵对称面（空间目标发射瞬时与射击面重合的平面）内，指向上方；$o_zz_1$轴与 $o_zx_1$、$o_zy_1$轴构成右手直角坐标系，如图 3-9 所示。

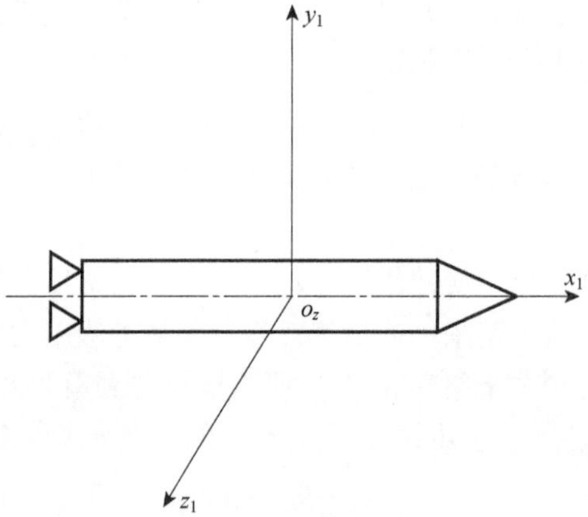


图 3-9 本体坐标系

**3. 本体坐标系与发射坐标系的关系**

在轨（弹）道学中，通常将俯仰角（$\varphi$）、偏航角（$\phi$）、滚动角（$\gamma$）统称为空间目标相对于地球的飞行姿态角，如图 3-10 所示。

俯仰角是指空间目标纵对称轴 $o_zx_1$在 $xo_zy$ 平面内的投影与 $o_zx$ 轴之间的夹角，当纵轴 $o_zx_1$在射面 $xo_zy$ 内的投影在 $o_zx$ 轴的上方时为正，反之为负。

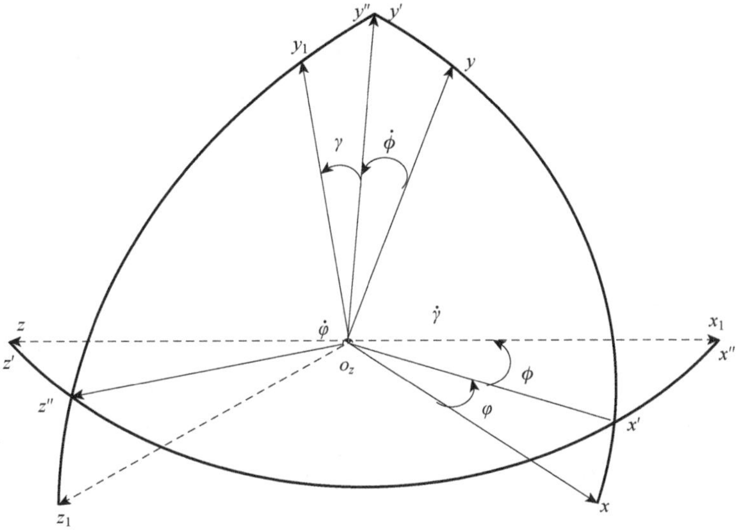


**图 3-10　本体坐标系与发射坐标系**

偏航角是指空间目标纵轴 $o_zx_1$ 与 $xo_zy$ 平面的夹角，当纵轴 $o_zx_1$ 在射面 $xo_zy$ 的左边时为正，反之为负。

滚动角是指空间目标横轴 $o_zz_1$ 与 $x_1o_zz$ 平面的夹角，当横轴 $o_zz_1$ 在 $x_1o_zz$ 平面之下时为正，反之为负。

本体坐标系是由在发射瞬时与发射坐标系相重合的辅助发射坐标系平移到目标质心后，经过 3 次连续旋转得到的，$o_zxyz \xrightarrow{(z\text{逆}\varphi)} o_zx'y'z' \xrightarrow{(y'\text{逆}\phi)} o_zx''y''z'' \xrightarrow{(x''\text{逆}\gamma)} o_zx_1y_1z_1$，如图 3-10 所示，相应两个坐标系间的方向余弦矩阵分别为 $\boldsymbol{A}(\varphi)$、$\boldsymbol{A}(\phi)$、$\boldsymbol{A}(\gamma)$。平移后的辅助坐标系与本体坐标系各轴间的 3 个欧拉角分别为 $\varphi$、$\phi$、$\gamma$。

由式（3-17）可得发射坐标系与本体坐标系间的方向余弦矩阵为

$$\begin{cases} [x_1]=\boldsymbol{A}(\gamma)\cdot\boldsymbol{A}(\phi)\cdot\boldsymbol{A}(\varphi)[x]=\boldsymbol{A}_{\mathrm{b}}^{\mathrm{g}}[x] \\ \boldsymbol{A}_{\mathrm{b}}^{\mathrm{g}}=\begin{bmatrix} \cos\varphi\cos\phi & \cos\phi\sin\varphi & -\sin\phi \\ \sin\gamma\sin\phi\cos\varphi-\cos\gamma\sin\varphi & \sin\gamma\sin\phi\sin\varphi+\cos\gamma\cos\varphi & \sin\gamma\cos\phi \\ \cos\gamma\sin\phi\cos\varphi+\sin\gamma\sin\varphi & \cos\gamma\sin\phi\sin\varphi-\sin\gamma\cos\varphi & \cos\gamma\cos\phi \end{bmatrix} \end{cases} \tag{3-29}$$

由于两个坐标系均为正交坐标系，因此它们的坐标方向余弦矩阵为正交矩阵。因正交矩阵的特性“逆矩阵等于其转置矩阵”，由式（3-29）容易得出本体坐标系与发射坐标系间的矩阵式，即

$$[x]=\boldsymbol{A}_{\mathrm{g}}^{\mathrm{b}}[x_1] \tag{3-30}$$

式中：$\boldsymbol{A}_{\mathrm{g}}^{\mathrm{b}}$ 为 $\boldsymbol{A}_{\mathrm{b}}^{\mathrm{g}}$ 的转置矩阵，即

$$A_g^b = (A_b^g)^T$$

$$A_g^b = \begin{bmatrix} \cos\varphi\cos\phi & -\sin\varphi\cos\gamma+\cos\varphi\sin\phi\sin\gamma & \sin\varphi\sin\gamma+\cos\varphi\sin\phi\cos\gamma \\ \sin\varphi\cos\phi & \cos\varphi\cos\gamma+\sin\varphi\sin\phi\sin\gamma & -\cos\varphi\sin\gamma+\sin\varphi\sin\phi\cos\gamma \\ -\sin\phi & \cos\phi\sin\gamma & \cos\phi\cos\gamma \end{bmatrix} \tag{3-31}$$

### 3.3.3 测量坐标系及其转换

**1. 测量坐标系**

测量坐标系是以测量设备的中心为坐标原点的坐标系，主要用来描述空间目标相对于测站的运动，测量坐标系通常分为垂线测量坐标系和法线测量坐标系。

垂线测量坐标系的定义为：坐标系原点位于测量设备中心，$Y$ 轴沿铅垂线指向地球外方向，$X$ 轴在水平面内指向天文北方向，$Z$ 轴与 $X$ 轴、$Y$ 轴构成右手坐标系。

法线测量坐标系的定义为：坐标系原点位于测量设备中心，$Y$ 轴沿地球椭球面法线指向地球外，$X$ 轴与 $Y$ 轴垂直指向大地北方向，$Z$ 轴与 $X$ 轴、$Y$ 轴构成右手坐标系。

在地面上两点建立两个直角坐标系，目的是求出测站坐标系$(o_c;x_c,y_c,z_c)$到发射坐标系$(o_f;x_f,y_f,z_f)$的转换公式。地心大地直角坐标系、测站坐标系和发射坐标系的关系如图 3-11 所示。

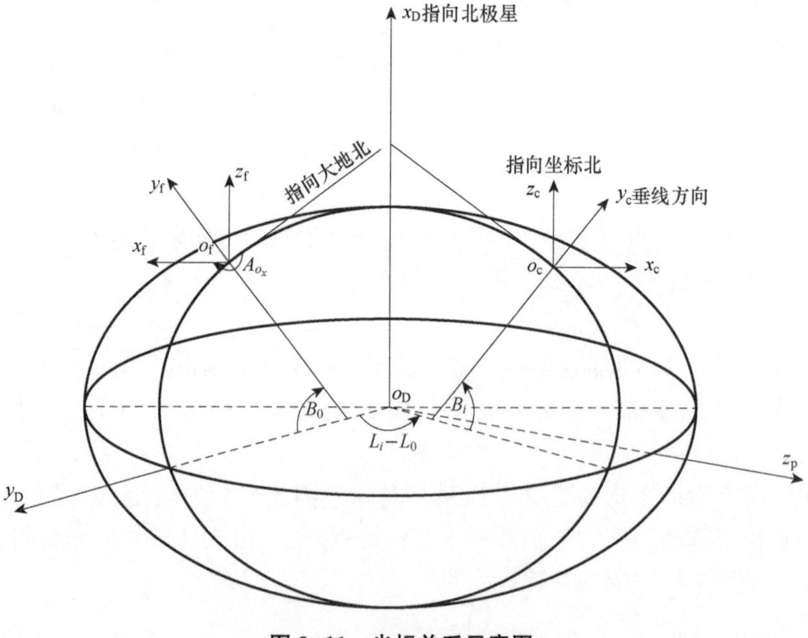


图 3-11 坐标关系示意图

**2. 地心大地坐标系与地心空间直角坐标系的关系**

假设已知某点 $Q$ 的大地经度、纬度、高程分别为 $L_i$、$B_i$、$H_i$，则相应的地心空间直角坐标系坐标为

$$\begin{cases} X_{0i}=[N_i(1-e^2)+H_i]\sin B_i \\ Y_{0i}=(N_i+H_i)\cos B_i\cos L_i \\ Z_{0i}=(N_i+H_i)\cos B_i\sin L_i \end{cases} \tag{3-32}$$

式中：$N_i=\dfrac{a}{\sqrt{1-e^2\sin^2 B_i}}$为 $Q$ 点的卯酉圈曲率半径；其中 $a$ 和 $e$ 分别为相应参考椭球的长半轴和第一偏心率。

**3. 法线测量坐标系与地心空间直角坐标系的关系**

法线测量坐标系适用于非测角设备。设 $o_c$ 为测量坐标系原点，其在地心直角坐标系中的坐标为$(x_{0i},y_{0i},z_{0i})$。首先将法线测量坐标系依据$(x_{0i},y_{0i},z_{0i})$进行坐标轴平移，使 $o_c$ 和 $o_D$ 两个坐标原点重合，然后再经过一系列顺时针旋转，即可将法线测量坐标系转换到地心空间直角坐标系。其转换关系为

$$\boldsymbol{X}=\boldsymbol{L}_i\boldsymbol{B}_iX_c+\boldsymbol{X}_{0i} \tag{3-33}$$

式中：$\boldsymbol{X}$ 为目标在地心直角坐标系中的位置向量，$\boldsymbol{X}=(x,y,z)^{\mathrm{T}}$；$\boldsymbol{X}_{0i}=(x_{0i},y_{0i},z_{0i})^{\mathrm{T}}$；$\boldsymbol{L}_i=\begin{bmatrix}1 & 0 & 0\\ 0 & \cos L_i & -\sin L_i\\ 0 & \sin L_i & \cos L_i\end{bmatrix}$；$\boldsymbol{B}_i=\begin{bmatrix}\cos B_i & \sin B_i & 0\\ -\sin B_i & \cos B_i & 0\\ 0 & 0 & 1\end{bmatrix}$。

**4. 垂线测量坐标系与地心空间直角坐标系的关系**

垂线测量坐标系适用于测角设备，如光学测量设备、脉冲雷达等无线电测量设备。

类似于法线测量坐标系，首先进行坐标平移使两个坐标原点重合，再将垂线测量坐标系的各坐标轴进行一系列旋转，即可使垂线测量坐标系转换到地心空间直角坐标系。其转换关系为

$$\boldsymbol{X}=\boldsymbol{L}_i\boldsymbol{B}_i\boldsymbol{U}_iX_c+\boldsymbol{X}_{0i} \tag{3-34}$$

式中：$\boldsymbol{X}$ 为目标在地心直角坐标系中的位置向量，$\boldsymbol{X}=(x,y,z)^{\mathrm{T}}$；$\boldsymbol{X}_{0i}=(x_{0i},y_{0i},z_{0i})^{\mathrm{T}}$；$\boldsymbol{L}_i=\begin{bmatrix}1 & 0 & 0\\ 0 & \cos L_i & -\sin L_i\\ 0 & \sin L_i & \cos L_i\end{bmatrix}$；$\boldsymbol{B}_i=\begin{bmatrix}\cos B_i & \sin B_i & 0\\ -\sin B_i & \cos B_i & 0\\ 0 & 0 & 1\end{bmatrix}$；$\boldsymbol{U}_i=\begin{bmatrix}1 & \xi_i & -\gamma_i\\ -\xi_i & 1 & -\eta_i\\ \gamma_i & \eta_i & 1\end{bmatrix}$，$\gamma_i=\arcsin[\sin(\lambda_i-L_i)\sin\varphi_i]$。

**5. 地心空间直角坐标系与发射坐标系的关系**

设发射坐标系原点在地心空间直角坐标系中的坐标为$(x_0,y_0,z_0)$，将发射坐标系$(O_f;X_f,Y_f,Z_f)$分别沿 $X_f$、$Y_f$、$Z_f$轴平移 $x_0$、$y_0$、$z_0$，使两个坐标原点重合。

然后将$(O_f;X_f,Y_f,Z_f)$的各坐标轴进行一系列旋转，并与地心空间直角坐标系重合，即可使发射坐标系转换到地心空间直角坐标系，其转换关系为

$$\boldsymbol{X}=\boldsymbol{L}_0\boldsymbol{B}_0\boldsymbol{U}_0\boldsymbol{A}_{0X}\boldsymbol{X}_f+\boldsymbol{X}_0 \tag{3-35}$$

式中：$\boldsymbol{X}_0=(x_0,y_0,z_0)^{\mathrm{T}}$；$\boldsymbol{X}_f$为目标在发射坐标系中的位置向量，$\boldsymbol{X}_f=(x_f,y_f,z_f)^{\mathrm{T}}$；

$$\boldsymbol{L}_0=\begin{bmatrix}1&0&0\\0&\cos L_0&-\sin L_0\\0&\sin L_0&\cos L_0\end{bmatrix};\quad \boldsymbol{B}_0=\begin{bmatrix}\cos B_0&\sin B_0&0\\-\sin B_0&\cos B_0&0\\0&0&1\end{bmatrix};$$

$$\boldsymbol{U}_0=\begin{bmatrix}1&\xi_0&-\gamma_0\\-\xi_0&1&-\eta_0\\\gamma_0&\eta_0&1\end{bmatrix};\quad \boldsymbol{A}_{0X}=\begin{bmatrix}\cos A_{0X}&0&-\sin A_{0X}\\0&1&0\\\sin A_{0X}&0&\cos A_{0X}\end{bmatrix}$$

**6. 测量坐标系与发射坐标系的关系**

设发射原点的大地经度、纬度、高程垂线偏差分别为$L_0$、$B_0$、$H_0$、$\xi_0$、$\eta_0$。

首先将测量坐标系$(O_c;X_c,Y_c,Z_c)$转为与地心坐标系$(O_D;X_D,Y_D,Z_D)$平行的坐标系，使测量坐标系的3个轴平行于地心坐标系的3个坐标轴；然后将平行于地心坐标系的测量坐标系绕$Z_c$轴顺时针旋转$B_0$角度，使$Y_c$平行于$Y_f$，再绕$Y_c$轴顺时针旋转$A_{0_X}$角度，使测量坐标系的3个轴与发射坐标系的3个轴对应平行起来。由此可以得到测站坐标系到发射坐标系之间的转换关系：

$$\boldsymbol{X}_f=\boldsymbol{U}_0^{\mathrm{T}}\boldsymbol{A}_{0X}^{\mathrm{T}}\boldsymbol{B}_0^{\mathrm{T}}\boldsymbol{L}_0^{\mathrm{T}}(X_{0i}-\boldsymbol{X}_0)+\boldsymbol{U}_0^{\mathrm{T}}\boldsymbol{A}_{0X}^{\mathrm{T}}\boldsymbol{B}_0^{\mathrm{T}}\boldsymbol{L}_0^{\mathrm{T}}\boldsymbol{L}_i\boldsymbol{B}_i\boldsymbol{U}_i\boldsymbol{X}_c \tag{3-36}$$

类似地，利用式（3-36）可以导出目标速度在两坐标系间的转换关系为

$$\dot{\boldsymbol{X}}_f=\boldsymbol{U}_0^{\mathrm{T}}\boldsymbol{A}_{0X}^{\mathrm{T}}\boldsymbol{B}_0^{\mathrm{T}}\boldsymbol{L}_0^{\mathrm{T}}\boldsymbol{L}_i\boldsymbol{B}_i\boldsymbol{U}_i\dot{\boldsymbol{X}}_c \tag{3-37}$$

### 3.3.4 惯性坐标系及其转换

**1. 惯性坐标系**

惯性坐标系$[a](ox^a y^a z^a)$是以惯性空间为参考定义的坐标系。该坐标系在火箭或导弹起飞瞬时与发射坐标系重合。火箭或导弹起飞以后，固连于地球上的发射坐标系随地球旋转而转动，而惯性坐标系的坐标轴却始终指向惯性空间的固定方向，其坐标原点及坐标轴指向不再随地球的自转而发生变化。

如图3-12所示，$ox^a y^a z^a$为惯性坐标系，其$oy^a$轴的延长线交地轴于$o_e$；$B_T$和$A_T$为天文纬度和天文瞄准方位角；$oxyz$为发射坐标系，发射瞬时与惯性坐标系重合，以后随地球旋转而转动，在火箭或导弹起飞$t$时刻，发射坐标系相对于惯性坐标系的旋转角度为$\omega t$，其中$\omega$为地球自转角速度。$o_e x_0 y_0 z_0$为地心惯性坐标系，其坐标原点为地球质心，$o_e z_0$轴指向地球自转轴方向，$o_e x_0$为火箭或导弹起飞瞬时发射点子午面与过$o_e$点的平行与赤道面的平面的交线，$y_0$轴与$o_e x_0$、$o_e z_0$轴构成右手直角坐标系。火箭或导弹起飞瞬时，地心大地坐标系与地心惯性坐标系重合。

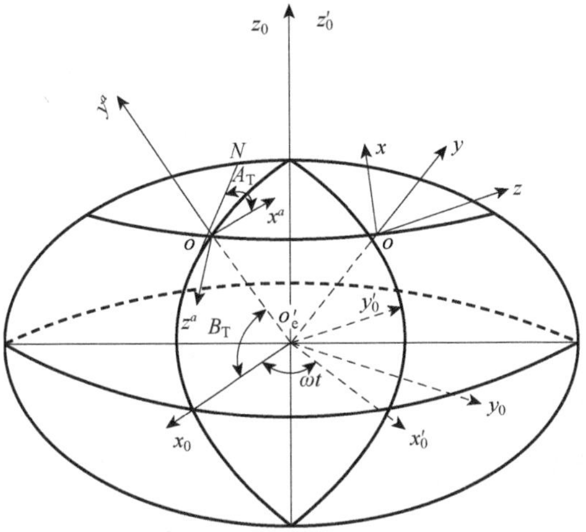


图 3-12 惯性坐标系与发射坐标系

**2. 发射坐标系与惯性坐标系的转换关系**

设 $B_0$、$H_0$、$\xi_0$、$\eta_0$ 分别为发射原点的大地纬度、高程、垂线、偏差，$A_0$ 为大地方位角，则发射点 $o$ 在地心大地坐标系下的坐标为

$$\begin{cases} x_0=[N_0(1-e^2)+H_0]\sin B_0 \\ y_0=(N_0+H_0)\cos B_0 \\ z_0=0 \end{cases} \tag{3-38}$$

设 $\omega$ 为地球自转速度($\omega=7.2921151467\times10^{-5}\text{rad/s}$)，$t$ 为累计时间（从发射时间 $T_0$ 为零点记起），则发射惯性坐标系与发射坐标系之间的转换公式由下式给定：

$$\boldsymbol{X}=\boldsymbol{\Phi}(\boldsymbol{X}_{惯}+\boldsymbol{R})-\boldsymbol{R} \tag{3-39}$$

其中，$\boldsymbol{X}$ 为目标在发射坐标系中的位置向量，$\boldsymbol{X}=(x,y,z)^{\mathrm{T}}$；$\boldsymbol{\Phi}=\boldsymbol{C\Omega C}^{-1}$；

$\boldsymbol{C}=\boldsymbol{A}_0\boldsymbol{U}_0\boldsymbol{B}_0$；$\boldsymbol{R}=\boldsymbol{C}(x_0,y_0,z_0)^{\mathrm{T}}$；$\boldsymbol{\Omega}=\begin{bmatrix}1 & 0 & 0\\ 0 & \cos(\omega t) & \sin(\omega t)\\ 0 & -\sin(\omega t) & \cos(\omega t)\end{bmatrix}$；

$\boldsymbol{A}_0=\begin{bmatrix}\cos A_0 & 0 & \sin A_0\\ 0 & 1 & 0\\ -\sin A_0 & 0 & \cos A_0\end{bmatrix}$；$\boldsymbol{B}_0=\begin{bmatrix}\cos B_0 & -\sin B_0 & 0\\ \sin B_0 & \cos B_0 & 0\\ 0 & 0 & 1\end{bmatrix}$；$\boldsymbol{U}_0=\begin{bmatrix}1 & -\xi_0 & 0\\ \xi_0 & 1 & \eta_0\\ 0 & -\eta_0 & 1\end{bmatrix}$。

类似地，发射惯性坐标系的速度到发射坐标系的速度转换公式为

$$\dot{\boldsymbol{X}}=\boldsymbol{\Phi}\dot{\boldsymbol{X}}_{惯}+\dot{\boldsymbol{\Phi}}(\boldsymbol{X}_{惯}+\boldsymbol{R}) \tag{3-40}$$

式中：$\dot{\boldsymbol{X}}$ 为目标在发射坐标系中的速度向量，$\dot{\boldsymbol{X}}=(\dot{x},\dot{y},\dot{z})^{\mathrm{T}}$；$\dot{\boldsymbol{\Phi}}=\boldsymbol{C}\dot{\boldsymbol{\Omega}}\boldsymbol{C}^{-1}$；

$$\dot{\boldsymbol{\Omega}}=\begin{bmatrix}0 & 0 & 0\\ 0 & -\omega\sin(\omega t) & \omega\cos(\omega t)\\ 0 & -\omega\cos(\omega t) & -\omega\sin(\omega t)\end{bmatrix}$$

反之，目标位置由发射坐标系转换到发射惯性坐标系的转换公式为

$$\boldsymbol{X}_{惯}=\boldsymbol{\Theta}(\boldsymbol{X}+\boldsymbol{R})-\boldsymbol{R} \tag{3-41}$$

其中，$\boldsymbol{\Theta}=\boldsymbol{C}\boldsymbol{\Omega}^{-1}\boldsymbol{C}^{-1}$。

目标速度向量的转换公式为

$$\dot{\boldsymbol{X}}_{惯}=\dot{\boldsymbol{\Theta}}(\boldsymbol{X}+\boldsymbol{R})-\boldsymbol{R} \tag{3-42}$$

其中，$\dot{\boldsymbol{\Theta}}=\boldsymbol{C}\dot{\boldsymbol{\Omega}}^{-1}\boldsymbol{C}^{-1}$。

### 3.3.5 天球坐标系及其转换

**1. 天球坐标系**

1）地心惯性坐标系

地心惯性坐标系的原点 $O$ 是地球质心，基本平面为某一历元的平赤道面；$OX$ 轴在平赤道面内，指向该历元时刻的平春分点 $\gamma$；$OZ$ 轴与 $OX$ 轴垂直，指向该历元时刻的平天极 $N$；$OY$ 轴在平赤道平面内，与 $OX$ 轴、$OZ$ 轴构成右手直角坐标系，如图 3-13 所示。按历元时刻可分为 1950.0 地心惯性坐标系和 2000.0 地心惯性坐标系。

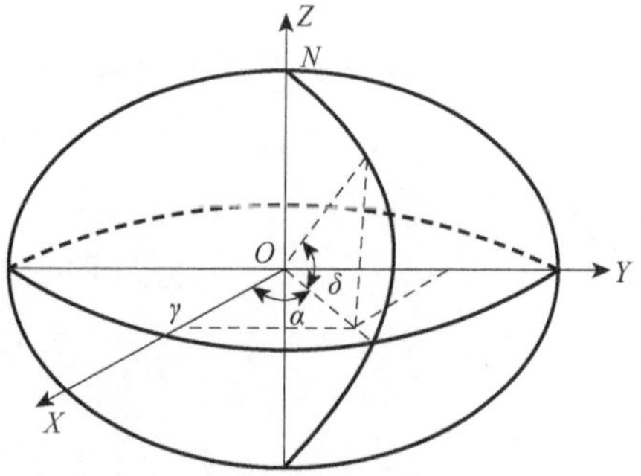

图 3-13 地心惯性坐标系

2）瞬时平赤道坐标系

瞬时平赤道坐标系的原点 $O$ 是地球质心，基本平面为观测时刻的地球平赤道面；$X$ 轴在基本平面内由地球质心指向观测时刻的平春分点；$Z$ 轴为基本平面的法向，指向观测时刻平北极；$Y$ 轴与 $X$ 轴、$Z$ 轴构成右手坐标系。

3）瞬时真赤道坐标系

瞬时真赤道坐标系的原点 $O$ 是地球质心，基本平面为观测时刻的地球真赤道面；$X$ 轴在基本平面内由地球质心指向观测时刻的真春分点；$Z$ 轴为基本平面的法向，指向观测时刻真北极；$Y$ 轴与 $X$ 轴、$Z$ 轴构成右手坐标系。

4）准地固坐标系

坐标原点 $O$ 为地球质心，地球瞬时赤道面为基本平面；$X$ 轴在基本平面内由地球质心指向格林尼治子午圈；$Z$ 轴指向地球自转轴的瞬时北极，由于地极的位置是随时间变化的，即为极移，$Z$ 轴与地球表面的交点随时间而变。$X$ 轴、$Y$ 轴、$Z$ 轴构成右手坐标系。

**2. J2000.0 惯性坐标系与瞬时平赤道坐标系的关系**

J2000.0 惯性坐标系与瞬时平赤道坐标系之间只需进行岁差修正。经 3 次旋转完成转换，$O-XYZ \xrightarrow{\text{绕 }Z\text{ 轴旋转}\frac{\pi}{2}+Z_A} O_1-X_1Y_1Z_1 \xrightarrow{\text{绕 }ON\text{ 旋转 }\theta_A} O_2-X_2Y_2Z_2 \xrightarrow{\text{绕 }Z'\text{轴旋转}\frac{\pi}{2}-\zeta_A} O-X'Y'Z'$，如图 3-14 所示。

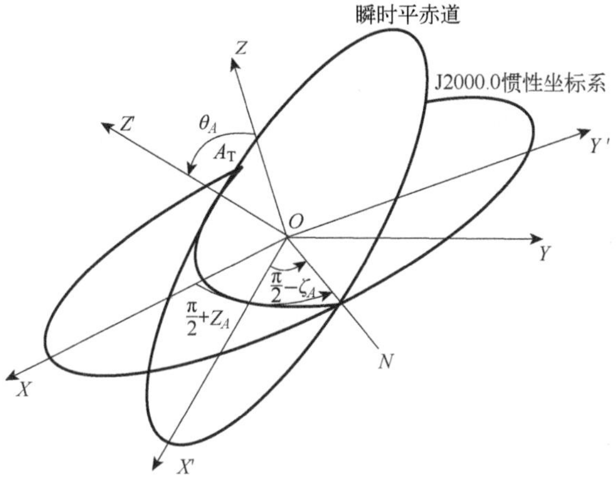


**图 3-14 J2000.0 惯性坐标系与瞬时平赤道坐标系的关系**

其中，$\zeta_A$、$Z_A$、$\theta_A$为赤道面进动的 3 个欧拉角，由下式计算得到：

$$\begin{cases}\zeta_A=2306''.2181T+0''.30188T^2+0''.017998T^3\\Z_A=2306''.2181T+1''.09468T^2+0''.18203T^3\\\theta_A=2004''.3109T-0''.42665T^2-0''.041833T^3\end{cases}\tag{3-43}$$

其中，$T=\dfrac{\text{JED}-2451545.0}{36525}$，JED 为与 UTC 对应的儒略历书时。

## 3.4 时间系统

在地球上研究各种天体的运动问题，既需要一个反映天体运动过程的均匀时间尺度，又需要一个反映地面观测站位置的测量时间系统。采用原子时作为计时基准前，地球自转曾长期作为这两种时间系统的统一基准。但由于地球自转的不均匀性和测量精度的不断提高，问题也复杂化了，既要有一个均匀时间基准，又要与地球自转相协调。因此，除均匀的原子时计时基准外，还需要一个与地球自转相连的时间系统，以及如何解决这两种时间系统之间的协调机制。时间系统是描述物质运动的一个最基本的参数。时间系统由原点（历元）和尺度（时间单位）构成。

### 3.4.1 恒星时系统

春分点连续两次过中天的时间间隔称为一个“恒星日”，那么恒星时就是春分点的时角，它的数值 $S$ 等于上中天恒星的赤经 $\alpha$，即

$$S=\alpha \tag{3-44}$$

这是经度为 $\lambda$（不要与黄经混淆）处的地方恒星时（ST）。与下述世界时密切相关的格林尼治恒星时 $S_G$ 由下式给出：

$$S_G=S-\lambda \tag{3-45}$$

格林尼治恒星时有真恒星时 GST 与平恒星时 GMST 之分。恒星时是由地球自转确定的，那么地球自转的不均匀性就可通过它与均匀时间尺度的差别来测定。

### 3.4.2 世界时系统

与恒星时相同，世界时（UT）也是根据地球自转测定的时间，它以平太阳日为单位，1/86400 平太阳日为秒长。根据天文观测直接测定的世界时，记为 UT0，它对应于瞬时极的子午圈。加上引起测站子午圈位置变化的地极移动的修正，就得到对应平均极的子午圈的世界时，记为 UT1，即

$$\mathrm{UT1}=\mathrm{UT0}+\Delta\lambda \tag{3-46}$$

式中：$\Delta\lambda$ 为极移改正量。

由于地球自转的不均匀性，UT1 并不是均匀的时间尺度。而地球自转不均匀性呈现 3 种特性：长期慢变化（每百年使日长增加 1.6ms）、周期变化（主要是季节变化，一年里日长约有 0.001s 的变化，除此之外还有一些影响较小的周期变化）和不规则变化。这 3 种变化不易修正，只有周年变化可用根据多年实测结果给出的经验公式进行改正，改正值记为 $\Delta T_S$，由此引进世界时 UT2：

$$\mathrm{UT2}=\mathrm{UT1}+\Delta T_S \tag{3-47}$$

相对而言，这是一个比较均匀的时间尺度，但它仍包含地球自转的长期变化和不规则变化，特别是不规则变化，至今无法改正。

周期项 $\Delta T_S$ 的振幅并不大，而 UT1 又直接与地球瞬时位置相关联，因此，对于过去一般精度要求不太高的问题，就用 UT1 作为统一的时间系统。而对于高精度问题，即使 UT2 也不能满足，必须寻求更均匀的时间尺度，这正是引进国际原子时（TAI）作为计时基准的必要性。

国际原子时作为计时基准的起算点靠近 1958 年 1 月 1 日的 UT2 零时，有

$$(\mathrm{TAI}-\mathrm{UT2})_{1958.0}=-0.0039\mathrm{s} \tag{3-48}$$

因上述 TAI 是在地心参考坐标系中定义的具有国际单位制秒长的坐标时间基准，从 1984 年起，它就取代历书时（ET）正式作为动力学中所要求的均匀时间尺度。由此引入地球动力学时 TDT（1991 年后改称地球时 TT），它与 TAI 的关系

是根据1977年1月1日0时0分0秒（TAI）对应TDT为1977年1月1.0003725日而来，此起始历元的差别就是该时刻历书时与原子时的差别，这样定义起始历元便于用TT系统代替ET系统。

## 3.4.3 协调世界时

均匀的时间系统只能解决对精度要求日益增高的历书时的要求，也就是时间间隔对尺度的均匀要求，但它无法代替与地球自转相连的不均匀的时间系统。由于地球自转周期的长期项随时间的积累，使原子时与世界时的时刻越差越大，为解决这一矛盾，必须建立两种时间系统的协调机制，这就引进了协调世界时（UTC）。尽管这会带来一些麻烦，国际上一直有各种争论和建议，但至今仍无定论，结果仍是保留两种时间系统，各有各的用途。

上述两种时间系统，在1958年1月1日世界时零时，TAI与UT1的差约为零：$(UT1-TAI)_{1958.0}=+0.0039s$，如果不加处理，由于地球自转长期变慢，这一差别将越来越大，会导致一些不便。针对这种现状，为了兼顾对世界时时刻和原子时秒长两种需要，国际上引入第三种时间系统，即UTC。该时间系统仍旧是一种“均匀”时间系统，其秒长与原子时秒长一致，而在时刻上则要求尽量与世界时接近。从1972年起规定两者的差值保持在±0.9s以内。为此，可能在每年的年中或年底对UTC做整秒的调整（拨慢1s，也叫闰秒），具体调整由国际时间局根据天文观测资料作出规定，可以在地球定向参数（Earth Orientation Parameter，EOP）的网站上得到相关的和最新的调整信息。到2015年6月30日为止，已调整36s。

$$TAI=UTC+36s \tag{3-49}$$

由UTC到UT1的换算过程：从EOP网站下载最新的EOP数据（对于过去距离现在超过一个月的时间，采用B报数据，对于其他时间则采用A报数据），内插得到ΔUT，则有

$$UT1=UTC+\Delta UT \tag{3-50}$$

## 3.4.4 儒略日系统

除上述时间系统外，在计算中常常还会遇到历元的取法以及几种年的长度问题。一种是贝塞尔（Besselian）年，或称假年，其长度为平回归年的长度，即365.2421988平太阳日。常用的贝塞尔历元是指太阳平黄经等于280°的时刻，例如1950.0，并不是1950年1月1日0时，而是1949年12月31日22时09分42秒（世界时），相应的儒略（Julian）日（JD）为2433282.4234。另一种是儒略年，其长度为365.25平太阳日。儒略历元是指真正的年初，例如1950.0，即1950年1月1日0时。引用儒略年较为方便，从1984年起，贝塞尔年被儒略年代替。与贝塞尔年和儒略年两种年的长度对应的回归世纪（100年）和儒略世纪

的长度分别为 36524.22 平太阳日和 36525 平太阳日。

### 3.4.5 真太阳时和平太阳时

以太阳的周日视运动为依据而建立的时间计量系统，称为真太阳时。真太阳连续两次下中天的时间间隔称为真太阳日。1 真太阳日分成 24 真太阳小时，每真太阳小时等于 60 真太阳分，每真太阳分等于 60 真太阳秒。

由于真太阳日的长短不一致，真太阳时并不实用，因此，先假设一个黄道平太阳，它在黄道上的运行速度等于真太阳视运动的平均速度，并和真太阳同时过近地点和远地点；再假设一个赤道平太阳，它的运行速度和黄道上的平太阳速度相同，并在历元时刻同时经过春分点，这个赤道平太阳简称平太阳。

设平太阳的时角为 LAMT，则平太阳时为

$$MT = LAMT + 12h \tag{3-51}$$

若 LAMT>12h，则从式（3-51）中减去 24h。

赤道平太阳连续两次下中天的时间间隔称为 1 平太阳日，1 平太阳秒为 1 平太阳日的 1/86400。

## 3.5 小结

任何物体在空间中的运动轨迹，都可以看成某一时刻在某一坐标系下的位置参数的集合，因此，空间目标运行轨迹与时间和空间紧密相关。本章首先简述了大地测量的一些相关概念，在此基础上介绍了大地坐标和天文坐标、参考椭球与坐标系等与外测数据处理相关的一些常用坐标系的定义，并给出了这些坐标系之间相互转换的关系，同时对数据处理中常用的时间系统进行了介绍。这些相关知识、坐标系相互转换模型和时间基准将为后续各章的空间目标跟踪测量数据处理和融合定位提供必要的理论基础。

## 参考文献

[1] 刘林，汤靖师．卫星轨道理论与应用［M］．北京：电子工业出版社，2015.
[2] 张守信，等．GPS 卫星测量定位理论与应用［M］．长沙：国防科技大学出版社，1996.
[3] 刘利生．外测数据事后处理［M］．北京：国防工业出版社，2000.
[4] 赵树强，许爱华，苏睿，等．箭载 GNSS 测量数据处理［M］．北京：国防工业出版社，2015.
[5] 刘基余．GPS 卫星导航定位原理与方法［M］．北京：科学出版社，2003.
[6] A. A. 德米特里耶夫斯基，等．外弹道学［M］．北京：国防工业出版社，2000.
[7] 刘利生，郭军海，刘元，等．空间轨迹测量融合处理与精度分析［M］．北京：清华大学出版社，2014.

[8] 王正明，易东云．测量数据建模与参数估计［M］．长沙：国防科技大学出版社，1996.
[9] 李济生．人造卫星精密轨道确定［M］．北京：解放军出版社，1995.
[10] 李征航，张小红．卫星导航定位新技术及高精度数据处理方法［M］．武汉：武汉大学出版社，2009.
[11] 刘林，汤靖师．卫星轨道理论与应用［M］．北京：电子工业出版社，2015.
[12] 刘蝉媛，陈国光．基于GPS的卡尔曼滤波技术研究［J］．弹箭与制导学报，2006，26(4)：110-112.
[13] 吴美平，胡小平．GPS卫星定向技术［M］．长沙：国防科技大学出版社，2007.
[14] 张毅，杨辉耀，李俊莉．弹道导弹弹道学［M］．长沙：国防科技大学出版社，1999.
[15] 王惠南．GPS导航原理与应用［M］．北京：科学出版社，2003.
[16] 马志强，郭福生，等．靶场大地测量［M］．北京：国防工业出版社，2004.

# 04 第4章 跟踪测量设备数据处理

## 4.1 引言

空间目标跟踪测量系统通过光学或无线电测量手段在目标飞行过程中获取目标位置、速度等飞行参数，以确定目标飞行状态，为引导捕获目标提供实时可靠的依据，为合作目标飞行试验的性能考核、精度评定、改进设计和定型提供精确的飞行参数。空间目标跟踪测量系统根据测控设备所处的空间位置可分为陆基测量系统、空基测量系统、海基测量系统和天基测量系统；根据测量采用的手段可分为光学测量和无线电测量两类。通常，光学测量系统主要完成飞行目标初始段、部分动力段和再入段的飞行轨迹测量，无线电测量系统主要完成动力段、无动力段和再入段的飞行轨迹测量。

目前，空间飞行目标跟踪测量系统常用的光学测量设备主要包括高速电视测量仪、光电经纬仪、光电望远镜和光学景象实况记录仪；无线电测量设备包括脉冲雷达、微波统一测控系统、短基线干涉仪、多测速系统和GNSS测量系统等。

## 4.2 光学跟踪测量系统

光学跟踪测量系统是空间合作目标跟踪测量的重要组成部分，在空间目标跟踪测量中，光学跟踪测量系统主要是指以光学成像原理采集目标飞行信息，经处理得到所需目标飞行参数与目标特性参数，并获取目标飞行实况图像资料的专用测量系统，通常用于空间目标的垂直起飞段、初始飞行段和再入段的跟踪测量，是高精度飞行轨迹测量的主要跟踪设备。

空间目标的飞行状态测量通常包括两个方面：一是目标飞行姿态的测定，如合作目标（空间运载器等）各级间的分离、各助推器的脱落、飞行过程中的本体翻滚、故障爆炸以及再入段重返大气层所呈现的物理现象等；二是目标飞行轨迹数据的获取，如目标飞行各瞬间位置、速度、加速度、倾角及落点等。按以上飞行试验任务，光学跟踪设备通常可分为两种：一种是只记录目标飞行姿态的设备，如跟踪实况记录仪、高速摄影机等，它的特点是作用距离远、摄影频率高；另一种是跟踪测量目标飞行轨迹数据的设备，如电影经纬仪、激光测距机等，其特点是测量精度高。随着科学技术的发展和装备制造能力的提升，现有的光学经纬仪和光电望远镜同时具有红外、电视、程序引导等多种跟踪手段，能同时具备激光测距、电视、红外跟踪测角等功能，测量精度高、作用距离远。二者在功能和性能上的差别越来越小，本节以高速电视测量仪和光电经纬仪为例介绍光学跟踪测量系统。

### 4.2.1 高速电视测量系统

**1. 系统概述**

高速电视测量仪是一种小型光电跟踪测量设备，主要用于空间合作目标垂直起飞段的漂移量测量和目标初始飞行轨迹的实况记录。高速电视测量系统通常由 3 台高速电视测量仪组成，采用多点固定式工作方式，每台设备均采用独立工作模式对飞行目标进行自动跟踪。

高速电视测量仪主要由高速电视分系统、跟踪分系统、测角分系统、伺服分系统、时统分系统、微机主控分系统等组成，主要完成方位标拍摄、高速摄像同步，以及方位、俯仰的自动跟踪和数据实时记录等功能。

目前，高速电视测量系统根据目标发射地测量点进行交会测量布局，一般布设 3 台高速电视测量仪，由主控计算机统一控制，交会测量目标机动点的空间坐标变化，测量目标垂直起飞横向漂移，每台高速电视测量仪完成水平和俯仰方向的随动和半自动跟踪，3 台高速电视测量仪同步跟踪，完成对飞行目标的数据采集和视频图像的实时记录。

**2. 处理流程**

高速电视测量系统记录的视频图像经判读后，得到高速电视测量仪主光轴的方位角、俯仰角，经视频判读及误差修正后得到各标志环测量点的坐标 $x$、$y$、$z$ 随时间变化的值，由此可算得各测量点的实际漂移量 $R=\sqrt{\mathrm{d}x^2+\mathrm{d}y^2}$ 随时间变化的值、漂移量方位角 $A=\arctan\dfrac{\mathrm{d}z}{\mathrm{d}x}$ 随时间变化的值以及与漂移量及方位角相对应时刻的俯仰角、偏航角和滚动角等参数。漂移量数据处理流程如图 4-1 所示。

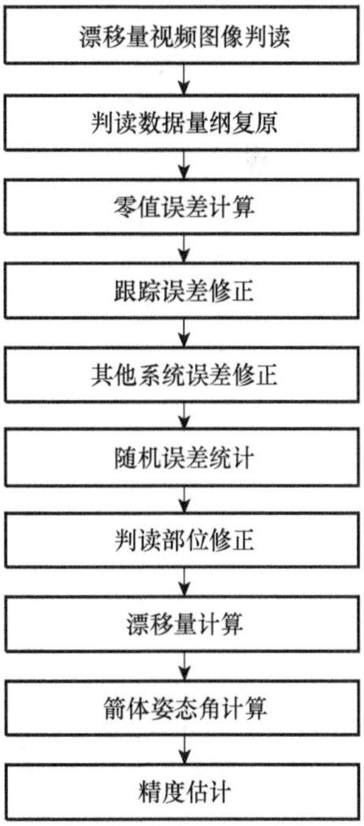


**图 4-1 漂移量数据处理流程图**

**3. 处理模型**

高速电视测量系统数据处理主要包括站址坐标和坐标系转换矩阵的计算、跟踪误差修正、系统误差修正、判读部位修正、漂移量计算等几个方面。

1）站址坐标和坐标系转换矩阵的计算

高速电视测量仪等跟踪测量设备记录的观测信息一般是测站坐标系的，而通常情况下，空间合作目标跟踪测量数据处理中需要提供的是在发射坐标系下的飞行参数，因此，需要进行测站坐标系到发射坐标系的坐标转换。

假设第 $i$ 个测站在测量坐标系 $X$ 轴方向观测到的大地方位角为 $A_{X_i}$，则其在发射坐标系中的站址坐标为

$$\begin{bmatrix} X_{0i} \\ Y_{0i} \\ Z_{0i} \end{bmatrix} = \boldsymbol{Q}_0 \begin{bmatrix} X_i - X_0 \\ Y_i - Y_0 \\ Z_i - Z_0 \end{bmatrix} \tag{4-1}$$

式中：$X_{0i}$、$Y_{0i}$、$Z_{0i}$ 为第 $i$ 个测站在发射坐标系中的站址坐标（$i=1,2,3$）；$X_0$，$Y_0$，$Z_0$ 为发射原点在地心坐标系中的坐标；$X_i$，$Y_i$，$Z_i$ 为第 $i$ 个测站的站点地心坐标。

$$\boldsymbol{Q}_i = \boldsymbol{A}_i \cdot \boldsymbol{U}_i \cdot \boldsymbol{B}_i \cdot \boldsymbol{L}_i \quad (i=0,1,2,\cdots,m) \tag{4-2}$$

其中

$$\boldsymbol{A}_i = \begin{pmatrix} \cos A_{Xi} & 0 & \sin A_{Xi} \\ 0 & 1 & 0 \\ -\sin A_{Xi} & 0 & \cos A_{Xi} \end{pmatrix}, \quad \boldsymbol{U}_i = \begin{pmatrix} 1 & -\xi_i & 0 \\ \xi_i & 1 & \eta_i \\ 0 & -\eta_i & 1 \end{pmatrix},$$

$$\boldsymbol{B}_i = \begin{pmatrix} \cos B_i & -\sin B_i & 0 \\ \sin B_i & \cos B_i & 0 \\ 0 & 0 & 1 \end{pmatrix}, \quad \boldsymbol{L}_i = \begin{pmatrix} 1 & 0 & 0 \\ 0 & \cos L_i & \sin L_i \\ 0 & -\sin L_i & \cos L_i \end{pmatrix}。$$

测站 $i$ 的站点地心坐标为

$$\begin{cases} X_i = [N_i(1-e^2)+H_i]\sin B_i \\ Y_i = (N_i+H_i)\cos B_i \cos L_i \\ Z_i = (N_i+H_i)\cos B_i \sin L_i \end{cases} \tag{4-3}$$

式中：$L_i$、$B_i$、$H_i$、$\xi_i$、$\eta_i$ 分别为测站 $i$ 的大地经度、大地纬度、大地高程、垂线偏差的子午分量和卯酉分量；$N_i$ 为卯酉圈曲率半径，$N_i = a/\sqrt{1-e^2\sin^2 B_i}$；$A_{X0}$ 为发射方向大地方位角；$m$ 为测站数。

测站坐标系与发射坐标系的转换矩阵 $\boldsymbol{\Omega}_i$ 为

$$\boldsymbol{\Omega}_i = \boldsymbol{Q}_0 \boldsymbol{Q}_i^{\mathrm{T}} \tag{4-4}$$

2）跟踪误差修正

高速电视测量系统是一种对运动目标进行实时跟踪测量的光学设备，由于目

标运动的不规律性，以及设备跟踪伺服系统的响应滞后等，导致跟踪时不可能将十字丝原点准确对准目标，也就是说，图像本身记录的是十字丝原点的方位角和俯仰角，但它与目标的真实角坐标之间存在误差，即目标点 $P$ 偏离十字丝中心（光轴）的角偏差量，这个误差称为跟踪误差，如图 4-2 所示。

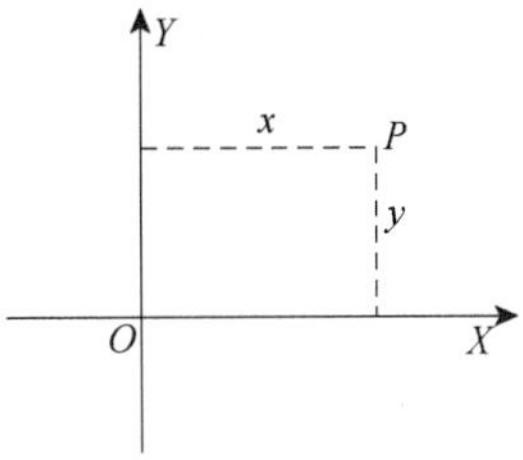


图 4-2 跟踪误差示意图

设 $A'$、$E'$分别为跟踪误差修正后的方位角和俯仰角，则跟踪误差修正模型为

$$\begin{cases} A' = \arctan \dfrac{x}{f\cos E - y\sin E} + A \\ E' = \arcsin \dfrac{f\sin E + y\cos E}{\sqrt{f^2 + x^2 + y^2}} \end{cases} \tag{4-5}$$

式中：$A$、$E$ 分别为量纲复原后的方位角和俯仰角（rad）；$f$ 为摄影焦距（mm）；$x$、$y$ 为目标在像平面坐标系中的两个跟踪误差量（mm）。

3）系统误差修正

高速电视测量仪的系统误差主要包括零值误差和轴系误差。其中，零值误差是指高速电视测量仪测角系统的方位和高低度盘零位与对应的天文北和水平方向的偏离的差。零值误差包括设备的零位误差和定向误差。零位误差是指设备高低码盘的零位偏离水平方向的角度值，其由码盘精度和瞄准误差决定，一般用正、倒镜拍摄水平方向目标进行测定；定向误差是指设备方位码盘零值偏离大地北或天文北的角度值，定向误差与瞄准误差、码盘精度以及大地北或天文北方向标的测量精度有关，可通过正、倒镜拍摄大地北或天文北方位标来确定。轴系误差主要是指高速电视测量仪的 3 个轴（照准轴、水平轴、垂直轴）不正交产生的误差，包括照准轴与水平轴不垂直产生的误差、水平轴倾斜误差和垂直轴倾斜误差等。

设 $A_1$、$E_1$为方位标测量成果，$A_{qj}$、$E_{qj}$为火箭发射前方位标方位角和俯仰角，$A_{hj}$、$E_{hj}$为火箭发射后方位标方位角和俯仰角，$j$ 为方位标采样点数($j=1,2,\cdots,n$)，则零值误差修正量为

$$\begin{cases} \Delta A_0 = A_1 - \dfrac{\dfrac{\sum_{j=1}^{n} A_{qj}}{n} + \dfrac{\sum_{j=1}^{n} A_{hj}}{n}}{2} \\ \Delta E_0 = E_1 - \dfrac{\dfrac{\sum_{j=1}^{n} E_{qj}}{n} + \dfrac{\sum_{j=1}^{n} E_{hj}}{n}}{2} \end{cases} \tag{4-6}$$

式中：$\Delta A_0$、$\Delta E_0$为零值误差修正量。

设$A''$、$E''$分别为系统误差修正后的方位角和俯仰角，则系统误差修正模型为

$$\begin{cases} A''=A'+\Delta A_0+\tan(E'+\Delta E_0)[b+I\sin(A_H-A'-\Delta A_0)]+c\sec(E'+\Delta E_0) \\ E''=E'+\Delta E_0-I\cos(A_H-A'-\Delta A_0) \end{cases} \tag{4-7}$$

式中：$b$ 为水平轴误差；$c$ 为照准差；$I$ 为垂直轴误差；$A_H$ 为垂直轴倾斜方向的方位角。

4）判读部位修正

高速电视测量仪的跟踪部位修正主要是指运载器的箭体漂移跟踪部位误差的修正。箭体上的标志环是用于测量运载器在垂直起飞段的横向漂移而特别喷涂的测量标志，如图 4-3 所示。跟踪部位修正是将各测站的高速电视测量仪所拍摄的运载器上不同位置（包括测量环的左端和右端）的测角数据，统一修正到运载器中轴线与测量环平面交点的方位角和俯仰角的处理过程。

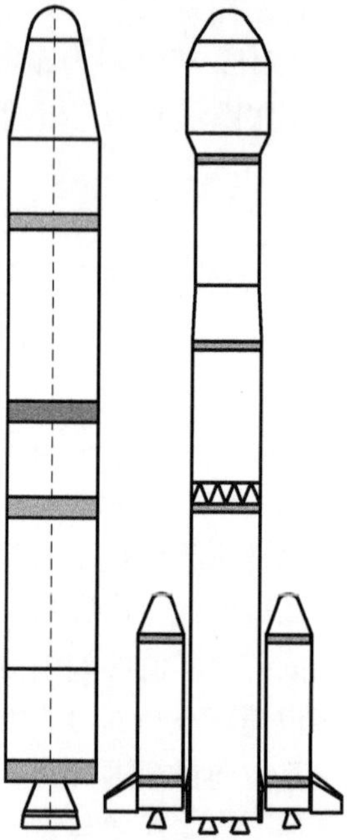

图 4-3　运载器测量标志环示意图

设$A'''$、$E'''$为判读部位修正后的方位角、俯仰角。当判读部位在火箭右侧时，跟踪部位修正公式为

$$\begin{cases} A'''=A''-\arcsin[D/(2\times R)] \\ E'''=\arctan[\sqrt{1-D^2/(4\times R^2)}\times\tan E''] \end{cases} \tag{4-8}$$

当判读部位在火箭左侧时，跟踪部位修正公式为

$$\begin{cases} A'''=A''+\arcsin[D/(2\times R)] \\ E'''=\arctan[\sqrt{1-D^2/(4\times R^2)}\times\tan E''] \end{cases} \tag{4-9}$$

式中：$D$ 为相应测量点部位的火箭直径；$K$ 为测站坐标系原点到发射坐标系原点的连线在水平面的投影。

5）漂移量计算

高速电视测量仪的测量数据经过误差修正后，通过多台高速电视测量仪跟踪测量数据交会计算可获得运动目标测量点在发射坐标系中的漂移量数据，这里以两台高速电视测量仪交会为例。

首先，计算两测站与目标矢量在发射坐标系中的方向余弦。

$$\begin{bmatrix} l_i \\ m_i \\ n_i \end{bmatrix}=\boldsymbol{\Omega}_i\cdot\begin{bmatrix} \cos A_i'''\cdot\cos E_i''' \\ \sin E_i''' \\ \sin A_i'''\cdot\cos E_i''' \end{bmatrix} \tag{4-10}$$

式中：$A_i'''$、$E_i'''$为第 $i$ 个测站经误差修正后的方位角、俯仰角（rad）；$\boldsymbol{\Omega}_i$为第 $i$ 个测站的测站坐标系与发射坐标系之间的转换矩阵。

两测站到目标间夹角的余弦为

$$\cos\psi=l_1l_2+m_1m_2+n_1n_2 \tag{4-11}$$

目标到测站连线与两测站连线间夹角的余弦为

$$\begin{cases}\cos\varphi_1=[l_1(X_{02}-X_{01})+m_1(Y_{02}-Y_{01})+n_1(Z_{02}-Z_{01})]/D_{12}\\ \cos\varphi_2=[l_2(X_{01}-X_{02})+m_2(Y_{01}-Y_{02})+n_2(Z_{01}-Z_{02})]/D_{12}\end{cases} \quad (4-12)$$

其中，$D_{12}=[(X_{01}-X_{02})^2+(Y_{01}-Y_{02})^2+(Z_{01}-Z_{02})^2]^{1/2}$。

目标到测站的斜距为

$$\begin{cases}R_1=D_{12}(1-\cos^2\varphi_2)^{1/2}/(1-\cos^2\psi)^{1/2}\\ R_2=D_{12}(1-\cos^2\varphi_1)^{1/2}/(1-\cos^2\psi)^{1/2}\end{cases} \quad (4-13)$$

其次，计算目标测量点在发射坐标系下的位置参数

$$\begin{bmatrix}X\\Y\\Z\end{bmatrix}=\sum_{i=1}^{2}\frac{1}{2}\left(R_i\cdot\begin{bmatrix}l_i\\m_i\\n_i\end{bmatrix}+\begin{bmatrix}X_{0i}\\Y_{0i}\\Z_{0i}\end{bmatrix}\right) \quad (4-14)$$

则目标测量点 $k$ 在 $X$ 和 $Z$ 方向上的漂移量参数为

$$\begin{cases}\Delta x_k=x_k-x_{k0}\\ \Delta z_k=z_k-z_{k0}\end{cases} \quad (4-15)$$

在 $y$ 方向上的位移为

$$\Delta y_k=y_k-y_{k0} \quad (4-16)$$

式（4-15）和式（4-16）中：$x_k$、$y_k$、$z_k$为目标上第 $k$ 个测量点在发射坐标系中的位置；$x_{k0}$、$y_{k0}$、$z_{k0}$为目标上第 $k$ 个测量点在发射坐标系中的初始位置。

则目标测量点 $k$ 的横向漂移量为

$$\Delta r_k=\sqrt{(\Delta x_k)^2+(\Delta z_k)^2} \quad (4-17)$$

发射坐标系中的漂移方位角 $A_k$（顺时针方向记录）为

$$A_k=\arctan\frac{\Delta z_k}{\Delta x_k}+\begin{cases}0 & (\Delta x_k\geqslant 0,\Delta z_k\geqslant 0)\\ \pi & (\Delta x_k<0)\\ 2\pi & (\Delta x_k\geqslant 0,\Delta z_k<0)\end{cases} \quad (4-18)$$

目标测量点 $k$ 在 $OT$ 方向（原点为发射点并指向发射架中轴线的方向）上的漂移量 $\Delta OT_k$为

$$\Delta OT_k=\Delta r_k\cos(A_{x0}-A_{OT}+A_k) \quad (4-19)$$

式中：$A_{OT}$为以发射坐标系原点为顶点，正北方向与原点和发射架中轴线所在平面的夹角，顺时针方向为正。

最后，计算目标姿态角和漂移量精度。其中，目标姿态角包括俯仰角 $\phi$ 和偏航角 $\varphi$ 为

$$\begin{cases}\phi=\arcsin\dfrac{\Delta y}{\sqrt{(\Delta x)^2+(\Delta y)^2}}\\ \varphi=\arcsin\dfrac{\Delta z}{\sqrt{(\Delta x)^2+(\Delta y)^2+(\Delta z)^2}}\end{cases} \quad (4-20)$$

式中：$\Delta x$、$\Delta y$、$\Delta z$ 为发射坐标系中目标上相应的两个测量点在 $x$、$y$、$z$ 方向上的坐标位置差。漂移量精度 $\sigma$ 为

$$\sigma = \left( \frac{\sum_{s=1}^{n} (u_s - \bar{u})^2}{n - 1} \right)^{1/2} \tag{4-21}$$

式中：$u_s = \sqrt{(\Delta x_s)^2 + (\Delta y_s)^2 + (\Delta z_s)^2}$；$\bar{u} = \frac{1}{n}\sum_{s=1}^{n}\sqrt{(\Delta x_s)^2 + (\Delta y_s)^2 + (\Delta z_s)^2}$；$s$ 为点序，$s=1,2,\cdots,n$，$n$ 为数据处理总的点数；$\Delta x_s$、$\Delta y_s$、$\Delta z_s$ 为发射坐标系中目标上相应的两个测量点在 $x$、$y$、$z$ 方向上的坐标位置差。

### 4.2.2 光电经纬仪测量系统

**1. 系统概述**

光电经纬仪是地基测量系统获取空间目标信息、记录空间目标实时飞行状态景象的重要手段。光电经纬仪是通过对空间目标初始飞行段进行跟踪照相来记录目标的空间位置，以及目标在约定的测量坐标系中的方位角和俯仰角。激光测距仪是通过激光波对目标进行距离测量，记录的是激光测距仪到目标的距离。在空间目标跟踪测量时，为了提高光电经纬仪的作用距离和测量精度，经常在飞行目标上安装激光合作目标。对于加载激光测距仪的光电经纬仪来说，正常情况下输出的信息为目标在本测站的方位角、俯仰角、斜距的观测值。对于不加激光的光电经纬仪来说，测量输出的信息为方位角和俯仰角。

光电经纬仪对目标的跟踪主要依托经纬仪的机架，经纬仪的机架为三轴（垂直轴、水平轴、照准轴）机电装置，三轴互相垂直，望远镜装于水平轴上，其主光轴为照准轴，并与水平轴垂直，可绕水平轴在垂直平面内旋转。在垂直轴和水平轴上分别装有轴角编码器，照准轴绕垂直轴旋转的角度由装在垂直轴上的轴角编码器输出，称为俯仰角；照准轴绕水平轴旋转的角度由装在水平轴上的轴角编码器输出，称为方位角。这样，只要照准轴瞄准目标就能得到光轴指向目标的方位角和俯仰角。

光电经纬仪一般由视频图像存储系统、调光调焦控制系统、编码器系统、伺服控制系统、微机管理控制系统、GPS-B 码终端系统、电视图像处理系统和激光测距系统等组成。其主要功能是通过引导信息引导光电经纬仪捕获跟踪飞行目标或通过红外、电视自动跟踪系统发现并捕获所观测的空间目标，由轴角编码器测出主光轴的方位角 $A$、俯仰角 $E$，激光测距系统测出的目标到测量站点的斜距 $R$，红外或电视跟踪测量系统测出目标偏离主光轴的脱靶量 $\Delta A$、$\Delta E$，经 D/A 变化后送给传动放大器，分别驱动光电经纬仪的方位和俯仰的方向运动，保证光电经纬仪自动并连续地跟踪目标。主光学系统根据目标距离远近和背景光强弱进行自动调焦和快门调光，把飞行目标、十字丝像通过 CCD 成像系统记为数字图像，

视频存储系统完成实时图像的记录的同时，将图像信息实时发送至指控中心。

**2. 处理流程**

光电经纬仪（包括光电望远镜和光学实况记录仪等）记录的跟踪测量信息通过视频图像判读系统判读后，将图像上记录的点阵格式测量信息和图像附属信息由二进制数转换成所需的物理量，经过量纲复原、跟踪误差修正、方位角跳点修正、合理性检验、光波折射误差修正等处理后，通过单台目标位置参数计算或多台目标位置参数光学交会可解算出目标的飞行参数和定位精度。光学测量数据处理流程如图 4-4 所示。

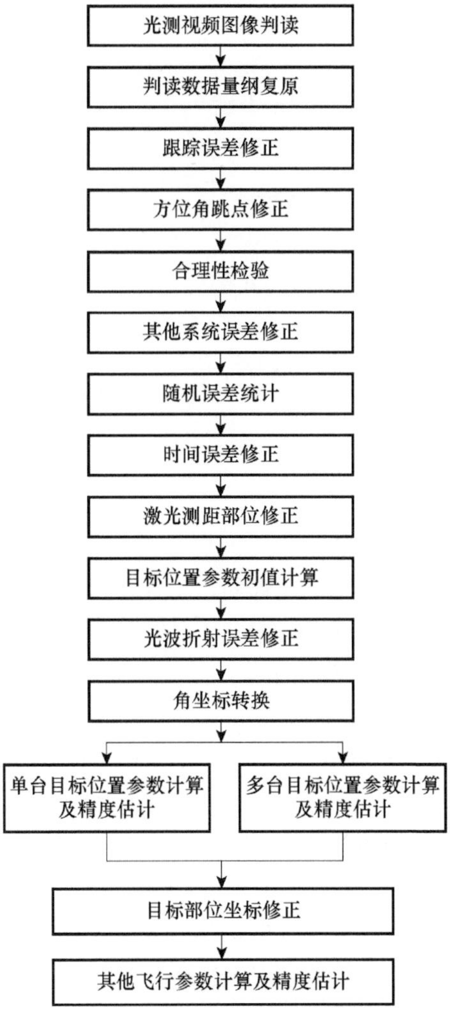


**图 4-4　光学测量数据处理流程图**

**3. 处理模型**

光电经纬仪数据处理主要包括站址坐标计算、跟踪误差修正、方位角跳点修正、系统误差修正、时间误差修正、激光测距部位修正、目标位置参数初值计算和其他飞行参数计算等。其中，站址坐标和坐标系转换矩阵的计算方法与高速电视测量仪的坐标转换相同，具体见4.1.1节，在此不再赘述。

1）跟踪误差修正

设 $A$、$E$ 分别为量纲复原后的方位角和俯仰角（rad），$f$ 为摄影焦距（mm），$x$、$y$ 为目标在像平面坐标系中的两个跟踪误差量（mm），则跟踪误差修正后的观测量 $A'$、$E'$分别为

$$\begin{cases}A'=A+x/(f\cos E)+xy\sin E/(f^2\cos^2 E)\\E'=E+y/f-x^2\tan E/(2f^2)\end{cases}\tag{4-22}$$

2）方位角跳点修正

方位角从0突跳到2π（或从2π突跳到0）的跳点，应进行跳点修正。设 $A'_j$ 为消除跳点后的方位角，其中 $A'_1=A_1$，判断下式是否成立：

$$|A_{j+1}-A'_j|>\delta_0 \text{和} |A_{j+2}-A_{j+1}|\leqslant\delta_0\tag{4-23}$$

式中：$\delta_0$为门限（一般取值范围为350°～359°）。

若式（4-23）成立，则认为 $A_{j+1}$为跳点，按下式进行跳点修正：

$$\begin{cases}A_{j+1}-A'_j<-\delta_0\text{时},A'_{j+1}=A_{j+1}+2\pi\\A_{j+1}-A'_j>\delta_0\text{时},A'_{j+1}=A_{j+1}-2\pi\end{cases}\tag{4-24}$$

否则，认为 $A_{j+1}$不是跳点，并令 $A'_{j+1}=A_{j+1}$。令 $j=j+1$，重复上述各步，直至 $j=N-1$ 终止。

3）系统误差修正

系统误差修正量为

$$\begin{cases}\Delta A=\Delta A_{OD}+\tan(E+\Delta E_{OD})[b+i\sin(A_H-A-\Delta A_{OD})]+c\sec(E+\Delta E_{OD})\\\Delta E=\Delta E_{OD}-i\cos(A_H-A-\Delta A_{OD})\\\Delta R=\Delta R_{OD}-R[1-c_0/(2F_0l_0)]\end{cases}\tag{4-25}$$

式中：$\Delta A_{OD}$为方位角定向误差；$\Delta E_{OD}$为俯仰角零位误差；$\Delta R_{OD}$为激光测距零值；$i$ 为垂直轴误差；$b$ 为水平轴误差；$c$ 为视轴误差；$A_H$ 为垂直轴倾斜方向的方位角；$c_0$为真空光速；$F_0$、$l_0$分别为激光测距计数器的时标振荡频率和分辨率。

系统误差修正后的观测量为

$$\begin{cases}A'=A+\Delta A\\E'=E+\Delta E\\R'=R+\Delta R\end{cases}\tag{4-26}$$

4）时间误差修正

时间误差是指测量数据与采样时间没有严格对齐的差值。这种差值严重影响目标定位的准确性，必须进行误差修正。光电经纬仪测角数据和测距数据的采样时间是不同步的，需要进行插值修正。

设 $t_1$ 为光电经纬仪第一张可处理画幅的绝对时，则观测数据的采样点时间修正为

$$\begin{cases} t_j = t_1 + (j-1)h & (\text{测角}) \\ t_j = t_1 + (j-1)h + \Delta t_0 & (\text{测距}) \end{cases} \tag{4-27}$$

式中：$\Delta t_0$ 为相对于摄影脉冲前沿的激光发射主波时间延迟量；$h$ 为采样时间间隔。

也可根据需要，将光测数据修正到与其他测量数据采样时间一致的数据。设 $t_2$ 为第一点所需数据的绝对时，且 $t_2$ 与 $t_1$ 的差小于 $h/2$，根据拉格朗日三点插值方法，时间误差修正后的观测量为

$$\alpha_j' = -c_{-1}\alpha_{j-1} + c_0\alpha_j + c_1\alpha_{j+1} \tag{4-28}$$

式中：$c_{-1} = -(\tau-\tau^2)/2$；$c_0 = 1-\tau^2$；$c_1 = (\tau+\tau^2)/2$；$\alpha = A$，$E$ 时，$\tau = (t_2-t_1)/h$，$\alpha = R$ 时，$\tau = (t_2-t_1-\Delta t_0)h$。

5）激光测距部位修正

由于激光合作目标与飞行目标尾部的距离可达几十米，因此当激光测距数据与光学经纬仪测角数据联合解算时，必须将前者修正成对应目标尾部的测距数据。目标在正常飞行时，激光测距数据的跟踪部位修正，仅需考虑目标的俯仰角 $\varphi$ 和偏航角 $\psi$ 对它的影响，而滚动角 $\gamma$ 的变化很小，可以忽略其影响。

跟踪部位由激光合作目标修正到光电经纬仪的测角部位，若经纬仪无激光测距数据，则不进行此项修正。

计算观测站与目标间矢量在发射坐标系中的方向余弦 $l$、$m$、$n$，有

$$\begin{bmatrix} l \\ m \\ n \end{bmatrix} = \boldsymbol{\Omega} \cdot \begin{bmatrix} \cos A \cdot \cos E \\ \sin E \\ \sin A \cdot \cos E \end{bmatrix} \tag{4-29}$$

式中：$\boldsymbol{\Omega}$ 为垂线测量坐标系到测站发射坐标系的转换矩阵。

计算测距修正量 $\Delta R$：

$$\Delta R = -\Delta L(l\cos\varphi\cos\psi + m\sin\varphi\cos\psi - n\sin\psi) \tag{4-30}$$

式中：$\Delta L$ 为激光合作目标到测角部位的距离；$\varphi$、$\psi$ 分别为运载火箭箭体的俯仰角和偏航角。则修正后的斜距 $R'$ 为

$$R' = R + \Delta R \tag{4-31}$$

6）目标位置参数初值计算

选取两台测角数据较好且无激光测距数据的经纬仪，首先计算两个测站与目标矢量在发射坐标系下的方向余弦 $l_i$、$m_i$、$n_i$：

$$\begin{bmatrix} l_i \\ m_i \\ n_i \end{bmatrix} = \boldsymbol{\Omega}_i \cdot \begin{bmatrix} \cos A_i \cdot \cos E_i \\ \sin E_i \\ \sin A_i \cdot \cos E_i \end{bmatrix} \tag{4-32}$$

式中：$A_i$、$E_i$ 分别为第 $i$ 台经纬仪的方位角和俯仰角；$\boldsymbol{\Omega}_i$ 为第 $i$ 个测站由垂线测量坐标系到测站发射坐标系的转换矩阵。

计算两个测站到目标间夹角 $\psi$ 的余弦：

$$\cos\psi = l_1 l_2 + m_1 m_2 + n_1 n_2 \tag{4-33}$$

目标到测站连线与两测站连线间夹角 $\varphi_1$、$\varphi_2$的余弦分别为

$$\begin{cases}\cos\varphi_1 = [\,l_1(X_{02}-X_{01}) + m_1(Y_{02}-Y_{01}) + n_1(Z_{02}-Z_{01})\,]/D_{12} \\ \cos\varphi_2 = [\,l_2(X_{01}-X_{02}) + m_2(Y_{01}-Y_{02}) + n_2(Z_{01}-Z_{02})\,]/D_{12}\end{cases} \tag{4-34}$$

其中，$D_{12} = [\,(X_{02}-X_{01})^2 + (Y_{02}-Y_{01})^2 + (Z_{02}-Z_{01})^2\,]^{1/2}$。

目标到测站的斜距为

$$\begin{cases}R_1 = D_{12}(1-\cos^2\varphi_2)^{1/2}/(1-\cos^2\psi)^{1/2} \\ R_2 = D_{12}(1-\cos^2\varphi_1)^{1/2}/(1-\cos^2\psi)^{1/2}\end{cases} \tag{4-35}$$

目标位置参数的初值$(X^0, Y^0, Z^0)$为

$$\begin{bmatrix} X^0 \\ Y^0 \\ Z^0 \end{bmatrix} = \sum_{i=1}^{2} \frac{1}{2}\left(R_i \cdot \begin{bmatrix} l_i \\ m_i \\ n_i \end{bmatrix} + \begin{bmatrix} X_{0i} \\ Y_{0i} \\ Z_{0i} \end{bmatrix}\right) \tag{4-36}$$

由此可以得到目标到无激光测距数据的经纬仪的斜距 $R_i'$：

$$R_i' = [\,(X^0-X_{0i})^2 + (Y_{02}^0-Y_{0i})^2 + (Z_{02}^0-Z_{0i})^2\,]^{1/2} \tag{4-37}$$

7）角坐标转换

每台光电经纬仪测量的方位角 $A$ 和俯仰角 $E$ 都是定义在测站垂线坐标系中的，当多台经纬仪交会计算时，它们的观测量应该统一到相同坐标系中，然后才能解算飞行参数。实际数据处理时，一般情况下，为了进行坐标转换，需要引入测站发射坐标系，其原点与测站坐标系原点重合，3 个坐标轴与发射坐标系平行。

将经纬仪测量的方位角 $A$ 和俯仰角 $E$ 代入式（4-32），得到测站与目标间向量在发射坐标系中的方向余弦 $l$、$m$、$n$。然后将 $l$、$m$、$n$ 代入式（4-38），得到目标在测站发射坐标系中的方位角 $A'$和俯仰角 $E'$分别为

$$\begin{cases} A' = \arctan\dfrac{n}{l} + \begin{cases} 0 & (l>0, n\geqslant 0) \\ \pi & (l<0) \\ 2\pi & (l>0, n<0) \end{cases} \\ E' = \begin{cases} 0 & (l=0, n=0) \\ \pi/2 & (l=0, n>0) \\ 3\pi/2 & (l=0, n<0) \end{cases} \end{cases} \tag{4-38}$$

$$E' = \arcsin n \tag{4-39}$$

8）目标位置参数计算

单台光电经纬仪计算目标位置参数为

$$\begin{bmatrix} X \\ Y \\ Z \end{bmatrix} = \begin{bmatrix} X_0 \\ Y_0 \\ Z_0 \end{bmatrix} + \begin{bmatrix} R\cos A\cos E \\ R\sin E \\ R\sin A\cos E \end{bmatrix} \tag{4-40}$$

式中：$X_0$、$Y_0$、$Z_0$为测站在发射坐标系中的站址坐标。

多台光电经纬仪计算目标位置参数：

$$\hat{\boldsymbol{X}}=\boldsymbol{X}^0+(\boldsymbol{B}^{\mathrm{T}}\boldsymbol{P}^{-1}\boldsymbol{B})^{-1}\boldsymbol{B}^{\mathrm{T}}\boldsymbol{P}^{-1}\Delta\boldsymbol{L} \tag{4-41}$$

其中

$$\hat{\boldsymbol{X}}=\begin{bmatrix}\hat{X}\\ \hat{Y}\\ \hat{Z}\end{bmatrix};\quad \boldsymbol{X}^0=\begin{bmatrix}X^0\\ Y^0\\ Z^0\end{bmatrix}$$

$$\boldsymbol{B}=\begin{bmatrix}a_{11}&a_{12}&a_{13}\\ b_{11}&b_{12}&b_{13}\\ c_{11}&c_{12}&c_{13}\\ \vdots&\vdots&\vdots\\ a_{m1}&a_{m2}&a_{m3}\\ b_{m1}&b_{m2}&b_{m3}\\ c_{m1}&c_{m2}&c_{m3}\end{bmatrix};\boldsymbol{P}=\begin{bmatrix}\sigma_{R_1}^2&&&&&&\\ &\sigma_{A_1}^2&&&0&&\\ &&\sigma_{E_1}^2&&&&\\ &&&\ddots&&&\\ &&&&\sigma_{R_m}^2&&\\ &0&&&&\sigma_{A_m}^2&\\ &&&&&&\sigma_{E_m}^2\end{bmatrix};\Delta\boldsymbol{L}=\begin{bmatrix}R_1-R_1^0\\ A_1-A_1^0\\ E_1-E_1^0\\ \vdots\\ R_m-R_m^0\\ A_m-A_m^0\\ E_m-E_m^0\end{bmatrix};$$

$$\begin{cases}a_{i1}=\dfrac{X^0-X_{0i}}{R_i^0}\\ a_{i2}=\dfrac{Y^0-Y_{0i}}{R_i^0}\\ a_{i3}=\dfrac{Z^0-Z_{0i}}{R_i^0}\end{cases};\begin{cases}b_{i1}=-\dfrac{Z^0-Z_{0i}}{(D_i^0)^2}\\ b_{i2}=0\\ b_{i3}=\dfrac{X^0-X_{0i}}{(D_i^0)^2}\end{cases};\begin{cases}c_{i1}=-\dfrac{(X^0-X_{0i})(Y^0-Y_{0i})}{(R_i^0)^9D_i^0}\\ c_{i2}=\dfrac{D_i^0}{(R_i^0)^2}\\ c_{i3}=-\dfrac{(Y^0-Y_{0i})(Z^0-Z_{0i})}{(R_i^0)^pD_i^0}\end{cases};$$

$$D_i^0=\sqrt{(X^0-X_{0i})^2+(Z^0-Z_{0i})^2};$$

$$\begin{cases}R_i^0=\sqrt{(X^0-X_{0i})^2+(Y^0-Y_{0i})^2+(Z^0-Z_{0i})^2}\\ A_i^0=\arctan\dfrac{Z^0-Z_{0i}}{X^0-X_{0i}}+\begin{cases}0&(X^0-X_{0i}>0,Z^0-Z_{0i}\geqslant0)\\ \pi&(X^0-X_{0i}<0)\\ 2\pi&(X^0-X_{0i}>0,Z^0-Z_{0i}<0)\end{cases}\\ A_i^0=\begin{cases}0&(X^0-X_{0i}=0,Z^0-Z_{0i}=0)\\ \pi/2&(X^0-X_{0i}=0,Z^0-Z_{0i}>0)\\ 3\pi/2&(X^0-X_{0i}=0,Z^0-Z_{0i}<0)\end{cases}\\ E_i^0=\arcsin[(Y^0-Y_{0i})/R_i^0]\end{cases}$$

式中：$\hat{\boldsymbol{X}}$为待估计的目标位置参数；$\boldsymbol{X}^0$为目标位置参数初值；$\boldsymbol{B}$ 为雅可比系数矩

阵；$\boldsymbol{P}$ 为测元误差自方差矩阵；$\Delta\boldsymbol{L}$ 为测元残差；$X_{0i}$、$Y_{0i}$、$Z_{0i}$为第 $i$ 个测站在发射坐标系中的站址坐标；$\sigma_{R_j}$、$\sigma_{A_j}$、$\sigma_{E_j}$为测量元素测量精度的均方差。若某些观测数据未参加交会计算目标位置参数，则令矩阵 $\boldsymbol{P}$ 中对应的 $\sigma^2=0$。

使用式（4-41）时，需要进行迭代计算，即将估值$\hat{X}$、$\hat{Y}$、$\hat{Z}$作为位置参数的初值，重新代入式（4-41）进行计算，直到满足条件为止。

9）目标部位坐标修正

在运载器的主动段跟踪测量时，必须进行目标部位的坐标修正。设 $X'$、$Y'$、$Z'$为修正后的目标坐标，有

$$\begin{bmatrix} X' \\ Y' \\ Z' \end{bmatrix} = \begin{bmatrix} \hat{X} \\ \hat{Y} \\ \hat{Z} \end{bmatrix} + \begin{bmatrix} \Delta L\cos\varphi\cos\psi \\ \Delta L\sin\varphi\cos\psi \\ -\Delta L\sin\psi \end{bmatrix} \tag{4-42}$$

式中：$\hat{X}$、$\hat{Y}$、$\hat{Z}$为目标位置参数；$\Delta L$ 为运载器尾喷口至平台中心的距离；$\varphi$、$\psi$ 分别为运载器箭体的俯仰角和偏航角。

10）其他飞行参数计算

目标飞行速度和加速度的计算方法主要是将位置参数微分求速度和加速度。其中，在位置参数微分求速度时，通常应用速度二阶中心平滑公式。假设输入 $2n+1$ 个等间隔采样的位置参数为$\hat{X}_{-n},\hat{X}_{-n+1},\cdots,\hat{X}_0,\cdots,\hat{X}_{n-1},\hat{X}_n$，则中心时刻的速度$\hat{\dot{x}}_0$为

$$\hat{\dot{x}}_0 = \sum_{i=-n}^{n} \frac{12i}{hN(N^2-1)}\hat{X}_i \tag{4-43}$$

式中：$N$ 为输入数据的总个数，$N=2n+1$，$n$ 为半点数；$h$ 为测量数据的采样间隔。

由位置参数微分求加速度时，通常应用加速度三阶中心平滑公式，中心时刻的加速度参数$\hat{\ddot{x}}_0$为

$$\hat{\ddot{x}}_0 = \sum_{i=-n}^{n} \frac{30[12i^2-(N^2-1)]}{h^2N(N^2-1)(N^2-4)}\hat{X}_i \tag{4-44}$$

最后利用速度与倾角、偏角之间的关系，得到合速度 $V$、倾角 $\theta$ 和偏角 $\sigma$ 分别为

$$\begin{cases} V=(\dot{x}^2+\dot{y}^2+\dot{z}^2)^{1/2} \\ \theta=\arctan\dfrac{\dot{y}}{\dot{x}}+\begin{cases} 0 & (\dot{x}\geqslant 0) \\ \pi & (\dot{x}<0,\dot{y}>0) \end{cases} \\ \sigma=\arcsin\left(-\dfrac{\dot{y}}{V}\right) \end{cases} \tag{4-45}$$

切向加速度、法向加速度和侧向加速度分别为

$$\begin{cases}\dot{V}=(\ddot{x}\dot{x}+\ddot{y}\dot{y}+\ddot{z}\dot{z})/V\\ V\dot{\theta}=\ddot{y}\cos\theta-\ddot{x}\sin\theta\\ V\dot{\sigma}=-\dfrac{\ddot{z}}{\cos\sigma}-\dot{V}\tan\sigma\end{cases} \tag{4-46}$$

## 4.3 无线电跟踪测量系统

无线电跟踪测量系统是指利用无线电波对空间目标进行跟踪测量以确定其轨迹、飞行状态特性等参数的测量系统。无线电跟踪测量系统的基本测量原理是由地面发射机产生的无线电波，通过天线发向运动目标，经应答机接收并转发，或被空间目标直接反射返回地面，地面接收天线接收并经接收机处理，最终由终端机给出测量参数。无线电跟踪测量系统不受天气条件限制，具有全天候工作、测量精度高、作用距离远、传输信息多和实时输出测量数据等优点。目前，空间目标跟踪测量常用的无线电测量设备包括脉冲雷达、连续波雷达、微波统一测控系统、多测速系统等。考虑到脉冲雷达在空间目标测控网中的重要性，也考虑到微波统一测控系统等新型号设备测量元素与脉冲雷达的相似性，本节以脉冲雷达、短基线干涉仪和多测速系统为例介绍无线电跟踪测量系统。

### 4.3.1 脉冲雷达测量系统

**1. 系统概述**

脉冲雷达是指以脉冲式射频信号工作的无线电跟踪与测量系统，它有应答式与反射式两种工作方式。单脉冲雷达可从一个回波脉冲中提取角度跟踪所需的方位与俯仰误差信号，实现角度的自动跟踪。通过测量发射脉冲信号与经目标返回的回波脉冲信号（反射回波或经应答机转发的应答信号）间的时延，来测量雷达至目标间的距离；用一个锁频回路对叠加有多普勒频移（$f_d$）的中心谱线进行频率跟踪，可实现对目标的径向距离变化率（径向速度）的测量。

由于脉冲雷达具备反射式跟踪能力，因此可对目标的反射特性进行测量；此外，增加距离跟踪回路后，可对位于波束内多个目标同时进行距离的跟踪测量；而采用脉冲编码等专门技术后，可用于多台套雷达对同一目标的交会测量，构成$3R\dot{R}$系统，实现对空间飞行目标的高精度定位测速。

脉冲雷达在采用相控阵及电扫描技术后，可对大空域多目标实现快速跟踪测量，或同时跟踪、监视与测量，大大扩展了脉冲雷达的应用领域；采用脉冲压缩技术，可解决宽脉冲信号与高距离分辨率的矛盾，提高雷达的平均发射功率，加大雷达的作用距离；距离游标（载波相位提取）及轴上跟踪技术的采用，使雷

达的测量精度明显提高。

**2. 处理流程**

脉冲雷达测得的目标测量量是方位角 $A$、俯仰角 $E$、斜距 $R$ 和斜距变化率 $\dot{R}$，经过测量数据量纲复原、角度整周跳跃处理、合理性检验、零值修正、角度系统误差修正、随机误差统计、时间误差修正、电波折射误差修正后，可通过单台雷达定位方法计算出空间目标的飞行参数和定位精度。脉冲雷达测量数据处理流程如图 4-5 所示。

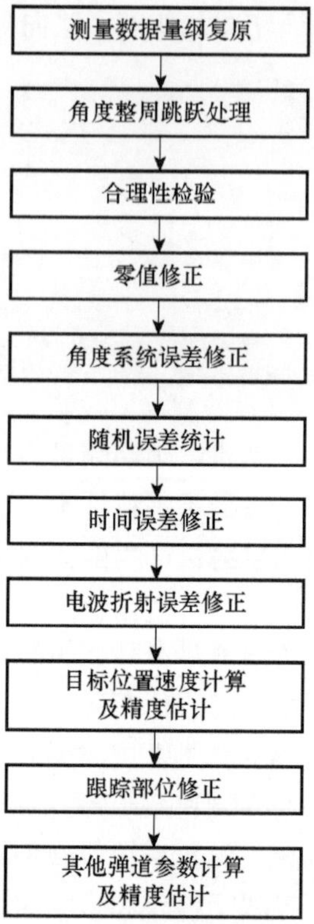


**图 4-5　脉冲雷达测量数据处理流程图**

**3. 处理模型**

脉冲雷达测量数据处理主要包括站址坐标计算、角度整周跳跃处理、测量数据合理性检验、角度系统误差修正、时间误差修正、电波折射误差修正、位置速度飞行参数计算及精度估计、跟踪部位修正和其他飞行参数计算等。其中，站址坐标和坐标系转换矩阵的计算方法同高速电视测量仪的坐标转换，参见 4.1.1 节；角度整周跳跃处理的计算方法同光电经纬仪的方位角跳点修正，具体参见 4.1.2 节；电波折射修正主要是修正脉冲雷达的俯仰角 $E$、斜距 $R$ 和斜距变化率 $\dot{R}$ 的电波折射误差，其修正方法参见 2.3.3 节，在此不再赘述。

1）测量数据合理性检验

采用四阶差分法对测量数据进行合理性检验。连续取 5 个点 $\xi_{j-4}$、$\xi_{j-3}$、$\xi_{j-2}$、$\xi_{j-1}$、$\xi_j$，按下式做四阶差分（$j \geqslant 5$）：

$$\Delta^4 \xi_j = \xi_{j-4} - 4\xi_{j-3} + 6\xi_{j-2} - 4\xi_{j-1} + \xi_j \tag{4-47}$$

（1）当 $|\Delta^4 \xi_j| > M_{\xi_1}$ 时，则向后滑动一点，即 $j+1 \Rightarrow j$，继续做四阶差分，并判断 $|\Delta^4 \xi_j|$ 是否大于 $M_{\xi_1}$，满足条件则再向后滑动一点继续判断，直到找到 5 个连续的正确的采样点数据为止。

其中，$\xi$ 为待检验参数，$\xi = \{R、A、E、\dot{R}\}$；$M_{\xi_1}$ 为门限，$M_{\xi_1} = 17\sigma_\xi$，$\sigma_\xi$ 为对应测量元素 $\xi$ 的测量误差均方差。

当 $|\Delta^4 \xi_j| \leqslant M_{\xi_1}$ 时，则以 $\xi_{j-4}$、$\xi_{j-3}$、$\xi_{j-2}$、$\xi_{j-1}$、$\xi_j$ 这 5 个点为基点，用 5 个点线性预报公式计算外推值：

$$\hat{\xi}_{j+1} = \sum_{i=1}^{5} W_i \xi_{j+i-5} \tag{4-48}$$

式中：$W_i = (3i-7)/10$。

(2) 当 $|\xi_{j+1}-\hat{\xi}_{j+1}| \leqslant M_{\xi_2}$ 时，则认为 $\xi_{j+1}$ 为合理值，并向后滑动一点，依式（4-48）继续计算新点的外推值。其中，$M_{\xi_2}=3\sigma_{\xi}$。

当 $|\xi_{j+1}-\hat{\xi}_{j+1}|>M_{\xi_2}$ 时，则认为 $\xi_{j+1}$ 为不合理值，并用 $\hat{\xi}_{j+1}$ 代替 $\xi_{j+1}$，然后向后滑动一点（此时式（4-47）中的 $j$ 均由 $j+2$ 取代）转（1），做四阶差分检验和5个点线性外推检验。

需要说明的是，在实际数据处理中，可对 $\xi=\{R、A、E、\dot{R}\}$ 分别做正反向两遍检验，对检验出的不合理数据，应标出其在数列中的位置或点序 $j$、测量值 $\xi_j$、外推值 $\hat{\xi}_j$ 等参数。

2) 系统误差修正

系统误差主要包括零值误差、应答机延迟误差、天线座水平误差、方位轴和俯仰轴垂直误差、光机轴平行误差、动态滞后误差、天线重力变形误差等。系统误差修正一般约定用“真值=测量值-误差”的概念。

设系统误差修正后的测量量为 $R'$、$A'$、$E'$，则有

$$\begin{cases}R'=R-\Delta R_0-\Delta R_1\\ A'=A-\Delta A_0-\Delta A_{\mathrm{d}}-H\sin(A-\Delta A_0-A_H)\tan(E-\Delta E_0)-\\ \qquad C_A\mathrm{sech}(E-\Delta E_0)-b\tan(E-\Delta E_0)-C_J[\mathrm{sech}(E-\Delta E_0)-1]\\ E'=E-\Delta E_0-\Delta E_{\mathrm{d}}-H\cos(A-\Delta A_0-A_H)-C_E-E_g[1-\cos(E-\Delta E_0)]\end{cases} \tag{4-49}$$

式中：$\Delta R_0$、$\Delta A_0$、$\Delta E_0$ 分别为斜距、方位角和俯仰角的零值误差；$\Delta R_1$ 为应答机时延误差，反射跟踪方式时，$\Delta R_1=0$；$H$ 为大盘倾斜角；$A_H$ 为大盘倾斜方向的方位角；$b$ 为方位轴与俯仰轴不正交误差；$C_E$ 为光电俯仰角误差；$C_A$ 为光电方位角误差；$C_J$ 为光机轴误差；$E_g$ 天线重力下垂最大值；$\Delta A_{\mathrm{d}}$、$\Delta E_{\mathrm{d}}$ 分别为动态滞后的方位和俯仰误差。

当方位角出现负值时，做如下处理：

$$A'=\begin{cases}A'+2\pi & (A'<0)\\ A' & (A'\geqslant 0)\end{cases}$$

3) 时间误差修正

脉冲雷达观测数据的时间误差主要是指电波时延造成的误差，以及与其他设备采样时刻或零点未对齐造成的误差，其修正方法一般采用拉格朗日三点插值方法进行修正。

设时间误差修正后的测量量为 $\xi_j'$。

(1) 当 $j=1$ 时：

$$\xi_j'=c_1\xi_1+c_2\xi_2+c_3\xi_3 \tag{4-50}$$

式中：$\xi_j=\{R_j,A_j,E_j、\dot{R}_j\}$；$c_1=(\tau-1)(\tau-2)/2$；$c_2=-\tau(\tau-2)$；$c_3=\tau(\tau-1)/2$。

（2）当$j=2,3,\cdots,N-1$时：

$$\xi_j' = \sum_{i=1}^{3} c_i \xi_{j+i-2} \tag{4-51}$$

式中：$c_1=\tau(\tau-1)/2$；$c_2=1-\tau^2$；$c_3=\tau(\tau+1)/2$。

（3）当$j=N$时：

$$\xi_N' = c_1\xi_{N-2}+c_2\xi_{N-1}+c_3\xi_N \tag{4-52}$$

式中：$c_1=\tau(\tau+1)/2$；$c_2=-\tau(\tau+2)$；$c_3=(\tau+1)(\tau+2)/2$。其中，$\tau=-\frac{1}{h}(\Delta T_0-R_j/c)$，$R_j$为$t_j$时刻距离测量数据，$c$为光速，$\Delta T_0$为时间轴平移量，$\Delta T_0=t_0'-t_0$，$t_0'$为数据处理结果所需时间零点（如合作目标发射时的起飞零点）的绝对时（一般为北京时），$t_0$为离$t_0'$时刻最近的测量数据绝对时。要求$|\Delta T_0|\leqslant\frac{h}{2}$，$h$为测量数据采样时间的间隔；当$\Delta T_0\geqslant0$，取$\Delta T_0$为正号；当$\Delta T_0<0$时，取$\Delta T_0$为负号。

则时间修正量为

$$\Delta\xi_j = \xi_j' - \xi_j \tag{4-53}$$

式中：$j=1,2,\cdots,N$。

4）目标位置速度计算及精度估算

由单台脉冲雷达在垂线坐标系中的测元$(R_i,A_i,E_i)$可求出目标在发射坐标系中的位置$(x_i,y_i,z_i)$。设第$i$个测站在发射坐标系中的站址坐标为$(x_{0i},y_{0i},z_{0i})$，则有

$$\begin{bmatrix} x_i \\ y_i \\ z_i \end{bmatrix} = \begin{bmatrix} x_{0i} \\ y_{0i} \\ z_{0i} \end{bmatrix} + \boldsymbol{\Omega}_i \begin{bmatrix} R_i\cos E_i\cos A_i \\ R_i\sin E_i \\ R_i\cos E_i\sin A_i \end{bmatrix} \tag{4-54}$$

式中：$\boldsymbol{\Omega}_i$为测站垂线测量坐标系到发射坐标系的转换矩阵。

由$k$台雷达（$k\geqslant2$）联测时，雷达测量量按式（4-54）求得目标在发射坐标系中的坐标：

$$\boldsymbol{X}_i = (x_i, y_i, z_i)^{\mathrm{T}} \tag{4-55}$$

式中：$i=1,2,\cdots,k$。

根据最小二乘估计（高斯-马尔可夫估计），$k$台雷达交会测量解算的目标在发射坐标系中的位置参数和协方差矩阵为

$$\boldsymbol{X} = \boldsymbol{P}_X \sum_{i=1}^{k} \boldsymbol{P}_i^{-1}\boldsymbol{X}_i \tag{4-56}$$

$$\boldsymbol{P}_X = \begin{bmatrix} \sigma_{x_i}^2 & \sigma_{x_iy_i} & \sigma_{x_iz_i} \\ \sigma_{y_ix_i} & \sigma_{y_i}^2 & \sigma_{y_iz_i} \\ \sigma_{z_ix_i} & \sigma_{z_iy_i} & \sigma_{z_i}^2 \end{bmatrix} = \left(\sum_{i=1}^{k} \boldsymbol{P}_i^{-1}\right)^{-1} \tag{4-57}$$

$$\boldsymbol{P}_i=\boldsymbol{\Omega}_i\boldsymbol{C}_i\overline{\boldsymbol{P}}_i\boldsymbol{C}_i^{\mathrm{T}}\boldsymbol{\Omega}_i^{\mathrm{T}} \tag{4-58}$$

式中：$\boldsymbol{C}_i=\begin{bmatrix}\cos A_i\cos E_i & -R_i\sin A_i\cos E_i & -R_i\cos A_i\sin E_i\\ \sin E_i & 0 & R_i\cos E_i\\ \sin A_i\cos E_i & R_i\cos A_i\cos E_i & -R_i\sin A_i\sin E_i\end{bmatrix}$；$\overline{\boldsymbol{P}}_i=\mathrm{diag}(\sigma_{R_i}^2,\sigma_{A_i}^2,\sigma_{E_i}^2)$，其中 $\sigma_{R_i}$、$\sigma_{A_i}$、$\sigma_{E_i}$ 分别为测站 $i$ 脉冲雷达测量元素 $R_i$、$A_i$、$E_i$ 测量误差的均方差。

由单台或两台雷达测量计算目标分速度飞行参数时，一般采用速度二阶中心平滑公式。假设输入 $2n+1$ 个等间隔采样的位置参数，则中心时刻的速度为

$$\begin{cases}\dot{x}_0=\sum\limits_{i=-n}^{n}\dfrac{12i}{hN(N^2-1)}x_i\\ \dot{y}_0=\sum\limits_{i=-n}^{n}\dfrac{12i}{hN(N^2-1)}y_i\\ \dot{z}_0=\sum\limits_{i=-n}^{n}\dfrac{12i}{hN(N^2-1)}z_i\end{cases} \tag{4-59}$$

式中：$n$ 为微分平滑半点数；$N$ 为平滑总点数，$N=2n+1$；$h$ 为微分平滑时位置数据的采样时间间隔；$x_i$、$y_i$、$z_i$为计算的 $t_i$时刻目标位置分量参数；$\dot{x}_0$、$\dot{y}_0$、$\dot{z}_0$ 为当 $i=0,\pm1,\cdots,\pm n$ 时，中心点 $i=0$ 的目标分速度参数。

目标分速度参数的误差均方差为

$$\begin{cases}\sigma_{\dot{x}_0}=\mu\sigma_{x_0}\\ \sigma_{\dot{y}_0}=\mu\sigma_{y_0}\\ \sigma_{\dot{z}_0}=\mu\sigma_{z_0}\end{cases} \tag{4-60}$$

式中：$\mu=\left[\sum\limits_{i=-n}^{n}\dfrac{12i}{hN(N^2-1)}\right]^{\frac{1}{2}}$；$\sigma_{x_0}$、$\sigma_{y_0}$、$\sigma_{z_0}$为由式（4-57）计算的对应时刻的位置参数精度。

由多台雷达（$k\geqslant3$）交会计算时，目标分速度参数向量为

$$\dot{\boldsymbol{X}}=(\dot{\boldsymbol{B}}^{\mathrm{T}}\dot{\boldsymbol{P}}^{-1}\dot{\boldsymbol{B}})^{-1}\dot{\boldsymbol{R}} \tag{4-61}$$

式中：$\dot{\boldsymbol{B}}=\begin{bmatrix}l_1 & m_1 & n_1\\ l_2 & m_2 & n_2\\ \vdots & \vdots & \vdots\\ l_k & m_k & n_k\end{bmatrix}$，$l_i=\dfrac{x-x_{0i}}{R_i}$，$m_i=\dfrac{y-y_{0i}}{R_i}$，$n_i=\dfrac{z-z_{0i}}{R_i}$，$R_i=\sqrt{(x-x_{0i})^2+(y-y_{0i})^2+(z-z_{0i})^2}\ (i=1,2,\cdots,k)$，$x$、$y$、$z$ 为目标位置分量参数，$x_{0i}$、$y_{0i}$、$z_{0i}$为第 $i$ 个测站在发射坐标系中的站址坐标；$\dot{\boldsymbol{P}}=\mathrm{diag}(\sigma_{\dot{R}_1}^2,\sigma_{\dot{R}_2}^2,\cdots,\sigma_{\dot{R}_k}^2)$，$\sigma_{\dot{R}_i}^2$为第 $i$ 个测速元素$\dot{R}_i$的测量精度（误差均方差）；$\dot{\boldsymbol{R}}$为经过电波折射修

正后的测速数据向量，$\dot{\boldsymbol{R}}=(\dot{R}_1,\dot{R}_2,\cdots,\dot{R}_k)^{\mathrm{T}}$；$\dot{\boldsymbol{X}}$为目标在发射坐标系中的速度参数向量，$\dot{\boldsymbol{X}}=(\dot{x},\dot{y},\dot{z})^{\mathrm{T}}$。

目标速度向量的误差协方差矩阵$\boldsymbol{P}_{\dot{X}}$为

$$\boldsymbol{P}_{\dot{X}}=(\dot{\boldsymbol{B}}^{\mathrm{T}}\dot{\boldsymbol{P}}^{-1}\dot{\boldsymbol{B}})^{-1} \tag{4-62}$$

5）跟踪部位修正

脉冲雷达跟踪测量合作目标飞行轨迹时，通常需要将跟踪应答机天线对应的坐标和速度数据修正到以飞行目标惯性系统平台中心为参考的位置数据。

首先，将给定的不等间隔的目标姿态（俯仰角$\varphi$、偏航角$\psi$）数据用拉格朗日三点插值公式加密成等间隔（同测量数据采样间隔相同）的数据。

其次，计算跟踪点在发射坐标系的修正量$(\Delta x,\Delta y,\Delta z)$和$(\Delta\dot{x},\Delta\dot{y},\Delta\dot{y})$：

$$\begin{bmatrix}\Delta x\\ \Delta y\\ \Delta z\end{bmatrix}=\begin{bmatrix}\Delta L\cos\varphi\cos\psi\\ \Delta L\sin\varphi\cos\psi\\ -\Delta L\sin\psi\end{bmatrix},\quad \begin{bmatrix}\Delta\dot{x}\\ \Delta\dot{y}\\ \Delta\dot{z}\end{bmatrix}=\begin{bmatrix}-\Delta L\dot{\varphi}\sin\varphi\cos\psi\\ \Delta L\dot{\varphi}\cos\varphi\cos\psi\\ 0\end{bmatrix} \tag{4-63}$$

式中：$\dot{\varphi}$为俯仰角$\varphi$的变化率；$\Delta L$为雷达跟踪部位修正至目标上规定点的距离向量在箭体轴向上的投影，沿目标飞行方向修正时取正号，反之为负号。

最后，计算修正后的目标坐标和速度：

$$\begin{cases}x'=x+\Delta x\\ y'=y+\Delta y,\\ z'=z+\Delta z\end{cases}\quad \begin{cases}\dot{x}'=\dot{x}+\Delta\dot{x}\\ \dot{y}'=\dot{y}+\Delta\dot{y}\\ \dot{z}'=\dot{z}+\Delta\dot{z}\end{cases} \tag{4-64}$$

式中：$x$、$y$、$z$和$\dot{x}$、$\dot{y}$、$\dot{z}$分别为雷达跟踪部位在发射坐标系中的坐标和速度分量；$x'$、$y'$、$z'$和$\dot{x}'$、$\dot{y}'$、$\dot{z}'$分别为部位修正后的目标坐标和速度分量。

6）其他弹道参数计算

在脉冲雷达跟踪空间目标弹道参数计算中，由分速度和分加速度参数计算其他弹道参数包括合速度$V$、弹道倾角$\theta$、弹道偏角$\sigma$、切向加速度$\dot{v}$、法向加速度$V\dot{\theta}$和侧向加速度$V\dot{\sigma}$。加速度参数由分速度参数通过三阶中心平滑公式微分求得，其他弹道参数计算公式与4.1.2节中式（4-44）～式（4-46）相同。

### 4.3.2 短基线干涉仪测量系统

#### 1. 系统概述

短基线干涉仪是用于运动目标定位和测速的高精度连续波测量系统，是我国空间目标跟踪测量的主要设备之一，主要用于对空间目标上升飞行段的飞行轨迹进行精确跟踪测量，具有自跟踪能力和角度测量的能力。短基线干涉仪采用多站联合跟踪体制工作，干涉仪系统包括一个中心主站和两个远端副站，每个测站由跟踪测角分系统、发射分系统、接收分系统、基线传输分系统、测速终端、方向余弦变化率测量终端、时频终端、监控及数据处理分系统等组成。三站成形布站，主站到副站之间的基线长度为3～3.5km，两基线的夹角约为70°，如图4-6所示。此外，也有一个主站、3个副站组成的$Y$形干涉仪系统。

短基线干涉仪测量系统测量原理如下：地面雷达发射连续正弦波信号，空间目标上的应答机接收并转发此信号，再由地面各主、副站天线接收信号，传送至终端并记录相关的测量信息。

**2. 处理流程**

短基线干涉仪的测量元素包括主站的多普勒频率$f_{dR}$、主站与第一副站多普勒频率差$f_{d1}$、主站与第二副站多普勒频率差$f_{d2}$、短基线干涉仪主站天线的方位角（$A$）、俯仰角（$E$），经过测量数据量纲复原、合理性检验、随机误差统计、时间误差修正、电波折射误差修正后，通过输入目标定位数据可解算出目标的速度参数和精度。短基线干涉仪数据处理流程如图4-7所示。

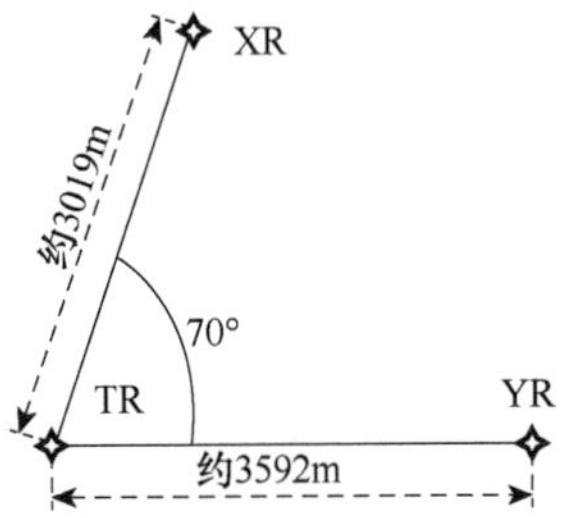


**图4-6　短基线干涉仪测量系统布置图**

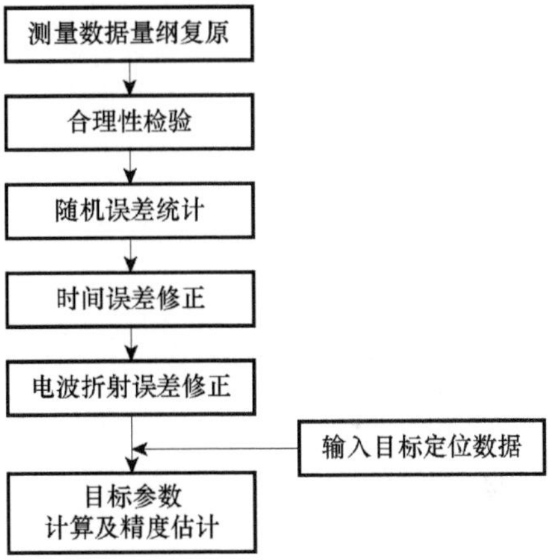


**图4-7　短基线干涉仪数据处理流程图**

**3. 处理模型**

短基线干涉仪数据处理流程主要包括测量数据量纲复原、测量数据合理性检验、随机误差统计、时间误差修正、电波折射误差修正、测速增量微分求速及目标飞行参数计算等。其中，短基线干涉仪的测量数据的合理性检验与脉冲雷达的数据合理性检验方法相同，参见4.2.1节，随机误差统计参见2.2节，电波折射误差修正方法参见2.3.3节，在此不再赘述。

1）测量数据量纲复原

短基线干涉仪测量数据一般按二进制码形式存储于记录介质中，在对其数据处理之前，必须按照记录格式将其转化成十进制数据并乘以相应的量纲，复原出数据处理需要的观测数据。其量纲复原公式如下：

$$\begin{cases}\Delta S_i=\dfrac{c}{2Mf_{\mathrm{T}}}\cdot N_{\dot{S}_i}=\dfrac{c}{2Mf_{\mathrm{T}}}\cdot f_{\mathrm{dR}}\cdot h\\ \Delta P_i=\dfrac{c}{mf_{\mathrm{T}}}\cdot N_{\dot{P}_i}=\dfrac{c}{mf_{\mathrm{T}}}\cdot f_{\mathrm{d1}}\cdot h\\ \Delta Q_i=\dfrac{c}{mf_{\mathrm{T}}}\cdot N_{\dot{Q}_i}=\dfrac{c}{mf_{\mathrm{T}}}\cdot f_{\mathrm{d2}}\cdot h\end{cases} \tag{4-65}$$

式中：$\Delta S_i$、$\Delta P_i$、$\Delta Q_i$为距离增量；$c$ 为光速；$M$ 为主站倍频系数；$m$ 为副站倍频系数；$f_{\mathrm{T}}$为下行频率；$N_{\dot{S}_i}$、$N_{\dot{P}_i}$、$N_{\dot{Q}_i}(i=1,2,\cdots,N)$为测量相位增量；$h$ 为干涉仪测量数据的采样时间间隔；$f_{\mathrm{dR}}$、$f_{\mathrm{d1}}$、$f_{\mathrm{d2}}$分别为主站的多普勒频率、主站与第一副站的多普勒频率的差以及主站与第二副站多普勒频率的差。

2）时间误差修正

给定坐标初值 $x_0$，$y_0$，$z_0$，则有

$$R_\beta=\sqrt{(x_0-x_\beta)^2+(y_0-y_\beta)^2+(z_0-z_\beta)^2} \tag{4-66}$$

式中：$\beta=S,P,Q$，其中，$S$ 为主站，$P$、$Q$ 分别为两个副站。累积的距离增量数据为

$$\bar{\beta}_i=\beta_0+\sum_{k=1}^{i}\Delta\beta_k \tag{4-67}$$

式（4-66）、式（4-67）中：$i=1,2\cdots,N$，$N$ 为总点数；$x_S$，$y_S$，$z_S$ 为主站在发射坐标系中的站址坐标；$x_P$，$y_P$，$z_P$ 和 $x_Q$，$y_Q$，$z_Q$ 分别为副站在发射坐标系中的站址坐标。

$$\begin{cases}S_0=R_S\\ P_0=R_S-R_P\\ Q_0=R_S-R_Q\end{cases}$$

（1）距离和增量的时间修正：

$$S_i'=\tau(\tau-1)S_{i-1}/2+(1-\tau^2)S_i+\tau(\tau+1)S_{i+1}/2 \tag{4-68}$$

式中：$S_i'$为经过时间修正后的距离和数据；$S_i$为未经时间修正的距离和数据；$\tau=-[\Delta T_0-(S_i+S_0)/(2c)]/h$，$S_0$为距离和零值。

（2）距离差增量的时间修正：

$$\beta_i'=\sum_{j=-1}^{1}(c_j-d_j)S_{i+j}+\sum_{j=-1}^{1}d_j\beta_{i+j} \tag{4-69}$$

式中：$\beta_i'$为经过时间修正后的距离差数据；$\beta_i$为未经时间修正的距离差数据。有

$$\begin{cases}c_{-1}=\tau(\tau-1)/2\\ c_0=1-\tau^2\\ c_1=\tau(\tau+1)/2\end{cases},\quad \begin{cases}d_{-1}=\tau'(\tau'-1)/2\\ d_0=1-\tau'^2\\ d_1=\tau'(\tau'+1)/2\end{cases}$$

$$\tau'=-[\Delta T_0-(S_i+S_0-2\beta_i-2\beta_0)/(2c)]/h$$

式中：$S_0$为距离和零值；$\beta_0$为距离差零值，$\beta=P$，$Q$；$\Delta T_0$为时间差的零头部分，若不进行数据时间对齐，则取$\Delta T_0=0$；$h$ 为测量数据的采样时间间隔。

3）测速增量微分求速

微分后的距离和或距离差的变化率$\dot{\beta}(\beta=S,P,Q)$为

$$\dot{\beta}_i=\sum_{j=-n}^{n}w_j\beta_{i+j} \tag{4-70}$$

式中：$w_j=3j/hn(n+1)(2n+1)$；$n$ 为平滑微分的半点数；$\beta_i$为增量累计后的距离和或距离差数据；$j$ 为测量数据的采样时间间隔。

4）目标参数解算

设 $i$ 时刻目标位置速度飞行参数向量 $\boldsymbol{X}_i=(x_i,y_i,z_i,\dot{x}_i,\dot{y}_i,\dot{z}_i)^{\mathrm{T}}$，计算方法如下：

$$\boldsymbol{X}_i=\boldsymbol{X}_i^0+(\boldsymbol{A}_i^{\mathrm{T}}\boldsymbol{M}_i^{-1}\boldsymbol{A}_i)^{-1}\boldsymbol{A}_i^{\mathrm{T}}\boldsymbol{M}_i^{-1}\Delta\boldsymbol{R}_i \tag{4-71}$$

$$\boldsymbol{P}_{X_i}=(\boldsymbol{A}_i^{\mathrm{T}}\boldsymbol{M}_i^{-1}\boldsymbol{A}_i)^{-1} \tag{4-72}$$

其中

$$\boldsymbol{A}_i=\begin{bmatrix} l_{R_i}+l_{T_i} & m_{R_i}+m_{T_i} & n_{R_i}+n_{T_i} & 0 & 0 & 0 \\ l_{R_i}-l_{P_i} & m_{R_i}-m_{P_i} & n_{R_i}-n_{P_i} & 0 & 0 & 0 \\ l_{R_i}-l_{Q_i} & m_{R_i}-m_{Q_i} & n_{R_i}-n_{Q_i} & 0 & 0 & 0 \\ \dot{l}_{R_i}+\dot{l}_{T_i} & \dot{m}_{R_i}+\dot{m}_{T_i} & \dot{n}_{R_i}+\dot{n}_{T_i} & l_{R_i}+l_{T_i} & m_{R_i}+m_{T_i} & n_{R_i}+n_{T_i} \\ \dot{l}_{R_i}-\dot{l}_{P_i} & \dot{m}_{R_i}-\dot{m}_{P_i} & \dot{n}_{R_i}-\dot{n}_{P_i} & l_{R_i}-l_{P_i} & m_{R_i}-m_{P_i} & n_{R_i}-n_{P_i} \\ \dot{l}_{R_i}-\dot{l}_{Q_i} & \dot{m}_{R_i}-\dot{m}_{Q_i} & \dot{n}_{R_i}-\dot{n}_{Q_i} & l_{R_i}-l_{Q_i} & m_{R_i}-m_{Q_i} & n_{R_i}-n_{Q_i} \end{bmatrix}$$

$$\begin{cases} l_{\beta_i}=x_i^0-x_{\beta_i}/R_{\beta_i} \\ m_{\beta_i}=y_i^0-y_{\beta_i}/R_{\beta_i}, \\ n_{\beta_i}=z_i^0-z_{\beta_i}/R_{\beta_i} \end{cases}\quad \begin{cases} \dot{l}_{\beta_i}=\dfrac{\dot{x}_i^0}{R_{\beta_i}}-\dfrac{x_i^0-x_{\beta_i}}{R_{\beta_i}^2}\dot{R}_{\beta_i} \\ \dot{m}_{\beta_i}=\dfrac{\dot{y}_i^0}{R_{\beta_i}}-\dfrac{y_i^0-y_{\beta_i}}{R_{\beta_i}^2}\dot{R}_{\beta_i}, \\ \dot{n}_{\beta_i}=\dfrac{\dot{z}_i^0}{R_{\beta_i}}-\dfrac{z_i^0-z_{\beta_i}}{R_{\beta_i}^2}\dot{R}_{\beta_i} \end{cases}$$

$$R_{\beta_i}=\sqrt{(x_i^0-x_{\beta_i})^2+(y_i^0-y_{\beta_i})^2+(z_i^0-z_{\beta_i})^2},$$

$$\dot{R}_{\beta_i}=\frac{x_i^0-x_{\beta_i}}{R_{\beta_i}}\dot{x}_i^0+\frac{y_i^0-y_{\beta_i}}{R_{\beta_i}}\dot{y}_i^0+\frac{z_i^0-z_{\beta_i}}{R_{\beta_i}}\dot{z}_i^0\quad(\beta=T,R,P,Q),$$

$$\boldsymbol{M}_i=\mathrm{diag}(\sigma_{S_i}^2,\sigma_{P_i}^2,\sigma_{Q_i}^2,\sigma_{\dot{S}_i}^2,\sigma_{\dot{P}_i}^2,\sigma_{\dot{Q}_i}^2),$$

$$\Delta\boldsymbol{R}_i=(S_i-S_i^0,P_i-P_i^0,Q_i-Q_i^0,\dot{S}_i-\dot{S}_i^0,\dot{P}_i-\dot{P}_i^0,\dot{Q}_i-\dot{Q}_i^0)^{\mathrm{T}}$$

式中：$\sigma_{S_i}$，$\sigma_{P_i}$，$\sigma_{Q_i}$，$\sigma_{\dot{S}_i}$，$\sigma_{\dot{P}_i}$，$\sigma_{\dot{Q}_i}$分别为对应测量元素的测量误差的均方差；$S_i$，$P_i$，$Q_i$分别为$i$时刻距离和各距离差的测量元素；$S_i^0$，$P_i^0$，$Q_i^0$分别为$i$时刻距离和各距离差的测量元素的初始值；$\dot{S}_i$，$\dot{P}_i$，$\dot{Q}_i$为$i$时刻距离和各距离差变化率的测量元素；$\dot{S}_i^0$，$\dot{P}_i^0$，$\dot{Q}_i^0$为$i$时刻距离和各距离差变化率测量元素的初始值。

实际数据处理时，将所得的飞行参数作为初始值重复上述步骤进行迭代计算，一般情况下迭代两次即可。短基线干涉仪跟踪测量数据除了测速数据外，还可获取方位角和俯仰角测量数据，其基于测角数据的飞行参数解算方法与光电经纬仪无测距时的解算方法相同，可以参见 4.1.2 节。

## 4.3.3 多测速系统

### 1. 系统概述

多测速系统是我国空间目标跟踪测量设备的重要组成部分，具有设备简单、测元精度高、机动性能好等优点，通过多站联测获取的多个测速元数据可实现空间目标的高精度速度测量。在运载目标跟踪测量中，多测速雷达一般多采用应答式测量体制。应答式为地面发射上行频率信号，箭载应答机接收后，经解调、锁相，再按照一定转发比，由应答机发射下行频率信号，地面的主副站同时接收、采样，提取双程多普勒频率，完成对空间飞行目标的跟踪测量。

目前，多测速系统对运载目标的飞行轨迹测量，通常采用一套多测速系统测量方案，每套多测速系统包括 1 个主站和 3 个副站，主站发射上行频率信号，经目标搭载的应答机转发后，主、副站同时接收下行频率信号，采用多普勒测速方式实现对目标的跟踪测量；也可根据测控需求采用两套多测速系统跟踪测量方案，由两个主站分别发射上行频率信号，经目标搭载双频连续波应答机转发后，两套多测速系统的主、副站分别接收各自的下行频率信号，完成对目标的飞行轨迹测量。

雷达测速的基础是多普勒效应，可利用多普勒效应进行速度测量。空间高速飞行目标相对于地面雷达的相对径向运动，使得接收频率与发射频率不同，它们的差为多普勒频率。测速雷达采用载波测速，利用锁相接收机从目标的下行载波信号中提取多普勒频移，然后再对此多普勒频率进行测量。

### 2. 处理流程

多测速系统是一个纯测速系统，只有与 GNSS、单脉冲雷达等定位系统共同测量和处理，才能得到高精度的目标速度飞行参数。

多测速系统通常有两个数据记录通道，可以同时接收两个点频信号，其记录的观测数据包括两个通道的测速数据、载波相位增量以及测角数据等。测速雷达测量数据处理主要包括预处理和飞行参数计算两部分。首先，需将多测速系统的原始信息帧还原为测量数据，并对测量数据做一定的处理修正；其次，测速测元经系统误差辨识和野值剔除后，对主要系统误差进行修正并分析随机误差特性；最后，利用目标飞行参数计算方法得到高精度的飞行参数。

多普勒定位也称测速定位，是利用雷达站测得的目标距离变化率信息来求解空间飞行目标的位置和速度参数，从而实现对目标定位。多测速元素定轨体制的轨道计算是一个非线性的参数回归问题，一般采用数值迭代解法，非线性回归问题的数值迭代解法收敛性主要与下列因素有关：①测量方程的非线性程度；②迭代算法的选取；③迭代初值的选取。通过降低模型的非线性程度、优化迭代算法、提高初值的可靠性等途径，能够保证多测速元素定轨方法的收敛性。

根据联合测量方程，可采用逐点最小二乘方法计算出目标的位置和速度，但该方法至少要求有6个以上的测速元素，实际工程计算时，一般采用测速元素与光电经纬仪、脉冲雷达或GNSS等跟踪设备获得的弹道作为目标位置飞行参数的初值，形成目标定位求速的弹道计算方程。测速雷达跟踪数据处理测速元素的数据融合方法主要有解析法、差分法、最小二乘法和最优估计法解算弹道速度参数。两套联测需要通过建立非线性方程组，多采用拟牛顿法（quasi-Newton methods）解算目标速度飞行参数。拟牛顿法是求解非线性优化问题最有效的方法之一，该方法只需每步迭代时知道目标函数的梯度，通过测量梯度的变化，构造一个目标函数的模型，使之产生超线性收敛。这类方法优于最速下降法，尤其对于复杂的函数逼近问题。另外，因为拟牛顿法不需要二阶导数的信息，所以有时比牛顿法更加有效。多测速系统数据处理流程如图4-8所示。

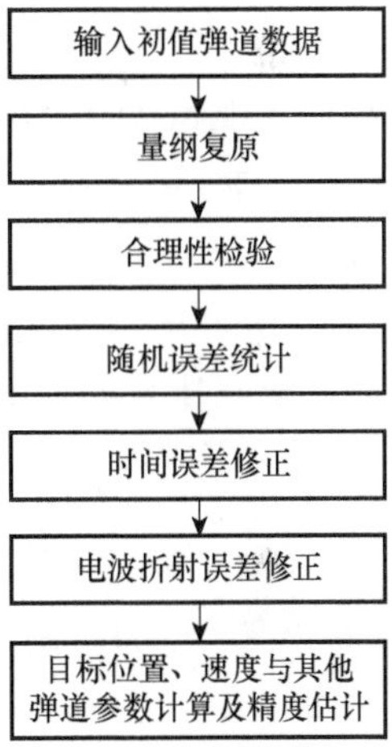


**图4-8　多测速系统数据处理流程图**

**3. 处理模型**

多测速系统数据处理主要包括量纲复原、合理性检验、随机误差统计、时间误差修正、电波折射误差修正、目标速度飞行参数解算等几个方面。其中，合理性检验与脉冲雷达的数据处理方法相同，参见4.2.1节，随机误差统计参见2.2节，电波折射误差修正方法参见2.3.3节。

1）多普勒频率复原成距离和变化率

设测站$k$的距离和变化率为$\dot{S}_k$，其复原公式为

$$\dot{S}_k=-\frac{c+\dot{R}_k}{f_0}f_{\mathrm{d}} \tag{4-73}$$

式中：$c$ 为光速；$\dot{R}_k$为第 $k$ 个测站相对于目标的径向速度；$f_0$为箭载应答机发射信号的载波频率；$f_{\mathrm{d}}$为多普勒频率。

$$\dot{R}_k=\frac{x-x_k}{R_k}\dot{x}+\frac{y-y_k}{R_k}\dot{y}+\frac{z-z_k}{R_k}\dot{z}$$

$$R_k=\sqrt{(x_k-x)^2+(y_k-y)^2+(z_k-z)^2}$$

其中，$(x_k,y_k,z_k)$为第 $k$ 个测速雷达站的站址坐标，$k=1,2,\cdots,n$；$(x,y,z,\dot{x},\dot{y},\dot{z})$为目标的坐标速度。

2) 时间误差修正

计算修正后的真实时间 $t'$：

$$t'=t-\mathrm{d}t-R(t)/c \tag{4-74}$$

式中：$t$ 为观测数据的采样时间；$\mathrm{d}t$ 为测量时间的偏移量（测量设备的采样时间与对应真实时间的偏差）；$R(t)/c$ 为 $t$ 时刻目标至测站的电波信号传播时延。

多测速系统测速数据的时间误差修正一般采用拉格朗日三点插值方法，其修正方法与脉冲雷达观测数据的时间误差修正方法相同，参见 4.2.1 节。

3) 目标速度飞行参数计算

(1) 解方程求目标速度。

假设$\dot{R}_0$、$\dot{R}_1$分别为主站发送、接收的距离变化率，$\dot{R}_2$、$\dot{R}_3$和$\dot{R}_4$为副站接收距离变化率，$\dot{S}_1$为主站测速数据，$\dot{S}_2$、$\dot{S}_3$和$\dot{S}_4$为副站测速数据，以一套多测速系统（1 主 3 副）为例，则可以建立多测速系统的联合测量方程：

$$\begin{cases}\dot{S}_1=\dot{R}_0+\dot{R}_1\\ \dot{S}_2=\dot{R}_0+\dot{R}_2\\ \dot{S}_3=\dot{R}_0+\dot{R}_3\\ \dot{S}_4=\dot{R}_0+\dot{R}_4\end{cases} \tag{4-75}$$

式中：$\dot{R}_k=\frac{x_i-x_k}{R_k}\dot{x}_i+\frac{y_i-y_k}{R_k}\dot{y}_i+\frac{z_i-z_k}{R_k}\dot{z}_i$，$R_k=\sqrt{(x_k-x_i)^2+(y_k-y_i)^2+(z_k-z_i)^2}$。其中，$(x_i,y_i,z_i,\dot{x}_i,\dot{y}_i,\dot{z}_i)$为 $i$ 时刻目标的位置速度$(i=1,2,\cdots,n)$；$(x_k,y_k,z_k)$为第 $k$ 个测速雷达站的站址坐标。

多测速系统中，在 1 主 3 副跟踪模式下若主发与主收为同一个测站，则有 $\dot{R}_0=\dot{R}_1$，式（4-75）可写为

$$\begin{cases}\dot{S}_2=\dfrac{1}{2}\dot{S}_1+\dot{R}_2\\ \dot{S}_3=\dfrac{1}{2}\dot{S}_1+\dot{R}_3\\ \dot{S}_4=\dfrac{1}{2}\dot{S}_1+\dot{R}_4\end{cases}\tag{4-76}$$

则目标的分速度为

$$\begin{bmatrix}\dot{x}_i\\ \dot{y}_i\\ \dot{z}_i\end{bmatrix}=\begin{bmatrix}x_i-x_2 & y_i-y_2 & z_i-z_2\\ x_i-x_3 & y_i-y_3 & z_i-z_3\\ x_i-x_4 & y_i-y_4 & z_i-z_4\end{bmatrix}^{-1}\begin{bmatrix}R_2\left(\dot{S}_2-\dfrac{1}{2}\dot{S}_1\right)\\ R_3\left(\dot{S}_3-\dfrac{1}{2}\dot{S}_1\right)\\ R_4\left(\dot{S}_4-\dfrac{1}{2}\dot{S}_1\right)\end{bmatrix}\tag{4-77}$$

设$\begin{bmatrix}a_{11} & a_{12} & a_{13}\\ a_{21} & a_{22} & a_{23}\\ a_{31} & a_{32} & a_{33}\end{bmatrix}=\begin{bmatrix}x_i-x_2 & y_i-y_2 & z_i-z_2\\ x_i-x_3 & y_i-y_3 & z_i-z_3\\ x_i-x_4 & y_i-y_4 & z_i-z_4\end{bmatrix}^{-1}$，依据误差传播定律，分速度的精度估计为

$$\begin{bmatrix}\sigma_{\dot{x}_i}\\ \sigma_{\dot{y}_i}\\ \sigma_{\dot{y}_i}\end{bmatrix}=\begin{bmatrix}\left[\left(\dfrac{\partial\dot{x}_i}{\partial\dot{S}_1}\right)^2\cdot\sigma_{\dot{S}_1}^2+\left(\dfrac{\partial\dot{x}_i}{\partial\dot{S}_2}\right)^2\cdot\sigma_{\dot{S}_2}^2+\left(\dfrac{\partial\dot{x}_i}{\partial\dot{S}_3}\right)^2\cdot\sigma_{\dot{S}_3}^2+\left(\dfrac{\partial\dot{x}_i}{\partial\dot{S}_4}\right)^2\cdot\sigma_{\dot{S}_4}^2\right]^{\frac{1}{2}}\\ \left[\left(\dfrac{\partial\dot{y}_i}{\partial\dot{S}_1}\right)^2\cdot\sigma_{\dot{S}_1}^2+\left(\dfrac{\partial\dot{y}_i}{\partial\dot{S}_2}\right)^2\cdot\sigma_{\dot{S}_2}^2+\left(\dfrac{\partial\dot{y}_i}{\partial\dot{S}_3}\right)^2\cdot\sigma_{\dot{S}_3}^2+\left(\dfrac{\partial\dot{y}_i}{\partial\dot{S}_4}\right)^2\cdot\sigma_{\dot{S}_4}^2\right]^{\frac{1}{2}}\\ \left[\left(\dfrac{\partial\dot{z}_i}{\partial\dot{S}_1}\right)^2\cdot\sigma_{\dot{S}_1}^2+\left(\dfrac{\partial\dot{z}_i}{\partial\dot{S}_2}\right)^2\cdot\sigma_{\dot{S}_2}^2+\left(\dfrac{\partial\dot{z}_i}{\partial\dot{S}_3}\right)^2\cdot\sigma_{\dot{S}_3}^2+\left(\dfrac{\partial\dot{z}_i}{\partial\dot{S}_4}\right)^2\cdot\sigma_{\dot{S}_4}^2\right]^{\frac{1}{2}}\end{bmatrix}\tag{4-78}$$

其中

$$\begin{bmatrix}\dfrac{\partial\dot{x}_i}{\partial\dot{S}_1}\\ \dfrac{\partial\dot{x}_i}{\partial\dot{S}_2}\\ \dfrac{\partial\dot{x}_i}{\partial\dot{S}_3}\\ \dfrac{\partial\dot{x}_i}{\partial\dot{S}_4}\end{bmatrix}=\begin{bmatrix}-\dfrac{1}{2}(a_{11}R_2+a_{12}R_3+a_{13}R_4)\\ a_{11}R_2\\ a_{12}R_3\\ a_{13}R_4\end{bmatrix},$$

$$\begin{bmatrix}\dfrac{\partial \dot{y}_i}{\partial \dot{S}_1}\\ \dfrac{\partial \dot{y}_i}{\partial \dot{S}_2}\\ \dfrac{\partial \dot{y}_i}{\partial \dot{S}_3}\\ \dfrac{\partial \dot{y}_i}{\partial \dot{S}_4}\end{bmatrix}=\begin{bmatrix}-\dfrac{1}{2}(a_{21}R_2+a_{22}R_3+a_{23}R_4)\\ a_{21}R_2\\ a_{22}R_3\\ a_{23}R_4\end{bmatrix},$$

$$\begin{bmatrix}\dfrac{\partial \dot{z}_i}{\partial \dot{S}_1}\\ \dfrac{\partial \dot{z}_i}{\partial \dot{S}_2}\\ \dfrac{\partial \dot{z}_i}{\partial \dot{S}_3}\\ \dfrac{\partial \dot{z}_i}{\partial \dot{S}_4}\end{bmatrix}=\begin{bmatrix}-\dfrac{1}{2}(a_{31}R_2+a_{32}R_3+a_{33}R_4)\\ a_{31}R_2\\ a_{32}R_3\\ a_{33}R_4\\ -1\end{bmatrix}。$$

（2）最小二乘法求目标速度。

设目标位置分量的初值为$(x,y,z)$，速度分量为$(\dot{x},\dot{y},\dot{z})$。由式（4-75）可以得到：

$$\dot{S}_i=\dot{R}_i+\dot{R}_0 \tag{4-79}$$

其中$\dot{R}_i=\dfrac{x-x_i}{R_i}\dot{x}+\dfrac{y-y_i}{R_i}\dot{y}+\dfrac{z-z_i}{R_i}\dot{z}$，$R_i=\sqrt{(x-x_i)^2+(y-y_i)^2+(z-z_i)^2}$，$\dot{R}_0=\dfrac{x-x_0}{R_0}\dot{x}+\dfrac{y-y_0}{R_0}\dot{y}+\dfrac{z-z_0}{R_0}\dot{z}$，$R_0=\sqrt{(x-x_0)^2+(y-y_0)^2+(z-z_0)^2}$，$(x_i,y_i,z_i)$为第 $i$ 个测速雷达站的站址坐标$(i=1,2,\cdots,n)$，$(x_0,y_0,z_0)$为测速雷达主站的站址坐标。设 $\boldsymbol{S}=(\dot{S}_1,\dot{S}_1,\cdots,\dot{S}_n)^{\mathrm{T}}$，$\dot{\boldsymbol{x}}=(\dot{x},\dot{y},\dot{z})^{\mathrm{T}}$，则测速方程式（4-79）在引入测量误差后并表示成矩阵形式，有

$$\dot{\boldsymbol{S}}=\boldsymbol{A}\dot{\boldsymbol{x}}+\boldsymbol{\eta}\dot{\boldsymbol{s}} \tag{4-80}$$

式中：$\boldsymbol{\eta}\dot{\boldsymbol{s}}$为测速元素向量$\dot{\boldsymbol{S}}$的测量误差向量，$\boldsymbol{\eta}\dot{\boldsymbol{s}}=(\eta\dot{S}_1,\eta\dot{S}_2,\cdots,\eta\dot{S}_n)^{\mathrm{T}}$，其中，$\eta\dot{S}_i$为第 $i$ 个测元$\dot{S}_i$的测量误差，它的误差协方差矩阵为 $\boldsymbol{P}_{\dot{S}}=\mathrm{diag}(\sigma_{\dot{S}_1}^2,\sigma_{\dot{S}_2}^2,\cdots,\sigma_{\dot{S}_n}^2)$，$\sigma_{\dot{S}_i}$为第 $i$ 个测元$\dot{S}_i$的测量误差的均方差$(i=0,1,2,\cdots,n)$。

$$A=\begin{bmatrix} l_0+l_1 & m_0+m_1 & n_0+n_1 \\ l_0+l_2 & m_0+m_2 & n_0+n_2 \\ \vdots & \vdots & \vdots \\ l_0+l_n & m_0+m_n & n_0+n_n \end{bmatrix},\quad l_i=\frac{x-x_i}{R_i}, m_i=\frac{y-y_i}{R_i}, n_i=\frac{z-z_i}{R_i}$$

当 $n \geqslant 3$ 时，由高斯-马尔可夫估计可得到目标速度飞行参数向量 $\dot{\boldsymbol{x}}$ 的最佳线性无偏估计为

$$\dot{\boldsymbol{x}}=(\boldsymbol{A}^{\mathrm{T}}\boldsymbol{P}_{\dot{s}}^{-1}\boldsymbol{A})^{-1}\boldsymbol{A}^{\mathrm{T}}\boldsymbol{P}_{\dot{s}}^{-1}\dot{\boldsymbol{S}} \tag{4-81}$$

其误差协方差阵为

$$\boldsymbol{P}_{\hat{\dot{x}}}=(\boldsymbol{A}^{\mathrm{T}}\boldsymbol{P}_{\dot{s}}^{-1}\boldsymbol{A})^{-1} \tag{4-82}$$

当 $n \geqslant 6$ 时，可通过最小二乘解算出目标的位置和速度。在实际工程计算时，经常采用多 $\dot{\boldsymbol{S}}$ 测速系统与全球卫星导航定位系统（如 GPS 等）或与脉冲雷达测量数据联合测量计算目标的飞行轨迹参数。其他目标飞行参数与精度计算方法与脉冲雷达数据处理方法一样，参见 4.2.1 节。

## 4.4 空间目标 GNSS 测量系统

空间目标 GNSS 测量系统一般来说就是在合作目标上安装的高动态 GNSS 接收机，通过接收导航卫星信号来实时确定飞行目标的三维位置、速度参数，或者通过事后高精度处理计算出目标的飞行轨迹参数。

自美国全球定位系统（Global Positioning System，GPS）实施以来，其在目标轨迹测量中的应用技术受到各国的高度重视。20 世纪 80 年代初，美国国防部组建了三军 GPS 协调委员会，专门研究 GPS 在目标飞行器跟踪测量方面的应用，进行了大量的试验，取得了很好的效果，并得出“GPS 系统适合绝大多数空间目标跟踪测量试验，是一种有生命力的目标跟踪测量手段”的结论。

近年来，随着我国空间目标探测的快速发展，GNSS 在空间目标跟踪测量领域的应用日益广泛，GNSS 用于目标飞行轨迹的测量也取得了很好的效果。特别是近年来，我国发射的空间合作目标基本上均配置了 GPS 或兼容 GLONASS、BDS 的 GNSS 接收机。在空间目标飞行试验中，出于飞行安全考虑，需要对目标进行实时跟踪，连续测量并显示目标飞行状态参数；此外，为精确分析空间目标飞行性能，事后要高精度确定目标的飞行轨迹。

采用差分 GNSS 技术进行目标飞行轨迹测量主要有目标搭载 GNSS 接收测量和目标搭载 GNSS 转发测量两种工作模式。目前，更多的是采用目标搭载 GNSS 接收测量工作模式。靶场统一测控系统兼容 GNSS 测量方案，首先要考虑频段的选择，既要符合相关标准，又要能与 GNSS 信号兼容；其次，要依据任务的具体需求确定系统的工作模式。当前，靶场统一测控系统频段分为 S 频段和 L 频段。

鉴于 GNSS 信号采用 L 频段，遥测标准为 S 频段，据此，目标搭载 GNSS 设备采用直接接收测量方案，地面设备将统一测控系统的频段定为上行 L、下行 S 频段。

### 4.4.1 GNSS 测量系统

空间目标 GNSS 测量系统既不同于导航定位，也不同于精密定位。一方面，为了目标飞行安全，跟踪测量系统要对飞行目标进行不间断的跟踪测量，计算目标的瞬时状态；另一方面，为分离飞行目标的制导误差，要进行事后精密处理，精确地确定目标的飞行轨迹。为完成以上两项任务，目标搭载 GNSS 测量系统应满足以下要求：①能快速捕获卫星信号，并能在极高动态条件下保持锁定状态；②为确定目标状态，需给出实时的目标位置和速度数据；③在多发射体的情况下，跟踪系统应能同时跟踪多个目标；④跟踪系统要能跟踪远程目标；⑤为精确确定目标飞行轨迹，跟踪系统应能事后重放、高精度处理出目标位置和速度等飞行参数。

可以预计，由于卫星导航能够提供时间和空间位置信息的基础功能，目标搭载 GNSS 测量系统必将成为低轨飞行目标的标准配置。

空间目标 GNSS 测量系统由目标 GNSS 接收机、遥测发射与接收机、基准 GNSS 接收机三部分组成。目标 GNSS 接收机是一台专门研制的适应高动态特性的接收机，其系统组成如图 4-9 所示。该接收机能同时接收多颗 GNSS 卫星的信

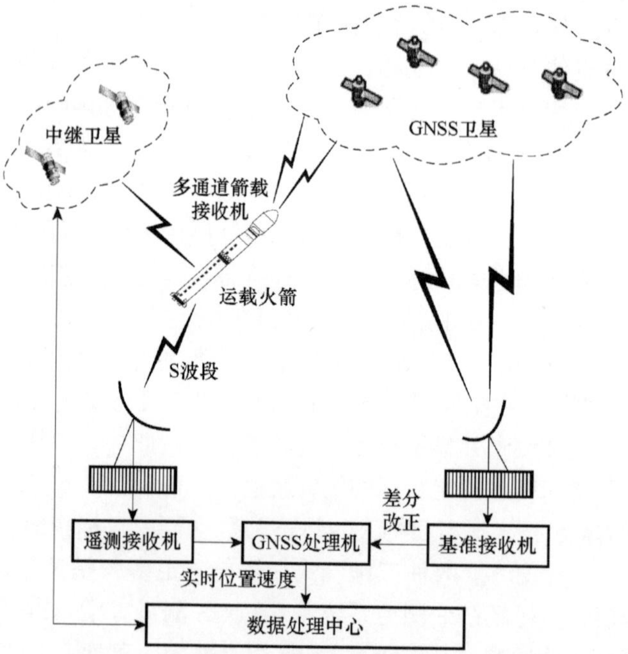


图 4-9 空间目标 GNSS 测量系统组成示意图

号，实时计算出空间目标的位置和速度。接收机所测定的运动参数，通常利用公用遥测天线，以一定的速率向地面站发送；地面遥测接收机接收到定位信息后，一路发送给 GNSS 处理机进行差分修正，得到实时定位和测速结果，用于显示和控制，同时将数据记录下来，供事后分析处理；另一路发送到遥测记录器记录下来，供事后精密处理。此外，部分合作目标安装了中继终端，通过中继终端天线将实时接收的 GNSS 信号等遥测数据流传给中继卫星，并通过中继卫星下传给地面遥测接收设备，最后传给数据处理中心，对中继测控的 GNSS 信号进行实时处理和事后高精度分析。

### 4.4.2 GNSS 数据处理

空间目标 GNSS 测量系统数据处理是空间目标跟踪测量工程的重要组成部分，对于高精度确定目标飞行轨迹、分析空间目标飞行试验质量、鉴定测量设备跟踪精度都具有重要作用。当前，空间目标飞行状态分析及性能评估主要依赖 GNSS，因此，目标搭载 GNSS 测量系统数据处理方法和技术将直接影响空间模板飞行参数的精度和可靠性。

空间目标 GNSS 测量数据处理的主要任务是对各跟踪测量设备提供的 GNSS 原始测量数据进行各通道原始数据帧和导航电文帧的数据解码和信息复原，数据合理性检验和随机误差统计，对流层、电离层等误差修正，飞行轨迹计算，飞行参数综合（差分）计算等，最后形成一条包含目标的空间位置、分速度及相应精度的目标实测飞行参数，为分离飞行目标制导误差、鉴定目标飞行状态与制导系统精度、改进合作目标飞行性能等工作提供可靠依据。

空间目标 GNSS 测量数据处理是将目标搭载接收机和基准接收机的记录数据进行信息解码恢复，经各种误差修正后，进行差分计算和综合处理，解算出精确目标飞行参数，GNSS 数据处理流程如图 4-10 所示。

在融合定位解算方面，采用多模通用的信号接收通道，使得空间目标 GNSS 接收机在进行位置计算时有更多的可见卫星可供选择；采用多种模式卫星信号的伪距或载波相位组成联立方程组，可以得到用户的位置解算结果。

在接收机完好性检测方面，空间目标 GNSS 数据处理中，合理使用接收机自主完整性监测（receiver autonomous integrity monitoring，RAIM）技术不仅能有效提高目标 GNSS 定位精度和可靠性，而且能有效消除高动态载体的测速波动现象，改善目标 GNSS 测速精度。

在观测数据误差修正方面，对电离层延迟的准确估计是提高空间目标 GNSS 飞行参数精度的关键。多模式的接收机系统因为接收不同模式的卫星导航信号，所以不同模式的信号采用不同的载波频率进行传输，根据不同频率的信号通过大气层有不同延时的特点，优化大气层延时模型的参数估计，然后进行更精确的延时估计，可以达到更好的定位结果。

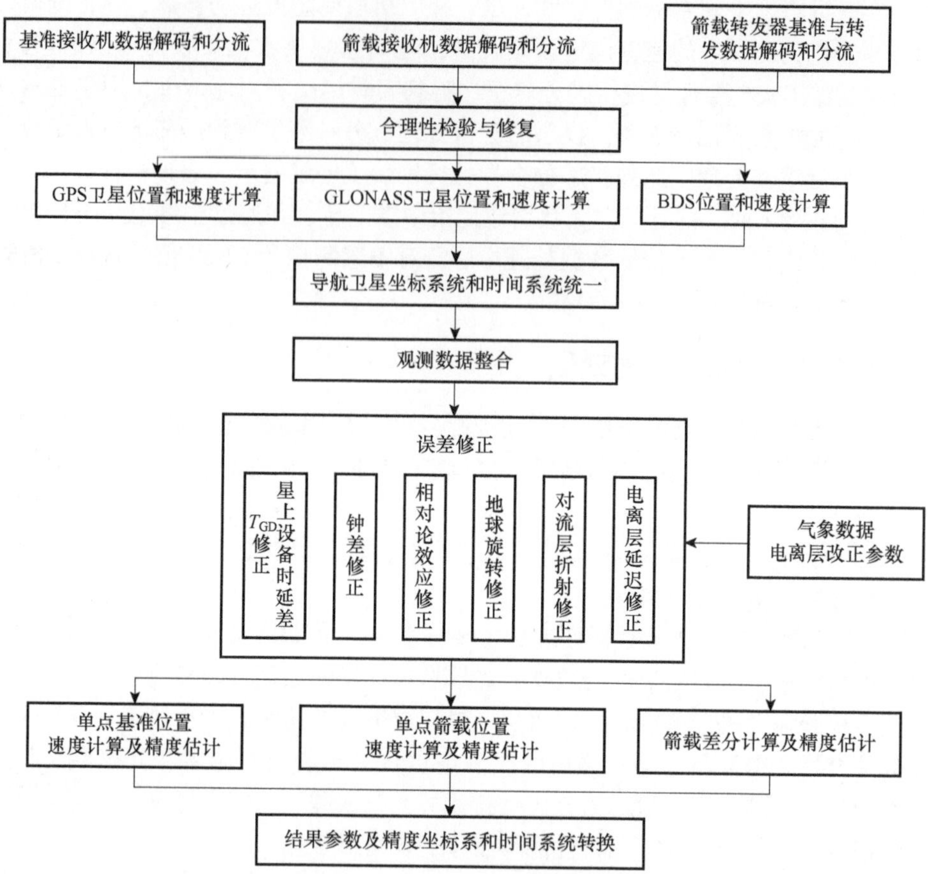


**图 4-10 GNSS 数据处理流程图**

**1. GPS 数据处理**

GPS 是由美国建立的一个卫星导航定位系统，可在全球范围内实现全天候连续实时的三维导航定位、测速和高精度的时间传递。GPS 星座由 24 颗工作卫星构成，卫星位于 6 个等间隔的地心轨道平面内，每个轨道 4 颗卫星，卫星轨道倾角为 55°，各轨道平面升交点的赤经相差 60°，在相邻轨道上，卫星的升交距角相差 30°，轨道为近圆形，最大偏心率为 0.01，半长轴为 26560km，轨道平均高度为 20200km，卫星运行的轨道周期为 11 时 58 分（12 恒星时）。目前，GPS 星座正在轨运行的卫星共计 32 颗。

1）GPS 导航电文

GPS 导航电文是用户用来定位和导航的数据基础，它包含该卫星的星历、工作状态、时钟改正、电离层时延改正，以及由 C/A 码捕获 P 码等导航信息，是卫星信号中解调出来的数据码 $D(t)$ 的主要内容。这些信息以 50bit/s 的数据流调制在载频上，数据采用不归零制（NRZ）的二进制码。

导航电文的格式是主帧、子帧、字码和页面，如图 4-11 所示。每个主帧电文长度为 1500bit，播送速率为 50bit/s，所以发播一帧电文需要 30s，每个帧导航电文包括 5 个子帧（subframe），每个子帧长度为 300bit，每个子帧包含 10 个数据字（word），每个数据字长度为 30bit。一帧完整的导航电文共有 37500bit，需要 750s 才能传送完。导航电文内容仅在卫星注入新的导航数据后才更新。

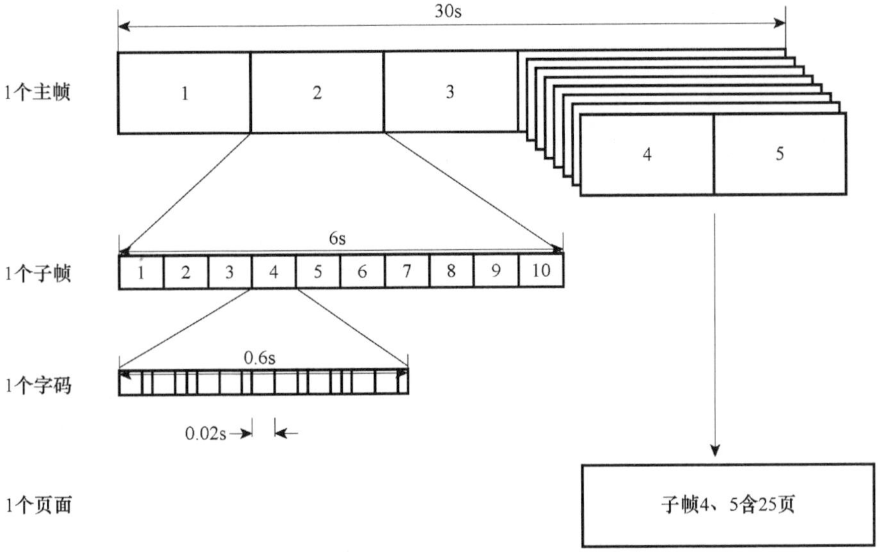


**图 4-11　GPS 卫星导航电文结构图**

导航电文的内容包括遥测码（TLW）、转换码（HOW）、第一数据块、第二数据块和第三数据块 5 个部分。

GPS 导航电文第 1 子帧包含的主要参数有星期数，测距数据精度，卫星的健康状况，载波 L1、L2 的电离层延迟改正，卫星时钟的数据龄期，数据块参考时刻，卫星钟参数，周秒等；导航电文第 2、3 子帧包含的主要参数有星历的数据龄期，星历参考时刻，参考时刻的平近点角、轨道升交点准经度和轨道倾角，轨道偏心率，轨道半长轴的平方根，轨道近地点角矩，升交点赤经变化率，轨道倾角变化率，平均角速度的改正数等摄动参数；导航电文第 4、5 子帧包含的主要参数有概略星历的参考时刻、轨道偏心率、平均角速度的改正和升交点赤经变化率，半长轴的平方根，轨道升交点准经度，轨道近地点角矩，平近点角，时钟修正参数。其中，导航电文第 4 子帧第 18 页面中包含 8 个电离层改正参数和 UTC 参数。GPS 导航电文主要参数见表 4-1。

**表 4-1 GPS 导航电文主要参数**

| | 符号 | 单位 | 说　明 |
|---|---|---|---|
| 导航电文第 1 子帧参数 | $L_2$ 编码 | | 载波 L2 调制波类型 |
| | WN | week | 从 1980. 1. 6 零时（UTC）起算星期数 |
| | $L_2P$ 标志 | | L2 P 码标志 |
| | URA | | 测距数据精度 |
| | Health | | 卫星的健康状况 |
| | $T_{GD}$ | s | 载波 L1、L2 的电离层延迟改正 |
| | IODC | | 卫星时钟的数据龄期 |
| | $t_{oc}$ | s | 第一数据块参考时刻，每个星期六/星期日子夜零时开始以秒为单位 |
| | $a_{f2}$ | 1/s | 卫星钟偏差常数 |
| | $a_{f1}$ | s/s | 卫星钟线性漂移系数 |
| | $a_{f0}$ | s | 卫星钟老化平方项系数 |
| | TOW | s | 时间秒 |
| 导航电文第 2、3 子帧参数 | IODE | | 星历表的数据龄期 |
| | $C_{rs}$ | m | 轨道半长轴的正弦调和项改正的振幅 |
| | $\Delta n$ | semi-circles/s | 平均角速度的改正 |
| | $M_0$ | semi-circles | 参考时刻 toe 平近点角 |
| | $C_{uc}$ | rad | 升交角矩的余弦调和项改正的振幅 |
| | $e$ | | 卫星椭圆轨道偏心率 |
| | $C_{us}$ | rad | 升交角矩的正弦调和项改正的振幅 |
| | $\sqrt{A}$ | $\sqrt{\mathrm{m}}$ | 卫星椭圆轨道半长轴的平方根 |
| | $t_{oe}$ | s | 星历参考时刻每个星期六/星期日子夜零时开始 |
| | $C_{ic}$ | rad | 轨道倾角的余弦调和项改正的振幅 |
| | $\Omega_0$ | semi-circles | 参考时刻 toe 的轨道升交点准经度 |
| | $C_{is}$ | rad | 轨道倾角的正弦调和项改正的振幅 |
| | $i_0$ | semi-circles | 参考时刻 toe 的轨道倾角 |
| | $C_{rc}$ | m | 轨道半长轴的余弦调和项改正的振幅 |
| | $\omega$ | semi-circles | 轨道近地点角矩 |
| | $\dot{\Omega}$ | semi-circles/s | 升交点赤经变化率 |
| | IDOT | semi-circles/s | 轨道倾角变化率 |
| | AODO | s | 确定导航信息修正表中的正确时间 |

续表

| | 符号 | 单位 | 说　明 |
|---|---|---|---|
| 导航电文第4、5子帧参数 | $e$ | | 概略星历卫星椭圆的轨道偏心率 |
| | $t_{0a}$ | s | 概略星历参考时刻 |
| | $\delta i$ | semi-circles | 概略星历的平均角速度的改正 |
| | $\dot{\Omega}$ | semi-circles/s | 概略星历的升交点赤经变化率 |
| | $\sqrt{A}$ | $\sqrt{\mathrm{m}}$ | 卫星椭圆轨道半长轴的平方根 |
| | $\Omega_0$ | semi-circles | 轨道升交点准经度 |
| | $\omega$ | semi-circles | 轨道近地点角矩 |
| | $M_0$ | semi-circles | 平近点角 |
| | $a_{f0}$ | s | 时钟修正参数 |
| | $a_{f1}$ | s/s | 时钟修正参数 |
| 导航电文第4子帧第18页面参数 | $\alpha_0$ | s | 电离层改正参数 |
| | $\alpha_1$ | s/semi-circle | 电离层改正参数 |
| | $\alpha_2$ | s/semi-circle$^2$ | 电离层改正参数 |
| | $\alpha_3$ | s/semi-circle$^3$ | 电离层改正参数 |
| | $\beta_0$ | s | 电离层改正参数 |
| | $\beta_1$ | s/semi-circle | 电离层改正参数 |
| | $\beta_2$ | s/semi-circle$^2$ | 电离层改正参数 |
| | $\beta_3$ | s/semi-circle$^3$ | 电离层改正参数 |
| | $A_1$ | s/s | UTC 时间修正多项式的常数和一阶量 |
| | $A_0$ | s | UTC 时间修正多项式的常数和一阶量 |
| | $t_{ot}$ | s | UTC 数据的参考时刻 |
| | $WN_t$ | week | UTC 参考星期数 |
| | $\Delta t_{ls}$ | s | 由于跳秒的时间差 |
| | $WN_{LSF}$ | w | 星期数 |
| | DN | d | 跳秒结束时的日期数 |
| | $\Delta t_{LSF}$ | s | 跳秒时间差 |

2）GPS 卫星位置速度计算

（1）GPS 卫星位置计算。

根据广播星历提供的轨道摄动参数进行摄动修正，计算修正后的轨道根数，在此基础上计算卫星的轨道坐标，最后考虑地球自转影响，将卫星轨道坐标转换至 WGS84 坐标系。

① 计算卫星运行的平均角速度 $n$，即

$$\begin{cases}n=n_0+\Delta n\\ n_0=\sqrt{\mu}/(\sqrt{a})^3\\ a=(\sqrt{A})^2\end{cases} \tag{4-83}$$

式中：$n_0$为圆轨道的平均角速度；$\Delta n$ 为平均角速度改正；$\mu$ 为地心引力常数；$A$ 为卫星轨道长半轴。

② 计算归化观测时刻 $t_k$。

对于某时刻 $t$ 观测卫星，需将观测时刻 $t$ 归化为 $t_k$，即

$$t_k=t-t_{oe} \tag{4-84}$$

式中：$t_{oe}$表示 GPS 卫星的轨道参数是相对于参考时刻的，即 $t_k$成为相对于 $t_{oe}$的归化时刻，由于 $t_{oe}$是由每星期历元（星期六/星期日子夜零点）开始计量，应考虑到一个星期（604800$s$）的开始或结束，即

当 $t_k>302400$ 时，$t_k=t_k-604800$；

当 $t_k<-302400$ 时，$t_k=t_k+604800$

③ 计算观测时刻的平近点角 $M_k$和偏近点角 $E_k$，即

$$\begin{cases}M_k=M_0+n\Delta t_k\\ E_k=M_k+e\sin E_k\end{cases} \tag{4-85}$$

先令 $E_0=M_k$，用迭代法计算至$|E_k-E_{k-1}|<10^{-12}$即可。

④ 计算真近点角 $v_k$。

根据“二体问题”公式，有

$$\begin{cases}\cos v_k=(\cos E_k-e)/(1-e\cos E_k)\\ \sin v_k=(\sqrt{1-e^2}\sin E_k)/(1-e\cos E_k)\end{cases} \tag{4-86}$$

得出：

$$v_k=\arctan\frac{\sqrt{1-e^2}\sin E_k}{\cos E_k-e} \tag{4-87}$$

⑤ 计算升交点角距 $\Phi_k$，即

$$\Phi_k=v_k+\omega \tag{4-88}$$

⑥ 计算轨道摄动改正项 $\delta_u$、$\delta_r$、$\delta_i$，即

$$\begin{cases}\delta_u=C_{uc}\cos(2\Phi_k)+C_{us}\sin(2\Phi_k)\\ \delta_r=C_{rc}\cos(2\Phi_k)+C_{rs}\sin(2\Phi_k)\\ \delta_i=C_{ic}\cos(2\Phi_k)+C_{is}\sin(2\Phi_k)\end{cases} \tag{4-89}$$

⑦ 计算经过摄动改正的升交角距 $u_k$、卫星矢径 $r_k$和轨道倾角 $i_k$，即

$$\begin{cases}u_k=\Phi_k+\delta_u\\ r_k=a(1-e\cos E_K)+\delta_r\\ i_k=i_0+\delta_i+\dot{i}\cdot t_k\end{cases} \tag{4-90}$$

⑧ 计算卫星在轨道平面上的位置。在轨道平面直角坐标系中，$X$ 轴指向升交点，则卫星位置为

$$\begin{cases} x_k = r_k \cos u_k \\ y_k = r_k \sin u_k \end{cases} \tag{4-91}$$

⑨ 计算观测时刻升交点经度 $\Omega_k$。卫星轨道参数是以地心赤道坐标系（惯性坐标系）为基准，其升交点赤经由春分点起算，要将 $x_k$、$y_k$、$z_k$ 转换为 WGS-84 坐标系坐标，首先要计算出升交点在观测时刻的大地经度，即

$$\Omega_k = \Omega_0 + (\dot{\Omega} - \omega_e) t_k - \omega_e t_{oe} \tag{4-92}$$

⑩ 计算卫星在 WGS-84 坐标系中的位置：

$$\begin{cases} X_k = x_k \cos\Omega_k - y_k \cos i_k \sin\Omega_k \\ Y_k = x_k \sin\Omega_k + y_k \cos i_k \cos\Omega_k \\ Z_k = y_k \sin i_k \end{cases} \tag{4-93}$$

（2）GPS 卫星速度计算。

根据 GPS 导航电文，用卫星位置计算公式求时间导数，可以计算出卫星三维速度$(\dot{X}_k, \dot{Y}_k, \dot{Z}_k)$。

① 计算偏近点角变化率$\dot{E}_k$，即

$$\dot{E}_k = \frac{n - \Delta n}{1 - e\cos E_k} \tag{4-94}$$

② 计算升交角距变化率$\dot{\Phi}_k$，即

$$\dot{\Phi}_k = \sqrt{\frac{1+e}{1-e}} \frac{\cos^2(v_k/2)}{\cos^2(E_k/2)} \dot{E}_k \tag{4-95}$$

③ 计算升交角距变化率$\dot{u}_k$、卫星矢径变化率$\dot{r}_k$和轨道倾角变化率$\dot{i}_k$，即

$$\begin{cases} \dot{u}_k = [(1 + 2C_{us}\cos(2\Phi_k) - 2C_{uc}\sin(2\Phi_k)] \cdot \dot{\Phi}_k \\ \dot{r}_k = a \cdot e\sin E_k \cdot \dot{E}_k + 2[C_{rs}\cos(2\Phi_k) + C_{rc}\sin(2\Phi_k)] \cdot \dot{\Phi}_k \\ \dot{i}_k = 2[C_{is}\cos(2\Phi_k) - C_{ic}\sin(2\Phi_k)] \cdot \dot{\Phi}_k + i \end{cases} \tag{4-96}$$

④ 计算观测时刻升交点经度变化率$\dot{\Omega}_k$，即

$$\dot{\Omega}_k = \dot{\Omega} - \omega_e \tag{4-97}$$

⑤ 计算卫星在轨道平面上的速度：

$$\begin{cases} \dot{x}_k = \dot{r}_k \cos u_k - r_k \sin u_k \cdot \dot{u}_k \\ \dot{y}_k = \dot{r}_k \sin u_k + r_k \cos u_k \cdot \dot{u}_k \end{cases} \tag{4-98}$$

⑥ 计算卫星在 WGS-84 坐标系下的速度：

$$\begin{cases}\dot{X}_k=\dot{x}_k\cos\Omega_k-\dot{y}_k\sin\Omega_k\cos i_k+y_k\sin\Omega_k\sin i_k\cdot\dot{i}_k-\dot{\Omega}_kY_k\\\dot{Y}_k=\dot{x}_k\sin\Omega_k+\dot{y}_k\cos\Omega_k\cos i_k-y_k\cos\Omega_k\sin i_k\cdot\dot{i}_k+\dot{\Omega}_kX_k\\\dot{Z}_k=\dot{y}_k\sin i_k+y_k\cos i_k\cdot\dot{i}_k\end{cases}\tag{4-99}$$

3）误差修正

在 GPS 测量中出现的各种误差按其来源大致可分为 4 类：①与卫星有关的误差，主要包括卫星星历误差、卫星钟差、卫星天线相位中心偏差和相对论效应的影响等；②与信号传播有关的误差，主要包括电离层和对流层延迟误差，以及信号传播的多路径效应；③与接收设备有关的误差，主要包括接收机钟差和接收机天线相位中心偏差；④其他误差源，主要包括地球自转的影响、地球物理效应，如地球潮汐摄动和太阳光辐射压摄动等的影响。这些误差通常可以采用适当的方法减弱或消除；对于能精确模型化的误差，采用模型进行改正；对于不能精确模型化的误差，可以增加参数进行估计或使用组合观测值。本节对影响 GPS 定位的主要误差进行描述，并给出这些误差的模型。

（1）卫星钟差。

卫星钟差是指卫星钟频率、频偏和频漂等产生的卫星钟时间与 GPS 标准时之间的差值。虽然为了保证时钟精度，GPS 卫星均采用高精度的原子钟（铷钟和铯钟），但与标准 GPS 系统时间相比也难达到严格同步，仍然存在偏差和漂移，总量相应在 0.1～1ms，由此引起的等效距离误差为 30～300km。这是一个系统误差，必须加以修正。卫星钟差用 $\delta t$ 的二阶多项式表示，系数 $a_0$、$a_1$、$a_2$ 由 GPS 系统的检测站测量，经中心站处理外推后注入卫星，并由卫星以导航电文的形式发送给用户。卫星导航电文中给出了卫星钟与 GPS 标准时之间的差别，所以卫星 $j$ 在 $t^j$ 时刻的钟差为

$$\delta t^j=a_0+a_1(t^j-t_{oc})+a_2(t^j-t_{oc})^2\tag{4-100}$$

式中：$t_{oc}$ 为卫星钟差参数的参考时刻；$t^j$ 为要计算卫星钟差的时刻；$a_0$ 为 $t_0$ 时钟偏差；$a_1$ 为钟的漂移；$a_2$ 为老化率。

（2）相对论效应。

狭义相对论效应是指由于卫星钟安装在高速运动的卫星上，会产生时间膨胀现象。由于广义相对论效应数量很少，因而可把地球的重力位看作一个质点位，同时略去日、月引力位，根据狭义相对论和卫星无摄运动（二体问题）轨道理论，当卫星为椭圆轨道时，相对论效应引起的卫星钟的时间偏差 $\Delta\tau$ 为

$$\Delta\tau=\frac{\mu}{c^2}\left(\frac{1}{R}-\frac{3}{2a}\right)t-\frac{2\sqrt{a\mu}}{c^2}e\sin E\tag{4-101}$$

式中：$\mu$ 为地球引力常数，$\mu=GM=3.986005\times10^{14}\mathrm{m}^3/\mathrm{s}^2$；$c$ 为电磁波在真空中的速度；$R$ 为测站至地心的距离；$a$ 为卫星椭圆轨道半长轴；$e$ 为轨道的偏心率；$E$

为卫星的偏近点角；$t=\sqrt{a^3/\mu}(E-e\sin E)$。

鉴于 GPS 卫星轨道近似为圆，圆轨时相对论使 GPS 卫星标准频率 10.23MHz 增大约 0.004567Hz，这通过把卫星出厂时装订的标准频率降低约 0.004567Hz 而予以校正。式（4-101）中相对论对卫星轨道非圆性引起的时间影响为

$$\Delta\tau=-4.4428\times10^{-10}e\sqrt{a}\sin E \tag{4-102}$$

（3）电离层延迟。

电离层一般是指地球上空 60～2000km 的大气层。由于太阳光的紫外线、X 射线和高能粒子的强烈辐射，使部分气体分子电离化，并释放出自由电子和正负离子，形成从宏观上仍是中性的等离子体区域，称为电离层。当电磁波信号通过该电离层区域时，电磁波信号的传播路径会发生偏离，同时速度也会发生改变，变化的大小与沿卫星和用户接收机视线方向上的电子密度（TEC）有关，也与信号本身的频率相关，其传播产生的电离层延迟大小随着高度、时间、季节和接收机的地理位置的不同而不同。

电离层对导航卫星信号传播的影响在天顶方向上距离差最大能达到 50m，而在接近地平面的方向上甚至可以达到 150m。对于双频精密单点定位而言，可以利用接收到的两个载波信号和测码信号组合成 LC 消电离层组合，能消除电离层一阶项影响，余下的高阶项电离层影响就只有 2～4cm 左右。而对于单频精密单点定位，必须予以修正。

① Klobuchar 模型。

Klobuchar 模型能直观简易地反映电离层的星期日变化规律，采用含有星期日变化振幅和周期等信息的三角余弦函数形式。该模型把夜间的电离层延迟看成一个数值为 5ns 的常数，把白天的电离层延迟当成函数的中正部分。每天最大的电离层延迟定在当地的 14:00，利用星下点的地方时和地磁纬度构成的两个 3 阶多项式表示振幅和周期。数据资料表明，该模型对中纬度区域的电离层延迟改正能取得很好的效果，对我国在中纬度地区的平均电离层延迟改正也能达到 50%以上的效果，因而在我国该模型的可行性是比较高的。Klobuchar 模型可利用 GPS 导航电文中提供的 8 个电离层延迟参数进行电离层延迟修正。如图 4-12 所示，Klobuchar 模型的修正公式和步骤如下。

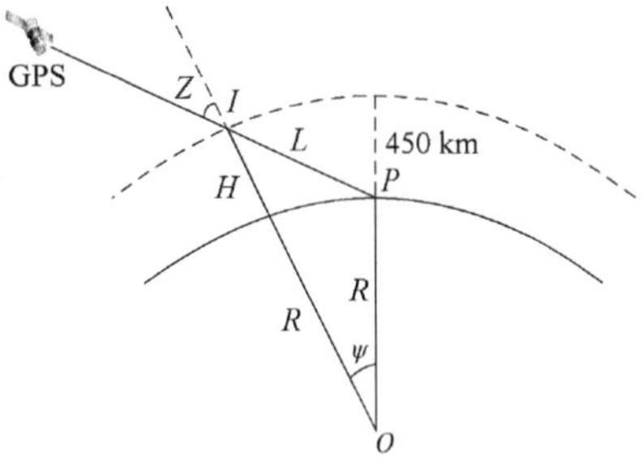

**图 4-12　电离层延迟几何图**

a. 计算用户点 $P$ 与电离层穿刺点 $I$ 之间的地心夹角 $\psi$，即

$$\psi=\frac{0.0137}{El+0.11}-0.022 \tag{4-103}$$

式中：$El$ 为用户相对于 GPS 卫星的仰角。

b. 计算电离层特征点的地理经纬度 $\phi_I$、$\lambda_I$，即

$$\phi_I=\phi_P+\psi\cos A_z \tag{4-104}$$

如果 $\phi_I>0.416$，则 $\phi_I=0.416$；

如果 $\phi_I<-0.416$，则 $\phi_I=-0.416$。

$$\lambda_I=\lambda_P+\psi\sin A_z/\cos\phi_I \tag{4-105}$$

式中：$\phi_P$、$\lambda_P$ 为用户地理经纬度；$A_z$ 为用户相对于 GPS 卫星的方位角。

c. 计算电离层穿刺点的地磁纬度 $\Phi_m$，即

$$\Phi_m=\phi_I+0.064\cos(\lambda_I-1.617) \tag{4-106}$$

d. 计算电离层穿刺点地区的地方时 $t$，即

$$t=4.32\times10^4\lambda_I+t_{\text{GPS}} \tag{4-107}$$

式中：$t_{\text{GPS}}$为 GPS 时间，单位为 s，保持在 0～86400s。

e. 计算倾斜因子 $F$，即

$$F=1+16.0\times(0.53-El)^3 \tag{4-108}$$

f. 计算 GPSL1 频率的电离层天顶延迟 $\Delta t$

$$\Delta t=\begin{cases}F\left[5\times10^{-9}+\bar{A}\left(1-\dfrac{x^2}{4}+\dfrac{x^4}{24}\right)\right] & (|x|<1.57)\\ 5\times10^{-9}F & (|x|\geqslant1.57)\end{cases} \tag{4-109}$$

其中

$$\bar{A}=\begin{cases}\sum\limits_{i=0}^{3}\alpha_i\Phi_m^i(\bar{A}\geqslant0)\\ 0(\bar{A}<0),\end{cases}\quad x=\frac{2\pi(t-50400)}{\bar{P}},\quad \bar{P}=\begin{cases}\sum\limits_{i=0}^{3}\beta_i\Phi_m^i(\bar{P}\geqslant72000)\\ 72000(\bar{P}<72000)。\end{cases}$$

式中：$5\times10^{-9}$为 $L1$ 频率夜间天顶方向的时延常数（5ns）；50400 为地方时 14h；$\alpha_i$为三次多项式系数，表示电离层垂直延迟的幅度；$\beta_i$为三次多项式系数，表示电离层模型的周期。

g. 伪距修正量，即

$$\Delta\rho=c\times\Delta t\times F \tag{4-110}$$

Klobuchar 模型采用了比较理想化的平滑余弦函数，导致该模型无法反映“不规则”的变化，实际计算也表明，Klobuchar 模型对电离层延迟改正率能达到 50%～60%，最大也只能达到 70%。该模型的优点是结构简单、计算方便，比较适用于单频导航定位接收机的实时快速定位。

② 电离层格网模型。

随着国际 GNSS 服务（IGS）全球跟踪站的不断发展，其在世界分布的数目不断增多，同时其处理观测数据的技术也不断发展，为建立全球电离层模型提供了很好的基础。瑞士伯尔尼大学的欧洲定轨中心（the Center for Orbit Determination in Europe，CODE）每天利用全球 IGS 监测站的观测数据计算全球范围内的电离层信息（总电子含量图），以 IONEX 格式作为 IGS 的一个产品供用户使用。CODE 的全球电离层模型采用的是单层模型，此模型假定所有自由电子均集中在地球上方的一个无厚度的球形壳层。可以利用接收机的近似坐标和卫星坐标等信息求出信号传播路径在中心电离层上的穿刺点 $I$ 的位置，利用当天的电离层格网数据求出 $I$ 点的总电子含量，从而求出该点的电离层改正。

IONEX 文件上的数据表示每历元以地理经纬度划分的格网点上的总电子含量（TEC），以每间隔 2h 为一历元，每历元的电离层图按纬度由北向南排列，从 N87.5°开始到 S87.5°，间隔为 2.5°；经度从 W180°开始到 E180°，间隔为 5°。

计算某一卫星向测站的传播信号在某一时刻穿过电离层时的延迟改正，一般先要在该时刻的电离层格网图进行空间内插，然后再根据实际信号传播时刻进行历元内插，通常按下述步骤进行。

a. 根据式（4-103）～式（4-105），计算电离层特征点 $I$ 的地心经纬度。读取电离层格网文件中与电离层穿刺点 $I$ 经纬度最接近的 4 个格网点，这 4 个格网点组成的空间范围能把特征点 $I$ 包含在内。时间内插计算出任意时刻这 4 个格网点上的 TEC 数值，可以用简单的双线性内插方法进行。计算公式为

$$I(\lambda,\varphi,t)=\frac{T_{i+1}-t}{T_{i+1}-T_i}I_i(\lambda,\varphi)+\frac{t-T_i}{T_{i+1}-T_i}I_{i+1}(\lambda,\varphi) \tag{4-111}$$

式中：$T_i$、$T_{i+1}$为电离层格网文件中两个相邻的时间历元；$t$ 为需要插值对应的时间；$I_i$、$I_{i+1}$为两个相邻的时间对应的 TEC 数值。

b. 利用这 4 个格网点的 TEC 值，进行空间内插计算出穿刺点 $I$ 各个历元的 TEC，如图 4-13 所示。

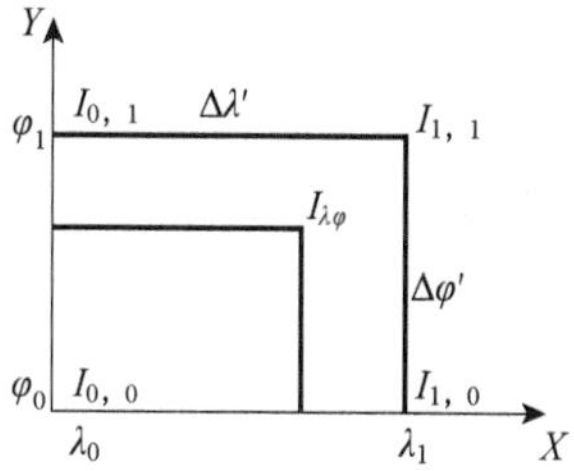


图 4-13　空间内插示意图

令$\begin{cases} p=\dfrac{\lambda-\lambda_0}{\Delta\lambda'} \\ q=\dfrac{\varphi-\varphi_0}{\Delta\varphi'}, \end{cases}$则四点内插函数为

$$I(\lambda,\varphi)=(1-p)(1-q)I_{0,0}+p(1-q)I_{1,0}+q(1-p)I_{0,1}+pq\,I_{1,1} \tag{4-112}$$

式中：$\lambda_0$、$\varphi_0$为左下角格网的经度、纬度；$\Delta\lambda'$、$\Delta\varphi'$为电离层格网点的经度、纬度间隔。

c. 计算穿刺点 $I$ 的垂直电离层延迟，即

$$d_{\mathrm{ion},v}=-\frac{40.28}{f^2}I(\lambda,\varphi) \tag{4-113}$$

式中：$f$ 为载波频率。

d. 计算卫星到接收机方向的电离层延迟改正值，即

$$d_{\text{ion}}=\frac{1}{\cos z}d_{\text{ion},v} \tag{4-114}$$

式中：$z$ 为电离层特征点 $I$ 处的天顶距。

如图 4-12 所示，有

$$\cos z=\frac{(R+H)^2+L^2-R^2}{2L(R+H)} \tag{4-115}$$

式中：$L^2=(R+H)^2+R^2-2R(R+H)\cos\psi$；$R$ 为地球半径；$H$ 为单层电离层的高度，在电离层格网中一般取值 450km；$\psi$ 为用户点 $P$ 与电离层穿刺点 $I$ 之间的地心夹角。

式（4-115）整理得

$$\begin{aligned}\cos z&=\frac{(R+H)^2+(R+H)^2+R^2-2R(R+H)\cos\psi-R^2}{2(R+H)\sqrt{(R+H)^2+R^2-2R(R+H)\cos\psi}}\\&=\frac{R+H-R\cos\psi}{\sqrt{(R+H)^2+R^2-2R(R+H)\cos\psi}}\end{aligned} \tag{4-116}$$

将式（4-116）代入式（4-114）整理得

$$d_{\text{ion}}=\frac{\sqrt{(R+H)^2+R^2-2R(R+H)\cos\psi}}{R+H-R\cos\psi}d_{\text{ion},v} \tag{4-117}$$

利用全球电离层格网数据对电离层延迟进行修正比利用广播电文提供的 8 个电离层参数修正效果好，所以在进行单频定位时，采用 IGS 提供的电离层格网数据能取得较好的效果。

③ 双频改正法。

卫星信号的电离层延迟是与载波信号频率 $f$ 的平方成反比的。若卫星同时用两种频率发射信号，其穿过电离层的过程中虽然频率不相同，但都是沿着同一路径传播的。如果目标接收机能接收到两种载波信息，可以利用它们传播到接收机的时间差求出各自在经过电离层时的延迟大小。因为这两个载波的传播路径是一致的，所以传播路径上的电子总量值 $N_\Sigma$ 是相同的。这样双频信号从卫星到接收机距离 $\rho_1$，$\rho_2$ 分别为

$$\begin{cases}\rho_1=R-\dfrac{N_\Sigma}{f_1^2}\\[2ex]\rho_2=R-\dfrac{N_\Sigma}{f_2^2}\end{cases} \tag{4-118}$$

式中：$f_1$ 和 $f_2$ 分别为 GPS 载波 $L_1$ 和 $L_2$ 的频率。

将式（4-118）中两个公式相减，得到：

$$\begin{cases}\Delta\rho=\rho_1-\rho_2=\dfrac{N_\Sigma}{f_1^2}\left[\left(\dfrac{f_1^2}{f_2^2}\right)-1\right]=0.6469d_{\mathrm{ion},1}\\ \Delta\rho=\rho_1-\rho_2=\dfrac{N_\Sigma}{f_2^2}\left[1-\left(\dfrac{f_2^2}{f_1^2}\right)\right]=0.3928d_{\mathrm{ion},2}\end{cases}\tag{4-119}$$

由式（4-119）可以得到两个信号的电离层延迟：

$$\begin{cases}d_{\mathrm{ion},1}=1.54573(\rho_1-\rho_2)\\ d_{\mathrm{ion},2}=2.54573(\rho_1-\rho_2)\end{cases}\tag{4-120}$$

根据接收机接收到的伪距 $\rho_1$ 和 $\rho_2$，可求出电离层延迟改正。值得注意的是，两个伪距的线性组合放大了测量噪声。

类似地，利用双频信号观测数据也可以消除电离层折射对测量载波相位的影响。虽然载波相位受到的电离层延迟与伪距所受到的电离层延迟具有相同的大小，但是符号相反，所以有

$$\begin{cases}(\varphi_1+N_1)\lambda_1=R-\dfrac{N_\Sigma}{f_1^2}\\ (\varphi_2+N_2)\lambda_2=R-\dfrac{N_\Sigma}{f_2^2}\end{cases}\tag{4-121}$$

和伪距一样，将式（4-121）中两式相减后有

$$\begin{cases}-d_{\mathrm{ion},\varphi_1}=1.54573(\lambda_1\phi_1-\lambda_2\phi_2)+1.54573(\lambda_1N_1-\lambda_2N_2)\\ -d_{\mathrm{ion},\varphi_2}=2.54573(\lambda_1\phi_1-\lambda_2\phi_2)+2.54573(\lambda_1N_1-\lambda_2N_2)\end{cases}\tag{4-122}$$

可以看出，在使用式（4-122）时，需要确定两个载波的整周模糊度才能确定电离层延迟的大小，使得数据处理的难度增大。

（4）对流层延迟。

对流层延迟一般是指非电离大气对电磁波的折射。非电离大气包括对流层和平流层，大约是大气层中从地面向上 60km 的部分，导航信号通过对流层和平流层时，其传播速度将发生变化，传播的路径将发生弯曲，使测量距离产生偏差。由于折射的 80%发生在对流层，所以通常称为对流层折射。中性大气层对于电磁波的传播产生非色散延迟，能使信号传播路径长于几何距离。对流层延迟只受大气折射率、电磁波传播方向的影响，不受电磁波频率影响。对于中纬地区海平面上，在天顶方向对流层延迟为 2 ～ 3m，在 5°俯仰角方向可达 25m。对流层延迟由干气延迟与湿气延迟两部分组成，其中干分量占 80%～ 90%，比较有规律，其余为湿分量。湿分量比较复杂，虽然经过模型改正后的定位精度有所提高，但湿分量的改正精度只有 80%，高精度定位必须考虑。利用差分技术可以大大减小对流层延迟误差的影响，但仅限于两个测站间距离较近、高差较小的情况。对流层偏差的距离常定义为天顶方向上的对流层偏差量与相应卫星俯仰角的映射函

数的积。

由于对流层延迟由干、湿分量两部分组成，故有

$$\Delta\rho_{\text{trop}}=\Delta D_{z,\text{d}}\times M_{\text{d}}(E)+\Delta D_{z,\text{w}}\times M_{\text{w}}(E) \tag{4-123}$$

式中：$\Delta D_{z,\text{d}}$为对流层天顶延迟的干分量；$\Delta D_{z,\text{w}}$为对流层天顶延迟的湿分量；$M_{\text{d}}(E)$为对流层延迟的干分量映射函数；$M_{\text{w}}(E)$为对流层延迟的湿分量映射函数；$E$为卫星相对于用户的俯仰角。

常用的对流层延迟模型有 Hopfield 模型、Saastamoinen 模型和 Black 模型；投影函数有 CFA 模型、Chao 模型等。

① Hopfield 模型。

对流层延迟由干分量和湿分量组成，即

$$\Delta\rho=\frac{K_{\text{d}}}{\sin\left(E^2+6.25\right)^{\frac{1}{2}}}+\frac{K_{\text{w}}}{\sin\left(E^2+2.25\right)^{\frac{1}{2}}} \tag{4-124}$$

$$K_{\text{d}}=\begin{cases}1.552\times10^{-5}\dfrac{P_{\text{s}}}{T_{\text{s}}}(h_{\text{d}}-h_{\text{s}}) & (h_{\text{s}}<40136)\\ 0 & (h_{\text{s}}\geqslant40136)\end{cases};$$

$$K_{\text{w}}=\begin{cases}7.46512\times10^{-2}\dfrac{e_{\text{s}}}{T_{\text{s}}^2}(11000-h_{\text{s}}) & (h_{\text{s}}<11000)\\ 0 & (h_{\text{s}}\geqslant11000)\end{cases}$$

$$h_{\text{d}}=40136+148.72(T_{\text{s}}-273.16)$$

$$e_{\text{s}}=\text{RH}\times\exp(-37.2465+0.213166T_{\text{s}}-0.000256908T_{\text{s}}^2)$$

式中：$K_{\text{d}}$为对流层天顶延迟干分量；$K_{\text{w}}$为对流层天顶延迟湿分量；$E$为导航卫星相对于接收机天线的俯仰角（°）；$T_{\text{s}}$为测站上的热力学温度（K）；$P_{\text{s}}$为测站上的大气压（hPa）；$h_{\text{s}}$为测站用户的大地高（m）；$h_{\text{d}}$为对流层外边缘的高度（m）；$e_{\text{s}}$为测站上的水气压（hPa）；RH 为相对湿度（%）。

在实际计算中若无法获取实测大气参数，则可采用标准大气参数代替，即$T_{\text{s}}=293.16°\text{K}$，$P_{\text{s}}=1013\text{hPa}$，$\text{RH}=50\%$。

② Saastamoinen 模型。

Saastamoinen 根据气体定律于 1973 年导出以下对流层延迟改正模型：

$$S_{\text{d}}=\frac{0.002277P_{\text{s}}}{f(\varphi,h)} \tag{4-125}$$

$$S_{\text{w}}=\frac{e_{\text{s}}}{f(\varphi,h)}\left(\frac{0.2789}{T_{\text{s}}}+0.05\right) \tag{4-126}$$

$$f(\varphi,h)=1-0.00266\cos2\varphi-0.00028h_{s} \tag{4-127}$$

式中：$S_{\text{d}}$为对流层天顶延迟干分量；$S_{\text{w}}$为对流层天顶延迟湿分量；$\varphi$为目标接收机所在的纬度；其余参数同 Hopfield 模型。

选择适当的映射函数根据式（4-123）即可得到传播路径上的折射改正值。

③ Black 模型。

Black 模型对流层修正量公式为

$$\Delta\rho = K_{\mathrm{d}}\left[\sqrt{1-\left(\frac{\cos E}{1+(1-l_0)h_{\mathrm{d}}/R_s}\right)^2}-b(E)\right] + K_{\mathrm{w}}\left[\sqrt{1-\left(\frac{\cos E}{1+(1-l_0)h_{\mathrm{w}}/R_{\mathrm{s}}}\right)^2}-b(E)\right] \tag{4-128}$$

$$\begin{cases} K_{\mathrm{d}} = 0.002312(T_{\mathrm{s}}-3.96)P_{\mathrm{s}}/T_{\mathrm{s}} \\ K_{\mathrm{w}} = 0.20 \end{cases}$$

$$\begin{cases} h_{\mathrm{d}} = 148.98(T_{\mathrm{s}}-3.96) \\ h_{\mathrm{w}} = 13000 \end{cases}$$

$$\begin{cases} l_0 = 0.833+[0.076+0.00015(T_{\mathrm{s}}-273.16)]^{-0.3E} \\ b(E) = 1.92/(E^2+0.6) \end{cases}$$

式中，参数含义同 Hopfield 模型。

（5）地球旋转效应。

GPS 系统采用的是地固坐标系，其随着地球自转而发生变化，卫星信号从高空中传播到地面测站大概需要 0.07s 的时间，因此信号发射时刻和接收时刻对应不同的地固坐标系。要想达到高精度，在计算卫星到接收机几何距离时必须考虑地球旋转带来的影响。地球旋转影响的坐标为

$$\begin{cases} X_S = X'_S\cos\alpha + Y'_S\sin\alpha \\ Y_S = Y'_S\cos\alpha - X'_S\sin\alpha \\ Z_S = Z'_S \end{cases} \tag{4-129}$$

式中：$X'_S$，$Y'_S$，$Z'_S$ 为卫星未考虑地球旋转时的坐标；$\alpha$ 为地固坐标系绕 $Z$ 轴的旋转角，$\alpha=\omega_e\tau$，$\omega_e$ 为地固系坐标旋转角速度，$\tau$ 为卫星信号传播时间。

由于旋转角 $\alpha$ 很小（小于 1.5″），因此式（4-129）可用级数展开仅取一阶项，有

$$\begin{cases} X_S = X'_S + Y'_S\alpha = X'_S + Y'_S \cdot \omega_e\tau \\ Y_S = Y'_S - X'_S\alpha = Y'_S - X'_S \cdot \omega_e\tau \\ Z_S = Z'_S \end{cases} \tag{4-130}$$

则可得到：

$$\begin{cases} \Delta X_S = X_S - X'_S = Y'_S \cdot \omega_e\tau \\ \Delta Y_S = Y_S - Y'_S = -X'_S \cdot \omega_e\tau \\ \Delta Z_S = Z_S - Z'_S = 0 \end{cases} \tag{4-131}$$

式（4-131）为地球旋转引起的卫星位置变化，距离地球的旋转改正公式为

$$\Delta\rho_e=\frac{(X'_S-X)}{\rho}\cdot\Delta X_S+\frac{(Y'_S-Y)}{\rho}\cdot\Delta Y_S+\frac{(Z'_S-Z)}{\rho}\cdot\Delta Z_S \tag{4-132}$$

将式（4-131）代入式（4-132），并考虑 $\tau=\frac{\rho}{c}$，可得

$$\Delta\rho_e=[(X'_S-X)Y'_S-(Y'_S-Y)X'_S]\cdot\omega_e/c \tag{4-133}$$

相位改正公式为

$$\Delta\varphi_e=\frac{f}{c^2}[(X'_S-X)Y'_S-(Y'_S-Y)X'_S]\cdot\omega_e \tag{4-134}$$

式中：$X'_S$、$Y'_S$、$Z'_S$ 为卫星在地固坐标系的坐标；$X$、$Y$、$Z$ 为用户接收机在地固坐标系的坐标；$f$ 为卫星信号频率；$c$ 为电磁波在真空中的速度。

4）定位模型

GPS 定位采用被动式双频伪随机码测距导航体制，它以距离为基本观测量，其基本原理是根据时间测距进行导航定位。

（1）目标位置计算。

在计算 GPS 接收机位置向量和钟差时，假设接收机在历元 $t_k$ 时刻对第 $j$ 颗 GPS 卫星进行观测，其伪距观测方程为

$$\rho^j(t_k)=R^j(t_k)+c[\delta t_u(t_k)-\delta t_s^j(t_k)]+\delta\rho^j_{\text{ion}}(t_k)+\delta\rho^j_{\text{trop}}(t_k)+\delta\rho^j_{\text{noise}}(t_k) \tag{4-135}$$

式中：$\delta t_s^j$、$\delta\rho^j_{\text{ion}}$、$\delta\rho^j_{\text{trop}}$ 分别为第 $j$ 颗 GPS 卫星的卫星钟差、电离层延迟和对流层延迟，可通过相应的误差模型进行修正；$\delta\rho^j_{\text{noise}}$ 为观测噪声；$R^j(t_k)=\sqrt{(x_u-x_s^j)^2+(y_u-y_s^j)^2+(z_u-z_s^j)^2}$，其中，$(x_u, y_u, z_u)^{\text{T}}$ 为接收机的位置向量，$(x_s^j, y_s^j, z_s^j)^{\text{T}}$ 为第 $j$ 颗 GPS 卫星的位置向量。

将式（4-135）线性化，若同时观测到的卫星数为 $n$（$n\geqslant 4$），则可得到误差方程组：

$$\boldsymbol{Z}+\boldsymbol{HX}=\boldsymbol{V} \tag{4-136}$$

根据最小二乘法可得到接收机位置向量解为

$$\hat{\boldsymbol{X}}=-(\boldsymbol{H}^{\text{T}}\boldsymbol{H})^{-1}\boldsymbol{H}^{\text{T}}\boldsymbol{Z} \tag{4-137}$$

式中：$X(t_k)=(\delta x,\delta y,\delta z,c\delta t)^{\text{T}}$ 为位置和钟差状态向量；$\boldsymbol{Z}$ 为观测向量，$Z=(z^1, z^2,\cdots,z^n)^{\text{T}}$，$z^j(t_k)=r^j(t_k)-R^j(t_k)$；$\boldsymbol{V}$ 为测量噪声向量，$\boldsymbol{V}=(v_1,v_2,\cdots,v_n)^{\text{T}}$；$\boldsymbol{H}$ 为方向余弦矩阵；$l^j$、$m^j$、$n^j$ 为接收机到第 $j$ 颗 GPS 卫星的方向余弦。

$$\boldsymbol{H}=\begin{bmatrix} l^1 & m^1 & n^1 & -1 \\ l^2 & m^2 & n^2 & -1 \\ \vdots & \vdots & \vdots & \vdots \\ l^n & m^n & n^n & -1 \end{bmatrix},\quad \begin{cases} l^j=\dfrac{x_s^j-x_u}{R^j} \\ m^j=\dfrac{y_s^j-y_u}{R^j} \\ n^j=\dfrac{z_s^j-z_u}{R^j} \end{cases},$$

$$r^j(t_k)=\rho^j(t_k)-(l^j,m^j,n^j,-1)\begin{bmatrix}\delta x\\ \delta y\\ \delta z\\ c\delta t\end{bmatrix}+\delta\rho^j_{\text{noise}}(t_k)$$

(2) 目标速度计算

对于接收机速度向量而言，伪距率观测方程为

$$\dot\rho^j(t_k)=\dot R^j(t_k)+c[\delta\dot t_u(t_k)-\delta\dot t^j_s(t_k)]+\delta\dot\rho^j_{\text{ion}}(t_k)+\delta\dot\rho^j_{\text{trop}}(t_k)+\delta\dot\rho^j_{\text{noise}}(t_k) \tag{4-138}$$

式中：$\delta\dot t^j_s$ 为卫星钟漂；$\delta\dot t_u$ 为接收机钟漂；$\delta\dot\rho^j_{\text{ion}}$、$\delta\dot\rho^j_{\text{trop}}$ 分别为电离层延迟和对流层延迟变化率；$\delta\dot\rho^j_{\text{noise}}$ 为观测噪声变化率，可忽略不计。

将伪距率观测方程（4-138）线性化，当 $n\geqslant4$ 时，可得到误差方程组：

$$\boldsymbol{L}+\boldsymbol{H}\dot{\boldsymbol{X}}=\boldsymbol{W} \tag{4-139}$$

则速度和钟漂状态向量的解为

$$\hat{\dot{\boldsymbol{X}}}=-(\boldsymbol{H}^{\mathrm{T}}\boldsymbol{H})^{-1}\boldsymbol{H}^{\mathrm{T}}\boldsymbol{L} \tag{4-140}$$

式中：$\dot{\boldsymbol{X}}$为接收机速度和钟漂状态向量，$\dot{\boldsymbol{X}}(t_k)=(\delta\dot x,\delta\dot y,\delta\dot z,c\delta\dot t)^{\mathrm{T}}$；$\boldsymbol{L}$ 为伪距率观测向量，$\boldsymbol{L}=(L^1,L^2,\cdots,L^n)^{\mathrm{T}}$，$L^j=\dot\rho^j(t_k)-(l^j,m^j,n^j)\begin{bmatrix}\dot x^j_s\\ \dot y^j_s\\ \dot z^j_s\end{bmatrix}+c\delta\dot t_u(t_k)$；$\boldsymbol{W}$ 为测量噪声向量，$\boldsymbol{W}=(w_1,w_2,\cdots,w_n)^{\mathrm{T}}$。

(3) 精度估计

飞行目标位置和速度的精度估计是根据最小二乘法的有关精度估算公式，利用估算伪距、伪距变化率观测值的均方差$\hat\sigma_0$，计算出位置、速度参数的权逆矩阵 $\boldsymbol{Q}$，两者综合可得到位置和速度协方差矩阵$\hat{\boldsymbol{D}}$，即

$$\hat{\boldsymbol{D}}=\hat\sigma_0^2\boldsymbol{Q}=\begin{bmatrix}\hat\sigma_x^2 & \hat\sigma_{xy} & \hat\sigma_{xz} & \hat\sigma_{xt}\\ \hat\sigma_{yx} & \hat\sigma_y^2 & \hat\sigma_{yz} & \hat\sigma_{yt}\\ \hat\sigma_{zx} & \hat\sigma_{zy} & \hat\sigma_z^2 & \hat\sigma_{zt}\\ \hat\sigma_{tx} & \hat\sigma_{ty} & \hat\sigma_{tz} & \hat\sigma_t^2\end{bmatrix} \tag{4-141}$$

式中，$\hat\sigma_0=\pm\sqrt{\dfrac{\boldsymbol{V}^{\mathrm{T}}\boldsymbol{V}}{n-4}}=\pm\sqrt{\dfrac{[vv]}{n-4}}\ (n>4)$，$\boldsymbol{V}^{\mathrm{T}}\boldsymbol{V}=[vv]=(v_1)^2+(v_2)^2+\cdots+(v_n)^2$，$\boldsymbol{Q}=(\boldsymbol{H}^{\mathrm{T}}\boldsymbol{H})^{-1}=\begin{bmatrix}q_{11} & q_{12} & q_{13} & q_{14}\\ q_{21} & q_{22} & q_{23} & q_{24}\\ q_{31} & q_{32} & q_{33} & q_{34}\\ q_{41} & q_{42} & q_{43} & q_{44}\end{bmatrix}$。

则位置参数的精度为

$$\hat{\sigma}_x=\sqrt{\hat{\sigma}_x^2},\quad \hat{\sigma}_y=\sqrt{\hat{\sigma}_y^2},\quad \hat{\sigma}_z=\sqrt{\hat{\sigma}_z^2},\quad \hat{\sigma}_t=\sqrt{\hat{\sigma}_t^2}$$

速度参数的精度估计方法同上。

**2. GLONASS 数据处理**

GLONASS 是苏联于 1976 年开始建设的卫星导航系统。GLONASS 星座由 24 颗卫星组成，卫星均匀分布在 3 个轨道平面上，平均轨道高度为 19100km，卫星运行周期为 11 时 15 分。该系统可全球、全天候、连续实时地为用户提供三维位置、速度和时间信息。目前，随着 GLONASS 现代化进程的不断推进，GLONASS 卫星导航系统在轨卫星群共包括 28 颗卫星，已达到设计水平，实现了全球覆盖。

1）GLONASS 导航电文

目标 GLONASS 接收机所接收的卫星信号中调制有 GLONASS 导航电文，每 30min 更新一次。导航电文所含数据可分为实时数据和非实时数据两类。实时数据是与发射该导航电文的 GLONASS 卫星相关的数据，包括卫星钟面时、卫星钟面时与 GLONASS 时间的差值、卫星信号载波实际值与设计值的相对偏差、星历参数；非实时数据为整个卫星导航系统的历书数据，包括所有卫星的状态数据、每颗卫星的钟面时相对于 GLONASS 时间系统的近似改正数、所有卫星的轨道参数、GLONASS 时间相对于 UTC（SU）的改正数。导航电文传输率为 50bit/s，并以 Module-2 的形式加载到 C/A 码和 P 码上。

GLONASS 导航电文是一种二进制码，并按汉明码（Hamming Code）方式编码向外播送。一个完整的导航电文由 1 个超帧组成，每个超帧由 5 个帧组成，每个帧又由 15 个串组成，如图 4-14 所示。

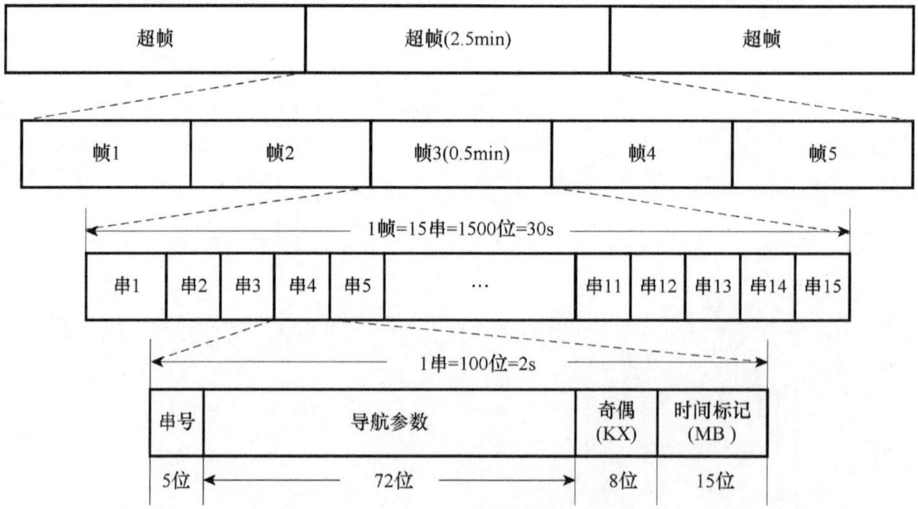


图 4-14　GLONASS 导航电文结构

GLONASS 基本电文以 1 帧为单位构成（1500bit，30s），第 1～4 串含有卫星轨道参数和卫星时钟修正参数，第 5 串为天文历书基准时刻，第 6～15 串存放历书数据和健康情况。

GLONASS 导航电文不同于 GPS，GPS 导航电文给出的是开普勒轨道根数，每 2h 广播一次，给定一个时刻 $T$，可以通过导航电文的开普勒轨道根数直接计算该时刻的卫星位置，而 GLONASS 是 PZ-90 坐标系下参考时刻的卫星运动状态向量，每 30min 广播一次，如需要得到某个时刻的卫星位置，必须考虑受力模型通过积分获得，目标搭载 GLONASS 导航电文的格式如表 4-2 所列。

**表 4-2　GLONASS 导航电文主要内容**

| 符　号 | 单位 | 说　明 |
|---|---|---|
| $t_b$ | s | 参考时刻 |
| $\tau_c$ | s | GLONASS 系统时间至 UTC(SU)的改正数 |
| $\gamma_n(t_b)$ | s | 在 $t_b$ 时刻第 $n$ 号卫星载波频率的设计值和预测值的相对偏差值 |
| $\tau_n(t_b)$ | s | 第 $n$ 号卫星的钟面时 $t_n$ 相对于 GLONASS 系统时 $t_c$ 的改正数 |
| $x_n$，$y_n$，$z_n$ | km | PZ-90 坐标系下第 $n$ 号卫星的位置 |
| $\dot{x}_n$，$\dot{y}_n$，$\dot{z}_n$ | km/s | PZ-90 坐标系下第 $n$ 号卫星的速度 |
| $\ddot{x}_n$，$\ddot{y}_n$，$\ddot{z}_n$ | km/s$^2$ | PZ-90 坐标系下第 $n$ 号卫星的日、月摄动加速度 |
| $B_n$ | 无量纲 | 第 $n$ 号卫星的健康标志 |
| $H_n^A$ | 无量纲 | 第 $n$ 号卫星发射的导航信号的载波频率号 |
| $E_n$ | 天 | 第 $n$ 号 GLONASS 卫星龄期 |

GLONASS 导航电文中与轨道有关的参数主要有参考时刻 $t_b$、相对论效应改正、卫星钟差、卫星位置、卫星速度、太阳和月亮摄动加速度的和等，其中 $t_b$ 为广播历书的参考时间基准，其余所有相关信息均以 $t_b$ 为参考值。

2）卫星轨道积分

卫星轨道积分是目标搭载 GLONASS 轨迹参数确定的关键和前提。在 GLONASS 广播星历中，卫星的轨道用给定参考时刻 $t_b$ 的 PZ-90 地固坐标系中的卫星位置和速度向量以及太阳和月亮的摄动加速度表示。通常以卫星星历参数为轨道初值，考虑卫星运动的摄动力模型，采用数值积分方法求出卫星的轨道，即飞行目标轨迹确定中所需的卫星坐标。考虑到高动态、实时性要求，本节提出采用编程简单、运算速度快的定步长四阶龙格-库塔（Runge-Kutta）方法进行轨道积分。

卫星在空间的运行轨道主要是由作用在其上的重力所决定的，卫星的重力位可表示为

$$V=\frac{GM}{r}+\Delta V \tag{4-142}$$

式中：$GM=398600.44\ \mathrm{km^3/s^2}$为地球引力常量；$\boldsymbol{r}$ 为卫星到地球质心的距离向量；$\Delta\boldsymbol{V}$ 为地球非球形部分引力位。

在实际计算中，将式（4-142）中 $\Delta\boldsymbol{V}$ 用球谐函数展开并忽略非带谐部分地球引力位和太阳辐射压等次要因素的影响，可得到卫星在 PZ-90 坐标系下的加速度简略公式，即

$$\begin{cases}\dfrac{\mathrm{d}V_x}{\mathrm{d}t}=-\dfrac{GM}{r^3}x+\dfrac{3}{2}C_{20}\dfrac{GMa_e^2}{r^5}x\left(1-\dfrac{5z^2}{r^2}\right)+\omega^2x+2\omega v_y+x_{ls}\\ \dfrac{\mathrm{d}V_y}{\mathrm{d}t}=-\dfrac{GM}{r^3}y+\dfrac{3}{2}C_{20}\dfrac{GMa_e^2}{r^5}y\left(1-\dfrac{5z^2}{r^2}\right)+\omega^2y-2\omega v_x+y_{ls}\\ \dfrac{\mathrm{d}V_z}{\mathrm{d}t}=-\dfrac{GM}{r^3}z+\dfrac{3}{2}C_{20}\dfrac{GMa_e^2}{r^5}z\left(3-\dfrac{5z^2}{r^2}\right)+z_{ls}\end{cases} \tag{4-143}$$

式（4-143）为地固坐标系中轨道积分的最终表达式，其中，$a_e=6378.136\mathrm{km}$ 为地球平均赤道半径；$C_{20}=-1082.63\times10^{-6}$为地球二阶带谐项系数；$\omega=7.292115\times10^{-5}(°)/\mathrm{s}$ 为地球自转角速度；$\ddot{x}$、$\ddot{y}$、$\ddot{z}$ 分别为 GLONASS 卫星的日、月摄动加速度的和。

由式（4-143）可知，卫星加速度是坐标、速度、日月摄动加速度的函数；$(\dot{x}_i,\dot{y}_i,\dot{z}_i)$为 $t_i$时刻卫星$(x_i,y_i,z_i)$方向的速度。由于积分时间较短，在更新时间段内作为常量对待，可直接从 GLONASS 导航电文中得到。

以 $t_b$ 时刻作为初始状态，则 $t_i$时刻卫星位置的积分方程为

$$\begin{cases}\dot{\boldsymbol{r}}(t_i)=\dot{\boldsymbol{r}}(t_b)+\displaystyle\int_{t_b}^{t_i}\ddot{\boldsymbol{r}}\,\mathrm{d}t\\ \boldsymbol{r}(t_i)=r(t_b)+\displaystyle\int_{t_b}^{t_i}\dot{\boldsymbol{r}}\mathrm{d}t\end{cases} \tag{4-144}$$

式中：$\boldsymbol{r}(t_b)$、$\dot{\boldsymbol{r}}(t_b)$分别为参考时刻 $t_b$ 时的卫星位置坐标向量和速度向量。

通过两次积分可解算出 $t_i$时刻的卫星位置。实际解算时，一般采用定步长四阶 Runge-Kutta 法对轨道进行积分。

3）误差修正与定位计算

GLONASS 测量数据的误差修正方法与定位计算模型同 4.3 的 GPS，具体方法和公式略。

**3. BDS 数据处理**

北斗卫星导航系统（BDS），是继美国 GPS、俄罗斯 GLONASS、欧盟 Galileo 之后，又一个全球卫星导航定位系统，其空间星座由 5 颗地球静止轨道（GEO）卫星、27 颗中圆地球轨道（MEO）卫星和 3 颗倾斜地球同步轨道（IGSO）卫星组成。GEO 卫星轨道高度为 35786km，分别定点于 E58.75°、E80°、E110.5°、

E140°和 E160°；MEO 卫星轨道高度为 21528km，轨道倾角为 55°；IGSO 卫星轨道高度 35786km，轨道倾角为 55°。

1）BDS 导航电文

根据速率和结构不同，导航电文分为 D1 导航电文和 D2 导航电文。D1 导航电文速率为 50bps，并调制有速率为 1kbps 的二次编码，内容包含基本导航信息（本卫星基本导航信息、全部卫星历书信息与其他系统时间同步信息）；D2 导航电文速率为 500bps，内容包含基本导航信息和增强服务信息（北斗卫星导航系统的差分及完好性信息和格网点电离层信息）。MEO/IGSO 卫星的 B1I 和 B2I 信号播发 D1 导航电文，GEO 卫星的 B1I 和 B2I 信号播发 D2 导航电文。

（1）D1 导航电文帧结构。

D1 导航电文由超帧、主帧和子帧组成。每个超帧为 36000bit，历时 12min，每个超帧由 24 个主帧组成（24 个页面）；每个主帧为 1500bit，历时 30s，每个主帧由 5 个子帧组成；每个子帧为 300bit，历时 6s，每个子帧由 10 个字组成；每个字为 30bit，历时 0.6s；每个字由导航电文信息及校验码两部分组成。D1 导航电文帧结构如图 4-15 所示。

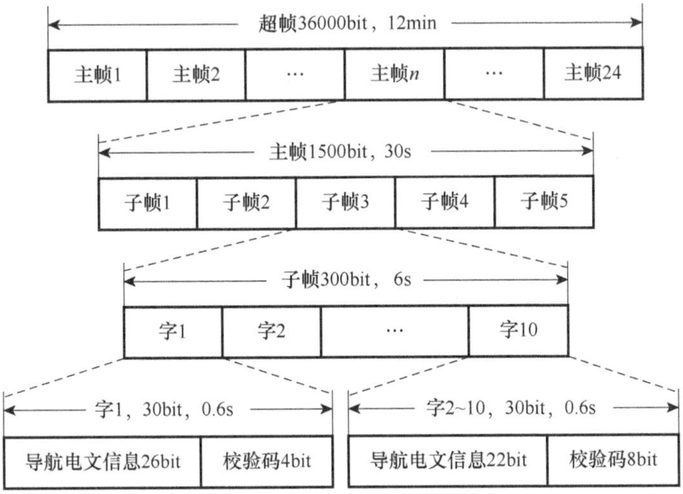


**图 4-15　D1 导航电文帧结构**

D1 导航电文包含基本导航信息，具体包括本卫星基本导航信息（周内秒计数、整周计数、用户距离精度指数、卫星自主健康标识、电离层延迟模型改正参数、卫星星历参数及数据龄期、卫星钟差参数及数据龄期、星上设备时延差）、全部卫星历书及与其他系统时间同步信息（UTC、其他卫星导航系统）。整个 D1 导航电文传送完毕需要 12min。D1 导航电文主帧结构及信息内容如图 4-16 所示。子帧 1～3 播发基本导航信息；子帧 4 和子帧 5 的信息内容由 24 个页面分时发送，其中子帧 4 的页面 1～24 和子帧 5 的页面 1～10 播发全部卫星历书信息及与其他系统时间同步信息；子帧 5 的页面 11 ～ 24 为预留页面。

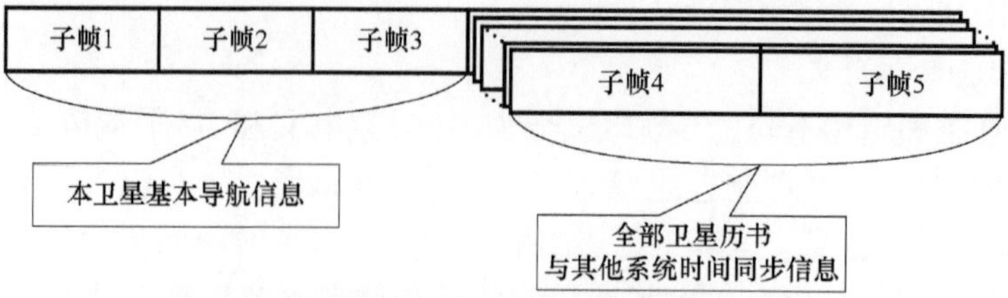


**图 4-16　D1 导航电文主帧结构及信息内容**

（2）D2 导航电文帧结构。

D2 导航电文由超帧、主帧和子帧组成。每个超帧为 180000bit，历时 6min；每个超帧由 120 个主帧组成，每个主帧为 1500bit，历时 3s；每个主帧由 5 个子帧组成，每个子帧为 300bit，历时 0.6s；每个子帧由 10 个字组成，每个字为 30bit，历时 0.06s；每个字由导航电文数据及校验码两部分组成。D2 导航电文帧结构如图 4-17 所示。

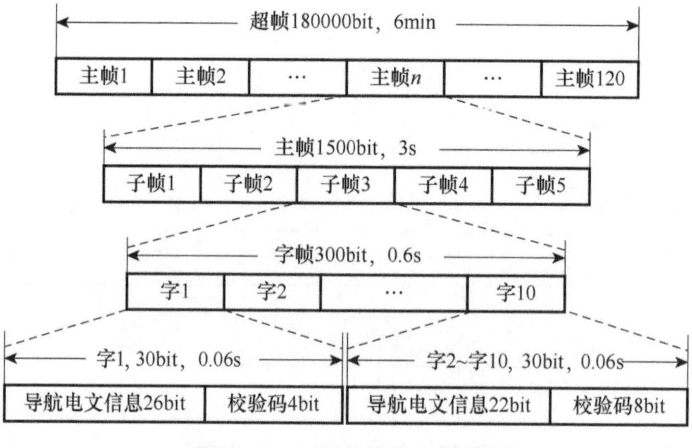


**图 4-17　D2 导航电文帧结构**

D2 导航电文包括本卫星基本导航信息、全部卫星历书、与其他系统时间同步信息、北斗卫星导航系统完好性及差分信息、格网点电离层信息。D2 导航电文主帧结构及信息内容如图 4-18 所示。子帧 1 播发基本导航信息，由 10 个页面

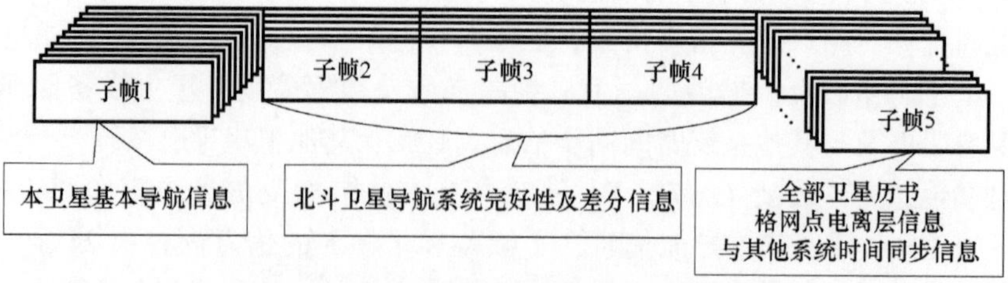


**图 4-18　D2 导航电文主帧结构及信息内容**

分时发送，子帧 2～4 中信息由 6 个页面分时发送，子帧 5 中信息由 120 个页面分时发送。

（3）导航电文信息。

BDS 导航电文主要参考具体见表 4-3。

**表 4-3 BDS 导航电文主要参数**

| | 符号 | 单位 | 说明 |
|---|---|---|---|
| 导航电文第 1 子帧参数 | $L_2$ 编码 | | 载波 L2 调制波类型 |
| | WN | 星期 | 从 1980. 1. 6 零时（UTC）起算星期数 |
| | $L_2P$ 标志 | | L2 P 码标志 |
| | URA | | 测距数据精度 |
| | Health | | 卫星的健康状况 |
| | $T_{GD}$ | s | 载波 L1、L2 的电离层延迟改正 |
| | IODC | | 卫星时钟的数据龄期 |
| | $t_{oc}$ | s | 第一数据块参考时刻，每个星期六/星期日子夜零时开始以 s 为单位 |
| | $a_{f2}$ | 1/s | 卫星钟偏差常数 |
| | $a_{f1}$ | s/s | 卫星钟线性漂移系数 |
| | $a_{f0}$ | s | 卫星钟老化平方项系数 |
| | TOW | s | 周时间秒 |
| 导航电文第 2、3 子帧参数 | IODE | | 星历表的数据龄期 |
| | $C_{rs}$ | m | 轨道半长轴的正弦调和项改正的振幅 |
| | $\Delta n$ | semi-circles/s | 平均角速度的改正 |
| | $M_0$ | semi-circles | 参考时刻 $t_{oe}$ 平近点角 |
| | $C_{uc}$ | rad | 升交角矩的余弦调和项改正的振幅 |
| | e | | 卫星椭圆轨道偏心率 |
| | $C_{us}$ | rad | 升交角矩的正弦调和项改正的振幅 |
| | $\sqrt{A}$ | $\sqrt{m}$ | 卫星椭圆轨道半长轴的平方根 |
| | $t_{oe}$ | s | 星历参考时刻每个星期六/星期日子夜零时开始 |
| | $C_{ic}$ | rad | 轨道倾角的余弦调和项改正的振幅 |
| | $\Omega_0$ | semi-circles | 参考时刻 $t_{oe}$ 的轨道升交点准经度 |
| | $C_{is}$ | rad | 轨道倾角的正弦调和项改正的振幅 |
| | $i_0$ | semi-circles | 参考时刻 toe 的轨道倾角 |

续表

| | 符号 | 单位 | 说　明 |
|---|---|---|---|
| 导航电文第 2、3 子帧参数 | $C_{rc}$ | m | 轨道半长轴的余弦调和项改正的振幅 |
| | $\omega$ | semi-circles | 轨道近地点角矩 |
| | $\dot{\Omega}$ | semi-circles/s | 升交点赤经变化率 |
| | IDOT | semi-circles/s | 轨道倾角变化率 |
| | AODO | s | 确定导航信息修正表中的正确时间 |
| 导航电文第 4、5 子帧参数 | e | | 概略星历卫星椭圆的轨道偏心率 |
| | $t_{0a}$ | s | 概略星历参考时刻 |
| | $\delta i$ | semi-circles | 概略星历的平均角速度的改正 |
| | $\dot{\Omega}$ | semi-circles/s | 概略星历的升交点赤经变化率 |
| | $\sqrt{A}$ | $\sqrt{m}$ | 卫星椭圆轨道半长轴的平方根 |
| | $\Omega_0$ | semi-circles | 轨道升交点准经度 |
| | $\omega$ | semi-circles | 轨道近地点角矩 |
| | $M_0$ | semi-circles | 平近点角 |
| | $a_{f0}$ | s | 时钟修正参数 |
| | $a_{f1}$ | s/s | 时钟修正参数 |
| 导航电文第 4 子帧第 18 页面参数 | $\alpha_0$ | s | 电离层改正参数 |
| | $\alpha_1$ | s/semi-circle | 电离层改正参数 |
| | $\alpha_2$ | s/semi-circle$^2$ | 电离层改正参数 |
| | $\alpha_3$ | s/semi-circle$^3$ | 电离层改正参数 |
| | $\beta_0$ | s | 电离层改正参数 |
| | $\beta_1$ | s/semi-circle | 电离层改正参数 |
| | $\beta_2$ | s/semi-circle$^2$ | 电离层改正参数 |
| | $\beta_3$ | s/semi-circle$^3$ | 电离层改正参数 |
| | $A_1$ | s/s | UTC 时间修正多项式的常数和一阶量 |
| | $A_0$ | s | UTC 时间修正多项式的常数和一阶量 |
| | $t_{ot}$ | s | UTC 数据的参考时刻 |
| | $WN_t$ | 星期 | UTC 参考星期数 |
| | $\Delta t_{ls}$ | s | 由于跳秒的时间差 |
| | $WN_{LSF}$ | w | 星期数 |
| | DN | d | 跳秒结束时的日期数 |
| | $\Delta t_{LSF}$ | s | 跳秒时间差 |

2）BDS 卫星位置、速度计算模型

北斗卫星导航系统按其轨道特点可以区分为中地球轨道（MEO）卫星、倾斜地球同步轨道（IGSO）卫星和地球静止轨道（GEO）卫星。不同的卫星导航系统在卫星星座选择上有所不同。GPS 和 GLONASS 都由中地球轨道（MEO）卫星构成。BDS 星座是由 MEO、IGSO、GEO 卫星组成的混合星座，其中 MEO 卫星和 IGSO 卫星与 GPS 卫星的轨道特征相似。因而，可采用 GPS 广播星历参数计算卫星轨道的方法，计算出北斗的 MEO、IGSO 卫星轨道；由于 GEO 卫星的轨道倾角接近 0°，因此 MEO 卫星的计算方法不适用于 GEO 卫星。

BDS 采用 2000 中国大地坐标系（CGCS 2000），时间基准为北斗时（BDT），起始历元为 2006 年 1 月 1 日协调世界时（UTC）00 时 00 分 00 秒，采用周和周内秒计数，不闰秒。BDT 与 UTC 的偏差保持在 100ns 以内（模 1s），BDT 与 UTC 之间的闰秒信息在导航电文中播报。BDS 卫星星历提供了 16 个星历参数，其中包括 1 个参考时刻、6 个开普勒轨道参数和 9 个轨道摄动修正参数，BDS 星历更新周期为 1h。根据星历参数可计算出任意时刻 $t$ 的卫星位置速度。

（1）GEO 卫星位置计算模型。

由于 GEO 卫星轨道倾角很小，直接采用广播星历参数形式拟合 GEO 卫星轨道可能因矩阵奇异而不收敛。为此，有学者提出利用坐标旋转的方法加以解决，为避免坐标旋转后轨道根数出现奇异点，同时尽可能减少轨道倾角摄动被其他轨道根数摄动吸收，有文献将坐标旋转角设为一个较大的值，一般为 5°。通过坐标旋转法拟合得到的 GEO 广播星历参数，用户在计算 GEO 卫星轨道时需先按 MEO 卫星的计算方法来计算卫星位置，再进行相应的坐标逆变换过程，就可得到 GEO 卫星在地固坐标系下的位置。具体算法如下。

首先，计算在惯性坐标系中历元的升交点赤经 $\Omega_k$：

$$\Omega_k = \Omega_0 + \Omega t_k - \omega_e t_{oe} \tag{4-145}$$

式中：$t_{oe}$为参考时刻；$t_k$为观测历元到参考历元的时间差，$t_k = t - t_{oe}$，$t$ 为卫星信号发射时刻的北斗时；

其中，$t_k$是总时间差，必须考虑跨过一周开始或结束的时间，由于 $t_{oe}$是由每星期历元（星期六/星期日子夜零点）开始计量的，因此应考虑到一个星期（604800s）的开始或结束。即若 $t_k > 302400$，则 $t_k = t_k - 604800$；若 $t_k < -302400$，则 $t_k = t_k + 604800$。$\Omega_0$、$\Omega$ 分别为由星历参数给出的按参考时刻计算的升交点赤经和升交点赤经变化率；$\omega_e$ 为 CGCS2000 坐标系下的地球旋转速率，$\omega_e = 7.2921150 \times 10^{-5}$rad/s。

其次，计算 GEO 卫星在地固坐标系下的位置：

$$\begin{cases} X_k = x_k \cos\Omega_k - y_k \cos i_k \sin\Omega_k \\ Y_k = x_k \sin\Omega_k + y_k \cos i_k \cos\Omega_k \\ Z_k = y_k \sin i_k \end{cases} \tag{4-146}$$

式中：$i_k$为经摄动改正后的轨道倾角；$x_k$、$y_k$为卫星在轨道平面直角坐标系中的坐标，可依据 MEO 卫星轨道计算模型由广播电文参数求得。

最后，计算 GEO 卫星在 CGCS 2000 坐标系中的位置：

$$\begin{bmatrix} X_{\mathrm{GK}} \\ Y_{\mathrm{GK}} \\ Z_{\mathrm{GK}} \end{bmatrix} = \boldsymbol{R}_Z(\omega_e t_k)\boldsymbol{R}_X(-5^\circ)\begin{bmatrix} X_K \\ Y_K \\ Z_K \end{bmatrix} \tag{4-147}$$

其中，$\boldsymbol{R}_X(\varphi)=\begin{bmatrix} 1 & 0 & 0 \\ 0 & \cos\varphi & \sin\varphi \\ 0 & -\sin\varphi & \cos\varphi \end{bmatrix}$，$\boldsymbol{R}_Z(\varphi)=\begin{bmatrix} \cos\varphi & \sin\varphi & 0 \\ -\sin\varphi & \cos\varphi & 0 \\ 0 & 0 & 1 \end{bmatrix}$。

（2）GEO 卫星速度计算模型。

首先，计算观测历元的卫星升交点经度变化率$\dot{\Omega}_k$（惯性坐标系）：

$$\dot{\Omega}_k=\dot{\Omega} \tag{4-148}$$

其次，计算 GEO 卫星在惯性坐标系中的速度：

$$\begin{cases} \dot{X}_k=\dot{x}_k\cos\Omega_k-\dot{y}_k\sin\Omega_k\cos i_k+y_k\sin\Omega_k\sin i_k\cdot\dot{i}_k-(x_k\sin\Omega_k+y_k\cos\Omega_k\cos i_k)\cdot\dot{\Omega}_k \\ \dot{Y}_k=\dot{x}_k\sin\Omega_k+\dot{y}_k\cos\Omega_k\cos i_k-y_k\cos\Omega_k\sin i_k\cdot\dot{i}_k+(x_k\cos\Omega_k-y_k\sin\Omega_k\cos i_k)\cdot\dot{\Omega}_k \\ \dot{Z}_k=\dot{y}_k\sin i_k+y_k\cos i_k\cdot\dot{i}_k \end{cases} \tag{4-149}$$

式中：$\dot{i}_k$为经摄动改正后的卫星轨道倾角变化率；$\dot{x}_k$、$\dot{y}_k$为卫星在轨道平面内的速度，可依据 MEO 卫星速度计算模型由广播电文参数求得。

最后，计算 GEO 卫星在 CGCS 2000 坐标系下的速度：

$$\begin{bmatrix} \dot{X}_{GK} \\ \dot{Y}_{GK} \\ \dot{Z}_{GK} \end{bmatrix} = \boldsymbol{R}_Z(\omega_e t_k)\boldsymbol{R}_X(-5^\circ)\begin{bmatrix} \dot{X}_K \\ \dot{Y}_K \\ \dot{Z}_K \end{bmatrix} + \dot{\boldsymbol{R}}_Z(\omega_e t_k)\boldsymbol{R}_X(-5^\circ)\begin{bmatrix} X_K \\ Y_K \\ Z_K \end{bmatrix} \tag{4-150}$$

其中，$\dot{\boldsymbol{R}}_Z(\omega_e t_k)=\begin{bmatrix} -\sin(\omega_e t_k)\cdot\omega_e & \cos(\omega_e t_k)\cdot\omega_e & 0 \\ -\cos(\omega_e t_k)\cdot\omega_e & -\sin(\omega_e t_k)\cdot\omega_e & 0 \\ 0 & 0 & 0 \end{bmatrix}$。

3）误差修正与弹道确定

目标搭载 BDS 测量数据的误差修正方法与目标飞行参数确定计算模型同 GPS 数据处理，具体方法和公式参见 4.3.2 节，在此不再赘述。

### 4.4.3 精度评估与星座选择

目标 GNSS 飞行参数确定的精度取决于两个方面：一是观测量的精度，二是所观测卫星的空间几何分布，通常称为卫星分布的几何图形。目标 GNSS 定位精

度用公式可表示为

$$\sigma=\sigma_{\mathrm{UERE}}\times \mathrm{GDOP} \tag{4-151}$$

式中：$\sigma_{\mathrm{UERE}}$为等效的测距误差；GDOP 为精度衰减因子，它反映了由卫星几何关系的影响造成的伪距测量与用户位置误差间的比例系数，是对用户测距误差的放大程度。利用 GDOP 对定位精度进行分析时通常认为各观测值之间是独立等精度的，即其权阵 $\boldsymbol{P}=\boldsymbol{I}$。

采用上述方法进行精度估计的前提是基于等精度观测，适用于 GPS、GLONASS 等卫星导航系统，因为这些系统中的卫星类型相同且都分布在相同的轨道高度上，所以它们具有相同的测距误差。而 BDS 是由分布在不同轨道高度的异质卫星组成的混合星座导航系统，不同轨道上的卫星具有不同的轨道误差，所以在分析该系统定位精度时，采用上述方法不能真实反映实际情况。

对于地球同步轨道的 GEO 卫星来说，其相对地球静止的特性使定轨时卫星的钟差难以分离，加上 GEO 卫星受太阳光压影响很大，相同条件下由 GEO 卫星星历误差引入的测距误差约为 MEO 卫星的 2 倍。IGSO 卫星在局部地区轨道测定精度较 GEO、MEO 来说是最好的，但其轨道高度与 GEO 相同，所以受光压影响也较大，这里假设它的测距精度与 MEO 相同。在观测值独立的情况下可得到观测值的协方差矩阵：

$$\boldsymbol{\Sigma}=\begin{bmatrix}\sigma_{\mathrm{MEO}}^2\boldsymbol{I}_{k1\times k1} & & \\ & \sigma_{\mathrm{GEO}}^2\boldsymbol{I}_{k2\times k2} & \\ & & \sigma_{\mathrm{IGSO}}^2\boldsymbol{I}_{k3\times k3}\end{bmatrix} \tag{4-152}$$

式中，$k1$、$k2$、$k3$ 分别为 MEO、GEO 和 IGSO 卫星数。取$\hat{\sigma}_0^2=\sigma_{\mathrm{IGSO}}^2=\sigma_{\mathrm{MEO}}^2$，根据最小二乘法的有关精度估计公式，伪距观测值的均方差$\hat{\sigma}_0$为

$$\hat{\sigma}_0=\pm\sqrt{\frac{\boldsymbol{V}^{\mathrm{T}}\boldsymbol{V}}{n-4}}=\pm\sqrt{\frac{[vv]}{n-4}}\ (n>4) \tag{4-153}$$

式中：$[vv]$ 为伪距残差的平方和；$\boldsymbol{V}^{\mathrm{T}}\boldsymbol{V}=[vv]=(v_1)^2+(v_2)^2+\cdots+(v_n)^2$。

飞行目标位置参数的协方差矩阵$\hat{\boldsymbol{D}}$为

$$\hat{\boldsymbol{D}}=\hat{\sigma}_0^2\cdot\boldsymbol{Q}=\begin{bmatrix}Q_{11} & Q_{12} & Q_{13} & Q_{14}\\ Q_{21} & Q_{22} & Q_{23} & Q_{24}\\ Q_{31} & Q_{32} & Q_{33} & Q_{34}\\ Q_{41} & Q_{42} & Q_{43} & Q_{44}\end{bmatrix}=\begin{bmatrix}\hat{\sigma}_x^2 & \hat{\sigma}_{xy} & \hat{\sigma}_{xz} & \hat{\sigma}_{xt}\\ \hat{\sigma}_{yx} & \hat{\sigma}_y^2 & \hat{\sigma}_{yz} & \hat{\sigma}_{yt}\\ \hat{\sigma}_{zx} & \hat{\sigma}_{zy} & \hat{\sigma}_z^2 & \hat{\sigma}_{zt}\\ \hat{\sigma}_{tx} & \hat{\sigma}_{ty} & \hat{\sigma}_{tz} & \hat{\sigma}_t^2\end{bmatrix} \tag{4-154}$$

式中：$\boldsymbol{Q}$ 为位置参数的权逆矩阵，$\boldsymbol{Q}(\boldsymbol{H}^{\mathrm{T}}\boldsymbol{P}\boldsymbol{H})^{-1}$；$\boldsymbol{P}$ 为权阵，$\boldsymbol{P}=\hat{\sigma}_0^2\boldsymbol{\Sigma}^{-1}$。

从而得到加权的空间位置精度衰减因子 PDOP 值和几何精度衰减因子 GDOP 值：

$$\begin{cases} \mathrm{PDOP} = \sqrt{Q_{11} + Q_{22} + Q_{33}} \\ \mathrm{GDOP} = \sqrt{Q_{11} + Q_{22} + Q_{33} + Q_{44}} \end{cases} \tag{4-155}$$

式（4-155）是在非等精度观测情况下，根据不同类型卫星的不同测距误差对观测值赋予相应的权值，通过加权计算得出的几何精度因子，可以更客观地评估定位精度。

目标 GNSS 位置飞行参数的精度为

$$\begin{cases} \hat{\sigma}_x = \sqrt{\hat{\sigma}_x^2} \\ \hat{\sigma}_y = \sqrt{\hat{\sigma}_y^2} \\ \hat{\sigma}_z = \sqrt{\hat{\sigma}_z^2} \\ \hat{\sigma}_t = \sqrt{\hat{\sigma}_t^2} \end{cases} \tag{4-156}$$

速度参数的精度评估方法同上。

从定位精度分析可以看出，GNSS 卫星在观测历元的空间几何分布（方向余弦阵），即 PDOP 和 GDOP，是影响定位精度的主要因素之一。几何精度因子是观测卫星几何图形对定位精度影响的大小程度，其值越小，定位精度越高。通常选择星座的方法有以下几种。

（1）最佳几何精度因子法：对所有观测到的 GNSS 卫星每 4 颗作为一个组合，选择 GDOP 最小的一组卫星作为最佳星座。

（2）最大矢端四面体体积法：从全部可见 GNSS 卫星中依次选取 4 颗卫星进行组合，计算用户到这 4 颗卫星的斜距矢量所对应单位矢量构成的矢端四面体的体积，然后从所有组合中选出矢端四面体体积最大的一组星座参与导航定位解算。

统计数据表明，GDOP 值与接收机至卫星单位矢量端点所组成的四面体体积成反比。因此，首先选一颗沿天顶方向的卫星，其余 3 颗卫星相距约 120°时，所构成的四面体体积接近最大。上述两种选星方法具有的共同缺点是计算量大，给用户接收机带来了繁重的计算负担。因此，不适合飞行目标的实时飞行轨迹确定。

事实上，影响定位精度的因素很多，包括传输噪声、接收机噪声、观测误差和多路径效应等，因此按上述原则选星不一定是最佳的。近年来，随着 GNSS 技术的日趋完善，GNSS 导航接收机一般都具有 12 ～ 24 个甚至更多的跟踪通道，原来的最优四星模式逐渐被摒弃，取而代之的是采用“all-in-view”选星模式。该选星模式在定位过程中，充分利用所有卫星的观测值，其优点在于能够消除卫星定位的部分系统误差。利用实测数据计算结果表明，如果仅根据 GDOP 进行选星或仅使用较少卫星进行定位，有时反而会使定位误差增大。在定位过程中，当跟踪的卫星更换时，定位结果将出现较大偏差。另外，GNSS 卫星的仰角是影响定位精度的另一个重要因素，一般来说，观测仰角不小于 5°。对于地面用户，GNSS 卫星的仰角总是大于零，但是对于目标 GNSS 接收机，则可能观测到负仰角的 GNSS 卫星，但是负仰角卫星对定位精度的影响很大，如果在定位时存在冗余的 GNSS 卫星，则应将负仰角卫星剔除，然后再定位。

图 4-19 所示为 GNSS 星座选择算法流程。

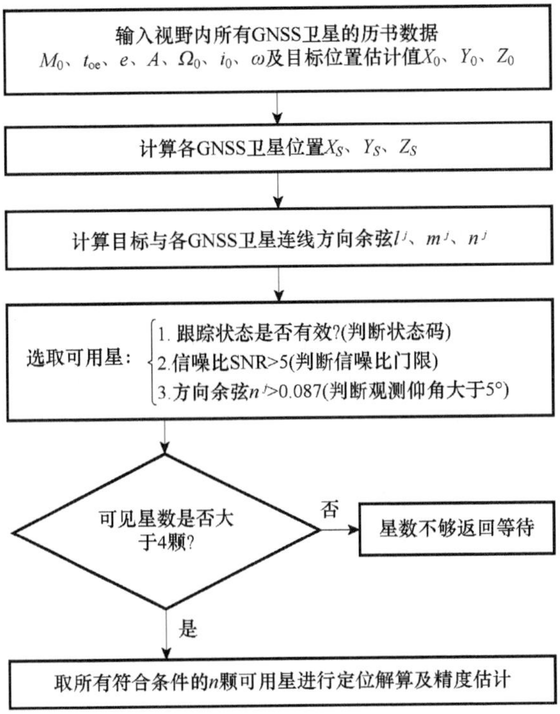


**图 4-19　GNSS 星座选择算法流程图**

## 4.5 小结

本章较为详细地介绍了光学跟踪测量系统中高速电视测量仪、光电经纬仪和无线电跟踪测量系统中脉冲雷达、短基线干涉仪、多测速系统等空间目标跟踪测量设备的数据处理方法、处理流程和处理模型，给出了这些跟踪测量设备的弹道参数解算方法。在空间目标 GNSS 测量系统中，探讨了 GPS、GLONASS 和 BDS 的导航电文结构、卫星位置速度计算方法、误差修正方法和目标飞行参数解算方法。跟踪测量设备数据处理的模型、方法为后续空间目标融合定位参数估计奠定了基础。

## 参考文献

[1] 刘利生. 外测数据事后处理 [M]. 北京：国防工业出版社，2000.

[2] 刘蕴才，张纪生，黄学德．导弹航天测控总体［M］．北京：国防工业出版社，2001.
[3] 夏南银，张守信，穆鸿飞．航天测控系统［M］．北京：国防工业出版社，2002.
[4] 何照才，胡保安．光电测量［M］．北京：国防工业出版社，2002.
[5] 赵业福，李进华．无线电跟踪测量［M］．北京：国防工业出版社，2003.
[6] 张守信．CPS 技术与应用［M］．北京：国防工业出版社，2004.
[7] 徐绍铨，张华海，杨志强，等．GPS 测量原理及应用［M］．武汉：武汉大学出版社，2008.
[8] 赵树强，许爱华，苏睿，等．箭载 GNSS 测量数据处理［M］．北京：国防工业出版社，2015.
[9] 赵树强，张伟，张栋，等．箭载 BDS 弹道确定及精度分析［C］．第五届全国航天飞行动力学技术研讨会论文集，2017.
[10] 许爱华，赵树强，苏睿，等．基于 GNSS 导航系统的火箭弹道确定及精度分析［C］．支持精确制导武器作战的卫星应用技术研讨会论文集，2012：314-323.
[11] 赵树强，许爱华，王家松，等．箭载 GLONASS 弹道确定及精度分析［J］．导弹与航天运载技术，2013，1（324）.
[12] 赵树强，许爱华．箭载 GPS 实时定轨精度估计［J］．全球定位系统，2006，4（2）：19-22.
[13] 赵树强，许爱华，申蔚．箭载 GPS 信号传播误差改正模型的选优［J］．飞行器测控学报，2006，10（5）：13-18.
[14] 党亚民，秘金钟，成英燕．全球导航卫星系统原理与应用［M］．北京：测绘出版社，2007.
[15] 北斗卫星导航系统空间信号接口控制文件（公开服务信号 2.0 版），中国卫星导航系统管理办公室，2013. 12.
[16] Guochang Xu. GPS 理论、算法与应用［M］．李强，刘广军，于海亮，等译，北京：清华大学出版社．2011.
[17] Bernhard Hofmann - Wellenhof、Herbert Lichtenegger、Elmar Wasle. 全球卫星导航系统 GPS，GLONASS，Galileo 及其他系统［M］．程鹏飞，蔡艳辉，文汉江，等译．北京：测绘出版社，2009.
[18] 崔书华，胡绍林，刘利生，等．火箭起飞漂移量测量数据处理方法：GJB 6904-2009［S］．北京：总装备部军标出版发行部，2010.
[19] 刘利生，刘元，张引林，等．光电经纬仪事后数据处理方法：GJB 2234A-2014［S］．北京：总装备部军标出版发行部，2015.
[20] 李德治，刘利生．脉冲测量雷达事后数据处理方法：GJB 2246-1994［S］．北京：国防科学技术工业委员会，1994.
[21] 刘利生，胡东华，乔宝欣，等．导弹飞行试验外测数据收集与处理：GJB 5206-2004［S］．北京：总装备部军标出版发行部，2004.
[22] 赵军祥，张立滨，谢京稳，等．导弹、航天器试验 GPS 测量系统事后数据处理方法：GJB 5830［S］．北京：总装备部军标出版发行部，2007.

# 05 第 5 章 多源观测数据融合

## 5.1 引言

在空间飞行目标跟踪测量任务中，经常使用布设在不同测站的多个测量设备对同一目标进行跟踪测量。当测量系统中的每个测量设备以不同的置信度对目标进行跟踪测量时，这些测元（观测数据）就为系统提供了冗余信息。不同测量设备类型，其测元也不尽相同，通常有测距、测角和测速等。由于每个测元的测量噪声互不相关，因此可将冗余测元信息进行融合，以降低系统的不确定性，提高测量精度。此外由于冗余信息的存在，当一个或几个测元数据出现异常时，系统仍可以利用其他有效的测元信息获取目标状态，完成飞行轨迹确定工作。

所谓多源观测数据融合，就是指针对多台（套）跟踪测量设备获取的测元信息，建立空间目标跟踪测量设备在三维空间的观测方程和状态方程，在一定的最优估计准则下进行最优估计，使目标状态量与观测量达到最佳拟合，获取状态矢量的最佳估计值。不同的估计准则衍生出不同的测元层融合算法，本章主要针对各测量设备测元与目标状态间的非线性关系，建立测量数据的测元层数据融合方法。

## 5.2 逐点最小二乘目标状态融合

在数理统计中，最小二乘估计算法是应用最普遍的全参数估计方法，其在空间目标跟踪测量数据处理如随机误差统计、趋势项拟合、多源数据融合定位等方面有着广泛和重要的应用。

考虑超定观测方程组：

$$\sum_{j=1}^{n} X_{ij}\boldsymbol{\beta}_j + \varepsilon_i = y_i \quad (i = 1,2,3,\cdots,m) \tag{5-1}$$

式中：$m$ 为观测数据 $y$ 的个数；$n$ 为待估参数 $\boldsymbol{\beta}$ 的个数，$m>n$；$\{\varepsilon_i\}$ 为观测数据的随机误差，满足：

$$\begin{cases}\mathrm{E}(\varepsilon_i)=0 & (i=1,2,\cdots,m)\\ \mathrm{E}(\varepsilon_i\varepsilon_j)=\begin{cases}\sigma^2 & (i=j)\\ 0 & (i\neq j)\end{cases}\end{cases}$$

将式（5-1）进行向量化：

$$\boldsymbol{X\beta}+\boldsymbol{\varepsilon}=\boldsymbol{Y} \tag{5-2}$$

其中，

$\boldsymbol{X}=\begin{bmatrix}x_{11} & x_{12} & \cdots & x_{1n}\\ x_{21} & x_{22} & \cdots & x_{2n}\\ \vdots & \vdots & \ddots & \vdots\\ x_{m1} & x_{m2} & \cdots & x_{mn}\end{bmatrix}$，$\boldsymbol{\beta}=(\beta_1,\beta_2,\cdots,\beta_n)^{\mathrm{T}}$，$\boldsymbol{\varepsilon}=(\varepsilon_1,\varepsilon_2,\cdots,\varepsilon_m)^{\mathrm{T}}$，$\boldsymbol{Y}=(y_1,y_2,\cdots,y_m)^{\mathrm{T}}$。

一般而言，该观测方程组没有解析解，所以为了选取最合适的 $\boldsymbol{\beta}$ 使式（5-2）尽量成立，须引入残差平方和函数 $S$。

$$S(\boldsymbol{\beta})=\|\boldsymbol{X\beta}-\boldsymbol{Y}\|^2 \tag{5-3}$$

当 $\boldsymbol{\beta}=\hat{\boldsymbol{\beta}}$ 时，$S(\boldsymbol{\beta})$ 取最小值，记为 $\hat{\boldsymbol{\beta}}=\mathrm{argmin}S(\boldsymbol{\beta})$。通过对 $S(\boldsymbol{\beta})$ 进行微分求极值，可以得到

$$\boldsymbol{X}^{\mathrm{T}}\boldsymbol{X}\hat{\boldsymbol{\beta}}=\boldsymbol{X}^{\mathrm{T}}\boldsymbol{Y}$$

如果 $\boldsymbol{X}^{\mathrm{T}}\boldsymbol{X}$ 为非奇异矩阵，则 $\boldsymbol{\beta}$ 有唯一最小二乘解，形式如下

$$\hat{\boldsymbol{\beta}}=(\boldsymbol{X}^{\mathrm{T}}\boldsymbol{X})^{-1}\boldsymbol{X}^{\mathrm{T}}\boldsymbol{Y} \tag{5-4}$$

参数估计量 $\hat{\boldsymbol{\beta}}$ 的误差协方差矩阵为

$$\boldsymbol{P}_{\hat{\boldsymbol{\beta}}}=(\boldsymbol{X}^{\mathrm{T}}\boldsymbol{X})^{-1}\sigma^2 \tag{5-5}$$

可以证明，最小二乘参数估计量 $\hat{\boldsymbol{\beta}}$ 是一种最优线性无偏估计。

在空间目标跟踪测量过程中，测量数据的随机误差通常为不等方差，甚至是相关的，即随机误差向量 $\boldsymbol{\varepsilon}$ 具有性质 $\mathrm{E}(\boldsymbol{\varepsilon})=0$ 和 $\mathrm{E}(\boldsymbol{\varepsilon}\boldsymbol{\varepsilon}^{\mathrm{T}})=\boldsymbol{P}$，随机误差的协方差矩阵 $\boldsymbol{P}$ 为正定矩阵。此时应用式（5-4）得到的未知参数向量 $\boldsymbol{\beta}$ 的估计 $\hat{\boldsymbol{\beta}}$ 已不是最优线性无偏估计。此时，可将式（5-3）做适当变换，得到式（5-2）中未知参数向量 $\boldsymbol{\beta}$ 的加权最小二乘估计。

$$\hat{\boldsymbol{\beta}}=(\boldsymbol{X}^{\mathrm{T}}\boldsymbol{P}^{-1}\boldsymbol{X})^{-1}\boldsymbol{X}^{\mathrm{T}}\boldsymbol{P}^{-1}\boldsymbol{Y} \tag{5-6}$$

此时，参数估计量 $\hat{\boldsymbol{\beta}}$ 的误差协方差可表示为

$$\boldsymbol{P}_{\hat{\boldsymbol{\beta}}}=(\boldsymbol{X}^{\mathrm{T}}\boldsymbol{P}^{-1}\boldsymbol{X})^{-1} \tag{5-7}$$

假设经过各光学和无线电跟踪测量设备获取的测量数据分别为测距 $R$、测距变化率 $\dot{R}$、方位角 $A$、俯仰角 $E$、距离和变化率 $\dot{S}$、方向余弦变化率 $\dot{l}$、$\dot{m}$ 和 $\dot{n}$，并假定各测量数据已进行各种系统误差修正。根据最小二乘原理，测量量与飞行目

标状态参数之间应为线性关系。由第 4 章可知，各弹道测量设备记录的测量元素均为目标状态参数的非线性函数，因此，需要对各测量元素进行线性化处理。

### 5.2.1 观测数据的线性化处理

假定在某时段内有多台设备同时参与目标跟踪测量，在 $t_i$时刻共获取 $n_R$ 个距离测量元素 $R$、$n_A$ 个方位角测量元素 $A$、$n_E$ 个俯仰角测量元素 $E$、$n_{\dot{R}}$ 个距离变化率测量元素$\dot{R}$，以及 $n_{\dot{S}}$ 个距离和变化率测量元素$\dot{S}$，假设各测量数据已进行系统误差修正，并假定各测角数据已进行测站坐标系到发射坐标系的角坐标转换，则各测量元素在发射坐标系中的观测模型如下：

$$R_i(t_i)=\sqrt{(x(t_i)-x_i^0)^2+(y(t_i)-y_i^0)^2+(z(t_i)-z_i^0)^2}+\varepsilon_R(t_i) \tag{5-8}$$

$$A_j(t_i)=\arctan\left(\frac{z(t_i)-z_j^0}{x(t_i)-x_j^0}\right)+\varepsilon_A(t_i)+\begin{cases}0 & (x(t_i)-x_j^0>0,z(t_i)-z_j^0\geqslant 0)\\ \pi & (x(t_i)-x_j^0\leqslant 0)\\ 2\pi & (x(t_i)-x_j^0>0,z(t_i)-z_j^0<0)\end{cases} \tag{5-9}$$

$$E_j(t_i)=\arcsin^{-1}\frac{y(t_i)-y_j^0}{\sqrt{(x(t_i)-x_j^0)^2+(y(t_i)-y_j^0)^2+(z(t_i)-z_j^0)^2}}+\varepsilon_E(t_i) \tag{5-10}$$

$$\dot{R}_j(t_i)=l_j(t_i)\dot{x}(t_i)+m_j(t_i)\dot{y}(t_i)+n_j(t_i)\dot{z}(t_i)+\varepsilon_{\dot{R}}(t_i) \tag{5-11}$$

$$\dot{S}_j(t_i)=\dot{R}_0(t_i)+\dot{R}_j(t_i)+\varepsilon_{\dot{S}}(t_i) \tag{5-12}$$

式（5-8）～式（5-12）中：$l_j(t_i)=\dfrac{x(t_i)-x_j^0}{R_j(t_i)}$；$m_j(t_i)=\dfrac{y(t_i)-y_j^0}{R_j(t_i)}$；$n_j(t_i)=\dfrac{z(t_i)-z_j^0}{R_j(t_i)}$；$(x_j(t_i),y_j(t_i),z_j(t_i),\dot{x}_j(t_i),\dot{y}_j(t_i),\dot{z}_j(t_i))$为观测目标在发射坐标系的位置和速度分量；$(x_i^0,y_i^0,z_j^0)$为各测站站址坐标；$\varepsilon_R(t_i)$、$\varepsilon_A(t_i)$、$\varepsilon_E(t_i)$、$\varepsilon_{\dot{R}}(t_i)$、$\varepsilon_{\dot{S}}(t_i)$分别为各测量元素经系统误差修正后剩余的残差序列。为简化分析，通常假设 $\varepsilon_R(t_i)$、$\varepsilon_A(t_i)$、$\varepsilon_E(t_i)$、$\varepsilon_{\dot{R}}(t_i)$、$\varepsilon_{\dot{S}}(t_i)$为服从零均值高斯分布的白噪声序列。

目标在发射坐标系下的位置和速度向量初值 $\boldsymbol{X}^0(t_i)=(\bar{x}(t_i),\bar{y}(t_i),\bar{z}(t_i),\bar{\dot{x}}(t_i),\bar{\dot{y}}(t_i),\bar{\dot{z}}(t_i))$，可利用某台具备单独定位功能的脉冲雷达设备测量数据$(R(t_i),A(t_i),E(t_i))$计算得出，即

$$\begin{cases}\bar{x}(t_i)=R(t_i)\cos A(t_i)\cos E(t_i)\\ \bar{y}(t_i)=R(t_i)\sin E(t_i)\\ \bar{z}(t_i)=R(t_i)\sin A(t_i)\cos E(t_i)\end{cases} \tag{5-13}$$

速度分量$(\bar{\dot{x}}(t_i),\bar{\dot{y}}(t_i),\bar{\dot{z}}(t_i))$可由位置分量$(\bar{x}(t_i),\bar{y}(t_i),\bar{z}(t_i))$经过微分求得。

求得目标位置和速度初值后，将 $\boldsymbol{X}^0(t_i)=(\bar{x}(t_i),\bar{y}(t_i),\bar{z}(t_i),\bar{\dot{x}}(t_i),\bar{\dot{y}}(t_i),$

$\bar{z}(t_i)$)带入式（5-8）~式（5-12），得到各测元的反算量($\bar{R}_i(t_i),\bar{A}_i(t_i),\bar{E}_j(t_i),\bar{\dot{R}}_j(t_i),\bar{\dot{S}}_j(t_i)$)。这样，对式（5-8）~式（5-12）在$\boldsymbol{X}^0(t_i)$附近进行一阶泰勒近似，将各式中一阶泰勒展开的余项归入不确定误差向量$\varepsilon_R(t_i),\varepsilon_A(t_i),\varepsilon_E(t_i),\varepsilon_{\dot{R}}(t_i),\varepsilon_{\dot{S}}(t_i)$，则可得到以下线性结构的变系数线性模型形式：

$$\begin{pmatrix} R_j(t_i)-\bar{R}_j(t_i) \\ A_j(t_i)-\bar{A}_j(t_i) \\ E_j(t_i)-\bar{E}_j(t_i) \\ \dot{R}_j(t_i)-\bar{\dot{R}}_j(t_i) \\ \dot{S}_j(t_i)-\bar{\dot{S}}_j(t_i) \end{pmatrix} = \left.\frac{\partial(R_j(t_i),A_j(t_i),E_j(t_i),\dot{R}_j(t_i),\dot{S}_j(t_i))}{\partial(x(t_i),y(t_i),z(t_i),\dot{x}(t_i),\dot{y}(t_i),\dot{z}(t_i))}\right|_{X^0} \begin{pmatrix} \Delta x(t_i) \\ \Delta y(t_i) \\ \Delta z(t_i) \\ \Delta \dot{x}(t_i) \\ \Delta \dot{y}(t_i) \\ \Delta \dot{z}(t_i) \end{pmatrix} + \begin{pmatrix} \varepsilon_R(t_i) \\ \varepsilon_A(t_i) \\ \varepsilon_E(t_i) \\ \varepsilon_{\dot{R}}(t_i) \\ \varepsilon_{\dot{S}}(t_i) \end{pmatrix} \tag{5-14}$$

式中：$\Delta\xi(t_i)=\xi(t_i)-\bar{\xi}(t_i)$，$\xi=x,y,z,\dot{x},\dot{y},\dot{z}$。

计算模型式（5-14）中的雅可比矩阵，可以由式（5-8）~式（5-12）对发射坐标系下的坐标和速度分量求偏导数（为书写方便，省略时标$t_i$）：

$$\begin{cases} \dfrac{\partial R_j}{\partial(x,y,z,\dot{x},\dot{y},\dot{z})}=(l_j,m_j,n_j,0,0,0) \\ \dfrac{\partial A_j}{\partial(x,y,z,\dot{x},\dot{y},\dot{z})}=\left(\dfrac{-(z-z_j^0)}{D_j^2},0,\dfrac{x-x_j^0}{D_j^2},0,0,0\right) \\ \dfrac{\partial E_j}{\partial(x,y,z,\dot{x},\dot{y},\dot{z})}=\dfrac{-1}{D_jR_j^2}((x-x_j^0)(y-y_j^0),-D_j^2,(z-z_j^0)(y-y_j^0),0,0,0) \\ \dfrac{\partial \dot{R}_j}{\partial(x,y,z,\dot{x},\dot{y},\dot{z})}=\left(\dfrac{\dot{x}}{R_j},\dfrac{\dot{y}}{R_j},\dfrac{\dot{z}}{R_j},l_j,m_j,n_j\right) \\ \dfrac{\partial \dot{S}_j}{\partial(x,y,z,\dot{x},\dot{y},\dot{z})}=\left(\dfrac{\dot{x}}{R_0}+\dfrac{\dot{x}}{R_j},\dfrac{\dot{y}}{R_0}+\dfrac{\dot{y}}{R_j},\dfrac{\dot{z}}{R_0}+\dfrac{\dot{z}}{R_j},l_0+l_j,m_0+m_j,n_0+n_j\right) \end{cases} \tag{5-15}$$

式中，$D_j=\sqrt{(x-x_j^0)^2+(z-z_j^0)^2}$。

### 5.2.2 逐点最小二乘数据融合

依据5.2.1节假设，构造多源数据逐点最小二乘数据融合算法。

（1）给定初值 $\boldsymbol{X}^0(t_i)=(\bar{x}(t_i),\bar{y}(t_i),\bar{z}(t_i),\bar{\dot{x}}(t_i),\bar{\dot{y}}(t_i),\bar{\dot{z}}(t_i))$，计算各测量元素在发射坐标系下的反算值。

$$\begin{cases}\bar{R}_j(t_i)=\sqrt{(\bar{x}(t_i)-x_j^0)^2+(\bar{y}(t_i)-y_j^0)^2+(\bar{z}(t_i)-z_j^0)^2}\\ \bar{A}_j(t_i)=\arctan\left(\dfrac{\bar{z}(t_i)-z_j^0}{\bar{x}(t_i)-x_j^0}\right)+\begin{cases}0 & (\bar{x}(t_i)-x_j^0>0,\bar{z}(t_i)-z_j^0\geqslant 0)\\ \pi & (\bar{x}(t_i)-x_j^0\leqslant 0)\\ 2\pi & (\bar{x}(t_i)-x_j^0>0,\bar{z}(t_i)-z_j^0<0)\end{cases}\\ \bar{E}_j(t_i)=\arcsin^{-1}\dfrac{\bar{y}(t_i)-y_j^0}{\sqrt{(\bar{x}(t_i)-x_j^0)^2+(\bar{y}(t_i)-y_j^0)^2+(\bar{z}(t_i)-z_j^0)^2}}\\ \bar{\dot{R}}_j(t_i)=\bar{l}_j(t_i)\bar{\dot{x}}(t_i)+\bar{m}_j(t_i)\bar{\dot{y}}(t_i)+\bar{n}_j(t_i)\bar{\dot{z}}(t_i)\\ \bar{\dot{S}}_j(t_i)=\bar{\dot{R}}_0(t_i)+\bar{\dot{R}}_j(t_i)\end{cases} \tag{5-16}$$

（2）计算反算量同测量量之间的残差，构造误差方程自由项向量 $\boldsymbol{L}(t_i)$。

$$\boldsymbol{L}(t_i)=(\Delta R_1(t_i),\cdots,\Delta R_{n_R}(t_i),\Delta A_1(t_i),\cdots,\Delta A_{n_A}(t_i),\Delta E_1(t_i),\cdots,\Delta E_{n_E}(t_i),$$
$$\Delta\dot{R}_1(t_i),\cdots,\Delta\dot{R}_{n_{\dot{R}}}(t_i),\Delta\dot{S}_1(t_i),\cdots,\Delta\dot{S}_{n_{\dot{S}}}(t_i))^{\mathrm{T}}$$

式中，$\Delta\xi_j(t_i)=\bar{\xi}_j(t_i)-\xi_j(t_i)$，$\xi=R$、$A$、$E$、$\dot{R}$、$\dot{S}$，下同。

（3）构造误差方程的各元素如式（5-15）的雅可比系数矩阵。

（4）构造权矩阵。

$$\boldsymbol{P}=\mathrm{diag}\left(\frac{\sigma_0^2}{\sigma_{R_1}^2},\cdots,\frac{\sigma_0^2}{\sigma_{R_{n_R}}^2},\frac{\sigma_0^2}{\sigma_{E_1}^2},\cdots,\frac{\sigma_0^2}{\sigma_{E_{n_E}}^2},\frac{\sigma_0^2}{\sigma_{A_1}^2},\cdots,\frac{\sigma_0^2}{\sigma_{A_{n_A}}^2},\frac{\sigma_0^2}{\sigma_{R\cdot 1}^2},\cdots,\frac{\sigma_0^2}{\sigma_{\dot{R}_{n_{\dot{R}}}}^2},\frac{\sigma_0^2}{\sigma_{\dot{S}_1}^2},\cdots,\frac{\sigma_0^2}{\sigma_{\dot{S}_{n_{\dot{S}}}}^2}\right)$$

式中：$\sigma_0$ 为先验精度，$\sigma_{\xi_j}$ 为各测元统计精度。

（5）目标位置参数解算。

组成法方程：

$$\boldsymbol{H}^{\mathrm{T}}\boldsymbol{P}\boldsymbol{H}=\boldsymbol{H}^{\mathrm{T}}\boldsymbol{P}\boldsymbol{H}\Delta\boldsymbol{X}+\boldsymbol{H}^{\mathrm{T}}\boldsymbol{P}\boldsymbol{L}=\boldsymbol{0}$$

解目标发射坐标改正数：

$$\Delta\boldsymbol{X}=(\Delta x,\Delta y,\Delta z,\Delta\dot{x},\Delta\dot{y},\Delta\dot{z})^{\mathrm{T}}=-(\boldsymbol{H}^{\mathrm{T}}\boldsymbol{P}\boldsymbol{H})^{-1}\boldsymbol{H}^{\mathrm{T}}\boldsymbol{P}\boldsymbol{L} \tag{5-17}$$

计算目标在发射坐标系中的坐标：

$$\boldsymbol{X}=\boldsymbol{X}^0+\Delta\boldsymbol{X} \tag{5-18}$$

（6）迭代计算。

若 $\|\Delta\boldsymbol{X}\|\leqslant\delta$（$\delta$ 为给定迭代门限值），则取本次第（5）步得到的 $\boldsymbol{X}$ 为所求的目标坐标值，若 $\|\Delta\boldsymbol{X}\|>\delta$，则将本次得到的 $\boldsymbol{X}$ 作为新的初值 $\boldsymbol{X}^0$，重复第（1）步至第（6）步的计算，直到 $\|\Delta\boldsymbol{X}\|\leqslant\delta$ 为止，并取最后一次所得的 $\boldsymbol{X}$ 为所求的目

标状态值。

(7) 其他目标飞行参数计算。

合速度：

$$v=\sqrt{\dot{x}^2+\dot{y}^2+\dot{z}^2} \tag{5-19}$$

倾角：

$$\theta=\arcsin\left[\frac{\dot{y}}{(\dot{x}^2+\dot{z}^2)^{1/2}}\right] \tag{5-20}$$

偏角：

$$\sigma=\arcsin\left(\frac{-\dot{z}}{v}\right) \tag{5-21}$$

切向加速度：

$$\dot{v}=\frac{\dot{x}\ddot{x}+\dot{y}\ddot{y}+\dot{z}\ddot{z}}{v} \tag{5-22}$$

法向加速度：

$$\dot{\sigma}=\frac{-v\ddot{z}+\dot{v}\dot{z}}{(\dot{x}^2+\dot{y}^2)^{1/2}} \tag{5-23}$$

侧向加速度：

$$\dot{\theta}=-\ddot{x}\sin\theta+\ddot{y}\cos\theta=\frac{\ddot{x}\dot{y}-\ddot{y}\dot{x}}{(\dot{x}^2+\dot{y}^2)^{1/2}} \tag{5-24}$$

式中：$\ddot{x}$、$\ddot{y}$、$\ddot{z}$为发射坐标系 3 个方向上的加速度分量，可由$\dot{x}$、$\dot{y}$、$\dot{z}$进行微分得到。

### 5.2.3 位置和速度精度估计

根据 5.1.2 节的推算结果，结合误差传播公式，得出最小二乘融合定位精度估计算法。具体地，先计算残差$\boldsymbol{\Delta}_i$和单位误差$\hat{\sigma}_0$。

$$\boldsymbol{\Delta}_i=\boldsymbol{H}\begin{bmatrix}\Delta x(t_i)\\ \Delta y(t_i)\\ \Delta z(t_i)\\ \Delta\dot{x}(t_i)\\ \Delta\dot{y}(t_i)\\ \Delta\dot{z}(t_i)\end{bmatrix}+\begin{pmatrix}R_j(t_i)-\overline{R}_j(t_i)\\ A_j(t_i)-\overline{A}_j(t_i)\\ E_j(t_i)-\overline{E}_j(t_i)\\ \dot{R}_j(t_i)-\overline{\dot{R}}_j(t_i)\\ \dot{S}_j(t_i)-\overline{\dot{S}}_j(t_i)\end{pmatrix} \tag{5-25}$$

$$\hat{\sigma}_0=\boldsymbol{\Delta}^{\mathrm{T}}\boldsymbol{P}\boldsymbol{\Delta}/(n-3) \tag{5-26}$$

其中，$(\overline{R}_j(t_i),\overline{A}_j(t_i),\overline{E}_j(t_i),\overline{\dot{R}}_j(t_i),\overline{\dot{S}}_j(t_i))$为 5.1.2 节最终迭代坐标结果 $\boldsymbol{X}$ 反算的发射系下的测量值，形式如式（5-16）定义。

计算目标在发射坐标系中的协因数矩阵，记为 $\boldsymbol{Q}_X$。

$$Q_X=\hat{\sigma}_0^2(\boldsymbol{H}^{\mathrm{T}}\boldsymbol{PH})^{-1}\overset{\Delta}{=}\begin{bmatrix} q_{xx} & q_{xy} & q_{xz} & q_{x\dot{x}} & q_{x\dot{y}} & q_{x\dot{z}} \\ q_{yx} & q_{yy} & q_{yz} & q_{y\dot{x}} & q_{y\dot{y}} & q_{y\dot{z}} \\ q_{zx} & q_{zy} & q_{zz} & q_{z\dot{x}} & q_{z\dot{y}} & q_{z\dot{z}} \\ q_{\dot{x}x} & q_{\dot{x}y} & q_{\dot{x}z} & q_{\dot{x}\dot{x}} & q_{\dot{x}\dot{y}} & q_{\dot{x}\dot{z}} \\ q_{\dot{y}x} & q_{\dot{y}y} & q_{\dot{y}z} & q_{\dot{y}\dot{x}} & q_{\dot{y}\dot{y}} & q_{\dot{y}\dot{z}} \\ q_{\dot{z}x} & q_{\dot{z}y} & q_{\dot{z}z} & q_{\dot{z}\dot{x}} & q_{\dot{z}\dot{y}} & q_{\dot{z}\dot{z}} \end{bmatrix}$$

则坐标和速度精度可表示为

$$\hat{\sigma}_x^2=q_{xx},\hat{\sigma}_y^2=q_{yy},\hat{\sigma}_z^2=q_{zz},\hat{\sigma}_{\dot{x}}^2=q_{\dot{x}\dot{x}},\hat{\sigma}_{\dot{y}}^2=q_{\dot{y}\dot{y}},\hat{\sigma}_{\dot{x}}^2=q_{\dot{z}\dot{z}} \tag{5-27}$$

### 5.2.4 其他参数精度估计

不加推导地给出其他目标飞行参数的精度计算公式，见式（5-28）～式（5-33）。

（1）合速度精度：

$$\sigma_v=\frac{1}{v}[\dot{x}^2\sigma_{\dot{x}}^2+\dot{y}^2\sigma_{\dot{y}}^2+\dot{z}^2\sigma_{\dot{z}}^2+2\dot{x}\dot{y}q_{\dot{x}\dot{y}}+2\dot{x}\dot{z}q_{\dot{x}\dot{z}}+2\dot{y}\dot{z}q_{\dot{y}\dot{z}}]^{\frac{1}{2}} \tag{5-28}$$

（2）倾角精度：

$$\sigma_\theta=\frac{1}{\dot{x}^2+\dot{y}^2}[\dot{y}^2\sigma_{\dot{x}}^2+\dot{x}^2\sigma_{\dot{y}}^2-2\dot{x}\dot{y}q_{\dot{x}\dot{y}}]^{\frac{1}{2}} \tag{5-29}$$

（3）偏角精度：

$$\sigma_\sigma=\frac{1}{v^3\cos\sigma}[\dot{x}^2\dot{z}^2\sigma_{\dot{x}}^2+\dot{y}^2\dot{z}^2\sigma_{\dot{y}}^2+(\dot{x}^2\dot{y}^2)^2\sigma_{\dot{z}}^2+\boldsymbol{\Phi}_{\dot{x}\dot{y}\dot{z}}]^{\frac{1}{2}} \tag{5-30}$$

（4）切向加速度精度：

$$\sigma_{\dot{v}}=\sqrt{\boldsymbol{a}_1^{\mathrm{T}}\mathrm{diag}(\sigma_{\dot{x}}^2,\sigma_{\dot{y}}^2,\sigma_{\dot{z}}^2)a_1+\boldsymbol{a}_2^{\mathrm{T}}\mathrm{diag}(\hat{\sigma}_{\ddot{x}}^2,\hat{\sigma}_{\ddot{y}}^2,\hat{\sigma}_{\ddot{z}}^2)a_2} \tag{5-31}$$

（5）法向加速度精度：

$$\sigma_{\dot{\theta}}=\sqrt{\boldsymbol{n}_1^{\mathrm{T}}\mathrm{diag}(\sigma_{\dot{x}}^2,\sigma_{\dot{y}}^2,\sigma_{\dot{z}}^2)n_1+\boldsymbol{n}_2^{\mathrm{T}}\mathrm{diag}(\hat{\sigma}_{\ddot{x}}^2,\hat{\sigma}_{\ddot{y}}^2,\hat{\sigma}_{\ddot{z}}^2)n_2} \tag{5-32}$$

（6）侧向加速度精度：

$$\sigma_{\dot{\sigma}}=\sqrt{\boldsymbol{b}_1^{\mathrm{T}}\mathrm{diag}(\sigma_{\dot{x}}^2,\sigma_{\dot{y}}^2,\sigma_{\dot{z}}^2)b_1+\boldsymbol{b}_2^{\mathrm{T}}\mathrm{diag}(\hat{\sigma}_{\ddot{x}}^2,\hat{\sigma}_{\ddot{y}}^2,\hat{\sigma}_{\ddot{z}}^2)b_2} \tag{5-33}$$

式（5-31）～式（5-33）中，$\mathrm{diag}(\hat{\sigma}_{\ddot{x}}^2,\hat{\sigma}_{\ddot{y}}^2,\hat{\sigma}_{\ddot{z}}^2)=K\ \mathrm{diag}(\sigma_x^2,\sigma_y^2,\sigma_z^2)+\begin{pmatrix} r_{\ddot{x}}^2 & 0 & 0 \\ 0 & r_{\ddot{y}}^2 & 0 \\ 0 & 0 & r_{\ddot{z}}^2 \end{pmatrix}$，其中，$r_{\ddot{x}}^2,r_{\ddot{y}}^2,r_{\ddot{z}}^2$ 为二次平滑微分的截断误差，$K$ 为二次平滑微分系数。

$$\boldsymbol{a}_1=\frac{1}{v}\begin{bmatrix}\ddot{x}\\ \ddot{y}\\ \ddot{z}\end{bmatrix}-\frac{\dot{v}}{v^2}\begin{bmatrix}\dot{x}\\ \dot{y}\\ \dot{z}\end{bmatrix},\quad \boldsymbol{a}_2=\frac{1}{v}\begin{bmatrix}\dot{x}\\ \dot{y}\\ \dot{z}\end{bmatrix},\quad \boldsymbol{n}_1=\frac{\ddot{y}\dot{y}+\dot{x}\ddot{x}}{\dot{x}^2+\dot{y}^2}\begin{bmatrix}\sin\theta\\ -\cos\theta\\ 0\end{bmatrix},\quad \boldsymbol{n}_2=\begin{bmatrix}\sin\theta\\ \cos\theta\\ 0\end{bmatrix},$$

以及

$$\boldsymbol{b}_1=\begin{bmatrix}-\dfrac{\ddot{z}\dot{x}+\sin\sigma(v\ddot{x}-\dot{v}\dot{x})}{v^2\cos\sigma}-\dfrac{\dot{x}(v\dot{\sigma})}{\dot{x}^2+\dot{y}^2}\\ -\dfrac{\ddot{z}\dot{y}+\sin\sigma(v\ddot{y}-\dot{v}\dot{y})}{v^2\cos\sigma}-\dfrac{\dot{y}(v\dot{\sigma})}{\dot{x}^2+\dot{y}^2}\\ \dfrac{\ddot{y}\dot{y}+\ddot{x}\dot{x}+\sin\sigma(v\ddot{z}-\dot{v}\dot{z})}{v^2\cos\sigma}\end{bmatrix},\quad \boldsymbol{b}_2=\frac{1}{v}\begin{bmatrix}-\dot{x}\tan\sigma\\ -\dot{y}\tan\sigma\\ -v\cos\sigma\end{bmatrix},$$

$$\Phi_{\dot{x}\dot{y}\dot{z}}=2\dot{x}\dot{y}\dot{z}q_{\dot{x}\dot{y}}-2\dot{x}\dot{z}(\dot{x}^2+\dot{y}^2)q_{\dot{x}\dot{z}}-2\dot{y}\dot{z}(\dot{x}^2+\dot{y}^2)q_{\dot{y}\dot{z}}。$$

## 5.2.5 算例分析

为验证算法的有效性，选取某目标跟踪测量任务两台参试脉冲雷达和一套多测速系统设备的测量数据进行计算分析，跟踪弧段为 120 ～ 400s，计算结果如图 5-1 和图 5-2 所示。

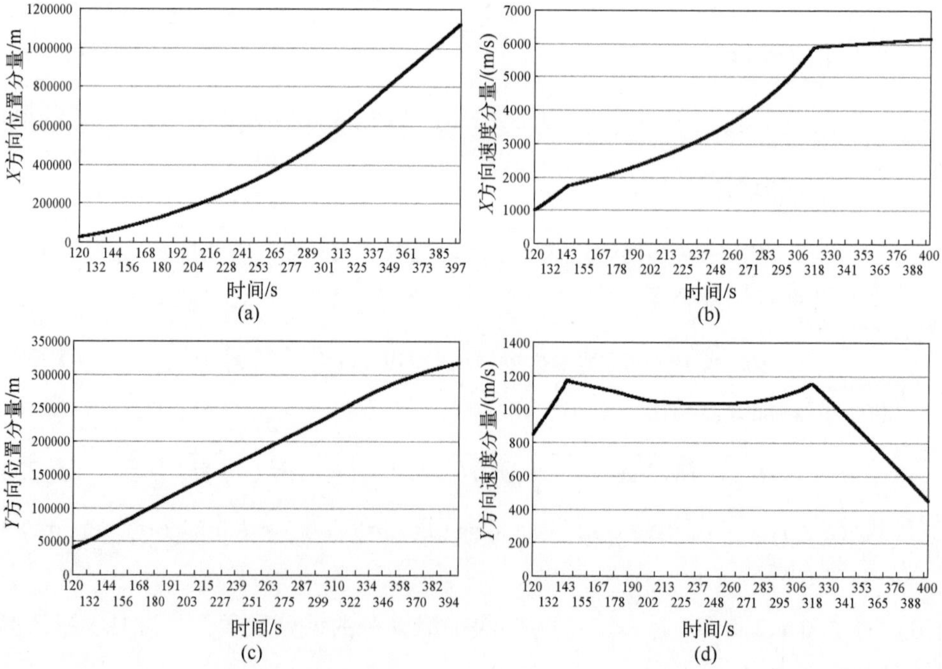

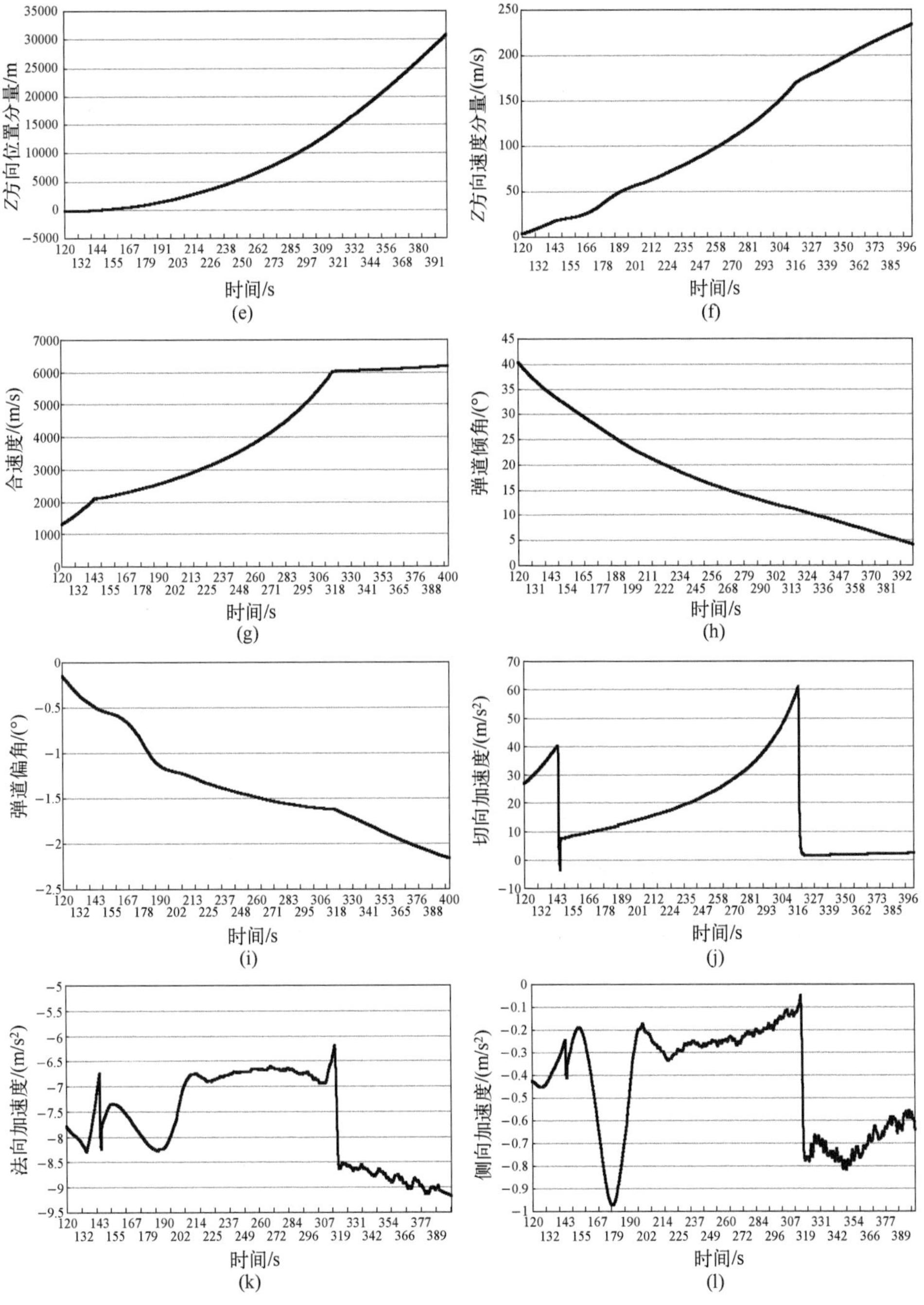


**图 5-1　最小二乘计算目标飞行状态参数曲线**

(a) *X* 方向位置分量；(b) *X* 方向速度分量；(c) *Y* 方向位置分量；
(d) *Y* 方向速度分量；(e) *Z* 方向位置分量；(f) *Z* 方向速度分量；
(g) 合速度；(h) 倾角；(i) 偏角；(j) 切向加速度；(k) 法向加速度；(l) 侧向加速度。

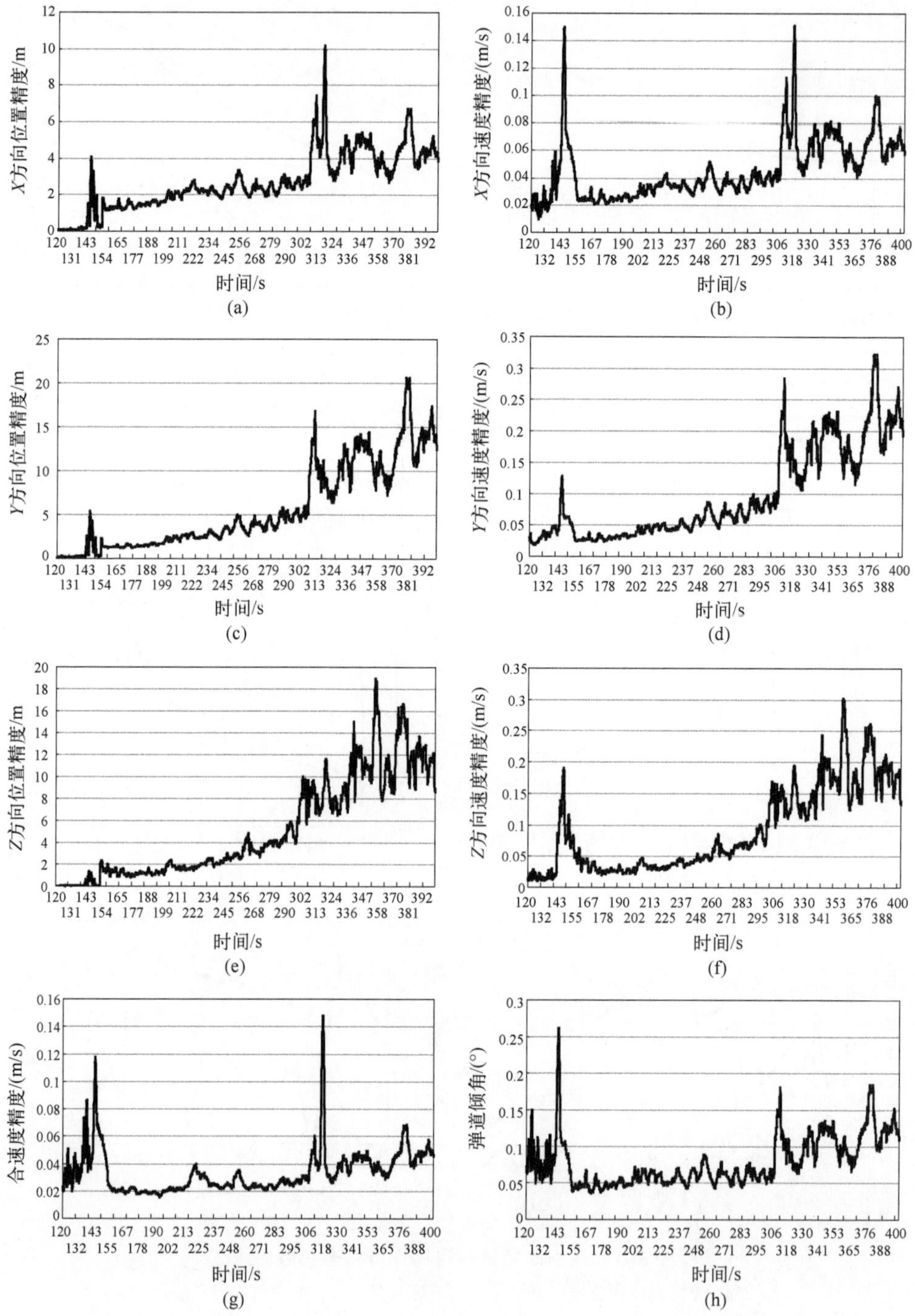
X方向位置精度/m
时间/s
(a)
X方向速度精度/(m/s)
时间/s
(b)
Y方向位置精度/m
时间/s
(c)
Y方向速度精度/(m/s)
时间/s
(d)
Z方向位置精度/m
时间/s
(e)
Z方向速度精度/(m/s)
时间/s
(f)
合速度精度/(m/s)
时间/s
(g)
弹道倾角/(°)
时间/s
(h)

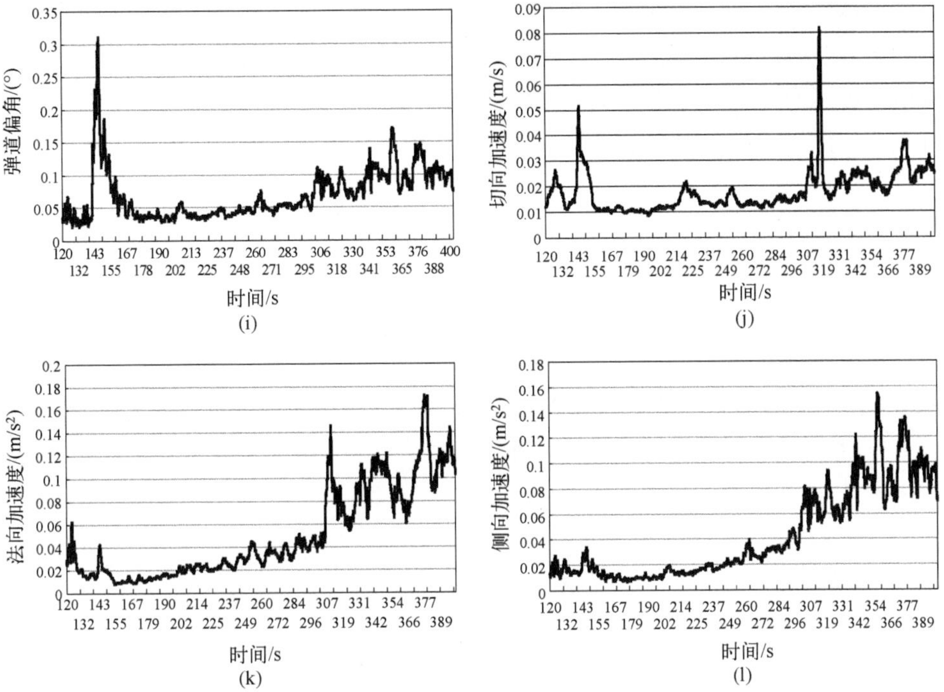


**图 5-2 最小二乘计算目标飞行状态参数精度曲线**

(a) *X* 方向位置分量；(b) *X* 方向速度分量；(c) *Y* 方向位置分量；
(d) *Y* 方向速度分量；(e) *Z* 方向位置分量；(f) *Z* 方向速度分量；
(g) 合速度；(h) 倾角；(i) 偏角；
(j) 切向加速度；(k) 法向加速度；(l) 侧向加速度。

图 5-1 和图 5-2 分别为应用最小二乘估计算法计算的目标飞行状态参数及其精度曲线。与标准飞行轨迹相比，目标飞行状态参数解算正确，计算精度满足型号部门要求。

## 5.3 样条约束误差自校准融合

轨迹的误差模型最佳估计（error model best estimate of trajectory，EMBET）是美国科学家 Brown 于 1968 年提出的一种“利用多台（套）设备跟踪测量数据在改进目标飞行轨迹计算结果的同时实现测量数据系统误差自校准”的高精度数据处理技术。该技术最早在美国东靶场有成功的应用，近 30 年来国内多家研究机构和工程单位都进行过开发和应用。

传统的 EMBET 融合数据处理算法从理论上讲，需要较多相同弧段的跟踪测量数据，应用误差自校准技术能够将跟踪测量设备的系统误差估计出来，但在实际应用中，使用该技术进行自校准，使系统误差能准确地估值，要求条件比较苛刻，比如要有较长的跟踪测量数据弧段、较佳的布站几何、符合实际的系统误差模型及良好的数据处理方法等。EMBET 的算法模型产生病态的原因是待估参数过多，使得运算过程中产生病态矩阵，这一点从下面 EMBET 的数学模型的推导不难分析。

### 5.3.1 EMBET 融合算法模型分析

设空间运动目标测量方程为

$$\overline{\boldsymbol{Z}}_k=\boldsymbol{A}_k\hat{\boldsymbol{a}}+\boldsymbol{H}_k\overline{\boldsymbol{X}}_k+\overline{\boldsymbol{V}}_k \tag{5-34}$$

式中：$\overline{\boldsymbol{Z}}_k$为测量向量；$\overline{\boldsymbol{X}}_k$为状态向量，$\hat{\boldsymbol{a}}$为测量系统误差向量；$\boldsymbol{A}_k$为测量系统误差系数矩阵；$\overline{\boldsymbol{V}}_k$为测量误差向量，满足 $\mathrm{E}[\overline{\boldsymbol{V}}_k\overline{\boldsymbol{V}}_j^{\mathrm{T}}]=\boldsymbol{R}_k\delta_{kj}$，$\delta_{kj}$为克罗内克函数，$k=1,2,\cdots,n$，$n$ 为观测数据个数。

建立方程：

$$\begin{cases}\overline{\boldsymbol{Z}}_1=\boldsymbol{A}_1\hat{a}+\boldsymbol{H}_1\overline{\boldsymbol{X}}_1+\overline{\boldsymbol{V}}_1\\ \overline{\boldsymbol{Z}}_2=\boldsymbol{A}_2\hat{a}+\boldsymbol{H}_2\overline{\boldsymbol{X}}_2+\overline{\boldsymbol{V}}_2\\ \cdots\cdots\\ \overline{\boldsymbol{Z}}_n=\boldsymbol{A}_n\hat{a}+\boldsymbol{H}_n\overline{\boldsymbol{X}}_n+\overline{\boldsymbol{V}}_n\end{cases} \tag{5-35}$$

令 $\overline{\boldsymbol{Z}}=\begin{bmatrix}\overline{\boldsymbol{Z}}_1\\ \vdots\\ \overline{\boldsymbol{Z}}_n\end{bmatrix}$，$\boldsymbol{H}=\begin{bmatrix}\boldsymbol{A}_1 & \boldsymbol{H}_1 & 0 & \cdots & 0\\ \vdots & \vdots & & & \\ & & & \vdots & \\ \boldsymbol{A}_n & \boldsymbol{H}_n & 0 & \cdots & \boldsymbol{H}_n\end{bmatrix}$，$\boldsymbol{X}=\begin{bmatrix}\hat{a}\\ \overline{\boldsymbol{X}}_1\\ \vdots\\ \overline{\boldsymbol{X}}_n\end{bmatrix}$，$\boldsymbol{V}=\begin{bmatrix}\overline{\boldsymbol{V}}_1\\ \overline{\boldsymbol{V}}_2\\ \vdots\\ \overline{\boldsymbol{V}}_n\end{bmatrix}$,则有 $\overline{\boldsymbol{Z}}=\boldsymbol{HX}+\boldsymbol{V}$,

由最小二乘原理有

$$\hat{\boldsymbol{X}}=(\boldsymbol{H}^{\mathrm{T}}\boldsymbol{WH})^{-1}\boldsymbol{H}^{\mathrm{T}}\boldsymbol{W}\overline{\boldsymbol{Z}} \tag{5-36}$$

其中，$\boldsymbol{W}=\mathrm{E}[\boldsymbol{VV}^{\mathrm{T}}]^{-1}=\begin{bmatrix}\mathrm{E}[\overline{\boldsymbol{V}}_1\overline{\boldsymbol{V}}_1^{\mathrm{T}}] & 0 & \cdots & 0\\ \vdots & \ddots & \vdots & \\ 0 & \cdots & \mathrm{E}[\overline{\boldsymbol{V}}_n\overline{\boldsymbol{V}}_n^{\mathrm{T}}] & \end{bmatrix}=\begin{bmatrix}\boldsymbol{W}_1 & \cdots & 0\\ \vdots & \ddots & \vdots\\ 0 & \cdots & \boldsymbol{W}_n\end{bmatrix}$,

$\boldsymbol{W}_j=\boldsymbol{R}_j^{-1}$,

$$\boldsymbol{H}^{\mathrm{T}}\boldsymbol{WH}=\begin{bmatrix}\boldsymbol{A}_1^{\mathrm{T}} & \boldsymbol{A}_2^{\mathrm{T}} & \cdots & \boldsymbol{A}_n^{\mathrm{T}}\\ \boldsymbol{H}_1^{\mathrm{T}} & 0 & \cdots & 0\\ \vdots & & \ddots & \vdots\\ 0 & & \cdots & \boldsymbol{H}_n^{\mathrm{T}}\end{bmatrix}\begin{bmatrix}\boldsymbol{W}_1 & \cdots & 0\\ \vdots & \ddots & \vdots\\ 0 & \cdots & \boldsymbol{W}_n\end{bmatrix}\begin{bmatrix}\boldsymbol{A}_1 & \boldsymbol{H}_1 & 0 & \cdots & 0\\ \vdots & \vdots & \cdots & \ddots & \vdots\\ \boldsymbol{A}_n & \boldsymbol{H}_n & 0 & \cdots & \boldsymbol{H}_n\end{bmatrix}\approx\begin{bmatrix}\dot{\boldsymbol{N}} & \overline{\boldsymbol{N}}\\ \overline{\boldsymbol{N}}^{\mathrm{T}} & \ddot{\boldsymbol{N}}\end{bmatrix},$$

$\dot{\boldsymbol{N}}\approx\sum\limits_{j}^{n}\boldsymbol{A}_j^{\mathrm{T}}\boldsymbol{W}_j\boldsymbol{A}_j=\sum\limits_{j}^{n}\dot{\boldsymbol{N}}_j\dot{\boldsymbol{N}}_j=\boldsymbol{A}_j^{\mathrm{T}}\boldsymbol{W}_j\boldsymbol{A}_j$。

$$\overline{\boldsymbol{N}} \approx (\boldsymbol{A}_1^{\mathrm{T}}\boldsymbol{W}_1\boldsymbol{A}_1, \boldsymbol{A}_2^{\mathrm{T}}\boldsymbol{W}_2\boldsymbol{H}_2, \cdots, \boldsymbol{A}_n^{\mathrm{T}}\boldsymbol{W}_n\boldsymbol{H}_n) = (\overline{\boldsymbol{N}}_1, \overline{\boldsymbol{N}}_2, \cdots, \overline{\boldsymbol{N}}_n)$$

$$\overline{\boldsymbol{N}}_j = \boldsymbol{A}_j^{\mathrm{T}} W_j \boldsymbol{A}_j$$

$$\ddot{\boldsymbol{N}}_j = \boldsymbol{H}_j^{\mathrm{T}} W_j \boldsymbol{H}_j$$

同理

$$\boldsymbol{H}^{\mathrm{T}}\boldsymbol{W}\boldsymbol{Z} \approx \begin{bmatrix} \dot{\boldsymbol{C}} \\ \ddot{C}_1 \\ \vdots \\ \ddot{C}_n \end{bmatrix}; \quad \dot{\boldsymbol{C}}_j = \boldsymbol{A}_j^{\mathrm{T}}\boldsymbol{W}_j\overline{\boldsymbol{Z}}_j; \quad 令\ \ddot{\boldsymbol{C}} = \begin{bmatrix} \ddot{\boldsymbol{C}}_1 \\ \ddot{\boldsymbol{C}}_2 \\ \vdots \\ \ddot{\boldsymbol{C}}_n \end{bmatrix}; \quad \ddot{\boldsymbol{C}}_j = \ddot{\boldsymbol{N}}_j = \boldsymbol{H}_j^{\mathrm{T}}\boldsymbol{W}_j\overline{\boldsymbol{Z}}_j$$

由式（5-17）不难推出：

$$\begin{bmatrix} \hat{a} \\ \overline{\boldsymbol{X}}_1 \\ \vdots \\ \boldsymbol{X}_n \end{bmatrix} = \begin{bmatrix} \dot{\boldsymbol{M}} & \overline{\boldsymbol{M}} \\ \vdots & \vdots \\ \overline{\boldsymbol{M}}^{\mathrm{T}} & \ddot{\boldsymbol{M}} \end{bmatrix} \begin{bmatrix} \dot{\boldsymbol{C}} \\ \vdots \\ \dot{\boldsymbol{C}} \end{bmatrix}; \quad \hat{a} = \sum_{j=1}^{n} \overline{\boldsymbol{N}}_j \dot{\boldsymbol{N}}_j^{-1} \dot{\boldsymbol{C}}_j。$$

对式（5-34）EMBET 的解有其合理性，也有局限性。假定 $m$ 个测站和 $n$ 个测量数据点将给出 $mn$ 个方程，其中就有 $3m$ 个未知误差系数，$3n$ 个未知坐标 $(X_j, Y_j, Z_j \cdots; j=1,2,\cdots,n)$，即有 $3m+3n$ 个未知数，只要 $mn \geqslant 3m+3n$（在 $m \geqslant 3$ 和 $n \geqslant 3m/(m-3)$ 时满足），方程的个数大于未知数的总数，例如，$m=6$ 就会有 $mn=36$ 个方程，包含 $3m+3n=36$（个）未知数，如果方程非奇异，将可以解出所有的未知数。数据处理实践告诉我们，这样的解将受到测量数据随机误差的充分影响，并且结果很可能是人们不满意的，这一难题的解决是把足够的测量数据点用于最小二乘法解中，但也会带来其他具体问题，因为用大量的跟踪测量数据点，方程的阶数就大得可怕，例如，$m=6$、$n=600$ 就有 $mn=3600$（个）方程，其中有 $3m+3n=1818$（阶），由此看来，EMBET 方法似乎只有理论上的意义，在实际应用中由于利用适度的冗余测量数据使正则方程的阶变得异常大，因此其在实际应用中困难较大，但因为对应 $n$ 个数据点的正则方程由不重叠的 $3\times3$ 子矩阵对角化构成，这样把一个 $3m+3n$ 阶的大矩阵分解成 $n$ 个 $3m$ 阶的小矩阵去计算成为可能。因此，EMBET 融合算法还需要下列数据处理约束条件。

（1）矩阵计算取决于测站的数目 $m$（更确切地说是误差参数的数目），与跟踪测量数据的点数无关；

（2）对于 $n \geqslant m$（恒定不变的情况），计算的次数实质上与 $m^2n$ 成正比，而不是与 $n^2$ 成正比，后者只有当正则方程的系数矩阵完全是非零时才出现，这就意味着假定目标飞行轨迹参数点数增加一倍，计算时间则增加 8 倍而不是 2 倍；

（3）待估参数过多易使运算过程中产生病态矩阵，导致算法模型的病态；

（4）有较佳测量几何和较长跟踪测量弧段；

（5）有较小的测量随机误差（数据处理的实践来看，设备随机误差通常要小于系统误差 0.1 倍）；

（6）采用先进的数据处理压缩技术控制求解参变量或许效果更佳。

### 5.3.2 样条约束融合算法分析

传统的 EMBET 方法由于待估参数过多且参数之间可能存在相关性，雅克比系数矩阵的病态程度常常很高，因而解出来的参数精度不是很高。根据轨迹方程和对方程中各力的分析可知，坐标分量的四阶导数都是绝对值很小的量，因此，在一段不长的时间内，轨道参数可以用三阶多项式表示。鉴于飞行轨迹的这个特点，可以用三阶样条多项式描述。

假定$\{(x_k,y_k)\}_{k=0}^{N}$有 $N+1$ 个点，其中 $a=x_0<x_1<\cdots<x_N=b$。如果存在 $N$ 个三次多项式 $S_k(x)$，系数为 $s_{k,0}$、$s_{k,1}$、$s_{k,2}$、$s_{k,3}$，且当 $x\in[x_k,x_{k+1}]$时，满足以下性质：

① $S(x)=S_k(x)=s_{k,0}+s_{k,1}(x-x_k)+s_{k,2}(x-x_k)^2+s_{k,3}(x-x_k)^3 \quad (k=0,1,\cdots,N-1)$；

② $S(x_k)=y_k \quad (k=0,1,\cdots,N)$；

③ $S_k(x_{k+1})=S_{k+1}(x_{k+1}) \quad (k=0,1,\cdots,N-2)$；

④ $S'_k(x_{k+1})=S'_{k+1}(x_{k+1})$；

⑤ $S''_k(x_{k+1})=S''_{k+1}(x_{k+1}) \quad (k=0,1,\cdots,N-2)$；

则称函数 $S(x)$为三次样条函数。

性质①描述了由分段三次多项式构成的 $S(x)$；性质②描述了对给定数据点集的分段三次插值；性质③保证 $S(x)$连续；性质④保证 $S(x)$光滑、$S'(x)$连续；性质⑤保证 $S'(x)$光滑、$S''(x)$连续。$S''(x)$在区间$[x_0,x_N]$是分段线性的，由线性拉格朗日插值，$S''(x)=S''_k(x)$可以表示为

$$S''_k(x)=S''(x_k)\frac{x-x_{k+1}}{x_k-x_{k+1}}+S''(x_{k+1})\frac{x-x_k}{x_{k+1}-x_k}$$

在目标跟踪测量数据处理过程中，跟踪测量设备对目标的跟踪弧段是确定的。例如，对于合作目标而言，目标飞行各机动时刻点是已知的，在这些点处，飞行轨迹参数 $\boldsymbol{X}(t)=(x(t),y(t),z(t),\ \dot{x}(t),\dot{y}(t),\dot{y}(t))^{\mathrm{T}}$关于时间 $t$ 的可微性要差一些，这些光滑性稍差一些的点作为样条函数的节点，可以用三次样条函数精确地表示目标的飞行轨迹。

建立观测方程：

$$\xi_k(t)=f_k(t,x,y,z,\dot{x},\dot{y},\dot{y})+u_k(t)+\varepsilon_k(t) \quad (k=1,2,\cdots,M) \tag{5-37}$$

式中：$f_k(\boldsymbol{X}(t))$为 $t$ 时刻测量元素真值与飞行轨迹参数之间的函数关系；$u_k(t)$为第 $k$ 个测量元素的系统误差；$\varepsilon_k(t)$为第 $k$ 个测量元素的随机误差序列；假设随机误差为高斯白噪声过程，则 $\xi_k(t)$表示测量组合中的第 $k$ 个测量元素在 $t$ 时刻的值。

当观测时刻为 $t_1,\cdots,t_N$ 时，观测方程组可写为矩阵形式，即

$$\boldsymbol{\Xi}_k=F_k(\boldsymbol{X})+\boldsymbol{U}_k+\boldsymbol{e}_k\quad(k=1,2,\cdots,m)\tag{5-38}$$

根据上述三次样条函数的性质，将目标飞行轨迹应用样条函数表示为

$$\begin{cases}x(t_i)=\boldsymbol{B}_x(t_i)\beta_x, & \dot{x}(t_i)=\dot{\boldsymbol{B}}_x(t_i)\beta_x\\ y(t_i)=\boldsymbol{B}_y(t_i)\beta_y, & \dot{y}(t_i)=\dot{\boldsymbol{B}}_y(t_i)\beta_y\quad(i=1,2,\cdots,N)\\ z(t_i)=\boldsymbol{B}_z(t_i)\beta_z, & \dot{z}(t_i)=\dot{\boldsymbol{B}}_z(t_i)\beta_z\end{cases}\tag{5-39}$$

式中：$\boldsymbol{B}_x(\cdot)$、$\boldsymbol{B}_y(\cdot)$ 和 $\boldsymbol{B}_z(\cdot)$ 分别为 $x$、$y$、$z$ 三个方向的样条基函数矩阵；$\beta_x$、$\beta_y$ 和 $\beta_z$ 为相应的样条系数。

将系统误差建模为

$$\boldsymbol{U}_k=Se_k(\boldsymbol{u}_k)\tag{5-40}$$

式中：$Se(\cdot)$ 为系统误差模型通常为常值、线性等简单模型；$u$ 为系统误差模型系数。

记 $\boldsymbol{B}(\cdot)=(\boldsymbol{B}_x^{\mathrm{T}}(\cdot),\ \boldsymbol{B}_y^{\mathrm{T}}(\cdot),\ \boldsymbol{B}_z^{\mathrm{T}}(\cdot))^{\mathrm{T}}$，$\boldsymbol{\beta}=(\boldsymbol{\beta}_x^{\mathrm{T}},\boldsymbol{\beta}_y^{\mathrm{T}},\boldsymbol{\beta}_z^{\mathrm{T}})^{\mathrm{T}}$，综上可得：

$$\boldsymbol{\Xi}_k=F_k(\boldsymbol{B}(t)\cdot\boldsymbol{\beta})+Se_k(u_k)+\boldsymbol{e}_k\quad(k=1,2,\cdots,m)\tag{5-41}$$

令 $\boldsymbol{\Xi}=(\boldsymbol{\Xi}_1,\boldsymbol{\Xi}_2,\cdots,\boldsymbol{\Xi}_M)^{\mathrm{T}}$，$\boldsymbol{e}=(e_1,e_2,\cdots,e_M)^{\mathrm{T}}$，$\boldsymbol{u}_k=(u_k(t_1),u_k(t_2),\cdots,u_k(t_N))^{\mathrm{T}}$，$\boldsymbol{u}=(\boldsymbol{u}_1,\boldsymbol{u}_2,\cdots,\boldsymbol{u}_M)^{\mathrm{T}}$，$F(\cdot)=(F_1(\cdot),F_2(\cdot),\cdots,F_M(\cdot))^{\mathrm{T}}$，$\boldsymbol{Se}(\cdot)=(Se_1(\cdot),Se_2(\cdot),\cdots,Se_M(\cdot))^{\mathrm{T}}$，则 $N$（个时刻）$\times M$（个测站）的测量数据联立可写成以下矩阵形式：

$$\boldsymbol{\Xi}=F(\boldsymbol{B}(t)\cdot\boldsymbol{\beta})+\boldsymbol{Se}(\boldsymbol{u})+\boldsymbol{e}\tag{5-42}$$

式（5-42）为基于样条约束的飞行轨迹测量数据融合模型，它简洁地表示出在整个时间段内所有测量数据和样条函数系数 $\boldsymbol{\beta}$ 与系统误差系数 $\boldsymbol{u}$ 的关系，是一个关于样条函数系数 $\boldsymbol{\beta}$ 与系统误差系数 $\boldsymbol{u}$ 的非线性方程。该方程可通过高斯-牛顿非线性最小二乘方法进行求解，步骤如下。

（1）$k=0$，对逐点最小二乘解的目标飞行轨迹进行样条拟合，得到初值 $\boldsymbol{\beta}^{(0)}$，确定存在系统误差的测量元素，在其上加入给定的系统误差模型，并给定模型系数的初值 $\boldsymbol{u}^{(0)}$（可设为零），需要注意的是，在不引起歧义的前提下，这里 $\boldsymbol{u}=(u_{i_1},u_{i_2},\cdots,u_{i_K})^{\mathrm{T}}$，其中指标集 $\{i_1,i_2,\cdots,i_K\}$ 为 $\{1,2,\cdots,M\}$ 的一个真子集，且 $K$ 不能太大，否则可能导致估计结果不可信。

（2）迭代计算 $\begin{pmatrix}\boldsymbol{\beta}^{(k)}\\ \boldsymbol{u}^{(k)}\end{pmatrix}=\begin{pmatrix}\boldsymbol{\beta}^{(k-1)}\\ \boldsymbol{u}^{(k-1)}\end{pmatrix}+(\boldsymbol{D}^{\mathrm{T}}\boldsymbol{D})^{-1}\boldsymbol{D}^{\mathrm{T}}(\boldsymbol{\Xi}-F(\boldsymbol{B}(t)\cdot\boldsymbol{\beta}^{(k-1)})-\boldsymbol{Se}(u^{(k-1)}))$，其中，$\boldsymbol{D}=\begin{bmatrix}\dfrac{\partial F(\cdot)}{\partial\boldsymbol{\beta}} & \\ & \dfrac{\partial F(\cdot)}{\partial\boldsymbol{u}}\end{bmatrix}$。

（3）确定迭代终止条件。如果 $\left|\mathrm{Rss}\begin{pmatrix}\boldsymbol{\beta}^{(k)}\\ \boldsymbol{u}^{(k)}\end{pmatrix}-\mathrm{Rss}\begin{pmatrix}\boldsymbol{\beta}^{(k-1)}\\ \boldsymbol{u}^{(k-1)}\end{pmatrix}\right|<\delta$，转步骤（4）；反之，令 $k=k+1$，转步骤（2）。其中 Rss(·)表示测量元素残差，$\delta$ 为给定的终止条件值。

（4）确定系数估计结果，即 $\begin{pmatrix}\hat{\boldsymbol{\beta}}\\ \hat{\boldsymbol{u}}\end{pmatrix}=\begin{pmatrix}\boldsymbol{\beta}^{(k)}\\ \boldsymbol{u}^{(k)}\end{pmatrix}$，将其代入式（5-38）和式（5-39），即可获取估计的目标飞行轨迹参数及模型系统误差。

### 5.3.3 算例分析

基于样条 EMBET 的异源测量元素融合算法融合光学、脉冲雷达、USB 和多测速等设备测量元素，在同一框架下处理可得到高精度的目标飞行状态结果。以某次目标跟踪测量任务脉冲雷达和多测速系统测量数据为例，分别采用最小二乘估计算法和样条 EMBET 算法进行实例分析计算，并以高精度 GPS 参数作为标准飞行轨迹进行对比分析，可分以下两种情况。

（1）GPS 数据不参与融合情况下的目标飞行轨迹计算及比对分析。

此种情况下，GPS 数据不参与融合计算，只作为标准飞行轨迹和计算结果进行对比分析。跟踪时间段为 350～550s，参加计算的设备为一套多测速系统($n\dot{S}$)和两台脉冲雷达($R,E,A$)。计算对比结果如图 5-3 所示。

从图 5-3 可以看出，在没有高精度 GPS 数据参与计算的情况下，两种方法与 GPS 位置坐标相差均在 200m 以内，相比较而言，样条 EMBET 计算结果和 GPS 参数符合性更高，其与 GPS 参数的差值也更小（3 个方向分量差值基本在 100m 以内）；就分速度而言，除随机扰动外，样条 EMBET 计算的速度分量更加稳定。

（2）GPS 数据参与融合情况下的目标飞行轨迹计算及比对分析。

此种情况下，GPS 伪距直接作为观测量元素参与融合计算。跟踪时间段同样为 350～550s，参加计算的设备为一套多测速系统($n\dot{S}$)、一台 GPS 设备($n\rho\dot{\rho}$)和两台脉冲雷达($R,E,A$)。计算对比结果如图 5-4 所示。

从图 5-4 中各位置和速度分量对比结果可以看出，GPS 数据参与目标飞行轨迹解算对两种算法计算结果可靠性有很大提高。这两种方法与 GPS 位置坐标相差均在 60m 以内，相比较而言，样条 EMBET 计算结果与 GPS 参数高度吻合，其与 GPS 参数的差值也更小（3 个方向分量差值基本在米级以内）；就分速度而言，除随机扰动外，样条 EMBET 计算的速度分量更加稳定，与 GPS 参数也更加符合。

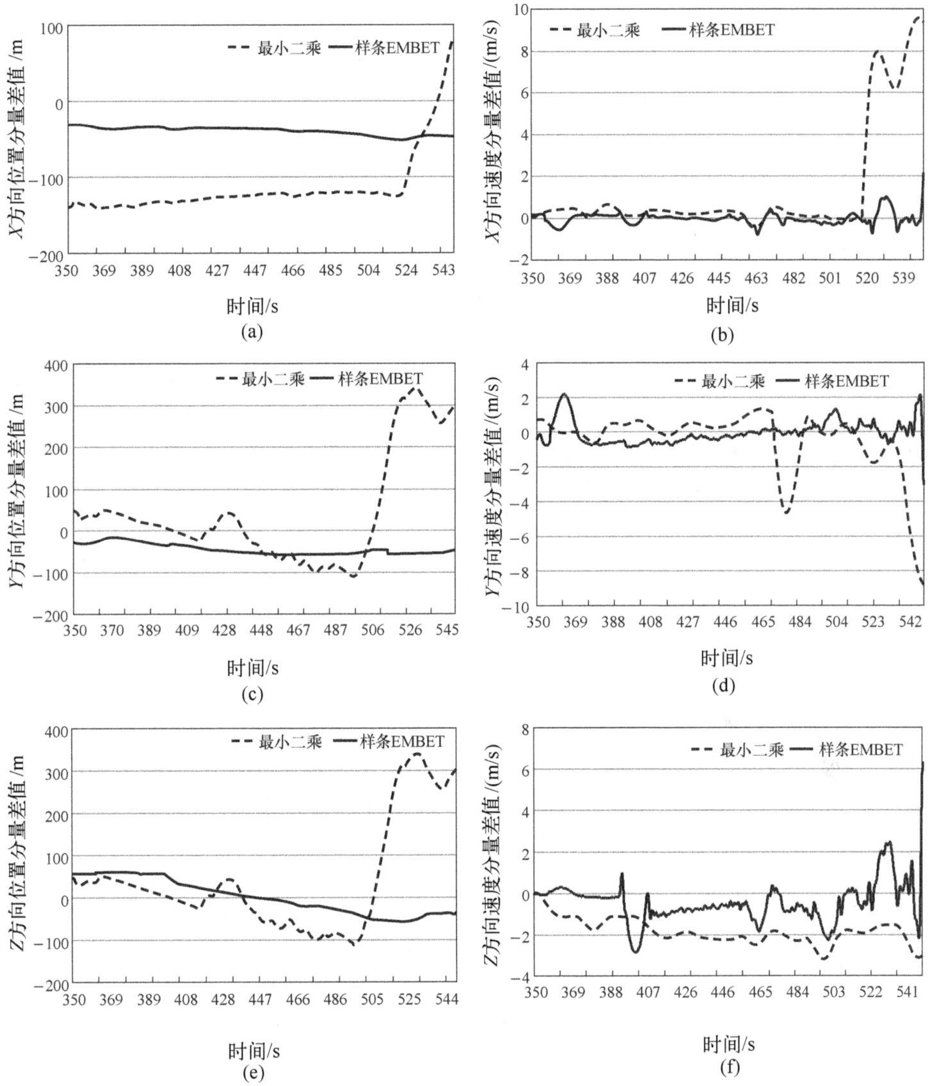


**图 5-3　两种算法计算结果与标准 GPS 参数的差值曲线（GPS 数据不参与计算）**

（a）*X* 方向位置分量；（b）*X* 方向速度分量；（c）*Y* 方向位置分量；
（d）*Y* 方向速度分量；（e）*Z* 方向位置分量；（f）*Z* 方向速度分量。

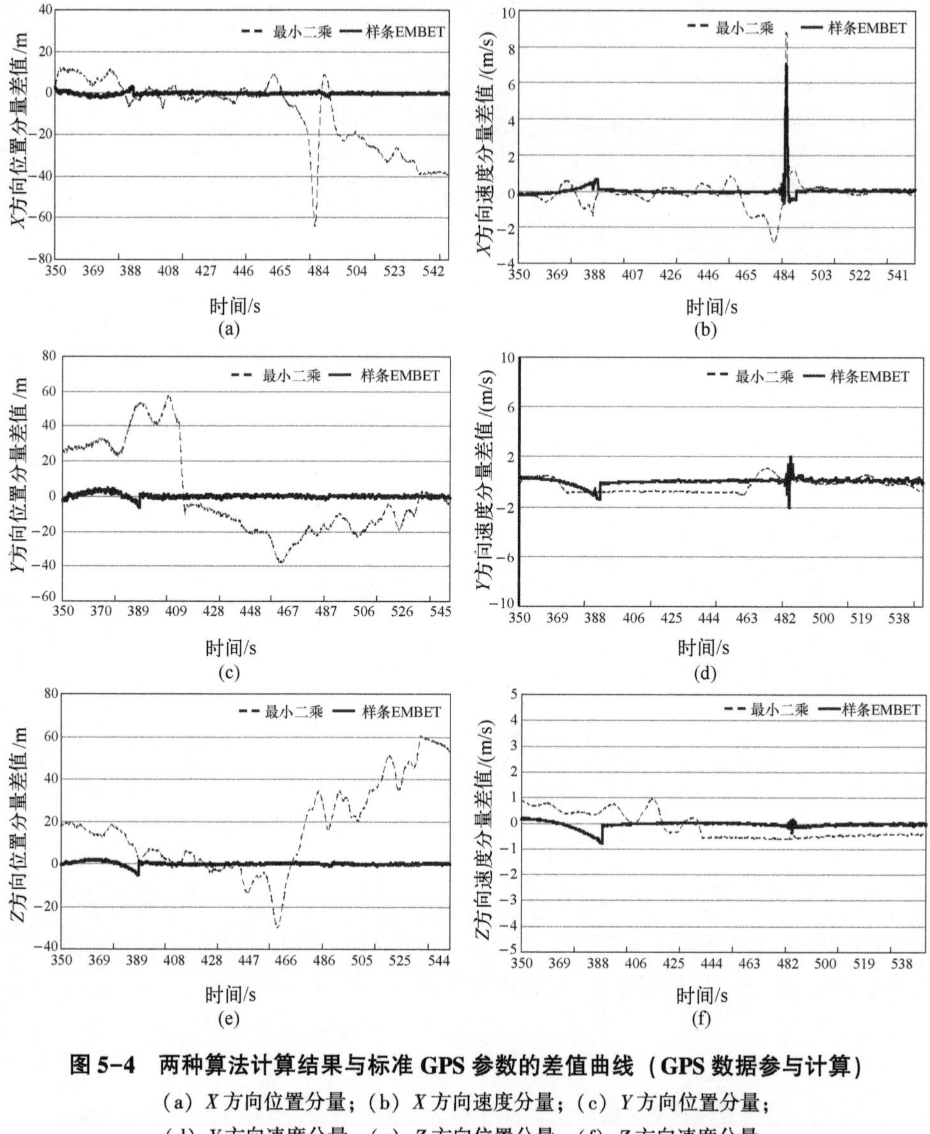


**图5-4　两种算法计算结果与标准GPS参数的差值曲线（GPS数据参与计算）**

（a）X方向位置分量；（b）X方向速度分量；（c）Y方向位置分量；
（d）Y方向速度分量；（e）Z方向位置分量；（f）Z方向速度分量。

# 5.4 改进递推最小二乘目标状态融合

在空间目标跟踪测量数据融合处理中，通常采用多台交会最小二乘估计进行目标飞行状态参数解算。基于最小二乘准则的非线性回归模型属于无约束优化范畴，通常采用高斯-牛顿法或改进的高斯-牛顿法以及其他优化方法进行求解。线性化加权最小二乘算法是广泛采用的一种纯定位算法之一，该方法首先需要获得目标的初始估计值，然后再利用泰勒级数展开获得线性化方程组，进而用最小二乘法进行求解，可得目标位置估计值。当测量误差为零均值高斯白噪声时，该方法是统计上的最佳无偏估计。但该方法假设的是不存在传感器站址误差的情形，并且只适用于测量误差很小且初始值估计比较准确的情况。在采用最小二乘法进行信息融合时，要求其参数估计式$\hat{\boldsymbol{\theta}}=(\boldsymbol{X}^{\mathrm{T}}\boldsymbol{X})^{-1}\boldsymbol{X}^{\mathrm{T}}\boldsymbol{Y}$ 中 $\boldsymbol{X}^{\mathrm{T}}\boldsymbol{X}$ 必须是可逆矩阵，所以当模型变量的多重相关性严重时，或当系统中样本容量少于变量个数时，参数估计式一般就会失效。而递推最小二乘能够减少测量误差的影响，可不迭代，对于干扰有较好的鲁棒性，并且是全局收敛的。基于递推最小二乘估计的融合定位算法，克服了传统最小二乘算法运算量大、算法鲁棒性不足的缺点，进一步降低了运算过程中对数据存储量的要求，使系统的处理速度和稳定性得到提高。

## 5.4.1 原理及其数学模型

设系统动态过程的数学模型为

$$A(z^{-1})y(k)=B(z^{-1})u(k-d)+e(k) \tag{5-43}$$

式中：$u(k)$和$y(k)$为过程的输入输出量；$e(k)$为噪声；多项式$A(z^{-1})=1+a_1z^{-1}+a_2z^{-2}+\cdots+a_{n_a}z^{-n_a}$，$B(z^{-1})=b_0+b_1z^{-1}+b_2z^{-2}+\cdots+b_{n_b}z^{-n_b}$，$n_a$、$n_b$ 和 $d$ 已知。

式（5-43）化成最小二乘格式为

$$\boldsymbol{y}(k)=\boldsymbol{\Phi}^{\mathrm{T}}(k)\boldsymbol{\theta}+\boldsymbol{e}(k) \tag{5-44}$$

式中：$\boldsymbol{\Phi}^{\mathrm{T}}(k)=[-y(k-1),-y(k-2),\cdots,-y(k-n_a),u(k-d),u(k-d-1),\cdots u(k-d-n_b)]$为输入-输出观测向量；$\boldsymbol{\theta}=(a_1,a_2,\cdots,a_{n_a},b_0,b_1,\cdots,b_{n_b})^{\mathrm{T}}$，为待估计的参数向量。

系统的递推最小二乘基本算法可表示为

$$\boldsymbol{P}(k)=\boldsymbol{P}(k-1)-\boldsymbol{K}(k)\boldsymbol{\Phi}^{\mathrm{T}}(k)\boldsymbol{P}(k-1) \tag{5-45}$$

$$\boldsymbol{K}(k)=\boldsymbol{P}(k-1)\boldsymbol{\Phi}(k)[\boldsymbol{I}+\boldsymbol{\Phi}^{\mathrm{T}}(k)\boldsymbol{P}(k-1)\boldsymbol{\Phi}(k)]^{-1} \tag{5-46}$$

$$\hat{\boldsymbol{\theta}}(k)=\hat{\boldsymbol{\theta}}(k-1)+\boldsymbol{K}(k)[\boldsymbol{y}(k)-\boldsymbol{\Phi}^{\mathrm{T}}(k)\hat{\boldsymbol{\theta}}(k-1)] \tag{5-47}$$

式（5-45）、式（5-46）、式（5-47）中：$\boldsymbol{P}(k)$、$\boldsymbol{P}(k-1)$为第 $k$ 步与第 $k-1$ 步误差协方差阵；$\boldsymbol{K}(k)$为第 $k$ 步增益阵；$\hat{\boldsymbol{\theta}}(k)$、$\hat{\boldsymbol{\theta}}(k-1)$为模型的参数向量；$\boldsymbol{y}(k)$为模型新的输出向量；$\boldsymbol{\Phi}^{\mathrm{T}}(k)$为模型新的输入向量。

递推最小二乘算法的基本思想就是在有新的系统输入、输出量的情况下，不断对原有系统参数的估计量加以修正，从而计算出新的更能反映状态的参数估计量，即新的估计值 $\hat{\boldsymbol{\theta}}(k)$= 旧的估计值 $\hat{\boldsymbol{\theta}}(k-1)$ +修正值,新的估计值 $\hat{\boldsymbol{\theta}}(k)$是在旧估计值 $\hat{\boldsymbol{\theta}}(k-1)$的基础上修正而成的。

## 5.4.2 算法改进

### 1. 算法介绍

线性回归估计的递推最小二乘估计方法具有实时性强、计算量小等优点，当雷达、光电经纬仪测量数据有冗余时，可采用此方法来解算目标飞行的位置参数。应用递推最小二乘算法的目标融合定位方法具体步骤如下。

（1）由各设备的观测数据 $R_i$、$A_i$、$E_i$，根据式（5-48）计算得出各自的目标在发射坐标系中的坐标 $\boldsymbol{X}_i=(x_{ij},y_{ij},z_{ij})^{\mathrm{T}}(i=1,2,\cdots,m;j=1,2,\cdots,N)$。

$$\boldsymbol{X}_i=\begin{pmatrix}R_i\cos A_i\cos E_i\\R_i\sin E_i\\R_i\cos A_i\sin E_i\end{pmatrix}+\begin{pmatrix}x_{0i}\\y_{0i}\\z_{0i}\end{pmatrix}\tag{5-48}$$

式中：$(x_{0i}、y_{0i}、z_{0i})^{\mathrm{T}}$为站址坐标。

第 $i$ 台设备计算出的目标位置参数 $\boldsymbol{X}_i$ 的误差协方差阵为 $\boldsymbol{P}_i(i=1,2,\cdots,m)$，即

$$\boldsymbol{P}_i=\begin{bmatrix}\sigma_{x_i}^2&\sigma_{x_iy_i}&\sigma_{x_iz_i}\\\sigma_{y_ix_i}&\sigma_{y}^2&\sigma_{y_iz_i}\\\sigma_{z_ix_i}&\sigma_{z_iy_i}&\sigma_{z_i}^2\end{bmatrix}\tag{5-49}$$

（2）目标初值计算。选取第 $i$ 台设备的定位数据作为目标坐标初值$\hat{\boldsymbol{X}}_i^0=(x_i^0,y_i^0,z_i^0)^{\mathrm{T}}$。相应的误差协方差阵为 $\boldsymbol{P}_{\hat{X}_i^0}(i=1,2,\cdots,m)$。

（3）利用式（5-50）、式（5-52）计算 $i$ 台设备融合估计的目标位置参数：

$$\hat{\boldsymbol{X}}_i=\hat{\boldsymbol{X}}_{i-1}+\boldsymbol{K}_i(\boldsymbol{X}_i-\hat{\boldsymbol{X}}_{i-1})\tag{5-50}$$

$$\boldsymbol{K}_i=\boldsymbol{P}_{\hat{X}_{i-1}}(\boldsymbol{P}_{\hat{X}_{i-1}}+\boldsymbol{P}_{\hat{X}_i^0})^{-1}\quad(i=1,2,\cdots,m)\tag{5-51}$$

$$\boldsymbol{P}_{\hat{X}_i}=\boldsymbol{P}_{\hat{X}_{i-1}}-\boldsymbol{P}_{\hat{X}_{i-1}}(\boldsymbol{P}_{\hat{X}_{i-1}}+\boldsymbol{P}_{\hat{X}_i^0})^{-1}\boldsymbol{P}_{\hat{X}_{i-1}}\tag{5-52}$$

式（5-50）～式（5-52）中：$\boldsymbol{K}_i$ 为增益矩阵；$\boldsymbol{P}_{\hat{X}_i}$ 为由 $\hat{\boldsymbol{X}}_i$ 计算得到的误差协方差阵。

**2. 速度参数解算**

若参与计算的各设备能得到精度较高的斜距变化率$\dot{R}$，则在位置分量$(x,y,z)$微分平滑获得分速度$(\dot{x},\dot{y},\dot{z})$的基础上，对$\dot{R}$观测量可以应用递推最小二乘估计，得到精确的分速度。为此，以具有两个$\dot{R}$为例，并假设第 1、2 台的观测量为$\dot{R}_i(i=1,2)$，则有

$$\hat{\dot{\boldsymbol{X}}}=\dot{\boldsymbol{X}}+\boldsymbol{K}(\dot{\boldsymbol{W}}-\hat{\dot{\boldsymbol{W}}}) \tag{5-53}$$

式中：$\hat{\dot{\boldsymbol{X}}}=(\hat{\dot{x}},\hat{\dot{y}},\hat{\dot{z}})^{\mathrm{T}}$为新的分速度参数估计值；$\dot{\boldsymbol{X}}=(\dot{x},\dot{y},\dot{z})^{\mathrm{T}}$为微分平滑后分速度参数；$\dot{\boldsymbol{W}}=(\dot{R}_1,\dot{R}_2)^{\mathrm{T}}$为观测向量；$\hat{\dot{\boldsymbol{W}}}=(\hat{\dot{R}}_1,\hat{\dot{R}}_2)^{\mathrm{T}}$，由$(\dot{x},\dot{y},\dot{z})$和$(x,y,z)$代入式（5-54）得到，即

$$\hat{\dot{R}}_i=\frac{x-x_i}{R_i}\dot{x}+\frac{y-y_i}{R_i}\dot{y}+\frac{z-z_i}{R_i}\dot{z} \quad (i=1,2) \tag{5-54}$$

式中：$x_i$，$y_i$，$z_i$为第 $i$ 台设备的站址坐标；$R_i=[(x-x_i)^2+(y-y_i)^2+(z-z_i)^2]^{\frac{1}{2}}$。

增益矩阵 $\boldsymbol{K}$ 为

$$\boldsymbol{K}=\boldsymbol{P}_{\dot{X}}\boldsymbol{H}^{\mathrm{T}}(\boldsymbol{P}_{\dot{R}}+\boldsymbol{H}\boldsymbol{P}_{\dot{X}}\boldsymbol{H}^{\mathrm{T}})^{-1} \tag{5-55}$$

式中：$\boldsymbol{P}_{\dot{X}}$ 为微分平滑后的估计值 $\dot{\boldsymbol{X}}=(\dot{x},\dot{y},\dot{z})^{\mathrm{T}}$的误差协方差阵，有

$$\boldsymbol{H}=\begin{bmatrix}\dfrac{x-x_1}{R_1} & \dfrac{y-y_1}{R_1} & \dfrac{z-z_1}{R_1}\\ \dfrac{x-x_2}{R_2} & \dfrac{y-y_2}{R_2} & \dfrac{z-z_2}{R_2}\end{bmatrix},\quad \boldsymbol{P}_{\dot{R}}=\begin{bmatrix}\sigma_{\dot{R}_1}^2 & 0\\ 0 & \sigma_{\dot{R}_2}^2\end{bmatrix}$$

式中：$\sigma_{\dot{R}_i}^2$为$\dot{R}_i$的随机误差均方差；由递推最小二乘估计可知，$\hat{\dot{\boldsymbol{X}}}=(\hat{\dot{x}},\hat{\dot{y}},\hat{\dot{z}})^{\mathrm{T}}$的误差协方差阵为

$$\boldsymbol{P}_{\hat{\dot{X}}}=\boldsymbol{P}_{\dot{X}}-\boldsymbol{K}\boldsymbol{H}\boldsymbol{P}_{\dot{X}} \tag{5-56}$$

当只有一个$\dot{R}$观测数据时，只要稍加变化，按同样原理可以得到相应的估计表达式。

### 5.4.3 算例分析

以某次目标跟踪测量任务 3 台脉冲雷达观测数据为对象进行算例分析。经过各种系统误差修正后，分别进行单台定位计算。图 5-5 为 3 台雷达单台定位计算精度和递推最小二乘融合定位计算的各方向位置和速度精度比较曲线图。

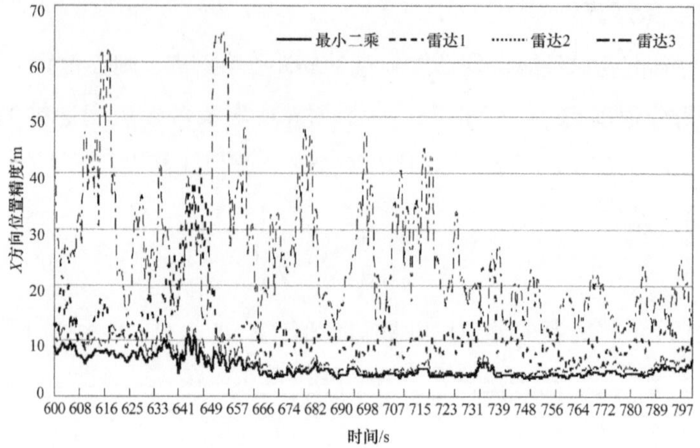
最小二乘
雷达1
雷达2
雷达3
X方向位置精度/m
时间/s
0 10 20 30 40 50 60 70
600 608 616 625 633 641 649 657 666 674 682 690 698 707 715 723 731 739 748 756 764 772 780 789 797

(a)

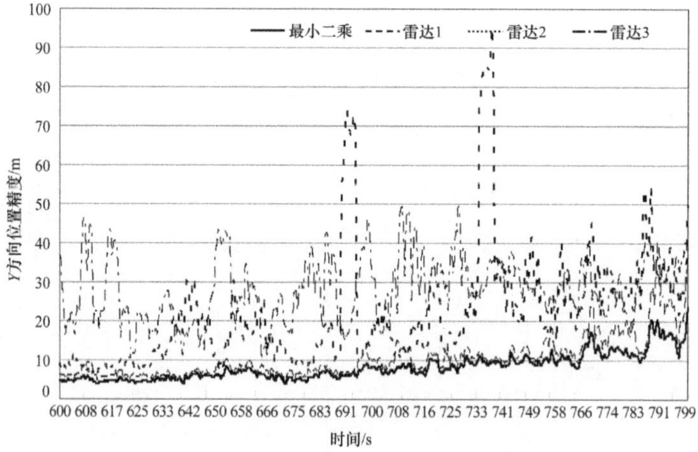
最小二乘
雷达1
雷达2
雷达3
Y方向位置精度/m
时间/s
0 10 20 30 40 50 60 70 80 90 100
600 608 617 625 633 642 650 658 666 675 683 691 700 708 716 725 733 741 749 758 766 774 783 791 799

(b)

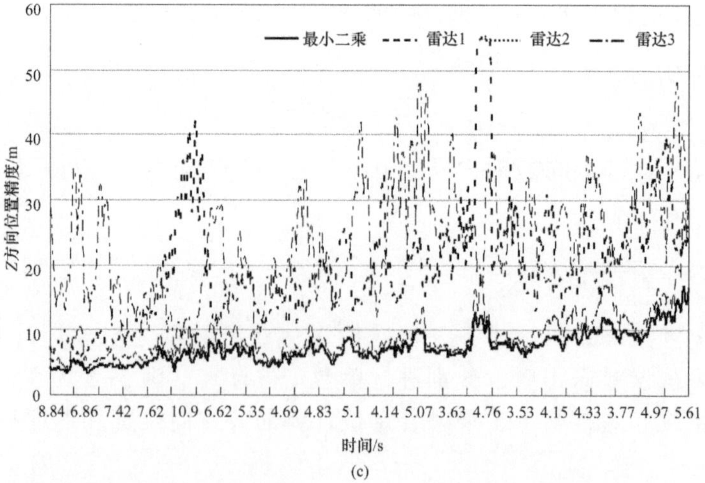
最小二乘
雷达1
雷达2
雷达3
Z方向位置精度/m
时间/s
0 10 20 30 40 50 60
8.84 6.86 7.42 7.62 10.9 6.62 5.35 4.69 4.83 5.1 4.14 5.07 3.63 4.76 3.53 4.15 4.33 3.77 4.97 5.61

(c)

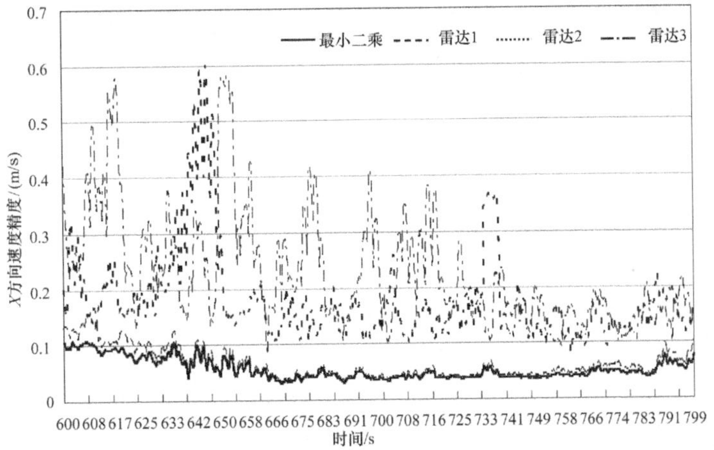


(d)

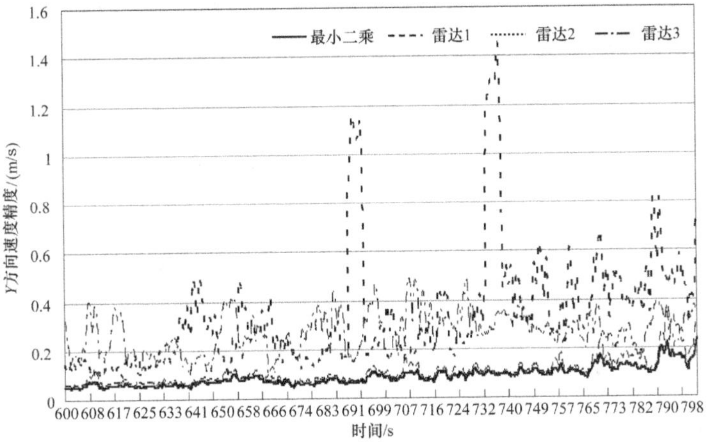


(e)

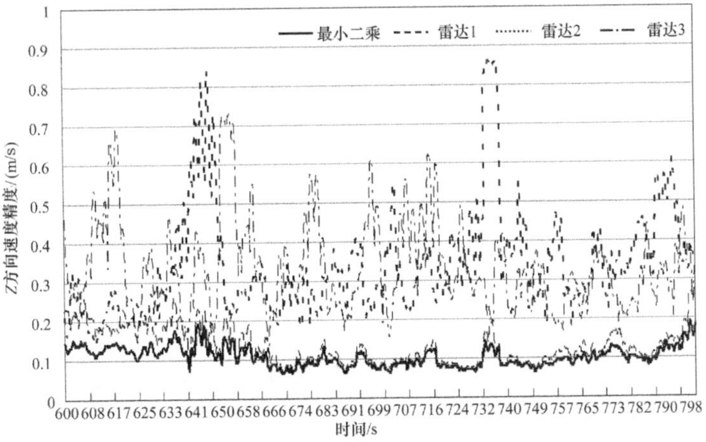


(f)

**图 5-5　单台定位与递推最小二乘融合定位计算精度比较曲线**

(a) *X* 方向位置精度；(b) *Y* 方向位置精度；(c) *Z* 方向位置精度；

(d) *X* 方向速度精度；(e) *Y* 方向速度精度；(f) *Z* 方向速度精度。

从图 5-5 中可以看出，在单台计算目标位置精度结果中，雷达 1 定位精度最高，雷达 2 和雷达 3 定位精度相当，与雷达 1 相比稍差，而递推最小二乘定位精度最高。通常认为，在不知道真实目标状态的情况下，精度越高，目标飞行状态的准确性和可靠性就越好。

## 5.5 拟稳平差自校准目标状态融合

如前文所述，传统 EMBET 自校准技术针对飞行试验时多台（套）测量设备提供的较长测量弧段的数据，在观测方程中引入系统误差模型，利用矩阵分块理论和统计估计（最小二乘）的方法，在解算目标飞行状态参数的同时，也估计出系统误差参数。然而，使用该技术进行自校准，要使系统误差能准确地估值，条件比较苛刻，且当引入线性误差模型时，常因模型参数过多或相互间相关性很强，造成解算参数方程的病态，从而影响参数估计的效果。为此，本节提出一种新的思路，即将系统误差当作待估参数，借鉴监测网拟稳平差的思想，采用选群拟合的办法求解待估参数。

### 5.5.1 数据模型

以 $m$ 台测距雷达联合测量为例，设各雷达的测量数据仅含系统误差和随机误差，则第 $i$ 台雷达距离数据 $R_{ij}$在 $t_j$时刻的观测方程为

$$R_{ij}=\sqrt{(x_j-x_i)^2+(y_j-y_i)^2+(z_j-z_i)^2}+a_{ij}+\varepsilon_{ij} \quad (i=1,2,\cdots,m) \tag{5-57}$$

式中：$x_j$、$y_j$、$z_j$为 $t_j$时刻目标的位置参数；$x_i$、$y_i$、$z_i$为第 $i$ 台雷达的站址坐标；$a_{ij}$为未知的系统误差；$\varepsilon_{ij}$为随机误差。

获得 $N$ 个采样时刻的观测数据后，将式（5-57）联立，则有

$$R_{ij}=\sqrt{(x_j-x_i)^2+(y_j-y_i)^2+(z_j-z_i)^2}+a_{ij}+\varepsilon_{ij} \tag{5-58}$$

式中：$i=1,2,\cdots,m$；$j=1,2,\cdots,N$。

通常，观测方程是非线性方程，为方便起见，假设观测方程已经线性化。则经整理后可得矩阵方程为

$$\boldsymbol{Y}=\boldsymbol{A}\boldsymbol{X}+\boldsymbol{\Delta}+\boldsymbol{\varepsilon} \tag{5-59}$$

式中：$\boldsymbol{X}$ 为 $kN$ 维待估的位置参数向量；$\boldsymbol{\Delta}$ 为 $mN$ 维系统误差向量；$\boldsymbol{\varepsilon}$ 为 $mN$ 维观测白噪声向量；$\boldsymbol{Y}$ 为 $mN$ 维观测值向量；$\boldsymbol{A}$ 为 $mN\times kN$ 阶系数矩阵（非线性观测函数对位置参数的偏导数在初始点的值），列满秩，$m>k$（注：$k$ 为某一时刻待估参数个数，在实际任务处理中，$k=3$，即位置参数 $x$、$y$、$z$，而 $m$ 为测量元素个数，因为每台设备至少测得两个以上的测量元素，故 $m>k$ 成立，本节为了简

便起见，只对测量元素 $R$ 进行分析，因此 $m$ 指的是参试设备的台数)。

令 $\boldsymbol{s}=\boldsymbol{\Delta}+\boldsymbol{\varepsilon}$，则式（5-47）可写为

$$\boldsymbol{AX}+\boldsymbol{s}=\boldsymbol{Y} \tag{5-60}$$

式（5-60）中共有$(k+m)N$个待估参数，有 $mN$ 个观测，因此式（5-60）是秩亏方程。利用平差因子 $\boldsymbol{T}=\boldsymbol{I}-\boldsymbol{A}(\boldsymbol{A}^{\mathrm{T}}\boldsymbol{PA})^{-1}\boldsymbol{A}^{\mathrm{T}}\boldsymbol{P}$ 作用于式（5-60）（其中 $\boldsymbol{I}$ 为 $mN$ 阶单位阵，$\boldsymbol{P}$ 为权矩阵)，则有

$$\boldsymbol{Ts}=\boldsymbol{TY} \tag{5-61}$$

将平差因子 $\boldsymbol{T}$ 做奇异值分解：$\boldsymbol{T}=\boldsymbol{UDV}^{\mathrm{T}}$，不考虑 $\boldsymbol{U}$、$\boldsymbol{D}$，则 $\boldsymbol{V}=(\boldsymbol{V}_1,\boldsymbol{V}_2)$为正交矩阵。

做参数变换：

$$\boldsymbol{s}=\boldsymbol{VZ}=\boldsymbol{V}_1\boldsymbol{Z}_1+\boldsymbol{V}_2\boldsymbol{Z}_2\overset{\Delta}{=}\boldsymbol{s}_1+\boldsymbol{s}_2 \tag{5-62}$$

将式（5-62）代入式（5-61)，并注意到 $\boldsymbol{s}_1=\boldsymbol{V}_1\boldsymbol{Z}_1=\boldsymbol{V}_1\boldsymbol{V}_1^{\mathrm{T}}\boldsymbol{Y}$ 可先计算出，故有

$$\boldsymbol{AX}+\boldsymbol{s}_2=\boldsymbol{AX}+\boldsymbol{V}_2\boldsymbol{Z}_2=\boldsymbol{Y}-\boldsymbol{s}_1\overset{\Delta}{=}\boldsymbol{L}_1 \tag{5-63}$$

或写成以下形式：

$$(\boldsymbol{V}_2\boldsymbol{A})\begin{pmatrix}\boldsymbol{Z}_2\\ \boldsymbol{X}\end{pmatrix}\overset{\Delta}{=}\boldsymbol{BW}=\boldsymbol{L}_1 \tag{5-64}$$

式中：$\boldsymbol{B}=(\boldsymbol{V}_2,\boldsymbol{A})$，为 $mN\times 2kN$ 阶矩阵，秩亏为 $kN$；$\boldsymbol{W}$ 为 $2kN$ 维未知数向量。经过参数变换式（5-62）后，未知参数维数降低了。

### 5.5.2 融合定位参数解算

经过参数变换后的式（5-64）仍是秩方方程。解算此类方程可借鉴“拟稳平差”思想，利用先验信息将待估参数分群，然后对部分参数附加约束，获得确定解。本节基于拟稳平差思想，对未知参数进行估计。

给定初始序列 $\boldsymbol{X}_0$。另在式（5-64）的 $\boldsymbol{Z}_2$部分选出一个参数，与 $\boldsymbol{X}$ 共同构成 $kN+1$ 个“拟准参数”，附加“拟准参数的改正数范数极小”的条件，求式（5-64）的确定解。

令 $\boldsymbol{C}=\boldsymbol{B}^{\mathrm{T}}\boldsymbol{B}$，对 $\boldsymbol{C}$ 做奇异分解 $\boldsymbol{C}=\boldsymbol{U}_C\boldsymbol{D}_C\boldsymbol{V}_C^{\mathrm{T}}$，不考虑 $\boldsymbol{D}_{C'}\ \boldsymbol{V}_C^{\mathrm{T}}$。设 $\boldsymbol{U}_C=(\boldsymbol{U}_{C_1},\boldsymbol{U}_{C_2})$，再将 $\boldsymbol{U}_{C_2}$分块，$\boldsymbol{U}_{C_2}=\begin{pmatrix}\boldsymbol{U}_{C_{21}}\\ \boldsymbol{U}_{C_{22}}\end{pmatrix}$，其中 $\boldsymbol{U}_{C_{21}}$是$(kN-1)\times kN$ 矩阵，$\boldsymbol{U}_{C_{22}}$是$(kN+1)\times kN$ 矩阵，于是问题就转化为解方程组：

$$\begin{cases}\boldsymbol{CW}=\boldsymbol{B}^{\mathrm{T}}\boldsymbol{L}_1\\ \boldsymbol{S}_Q\boldsymbol{W}=\boldsymbol{0}\end{cases} \tag{5-65}$$

这里 $\underset{kN\times 2kN}{\boldsymbol{S}_Q}=(\boldsymbol{0},\boldsymbol{U}_{C_{22}}^{\mathrm{T}})$。求解带约束条件的方程组（5-65），最后得到：

$$\hat{\boldsymbol{W}}=\begin{pmatrix}\hat{\boldsymbol{Z}}_2\\ \hat{\boldsymbol{X}}\end{pmatrix}=(\boldsymbol{C}+\boldsymbol{S}_Q^{\mathrm{T}}\boldsymbol{S}_Q)^{-1}\boldsymbol{B}^{\mathrm{T}}\boldsymbol{L}_1 \tag{5-66}$$

可以用以下算法完成“拟准参数”的选取：参数 $\boldsymbol{X}$ 必选，另一个参数在 $\boldsymbol{Z}_2$ 中轮着选取，共计算 $kN$ 次，然后比较各次算得的$\hat{\boldsymbol{X}}^{\mathrm{T}}\hat{\boldsymbol{X}}$（共 $kN$ 个值），取对应$\hat{\boldsymbol{X}}^{\mathrm{T}}\hat{\boldsymbol{X}}$值最小的一组为最合适的选择，由此得到$\hat{\boldsymbol{W}}$值的最终结果。

在实际任务中，随机误差 $\boldsymbol{\varepsilon}$ 可通过统计方法得到，再由式（5-62）算出$\hat{s}$，即可推算出：

$$\hat{\boldsymbol{\Delta}}=\hat{\boldsymbol{s}}-\hat{\boldsymbol{\varepsilon}} \tag{5-67}$$

### 5.5.3 算例分析

以某次空间目标跟踪测量任务为例，对 3 台雷达设备的测量数据分别采用传统方法与本节方法进行仿真分析。融合时间段为 290.50～464.95s。

从图 5-6～图 5-11 可以看出，本节算法可以得到和传统算法效果相当的坐标和精度结果。图 5-7、图 5-9 和图 5-11 的精度比较曲线表明，传统算法将各测量元素系统误差当作常值估计，系统误差修正后的测量元素数据仍存在一定的系统性偏差，基于最小二乘原理的传统算法结果部分吸收了系统误差的影响，造成解算结果的偏差。本节方法可以很好地减小系统误差对融合精度的影响，提高结果的可靠性。

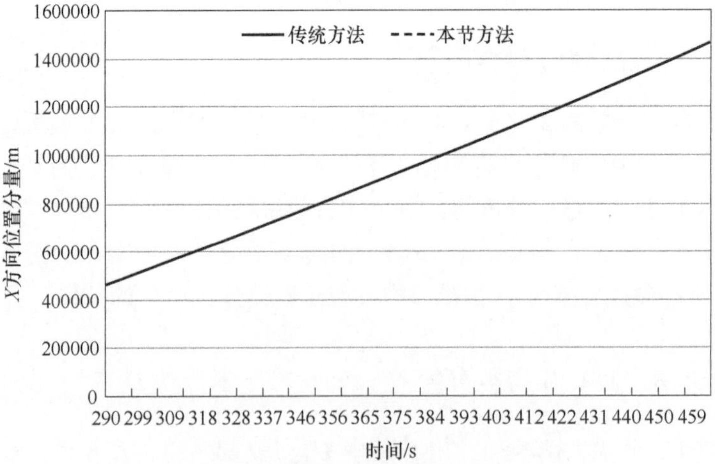


**图 5-6 坐标比较曲线（X 方向）**

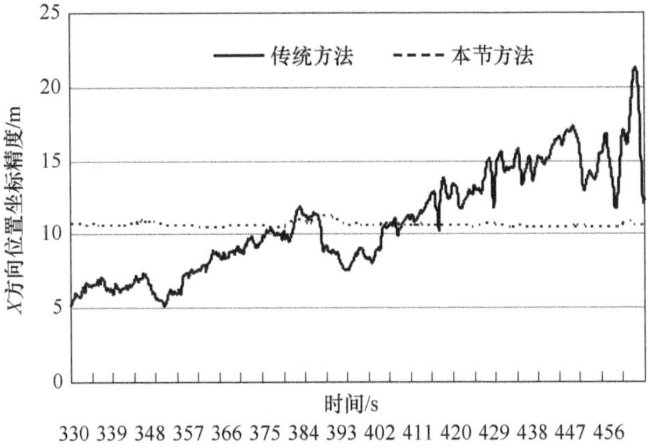


**图 5-7　精度比较曲线（*X* 方向）**

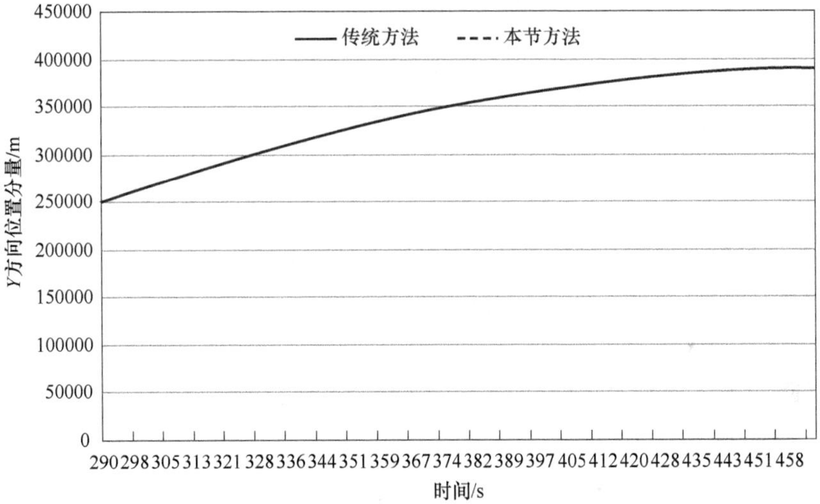


**图 5-8　坐标比较曲线（*Y* 方向）**

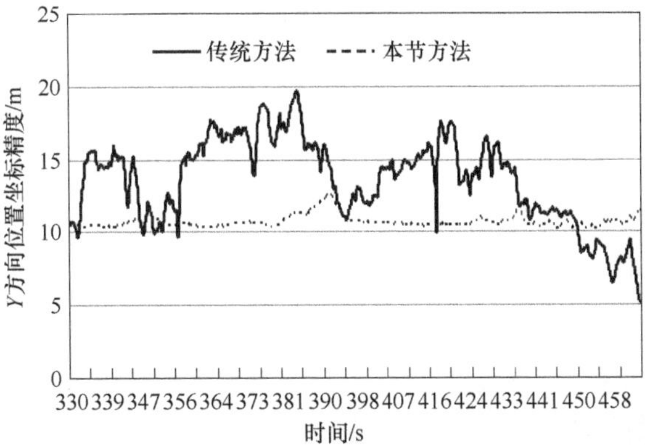


**图 5-9　精度比较曲线（*Y* 方向）**

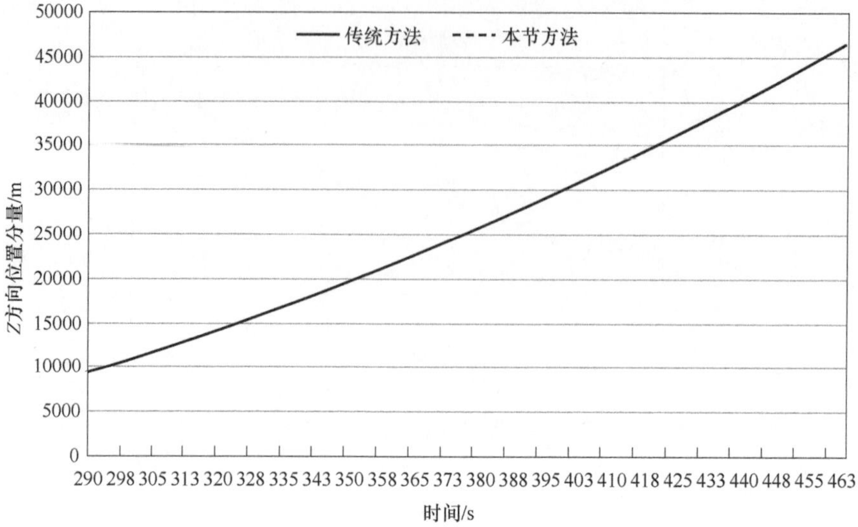


图 5-10 坐标比较曲线（Z 方向）

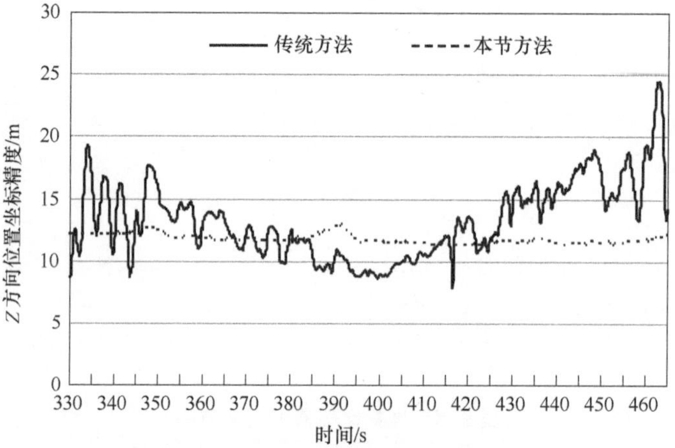


图 5-11 精度比较曲线（Z 方向）

## 5.6 GNSS 测量数据融合处理

目前，在空间目标跟踪测量中，合作目标大多配置了 GPS/GLONASS 多模导航接收机，随着北斗导航系统（BDS）的应用，合作目标上也安装了兼容北斗导航系统的 GNSS 导航接收机，这改善了观测卫星相对于目标的几何分布，克服了单导航系统由于高动态或机动段目标机动干扰而无法观测到足够的卫星问题，使定位完好性和可靠性都有较大提高。然而在目标跟踪 GNSS 观测数据处理时，由于 GPS、GLONASS 和 BDS 系统的观测精度不同，在观测数据质量上差异较大，其观测值的噪声特性不明确，因此很难适当地确定权矩阵。通常的做法是赋予一个简单的权矩阵，比如单位阵，这可能会造成在融合定位中由于冗余信息过多，反而定位精度差的现象，即观测信息的增加不一定会改善定位精度。因此，如何既最大限度地合理利用观测数据，又保证目标跟踪 GNSS 飞行参数结果精度最优，是目标跟踪 GNSS 数据融合处理的关键问题。利用先验精度确定的权矩阵通常不能完全反应各类观测值的实际精度或精度结果的可信度，为了得到最优的融合定位结果，应尽可能正确地估计不同导航系统观测值的权。

### 5.6.1 融合定位模型

GPS、GLONASS 和 BDS 观测数据的融合，必须首先统一这些导航系统的坐标系和时间系统，可将 GLONASS 系统的 PZ-90 坐标系和 BDS 系统的 CGCS2000 坐标系转换到 GPS 系统的 WGS-84 坐标系。

GPS、GLONASS 和 BDS 定位观测方程可表示为

$$v_i^{g}=\sqrt{(x-X_i^{g})^2+(y-Y_i^{g})^2+(z-Z_i^{g})^2}+c\delta T_r^{g}-O_i^{g} \tag{5-68}$$

式中：$(x,y,z)$为目标在 WGS-84 坐标系下的坐标；$(X_i^{g},Y_i^{g},Z_i^{g})$为第 $i$ 颗卫星在 WGS-84 坐标系中的坐标，上标 g 表示 GPS、GLONASS 或 BDS；$O_i^{g}$为加上卫星钟差、对流层、电离层大气延迟折射、相对论效应和地球自转改正等误差修正后的伪距测量值；$c$ 为光速；$\delta T_{\mathrm{r}}^{g}$ 为接收机钟差；下标 $i$ 表示观测历元序号；$v_i^{g}$为观测噪声。将观测方程式（5-68）线性化，得到用于参数估计的线性观测方程：

$$\begin{bmatrix} l_1^{gp} & m_1^{gp} & n_1^{gp} & 1 & 0 & 0 \\ \vdots & \vdots & \vdots & \vdots & \vdots & \vdots \\ l_n^{gp} & m_n^{gp} & n_n^{gp} & 1 & 0 & 0 \\ l_1^{gl} & m_1^{gl} & n_1^{gl} & 0 & 1 & 0 \\ \vdots & \vdots & \vdots & \vdots & \vdots & \vdots \\ l_m^{gl} & m_m^{gl} & n_m^{gl} & 0 & 1 & 0 \\ l_1^{bd} & m_1^{bd} & n_1^{bd} & 0 & 0 & 1 \\ \vdots & \vdots & \vdots & \vdots & \vdots & \vdots \\ l_k^{bd} & m_k^{bd} & n_k^{bd} & 0 & 0 & 1 \end{bmatrix} \begin{bmatrix} \delta x \\ \delta y \\ \delta z \\ c\cdot\delta t_1 \\ c\cdot\delta t_2 \\ c\cdot\delta t_3 \end{bmatrix} = \begin{bmatrix} R_1^{gp}-c\cdot(t_{T0}-t_{sv1}) \\ \vdots \\ R_n^{gp}-c\cdot(t_{T0}-t_{svn}) \\ R_1^{gl}-c\cdot(t_{T0}-t_{sv1}) \\ \vdots \\ R_m^{gl}-c\cdot(t_{T0}-t_{svm}) \\ R_l^{bd}-c\cdot(t_{T0}-t_{sv1}) \\ \vdots \\ R_k^{bd}-c\cdot(t_{T0}-t_{svk}) \end{bmatrix} + \begin{bmatrix} v_l^{gp} \\ \vdots \\ v_n^{gp} \\ v_l^{gl} \\ \vdots \\ v_m^{gl} \\ v_1^{bd} \\ \vdots \\ v_k^{bd} \end{bmatrix} \tag{5-69}$$

式中：上标 gp 表示 GPS；上标 gl 表示 GLONASS；上标 bd 表示 BDS；$t_{T0}$是目标接收机历元时刻；$t_{svn}$、$t_{svm}$和 $t_{svk}$分别是 GPS 卫星、GLONASS 卫星和 BDS 卫星的信号发射时刻；观测方程包括目标坐标改正量 $\delta x$、$\delta y$、$\delta z$，接收机相对于 GPS 系统的钟差 $\delta t_1$、相对于 GLONASS 系统的钟差 $\delta t_2$以及相对于 BDS 系统的钟差 $\delta t_3$，共 6 个未知参数；$(l_n^{gp},m_n^{gp},n_n^{gp})$、$(l_m^{gl},m_m^{gl},n_m^{gl})$和$(l_k^{bd},m_k^{bd},n_k^{bd})$分别为接收机至第

$n$ 颗 GPS 卫星、第 $m$ 颗 GLONASS 卫星和第 $k$ 颗 BDS 卫星的观测矢量的方向余弦；$R_n^{\text{gp}}$、$\text{R}_m^{\text{gl}}$、$R_k^{\text{bd}}$分别为接收机至第 $n$ 颗 GPS 卫星、第 $m$ 颗 GLONASS 卫星和第 $k$ 颗 BDS 卫星的距离，则式（5-69）可记为

$$\boldsymbol{AX}=\boldsymbol{L}+\boldsymbol{V} \tag{5-70}$$

式中：$\boldsymbol{X}$，$\boldsymbol{L}$，$\boldsymbol{V}$ 分别是目标接收机的位置向量、常数项向量和残差向量。用最小二乘估计得到：

$$\boldsymbol{X}=(\boldsymbol{A}^{\text{T}}\boldsymbol{PA})^{-1}\boldsymbol{A}^{\text{T}}\boldsymbol{PL}=\boldsymbol{Q}_{xx}\boldsymbol{A}^{\text{T}}\boldsymbol{PL} \tag{5-71}$$

式中：$\boldsymbol{P}$ 为观测数据的权矩阵；$\boldsymbol{Q}_{xx}=(\boldsymbol{A}^{\text{T}}\boldsymbol{PA})^{-1}$，为定位参数的权逆阵。

同理，在定位观测方程式（5-70）两边对时间求导，可得速度的观测方程：

$$\boldsymbol{A}\dot{\boldsymbol{X}}=\dot{\boldsymbol{L}}+\dot{\boldsymbol{V}} \tag{5-72}$$

式中：$\dot{\boldsymbol{X}}$、$\dot{\boldsymbol{L}}$、$\dot{\boldsymbol{V}}$分别是目标接收机的速度向量、速度常数项向量和速度残差向量。可得到速度的最小二乘法估计：

$$\dot{\boldsymbol{X}}=(\boldsymbol{A}^{\text{T}}\boldsymbol{PA})^{-1}\boldsymbol{A}^{\text{T}}\boldsymbol{P}\dot{\boldsymbol{L}}=\boldsymbol{Q}_{xx}\boldsymbol{A}^{\text{T}}\boldsymbol{P}\dot{\boldsymbol{L}} \tag{5-73}$$

由此可得到位置或速度精度估计时的协方差矩阵：

$$\hat{\boldsymbol{D}}_{xx}=\hat{\sigma}_0^2\boldsymbol{Q}_{xx} \tag{5-74}$$

式中：$\hat{\sigma}_0$为伪距或伪距率的均方差估计。

## 5.6.2 权值确定策略

根据最佳信号估计理论，对不同强度信号的 GNSS 观测信息进行不同加权，当权矩阵等于观测值的方差-协方差的逆矩阵时，权选择为最优。这里所说的观测值主要是指在对导航卫星跟踪状态有效且信噪比满足门限要求（通常设定信噪比 SNR>5）的条件下 GNSS 卫星的伪距观测量、多普勒观测量和载波相位观测量。此时，相对权之间的平衡使解的精度为最好。

**1. 简化赫尔默特方差分量估计方法**

根据 GPS、GLONASS 和 BDS 卫星导航系统特点，设 3 类观测值之间随机独立，GPS 导航系统的观测值为 $\boldsymbol{L}_1$，GLONASS 的观测值为 $\boldsymbol{L}_2$，BDS 导航系统的观测值为 $\boldsymbol{L}_3$，式（5-70）可改写为

$$\begin{bmatrix}\boldsymbol{V}_1\\\boldsymbol{V}_2\\\boldsymbol{V}_3\end{bmatrix}=\begin{bmatrix}\boldsymbol{A}_1\\\boldsymbol{A}_2\\\boldsymbol{A}_3\end{bmatrix}\boldsymbol{X}-\begin{bmatrix}\boldsymbol{L}_1\\\boldsymbol{L}_2\\\boldsymbol{L}_3\end{bmatrix} \tag{5-75}$$

通过平差改正数 $\boldsymbol{V}_i$及其二次型 $\boldsymbol{V}_i^{\text{T}}\boldsymbol{P}_i\boldsymbol{V}_i$，可求得方差$\hat{\sigma}^2$的估计值，即

$$\hat{\sigma}^2=\boldsymbol{S}^{-1}\boldsymbol{W}_v \tag{5-76}$$

式中：

$$S=\begin{bmatrix} m_1-2\mathrm{tr}(\boldsymbol{N}^{-1}\boldsymbol{N}_1)+\mathrm{tr}(\boldsymbol{N}^{-1}\boldsymbol{N}_1\boldsymbol{N}^{-1}\boldsymbol{N}_1) & \mathrm{tr}(\boldsymbol{N}^{-1}\boldsymbol{N}_1\boldsymbol{N}^{-1}\boldsymbol{N}_2) & \mathrm{tr}(\boldsymbol{N}^{-1}\boldsymbol{N}_1\boldsymbol{N}^{-1}\boldsymbol{N}_3) \\ \mathrm{tr}(\boldsymbol{N}^{-1}\boldsymbol{N}_1\boldsymbol{N}^{-1}\boldsymbol{N}_2) & m_2-2\mathrm{tr}(\boldsymbol{N}^{-1}\boldsymbol{N}_2)+\mathrm{tr}(\boldsymbol{N}^{-1}\boldsymbol{N}_2\boldsymbol{N}^{-1}\boldsymbol{N}_2) & \mathrm{tr}(\boldsymbol{N}^{-1}\boldsymbol{N}_2\boldsymbol{N}^{-1}\boldsymbol{N}_3) \\ \mathrm{tr}(\boldsymbol{N}^{-1}\boldsymbol{N}_1\boldsymbol{N}^{-1}\boldsymbol{N}_3) & \mathrm{tr}(\boldsymbol{N}^{-1}\boldsymbol{N}_2\boldsymbol{N}^{-1}\boldsymbol{N}_3) & m_3-2\mathrm{tr}(\boldsymbol{N}^{-1}\boldsymbol{N}_3)+\mathrm{tr}(\boldsymbol{N}^{-1}\boldsymbol{N}_3\boldsymbol{N}^{1}\boldsymbol{N}_3) \end{bmatrix};$$

$\boldsymbol{N}=\boldsymbol{A}^{\mathrm{T}}\boldsymbol{P}\boldsymbol{A}=\boldsymbol{N}_1+\boldsymbol{N}_2+\boldsymbol{N}_3$；$\boldsymbol{N}_1=\boldsymbol{A}_1^{\mathrm{T}}\boldsymbol{P}_1\boldsymbol{A}_1$；$\boldsymbol{N}_2=\boldsymbol{A}_2^{\mathrm{T}}\boldsymbol{P}_2\boldsymbol{A}_2$；$\boldsymbol{N}_3=\boldsymbol{A}_3^{\mathrm{T}}\boldsymbol{P}_3\boldsymbol{A}_3$；$\boldsymbol{W}_v=(\boldsymbol{V}_1^{\mathrm{T}}\boldsymbol{P}_1\boldsymbol{V}_1,\boldsymbol{V}_2^{\mathrm{T}}\boldsymbol{P}_2\boldsymbol{V}_2,\boldsymbol{V}_3^{\mathrm{T}}\boldsymbol{P}_3\boldsymbol{V}_3)^{\mathrm{T}}$。

因此，可得到赫尔默特方差分量估计简化公式为

$$\hat{\boldsymbol{\sigma}}_i^2=\frac{\boldsymbol{V}_i^{\mathrm{T}}\boldsymbol{P}_i\boldsymbol{V}_i}{m_i-\mathrm{tr}(\boldsymbol{N}^{-1}\boldsymbol{N}_i)} \tag{5-77}$$

式中：$i=1,2,3$；$\hat{\boldsymbol{\sigma}}_i^2$表示 GPS、GLONASS 或 BDS 的方差；$m_i$为观测历元时刻 GPS、GLONASS 或 BDS 的卫星数。

实际工程计算时，由于 $\mathrm{tr}(\boldsymbol{N}^{-1}\boldsymbol{N}_i)$ 值很小，可忽略不计，因此可以得到更加简化的方差估计公式：

$$\hat{\boldsymbol{\sigma}}_i^2=\frac{\boldsymbol{V}_i^{\mathrm{T}}\boldsymbol{P}_i\boldsymbol{V}_i}{m_i} \tag{5-78}$$

**2. 权值确定步骤**

实际工程计算时可按下列步骤进行。

（1）将观测值按 GPS、GLONASS 和 BDS 分组，可按先验经验选取权阵方差因子的初值 $\sigma_0^2$，确定观测值的权初值 $\boldsymbol{P}_i$。

（2）求观测值单位权方差的第 1 次估值$\hat{\boldsymbol{\sigma}}_i^2$，再根据$\hat{\boldsymbol{P}}_i=C/\hat{\boldsymbol{\sigma}}_i^2\boldsymbol{P}_i^{-1}$定权，这里 $C$ 为任一常数，一般可选$\hat{\boldsymbol{\sigma}}_i^2$中的某一个值。

（3）进行最小二乘平差，求出 $\boldsymbol{V}_i^{\mathrm{T}}\boldsymbol{P}_i\boldsymbol{V}_i$。

（4）由式（5-78）求出$\hat{\boldsymbol{\sigma}}_i^2$。

（5）若 $\max|\hat{\boldsymbol{\sigma}}_i^{2(r)}-\hat{\boldsymbol{\sigma}}_i^{2(r-1)}|<\varepsilon$（$\varepsilon$ 为给定的小正数）（$i=1,2$），则第 $r$（或第 $r-1$ 次）迭代的结果为最终求得的方差估计值。若上述关系不满足，则将第 $r$ 次迭代的$\hat{\boldsymbol{\sigma}}_i^{2(r)}$作为新一次的近似值，重复（3）、（4）步骤，直到迭代收敛为止。此时 $\boldsymbol{P}$ 矩阵为实际给的权矩阵。

### 5.6.3 算例分析

本算例主要分析了目标跟踪 GPS 和 GLONASS 测量数据的融合处理情况。根据 5.6.2 节中权值计算方法，利用某次空间目标跟踪测量任务 GPS、GLONASS

导航接收机获取 GNSS 观测数据，按 GNSS 专用格式对观测数据和导航电文进行了数据解码、卫星位置计算、误差修正和融合定位解算分析，其计算流程如图 5-12 所示。

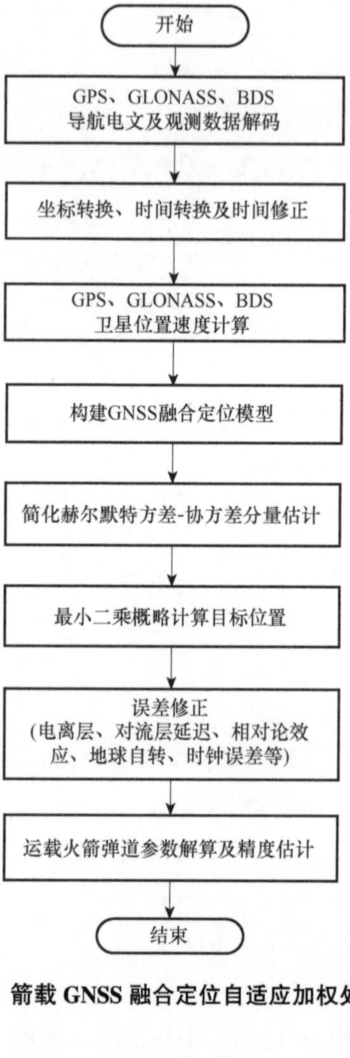


**图 5-12　箭载 GNSS 融合定位自适应加权处理流程**

图 5-13～图 5-15 为 GPS、GLONASS、GPS/GLONASS 等权和 GPS/GLONASS 自适应加权融合定位四种结果在发射坐标系下的基准站位置精度曲线。其中，GPS 在 $X$、$Y$、$Z$ 三个方向上的定位精度总体要比 GLONASS 定位精度高且比较平稳；在整个跟踪弧段内，GPS/GLONASS 自适应加权融合定位在 $X$、$Y$、$Z$ 三个方向上的精度都要优于 GPS、GLONASS 和 GPS/GLONASS 等权计算结果，平均在 1m 左右。

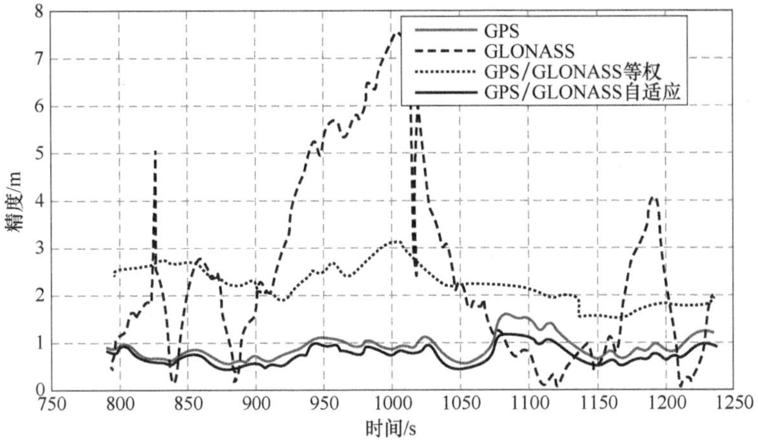


图 5-13 基准站位置精度曲线（*X* 方向）

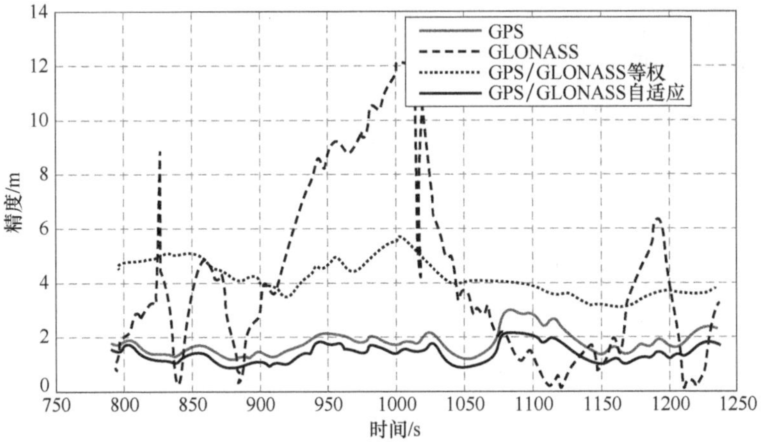


图 5-14 基准站位置精度曲线（*Y* 方向）

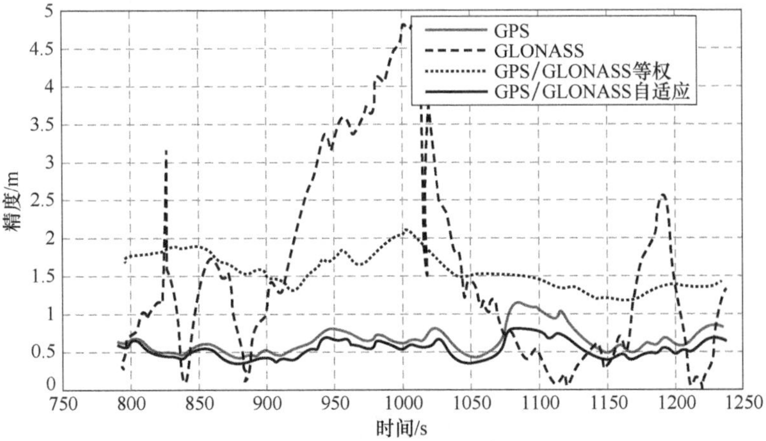


图 5-15 基准站位置精度曲线（*Z* 方向）

图 5-16～图 5-18 为 GPS、GLONASS、GPS/GLONASS 等权和 GPS/GLONASS 自适应加权融合定位四种情况下目标飞行参数精度曲线。其中：GPS 在 *X*、*Y*、*Z* 三个方向上的定位精度要明显高于 GLONASS 定位精度，主要原因是跟踪弧段内 GPS 的观测卫星数要远大于 GLONASS 的观测卫星数；GPS/GLONASS 等权定位精度在跟踪弧段内相对平稳，同时，在整个跟踪弧段内，箭载 GPS/GLONASS 自适应加权融合定位精度与 GPS 定位精度基本相当，整体上优于 GPS 和 GPS/GLONASS 等权计算结果，*X*、*Z* 方向在 1m 以内，*Y* 方向在 2m 以内。

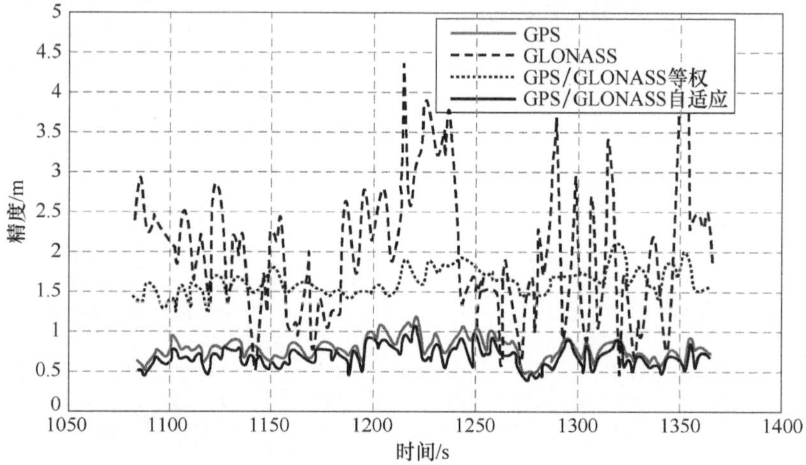


**图 5-16　目标飞行参数精度曲线（*X* 方向）**

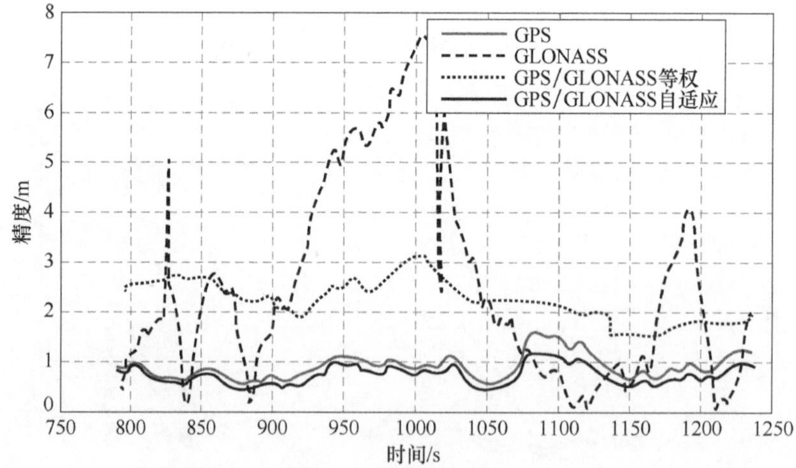


**图 5-17　目标飞行参数精度曲线（*Y* 方向）**

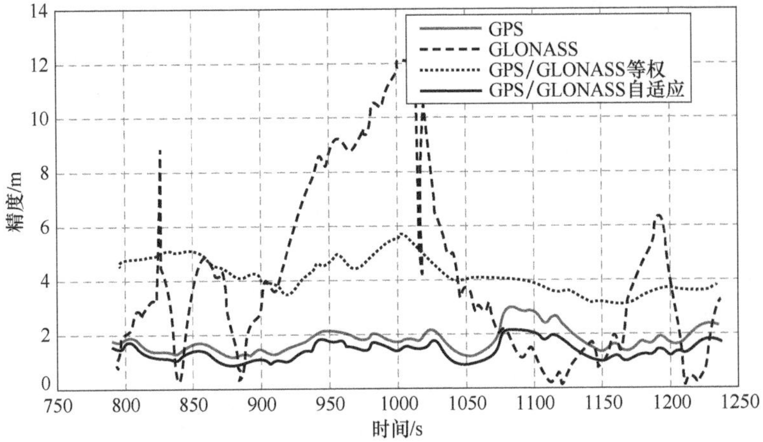


**图5-18 目标飞行参数精度曲线（Z方向）**

表5-1给出了不同定位模式下，*X*、*Y*、*Z*三个方向上的定位精度均值，表5-2为加权融合定位相对单一导航系统和GPS/GLONASS等权定位精度提高的百分比。由表5-1可知：不同定位模式下基准接收机和箭载接收机定位精度基本相当，加权融合定位精度在*X*、*Y*、*Z*三个方向上都要优于GPS、GLONASS和GPS/GLONASS等权计算结果。由表5-2可知：加权融合定位精度相比GLONASS平均提高了40%以上，比GPS平均提高了10%以上，比GPS/GLONASS等权定位精度平均提高了50%以上，说明该方法相比单一导航系统和GPS/GLONASS等权定位来说定位精度更高。

在飞行目标跟踪的GNSS多系统多星冗余观测数据融合定位处理中，基于简化的赫尔默特方差分量估计方法，对两种导航接收机定位精度都有明显改善，该方法能充分利用可用冗余卫星信息，定位结果可靠，定位精度有较大提高。

**表5-1 定位精度均值**

| 定位模式 | 观测卫星数/颗 | 定位精度均值/m | | | | | |
|---|---|---|---|---|---|---|---|
| | | 基准接收机 | | | 箭载接收机 | | |
| | | *X* | *Y* | *Z* | *X* | *Y* | *Z* |
| GPS | 10 | 0.906 | 1.712 | 0.666 | 0.766 | 1.690 | 0.677 |
| GLONASS | 6 | 1.754 | 2.639 | 1.113 | 1.962 | 2.473 | 2.732 |
| GPS/GLONASS等权 | 16 | 2.216 | 4.132 | 1.578 | 1.609 | 2.616 | 1.634 |
| GPS/GLONASS自适应 | 16 | 0.720 | 1.357 | 0.528 | 0.670 | 1.449 | 0.599 |

表 5-2 加权融合定位精度提高的百分比对照

| 定位模式 | 观测卫星数/颗 | 加权融合定位精度相对提高的百分比/% | | | | | |
|---|---|---|---|---|---|---|---|
| | | 基准接收机 | | | 箭载接收机 | | |
| | | *X* | *Y* | *Z* | *X* | *Y* | *Z* |
| GPS | 10 | 20.51 | 20.72 | 20.74 | 12.49 | 14.26 | 11.55 |
| GLONASS | 6 | 58.94 | 48.56 | 52.57 | 65.85 | 41.39 | 78.09 |
| GPS/GLONASS 等权 | 16 | 67.66 | 66.68 | 66.21 | 58.36 | 44.60 | 63.36 |

## 5.7 小结

本章针对空间目标不同类型跟踪测量设备记录的测量信息，建立了测量元素同空间目标位置及速度的非线性关系，采用逐点和递推最小二乘算法，以及样条约束和拟稳平差自校准方法，进行了空间目标飞行轨迹的融合解算，并针对空间目标 GNSS 测量系统，建立了基于赫尔默特方差分量估计的空间目标融合定位模型。本章提出的基于观测数据的多种空间目标融合定位模型，可有效提升目标定位的可靠性和准确性，对空间目标定位精度有较大提高。

## 参考文献

[1] 刘利生．外弹道测量数据处理 [M]. 北京：国防工业出版社，2000.

[2] 胡绍林，许爱华，郭小红．脉冲雷达跟踪测量数据处理技术 [M]. 北京：国防工业出版社，2007.

[3] 唐玲，杜雨洺．一种基于多级 Kalman 滤波的高精度距离估计方法 [J]. 成都信息工程学院学报，2015 30 (2)：131-135.

[4] 赵树强，许爱华，苏睿，等．箭载 GNSS 测量数据处理 [M]. 北京：国防工业出版社，2015.

[5] 赵树强，张栋，许爱华，等．箭载 GNSS 数据融合处理及精度分析 [J]. 导弹与航天运载技术，2017，6：52-55.

[6] 赵树强，许爱华．箭载 GPS 实时定轨精度估计 [J]. 全球定位系统，2006，4 (2)：19-22.

[7] 徐小辉，郭小红，赵树强．抵抗性随机误差统计算法在外弹道数据处理中的应用 [J]. 靶场试验与管理，2007，12 (6)：29-32.

[8] 赵树强，许爱华，张荣之，等．北斗一号卫星导航系统定位算法及精度分析 [J]. 全球定位系统，2008，1 (1)：20-24.

[9] 徐小辉，郭小红，赵树强．外弹道加权最小一乘模型研究与应用［J］．飞行器测控学报，2008，4/27（2）：85-88.
[10] 郭小红，徐小辉，赵树强．基于经验模态分解的外弹道降噪方法及应用［J］．宇航学报，2008，7/29（4）：1272-1276.
[11] 宫志华，周海银，郭文胜．基于样条函数表征目标运动轨迹事后数据融合方法研究［J］．兵工学报，2014，35（1）：120-127.
[12] 宋卫红，楼琳，柴敏，等．光雷联测融合定位方法研究与应用［J］．弹箭与制导学报，2013，33（1）：156-158，162.
[13] 崔书华，宋卫红，王敏，等．基于最小二乘改进法的测速数据处理及应用［J］．弹箭与制导学报，2013，33（1）：159-162.
[14] 宋卫红，楼琳，刘军虎．基于递推状态估计的火箭主动段弹道融合［J］．宇航动力学学报，2017，7（1）：6-9.
[15] 柴敏，余慧，宋卫红，等．光学无线电测量信息融合定位方法［J］．光学学报，2012，32（12）：1-7.
[16] 温利民，邹思思，吕凤虎．偏度系数和峰度系数的信度估计［J］．统计与决策，2015，（3）：24-25.
[17] 崔书华，李果，刘军虎，等．基于偏度和峰度的数据质量评估［J］．弹箭与制导学报，2015，35（6）：98-100.
[18] 陈华友．基于预测有效度的优性组合预测模型研究［J］．中国科学技术大学学报，2002，32（2）：172-180.
[19] 郭小红，徐小辉，王超，等．卫星参数趋势预测 EMA 熵组合算法［J］．飞行器测控学报，2013，32（2）：118-122.
[20] BROWN D C. The Error Model Best Estimation of Trajectory. AD 602799，1964.
[21] 陈希孺，王松桂．近代回归分析：原理、方法与应用［M］．合肥：安徽教育出版社，1987.
[22] 童丽，周海银．基于主成分估计的自变量选择［J］．弹道学报，2001，4.
[23] 宋力杰．主成分估计与附加条件的参数平差［J］．测绘工程，1997，6（1）：21-24.
[24] 周江文，欧吉坤．拟稳点的更换：兼论自由网平差若干问题［J］．测绘学报，1984，13（3）：161-170.
[25] 欧吉坤．一种检测粗差的新方法：拟准检定法［J］．科学通报，1999，44（16）：1777-1781.
[26] 张守信．GPS 技术与应用［M］．北京：国防工业出版社，2004.
[27] 党亚民，秘金钟，成英燕．全球导航卫星系统原理与应用［M］．北京：测绘出版社，2007.
[28] 王召刚，吴胤林．基于最小二乘交汇的弹道融合解算方法［J］．弹箭与制导学报，2011，31（3）：172-176.
[29] HOFMANN-WELLENHOF B，LICHTENEGGER H，WASLE E．全球卫星导航系统 GPS，GLONASS，Galileo 及其他系统［M］．程鹏飞，蔡艳辉，文汉江，等译．北京：测绘出版

社，2009.
[30] XU G C. GPS 理论、算法与应用 [M]. 李强，刘广军，于海亮，等译 . 2 版 . 北京：清华大学出版社，2011.
[31] 张守信 . GPS 卫星测量定位理论与应用 [M]. 长沙：国防科技大学出版社，1996.
[32] 隋立芬，宋力杰，柴洪洲 . 误差理论与测量平差基础 [M]. 北京：测绘出版社，2010.
[33] 牟志华，张慧娟 . 基于最小二乘的导弹外弹道精度分析系统 [J]. 指挥控制与仿真，2007，29（4）：43-44.

# 06 第6章 空间目标轨迹融合

## 6.1 引言

为了保证有足够的信息冗余量和精度，在空间目标跟踪测量中，同一飞行时间段往往由多台（套）不同测量体制的观测设备同时独立测量，诸如光学设备、雷达设备、多测速系统以及 GNSS 系统等。利用这些观测设备的测量信息，辅以不同的计算方法（如单台定位、最小二乘融合定位等），可计算得到可靠程度不同的观测目标飞行状态信息。如何判断这些飞行状态信息的优劣，能否获取可靠性更高的飞行轨迹参数，是观测目标飞行状态确定的关键问题，也是本章引入轨迹融合方法所要解决的重点难题。

观测目标轨迹融合是指根据预先制定的各种测量方案，分别计算得到目标飞行轨迹的估计结果，然后将各轨迹估计结果作为输入，融合处理得到最终的飞行轨迹。观测目标轨迹融合的关键是确定融合权值，依据权值获取的不同方式，可衍生出不同的轨迹融合方法。

## 6.2 轨迹融合的统计加权

### 6.2.1 统计加权原理

设观测目标的真实状态序列为$\{x_t, t=1,2,\cdots,n\}$，各单项估计计算得到的目标状态为$\{x_{it}, i=1,2,\cdots,m; t=1,2,\cdots,n\}$，设第 $i$ 种单项估计方法的加权系数为 $w_i$，在实际应用中，$w_i$通常是为非负的，且满足归一化条件 $\sum\limits_{i=1}^{m} w_i = 1$。

显然，加权融合估计的关键是如何适当地确定各单项估计模型的权系数，采用不同的融合准则就会有不同的加权融合估计模型，其权系数的获取也就存在差异。在实际问题中，通常把估计精度作为衡量某一加权融合估计模型优劣的指标。

由上述假设，定义第 $i$ 种单项估计方法的估计误差为 $e_{it}=x_t-x_{it}$，则加权融合估计的估计值可写为

$$\hat{x}_t=w_1x_{1t}+w_2x_{2t}+\cdots+w_mx_{mt} \tag{6-1}$$

$e_t=x_t-\hat{x}_t=x_t-\sum\limits_{i=1}^{m}w_ix_{it}$ 为加权融合估计的估计误差。

定义加权融合估计的估计误差平方和 $J=\sum\limits_{t=1}^{n}e_t^2$，则 $J$ 可写成：

$$J=\sum_{i=1}^{m}\sum_{j=1}^{m}\left(w_iw_j\sum_{t=1}^{N}(e_{it}e_{jt})\right) \tag{6-2}$$

记组合估计方法的估计加权系数向量为 $\boldsymbol{W}_n=(w_1,w_2,\cdots,w_n)^{\mathrm{T}}$，第 $i$ 种估计方法的估计误差向量为 $\boldsymbol{E}_t=(e_{1t},e_{2t},\cdots,e_{nt})^{\mathrm{T}}$，估计误差矩阵 $\boldsymbol{\Xi}=(\boldsymbol{E}_1,\boldsymbol{E}_2,\cdots,\boldsymbol{E}_n)$，故有

$$J=\boldsymbol{\Xi}^{\mathrm{T}}\boldsymbol{\Xi}=\boldsymbol{W}_n^{\mathrm{T}}\boldsymbol{E}_{(n)}\boldsymbol{W}_n$$

其中

$$\boldsymbol{E}_{(n)}=\begin{bmatrix} E_{11} & E_{12} & \cdots & E_{1n} \\ E_{21} & E_{22} & \cdots & E_{2n} \\ \vdots & \vdots & \ddots & \vdots \\ E_{n1} & E_{n2} & \cdots & E_{nn} \end{bmatrix}$$

这里 $E_{ij}=E_{ji}=\boldsymbol{E}_i^{\mathrm{T}}\boldsymbol{E}_j$，$\boldsymbol{E}_{ii}=\boldsymbol{E}_i^{\mathrm{T}}\boldsymbol{E}_i=\sum\limits_{t=1}^{n}e_{it}^2$。$E_{ii}$ 为第 $i$ 种估计方法的估计误差平方和，$\boldsymbol{E}_{(n)}$ 反映了各种估计方法提供的估计误差信息，称为估计误差信息阵。

记 $\boldsymbol{R}_n=(1,1,\cdots,1)^{\mathrm{T}}$，则权系数的归一化约束条件可改为 $\boldsymbol{R}_n^{\mathrm{T}}\boldsymbol{W}_n=1$。于是，组合估计问题可描述为

$$\min J=\boldsymbol{W}_n^{\mathrm{T}}\boldsymbol{E}_{(n)}\boldsymbol{W}_n \tag{6-3}$$

$$\text{s. t.}\begin{cases}\boldsymbol{R}_n^{\mathrm{T}}\boldsymbol{W}_n=1\\ \boldsymbol{W}_n\geqslant 0\end{cases} \tag{6-4}$$

式（6-3）和式（6-4）为一个带约束条件的非线性规划问题，求此类问题解的方法有很多。

### 6.2.2 方差特性分析

由 6.1.1 节 $e_{it}$ 和 $e_t$ 的定义可以明显看出：

$$e_t=\sum_{i=1}^{m}w_ie_{it} \tag{6-5}$$

于是有

$$\mathrm{D}e_t=\sum_{i=1}^{m}w_i^2\mathrm{D}e_{it}+\sum_{1\leqslant i<j\leqslant m}2w_iw_j\mathrm{cov}(e_{it},e_{jt})$$

$$\leqslant \sum_{i=1}^{m} w_i^2 \mathrm{De}_{it} + 2\sum_{1\leqslant i<j\leqslant m} w_i w_j (\mathrm{De}_{it} \cdot \mathrm{De}_{jt})^{\frac{1}{2}} = \left(\sum_{i=1}^{m} w_i \mathrm{De}_{it}\right)^{\frac{1}{2}}$$

由于加权系数 $w_i$ 的归一性，故有

$$\mathrm{De}_t \leqslant \max\{\mathrm{De}_{1t}, \mathrm{De}_{2t}, \cdots, \mathrm{De}_{mt}\} \tag{6-6}$$

式（6-6）表明，运用加权融合模型进行估计，所产生的方差不大于各单一估计模型估计所产生方差的最大值。

## 6.3 均值聚类加权融合

聚类分析技术是研究样品或指标分类问题的一种统计分析方法，也是数据挖掘领域的一种重要方法。其以相似性为基础，在一个聚类中的模式比不在同一聚类中的模式具有更多的相似性。依据此性质，可建立基于均值聚类算法的目标飞行轨迹融合模型。

### 6.3.1 均值聚类算法

假设 $X=\{x_1, x_2, \cdots, x_n\} \subset \boldsymbol{R}^s$ 是数据集，$n$ 是该数据集中元素的个数，$c$ 是聚类中心个数，$d_{ij}=\|x_i-v_j\|$ 是样本点 $x_i$ 到聚类中心 $v_i$ 的欧氏距离，$v_j \in \boldsymbol{R}^s$，$1\leqslant j\leqslant c$，$u_{ij}$ 是第 $i$ 个样本属于第 $j$ 个聚类中心的隶属度，则

$$\min J_m(\boldsymbol{U}, \boldsymbol{X}) = \sum_{i=1}^{n} \sum_{j=1}^{c} u_{ij}^m d_{ij}^2 \tag{6-7}$$

$$\sum_{j=1}^{c} u_{ij} = 1 \quad 1 \leqslant i \leqslant n$$

$$0 \leqslant u_{ij} \leqslant 1 \quad 1 \leqslant i \leqslant n, 1 \leqslant j \leqslant c$$

$$0 < \sum_{i=1}^{n} u_{ij} < n \quad 1 \leqslant j \leqslant c$$

通过极值最小化，可解出最佳的隶属度和最佳聚类中心。

（1）隶属度：

$$u_{ij}(k) = \frac{1}{\left(\dfrac{d_{ij}(k)}{d_{ir}(k)}\right)^{\frac{2}{m-1}}} (\forall i, r) \tag{6-8}$$

（2）聚类中心：

$$v_j(k+1) = \frac{\sum_{i=1}^{n} u_{ij}^m(k) x_i}{\sum_{i=1}^{n} u_{ij}^m(k)} (\forall j) \tag{6-9}$$

其中，$m$ 是权重系数，$m>1$。

### 6.3.2 加权数据融合定位法

以具有独立定位的多台脉冲雷达测量数据为例，假定各雷达测得的经各项系统误差修正后的观测量为$(R_i,A_i,E_i)$，测站坐标系至发射坐标系的转换矩阵为$\boldsymbol{T}_i$，测站在发射坐标系中的坐标向量为$(x_{0i},y_{0i},z_{0i})^{\mathrm{T}}$，则根据几何关系由某台雷达观测数据可得到目标在发射坐标系中的位置参数初值：

$$\begin{pmatrix} x^0 \\ y^0 \\ z^0 \end{pmatrix} = \boldsymbol{T}_i \begin{pmatrix} R_i\cos E_i\cos A_i \\ R_i\sin E_i \\ R_i\cos E_i\sin A_i \end{pmatrix} + \begin{pmatrix} x_{oi} \\ y_{oi} \\ z_{oi} \end{pmatrix} \tag{6-10}$$

当$k$台脉冲雷达联测时($k\geqslant 2$)，首先由各雷达观测数据$R_i$、$A_i$和$E_i$，依据式（6-10）计算得到各自的目标在发射系中的位置参数$\boldsymbol{X}_i=(x_i,y_i,z_i)^{\mathrm{T}}(i=1,2,\cdots,k)$，当忽略各目标轨迹状态估计的互协方差，即认为各设备是等精度且互相独立时，由简单轨迹融合法得到目标位置参数的估计量为

$$\bar{x}_i = \sum_{i=1}^{k} x_i/k,\quad \bar{y}_i = \sum_{i=1}^{k} y_i/k,\quad \bar{z}_i = \sum_{i=1}^{k} z_i/k$$

根据欧几里得距离度量法得各目标的统计距离$d_i$为

$$d_i=\sqrt{(\bar{x}-x_i)^2+(\bar{y}-y_i)^2+(\bar{z}-z_i)^2}$$

实际上，因为各设备状况、外部环境等多种因素不同，其测量精度也是不同的，由误差传播定律，计算得到的各目标位置参数也是非等精度的，同时因各目标位置参数源于相互关联的同一目标，由此利用模糊均值聚类算法最佳地确定各目标位置参数间的相似性度量为

$$u_i = \frac{1}{d_i}\Big/\sum_{j=1}^{K}\frac{1}{d_j} \tag{6-11}$$

在数据融合情况下，按照相应的隶属度对各目标位置参数进行融合，得到融合以后的目标位置参数如下：

$$\begin{bmatrix} x \\ y \\ z \end{bmatrix} = u_1\begin{bmatrix} x_1 \\ y_1 \\ z_1 \end{bmatrix} + \cdots + u_k\begin{bmatrix} x_k \\ y_k \\ z_k \end{bmatrix} \tag{6-12}$$

### 6.3.3 算例分析

为了更好地说明本节算法的效果，利用某试验任务中的3台雷达设备的测量数据进行仿真分析，分别应用加权最小二乘估计和本节算法对目标飞行轨迹进行计算，其计算结果参数曲线见图6-1～图6-6。

由图 6-1 ～图 6-6 可以看出，在正常情况下，两种计算方法的结果相当；当雅可比矩阵出现病态时，两者差异较大，$X$ 方向位置差绝对值最大达到 1603m，$Y$ 方向位置差绝对值最大达到 10996m，$Z$ 方向位置差绝对值最大达到 18413m。因此，在用加权最小二乘估计法计算时，出现了病态系数矩阵，导致结果异常不可信，而此时用加权数据融合方法却能得到比较满意的结果。

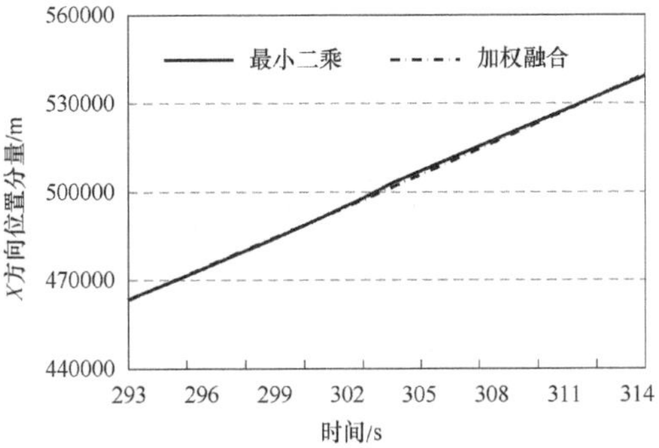


**图 6-1　*X* 方向位置分量曲线**

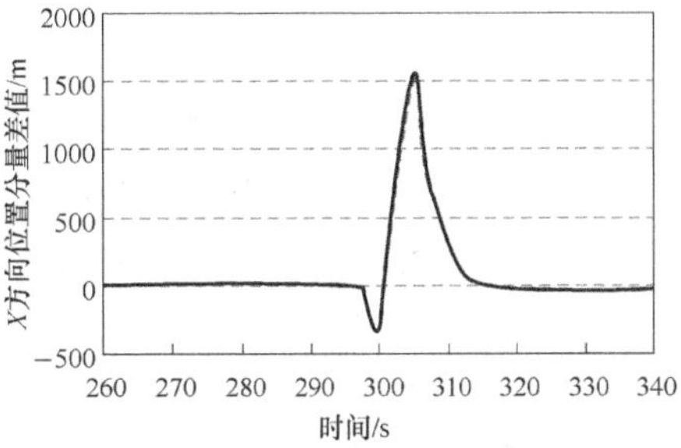


**图 6-2　*X* 方向位置分量差值曲线**

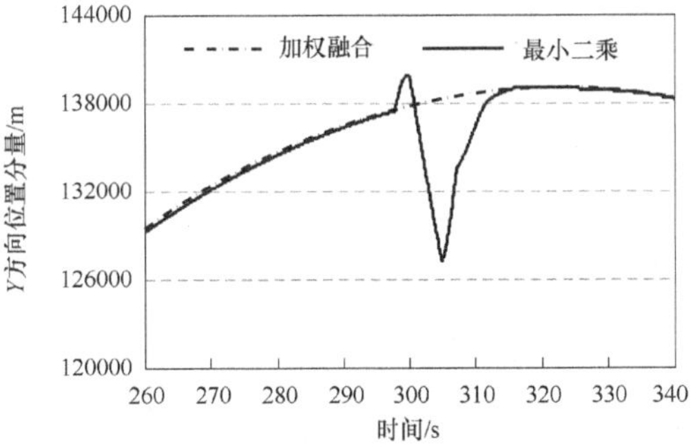


**图 6-3　*Y* 方向位置分量曲线**

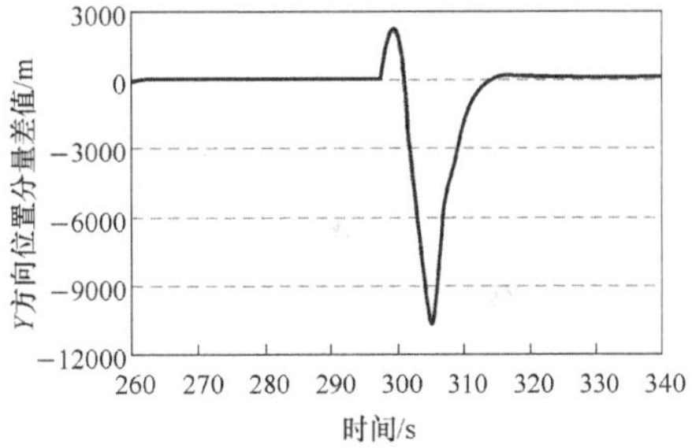


**图 6-4　*Y* 方向位置分量差值曲线**

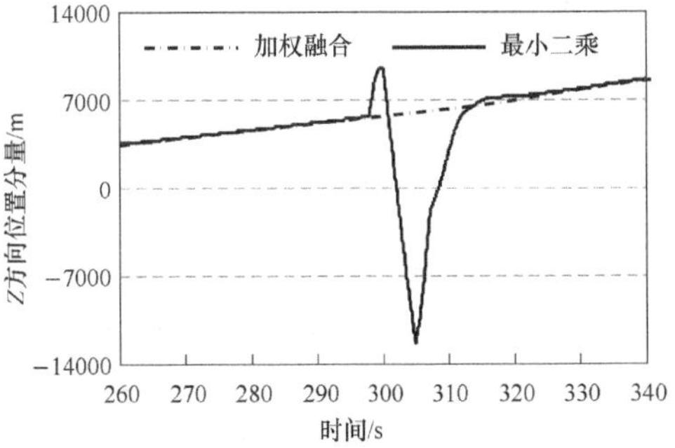


**图 6-5　*Z* 方向位置分量曲线图**

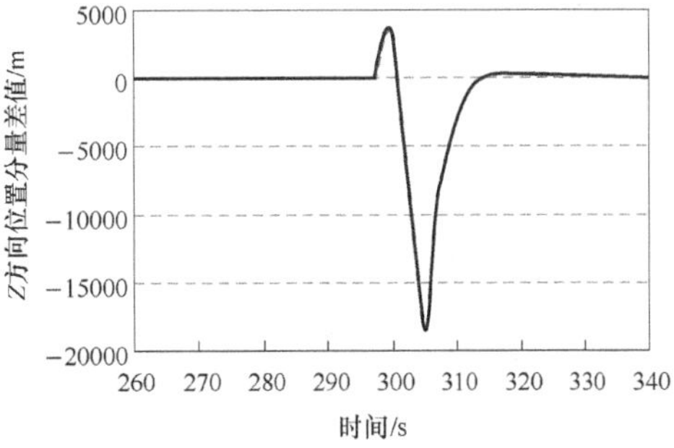


**图 6-6　*Z* 方向位置分量差值曲线**

## 6.4 容错自适应权值匹配融合

自适应权值匹配数据融合定位算法，根据测量数据精度自适应匹配得到各传感器的权系数，不需要跟踪测量数据的任何先验知识，只靠传感器所提供的测量数据，就可融合出均方误差最小的数据融合值。

### 6.4.1 精度容错估计算法

容错通常是指针对异常情况的保险处理措施。误差存在于一切测量过程中，对空间飞行目标的跟踪测量而言，采样数据中不可避免地会包含各类误差。常用的测量数据精度估计方法包括最小二乘估计和变量差分估计。

在等间隔采样点 $t_1,t_2,\cdots,t_n$ 中进行数据采样，得到一组观测数据 $x_1,x_2,\cdots,x_n$，记为 $\{x_i\}$，序列 $\{x_i\}$ 可以用式（6-13）表示：

$$x_i=y_i+\varepsilon_i \quad (i=1,2,\cdots,n) \tag{6-13}$$

式中：$y_i$为真值与系统误差的和；$\varepsilon_i$为随机误差。

可将式（6-13）表示成一个 $m$ 阶时间多项式：

$$x_i=\sum_{j=0}^{m} a_j t_i^j+\varepsilon_i \quad (i=1,2,\cdots,n) \tag{6-14}$$

当 $n>m+1$ 时，根据最小二乘精度统计算法可得到随机误差的均方差为

$$\hat{\sigma}=\left(\frac{\sum_{i=1}^{n}\left(\sum_{j=1}^{m}\hat{a}_j t_i^j-x_i\right)^2}{n-m-1}\right)^{\frac{1}{2}} \tag{6-15}$$

在式（6-13）中，若真值 $\{y_i,i=1,2,\cdots,n\}$ 可以用多项式拟合，则必存在适当阶次 $p$，使得观测数据列的 $p$ 阶差分 $\Delta^p x_i\approx 0$ 或为 0 均值随机误差的线性组合，因此可以在随机误差平稳性假定条件下，根据变量差分精度统计算法得到随机误差的均方差：

$$\hat{\sigma}_p=\left[\frac{\sum_{i=1}^{n-p}(\Delta^p x_i)^2}{(n-p)C_{2p}^p}\right]^{\frac{1}{2}} \tag{6-16}$$

式中：$\Delta^p x_i$为多项式的 $p$ 阶差分，即 $\Delta^p x_i=\sum_{j=0}^{p}(-1)^j(C_p^j)x_{i+p-j}$。

根据本书 2.3.4 节容错最小二乘估计算法，可以得到测量数据随机差的均方差容错估计为

$$\hat{\sigma}_{ic}=\left[\frac{1}{2s+1}\sum_{j=i-s}^{i+s}\phi^2(y(t_i)-\tilde{\bar{y}}(t_i),c)\right]^{\frac{1}{2}} \tag{6-17}$$

其中

$$\tilde{\tilde{y}}(t)=\hat{a}_0+\hat{a}_1 t+\cdots+\hat{a}_p t^p;$$

$$\begin{pmatrix}\hat{a}_0\\ \vdots\\ \hat{a}_p\end{pmatrix}=(X^{\mathrm{T}}\boldsymbol{X})^{-1}X^{\mathrm{T}}\begin{pmatrix}\tilde{\tilde{y}}(t_{i-s})\\ \vdots\\ \tilde{\tilde{y}}(t_{i+s})\end{pmatrix};$$

$$\boldsymbol{X}=\begin{bmatrix}x_1\\ x_2\\ \vdots\\ x_n\end{bmatrix}$$

$$\begin{cases}\tilde{\tilde{y}}(t_i)=\hat{y}(t_i)+\phi(y(t_i)-\hat{y}(t_i),c)\\ \hat{y}(t_i)=(t_i^0,\cdots,t_i^p)(\boldsymbol{X}^{\mathrm{T}}\boldsymbol{X})^{-1}\boldsymbol{X}^{\mathrm{T}}\begin{pmatrix}y(t_{i-s})\\ \vdots\\ y(t_{i+s})\end{pmatrix}\end{cases};$$

$$\phi(x,c)=\begin{cases}x & (|x|\leqslant c)\\ c & (|x|>c)\end{cases}$$

式（6-17）中：$s$ 为滑动窗口的半点数；$c$ 为给定的门限值。

则在跟踪测量弧段内，测量数据总的随机误差均方差估计为

$$\hat{\sigma}_c=\left[\frac{1}{n-p}\sum_{i=1}^{n-p}\phi^2(y(t_i)-\tilde{\tilde{y}}(t_i),c)\right]^{\frac{1}{2}} \tag{6-18}$$

此算法的优点：在测量数据集合中，如果数据全部正常，则精度统计结果基本上与传统方法如最小二乘法或变量差分法的统计结果一致；反之，如果测量数据中包含野值或斑点等异常值，则不需要进行数据洁化，同样可以准确统计精度，不会像普通最小二乘法那样，导致精度统计结果失真。

### 6.4.2 自适应权值匹配融合算法

假设有 $n$ 个传感器从不同的方位对某空间目标进行跟踪测量，$x_i$表示第 $i$ 个传感器测得的数据，它们相互独立，并且是 $X$ 的无偏估计；测量方差为 $\sigma_i^2$，代表第 $i$ 个传感器的精度，$\sigma_i^2$越小表明该传感器的精度越高。由于各传感器的测量精度不可能完全一样，因此可信度也就不同，对于不同的传感器都有相应的权数，在总均方差最小这一最优条件下，根据各传感器所得测量值，自适应寻找其对应的权数，使融合后的$\hat{X}$最优。自适应权值匹配融合模型如图 6-7 所示。

由加权融合模型，数据融合值应为 $\hat{X}=\sum_{i=1}^{n}w_i x_i$，而 $\sum_{i=1}^{n}w_i=1$，总均方差为

$$\sigma^2=w_1^2\sigma_a^2+\cdots+w_n^2\sigma_n^2=\sum_{i=1}^{n}w_i^2\sigma_i^2 \tag{6-19}$$

由于$\sigma^2$是各加权因子$w_i$的多元二次函数，根据多元函数求极限理论，可求出加权因子为

$$w_i = \frac{\dfrac{1}{\sigma_i^2}}{\dfrac{1}{\sigma_1^2} + \cdots + \dfrac{1}{\sigma_n^2}} = \frac{\dfrac{1}{\sigma_i^2}}{\sum\limits_{i=1}^{n} \dfrac{1}{\sigma_i^2}}$$ 时，$\sigma^2$为最小值，且 $\sigma^2 = \dfrac{1}{\sum\limits_{i=1}^{n} \dfrac{1}{\sigma_i^2}}$，由此得到的融合模型为

$$\hat{X} = \sum_{i=1}^{n} \frac{\dfrac{1}{\sigma_i^2}}{\sum\limits_{j=1}^{n} \dfrac{1}{\sigma_j^2}} x_i \tag{6-20}$$

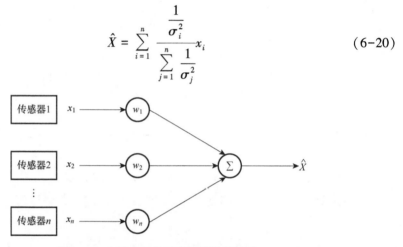

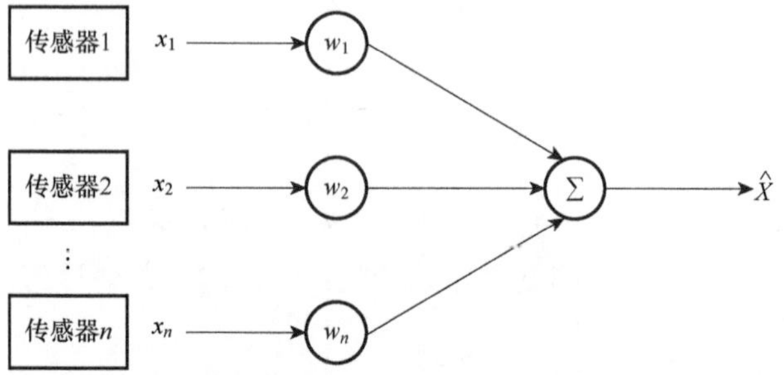


**图 6-7 自适应权值匹配数据融合模型**

## 6.4.3 算例分析

为验证容错自适应权值匹配融合定位算法的效果，分别用多台交会最小二乘和容错自适应权值匹配融合方法进行目标定位，以高精度 GPS 定位结果为比对标准，图 6-8 ～图 6-13 为采用两种方法确定空中目标位置参数的比对结果曲线图，其中“rh”表示本节融合算法计算结果，“jh”代表最小二乘交会计算结果。

由图 6-8、图 6-10、图 6-12 可以看出，容错自适应权值匹配融合方法和多台交会最小二乘方法的处理结果基本一致，与高精度 GPS 定位结果比较吻合，由图 6-9、图 6-11、图 6-13 可以看出，除 *X* 方向位置差融合方法略差于最小二乘法外，*Y*、*Z* 方向位置差融合方法均好于最小二乘法，从整体分析，容错自适应权值匹配融合方法明显优于多台交会最小二乘方法的处理结果，也证明了新方法具有较好稳健性和容错能力。通过仿真分析，容错自适应权值匹配融合方法在计算过程中可以很好地规避因异常数据而导致拟合曲线变形的情况，从而避免出现异常的精度统计结果。

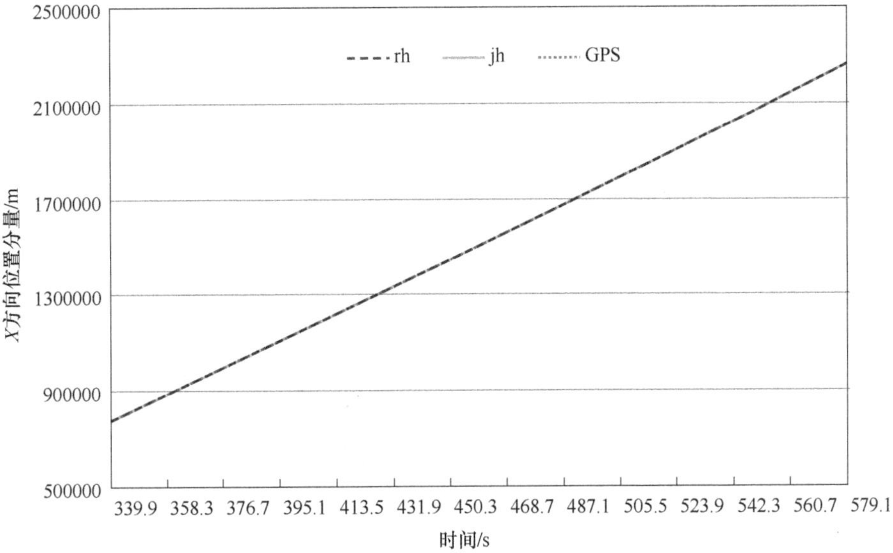


**图 6-8　两种算法 X 方向位置分量**

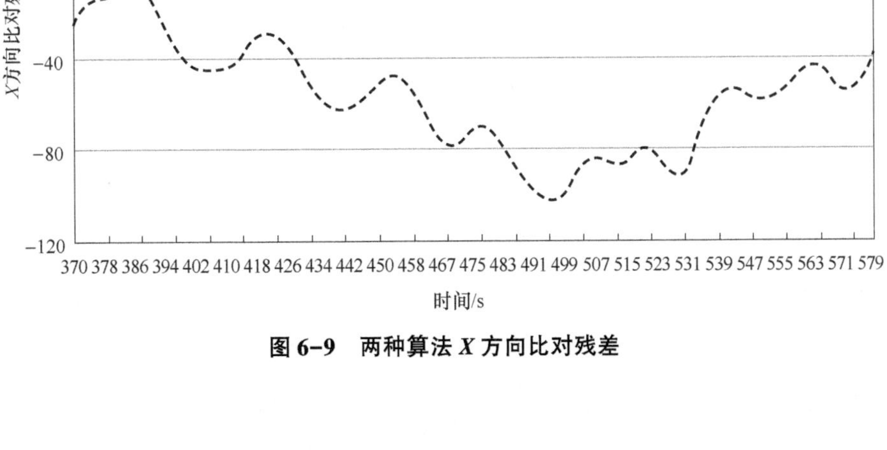

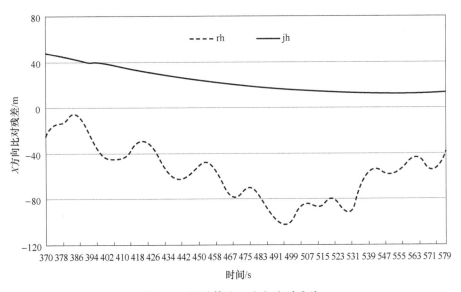

**图 6-9　两种算法 X 方向比对残差**

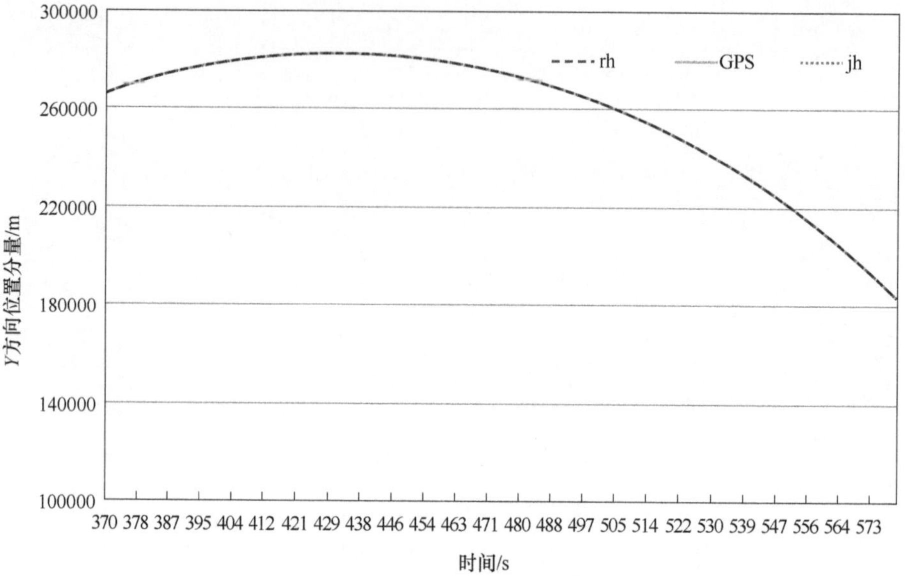


图 6-10 两种算法 $Y$ 方向位置分量

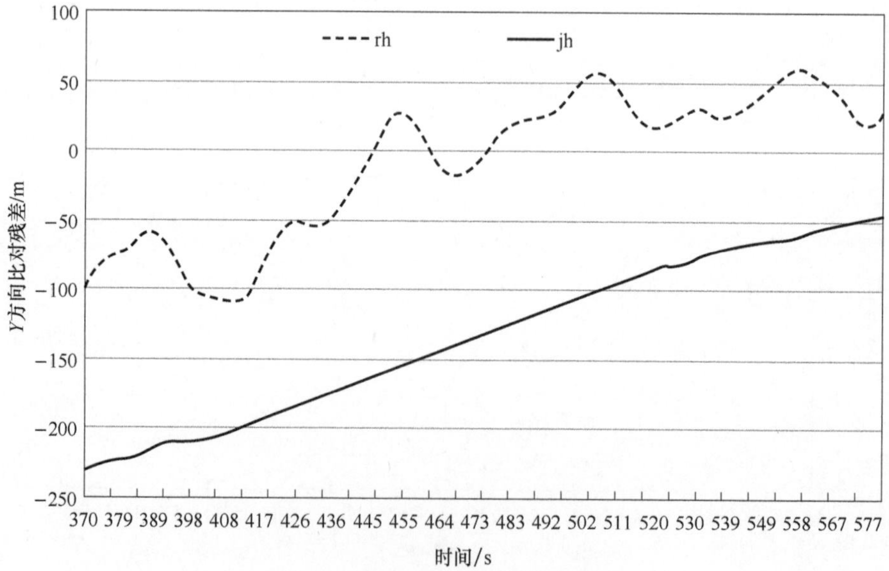


图 6-11 两种算法 $Y$ 方向比对残差

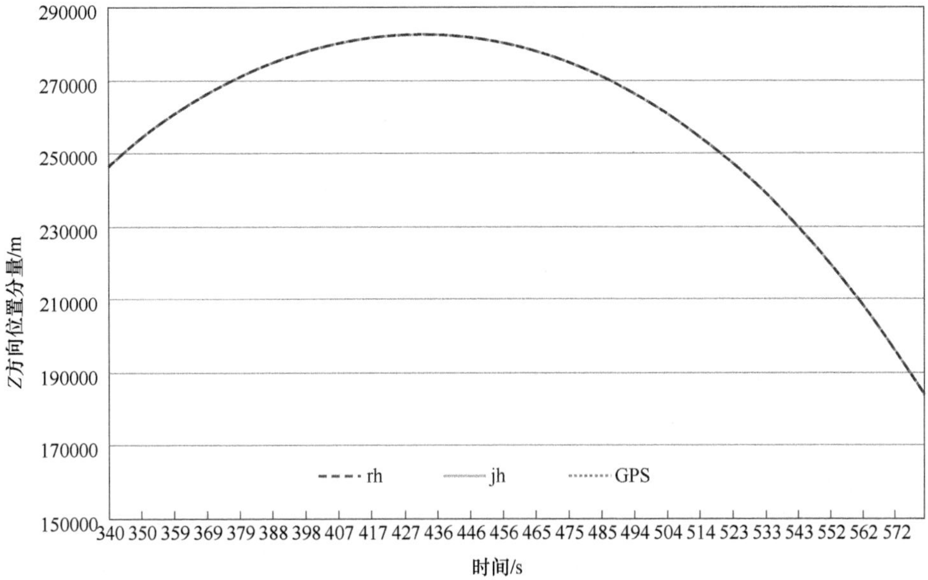


**图 6-12 两种 Z 方向位置分量**

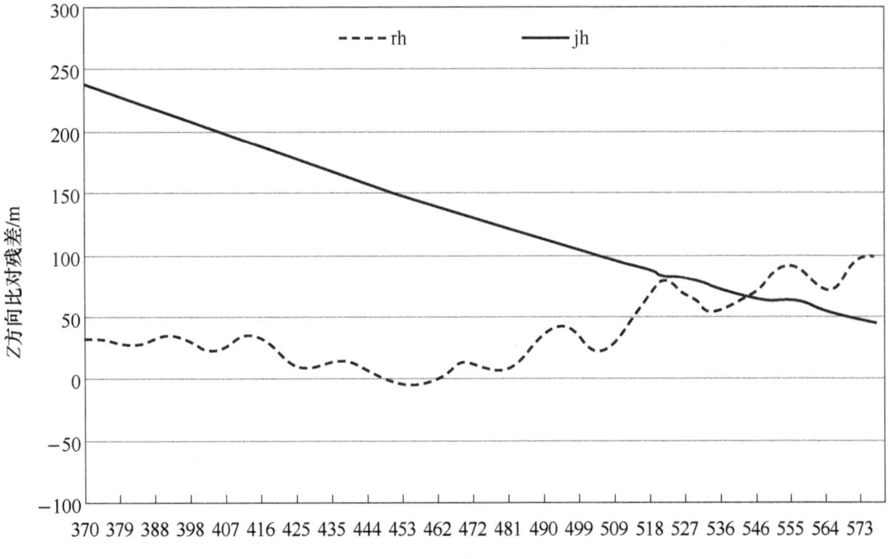


**图 6-13 两种算法 Z 方向比对残差**

## 6.5 模糊支持度加权融合

从飞行目标轨迹融合的角度看，如果目标待融合轨迹间的距离越小，则表明该目标多个观测源确定的轨迹之间的支持程度就越高。如果对支持程度高的两条轨迹进行融合，就能够一致反映被测参数的准确性，两者融合必使测量过程中的不确定性减小；否则如果两者之间的支持程度本来就小，而且两者中有一个含有过失误差，那么两者融合只能使结果变得更差，就达不到融合的目的。本节引入模糊支持度概念，建立基于模糊支持度的目标轨迹融合算法，并给出融合顺序的选择依据和原则。

### 6.5.1 模糊支持度加权融合算法

针对被研究对象某一时刻的物理特性，利用测量设备在一个周期内得到 $n$ 个测量值 $x_i(i=1,2,\cdots,n)$，由于综合考虑了传输误差、计算误差、环境噪声、人为干扰、传感器自身的精度及被测对象自身性质等因素，这些测量值将并不严格服从正态分布，因此基于数据为正态分布模型的一些数据处理方法如野值剔除和数据融合算法等将不可避免地增加数据处理的系统误差。这样对测量数据的真伪程度只能由数据 $x_1,x_2,\cdots,x_n$ 来确定，即 $x_i$ 的真实性越高，则被其余的数据所支持的程度就越高。所谓 $x_i$ 被 $x_j$ 支持的程度，即从数据 $x_j$ 来看数据 $x_i$ 为真实数据的可能程度。针对数据间支持程度，引入相对距离的概念。定义测量数据间的相对距离为 $d_{ij}$，其表达形式如下：

$$d_{ij}=|x_i-x_j| \quad (i,j=1,2,\cdots,n)$$

由 $d_{ij}$ 的表达形式可知，$d_{ij}$ 越大则表明两个数据间的差别就越大，即两数据间的相互支持程度就越小。相对距离的定义形式完全建立在现有数据隐含信息的基础上，降低了对于先验信息的要求。进而可以定义一个支持度函数 $r_{ij}$，$r_{ij}$ 本身应满足以下两个条件：

（1）$r_{ij}$ 应与相对距离呈反比例关系；

（2）$r_{ij}\in(0,1]$，使数据的处理能够利用模糊集合理论中隶属函数的优点，避免数据之间相互支持程度的绝对化。

定义支持度函数为

$$r_{ij}=1-\frac{d_{ij}}{\max\{d_{ij}\}} \tag{6-21}$$

其中，$\max\{d_{ij}\}$ 表示数据间相对距离中的最大值，很明显，数据间相对距离越大，则数据间的支持度将越小。从式（6-21）的定义形式可知，当数据间的相对距离取最大值时，可认为两个数据不再相互支持，则此时支持度函数的值为0；而数据间的相对距离越小，数据间的相互支持度就越大，数据对自身的相对距离为零，则数据对自身的支持度为 1。由于 $r_{ij}$在 $d_{ij}\in[0,\max\{d_{ij}\}]$上取值从 1 至 0 依次递减，所以满足支持度函数应具有的性质。而且，这种满足模糊性支持度函数 $r_{ij}$的定义形式更符合实际问题的真实性，同时便于具体实施，使得融合的结果更加精确和稳定。对于数据综合处理，建立支持度矩阵：

$$\boldsymbol{R}=\begin{pmatrix} r_{11} & r_{12} & \cdots & r_{1n} \\ r_{21} & r_{22} & \cdots & r_{2n} \\ \vdots & \vdots & \ddots & \vdots \\ r_{n1} & r_{n2} & \cdots & r_{nn} \end{pmatrix} \tag{6-22}$$

支持度矩阵 $\boldsymbol{R}$ 中 $r_{ij}$仅表示两个数据间的相互支持程度，而不能反映一个测量数据被整个数据组中所有数据的总体支持程度。现要从 $\boldsymbol{R}$ 中求出某个数据受到其他数据的综合支持程度，即确定第 $i$ 个测量数据在全体测量数据中自身的权系数$\overline{\omega}_i(\overline{\omega}_i\geqslant 0)$，根据信息分享原理，即最优融合估计的信息量之和可等效分解为若干个测量数据的信息量的和，则有 $\sum\limits_{i=1}^{n}\overline{\omega}_i=1$。由于$\overline{\omega}_i$应综合 $r_{i1},r_{i2},\cdots,r_{in}$的总体信息，根据概论源合并理论，即要求一组非负数 $v_1,v_2,\cdots,v_n$，使得

$$\overline{\omega}_i=r_{i1}v_1+r_{i2}v_2+\cdots+r_{in}v_n \tag{6-23}$$

将式（6-23）写成矩阵的形式，即

$$\boldsymbol{W}=\boldsymbol{RV}$$

这里，$\boldsymbol{W}=(\omega_1,\omega_2,\cdots,\omega_n)^{\mathrm{T}}$，$\boldsymbol{V}=(v_1,v_2,\cdots,v_n)^{\mathrm{T}}$，由于 $r_{ij}\geqslant 0$，故支持度矩阵 $\boldsymbol{R}$ 是一个非负矩阵，由非负矩阵的性质可知，支持度矩阵 $\boldsymbol{R}$ 存在最大模特征值 $\lambda\geqslant 0$，并且由特征方程 $\lambda\boldsymbol{V}=\boldsymbol{RV}$，可得到其对应的特征向量 $\boldsymbol{V}=(v_1,v_2,\cdots,v_n)^{\mathrm{T}}$。

令

$$\overline{\omega}_i=\frac{v_i}{v_1+v_2+\cdots+v_n}\quad(i=1,2,\cdots,n) \tag{6-24}$$

则$\overline{\omega}_i$为第 $i$ 个测量数据 $x_i$的自身的权系数，对 $n$ 个测量数据的融合结果为

$$x=\overline{\omega}_1x_1+\overline{\omega}_2x_2+\cdots+\overline{\omega}_nx_n \tag{6-25}$$

融合精度为

$$\sigma_x=(\overline{\omega}_1^2\sigma_{x_1}^2+\overline{\omega}_2^2\sigma_{x_2}^2+\cdots+\overline{\omega}_n^2\sigma_{x_n}^2)^{\frac{1}{2}} \tag{6-26}$$

### 6.5.2 融合顺序选择

为保证算法融合效果，减少计算量，可预先对各单项估计的目标轨迹进行融

合顺序优选，具体步骤如下：

(1) 根据具体需求设定距离门限 $\varepsilon$；

(2) 计算各单项估计目标轨迹两两之间的距离 $d_{ij}$，并按式（6-22）构造模糊支持度矩阵 $\boldsymbol{R}$；

(3) 在支持度矩阵 $\boldsymbol{R}$ 中，搜索支持度最高且距离 $d_{ij}$ 不超过 $\varepsilon$ 的一组传感器 $p$ 和 $q$，即 $r_{pq}=\max\limits_{\substack{i,j=1,2,\cdots,n\\ i<j}}\{r_{ij}\}$，且满足 $d_{pq}<\varepsilon, p\neq q$；

(4) 对传感器 $p$ 和 $q$ 的测量值按融合算法进行融合，融合结果作为传感器 $p$ 新的测量值，同时，在当前参与数据融合的传感器组中，删除传感器 $q$，编号大于 $q$ 的传感器的编号都减 1，测量值维持不变，于是得到传感器数目减小 1 的新的参与数据融合的传感器组，重新计算各传感器之间的统计距离，并构造新的支持度矩阵 $\boldsymbol{R}$；

(5) 重复步骤（3）和步骤（4），直至搜索不到支持度最高且距离不超过 $\varepsilon$ 的一对传感器，此时，参与当前数据融合的传感器组，其融合结果为最终的多传感器测量数据顺序选优融合结果。

### 6.5.3 算例分析

以某次试验任务跟踪弧段内某 3 台雷达测量数据为仿真研究对象，将本节算法与传统加权平均算法计算结果进行比较。为了量化评价两种方法的性质，本节引入了多种评价指标体系。图 6-14～图 6-16 分别是本节算法、加权平均算法确定的目标定位曲线与标准定位结果的差值比较曲线图。

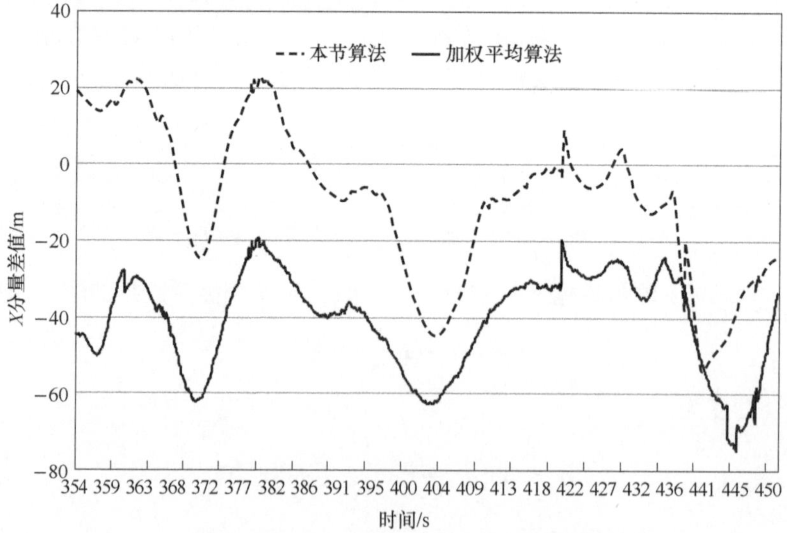


**图 6-14　两种算法 X 方向比对差值图**

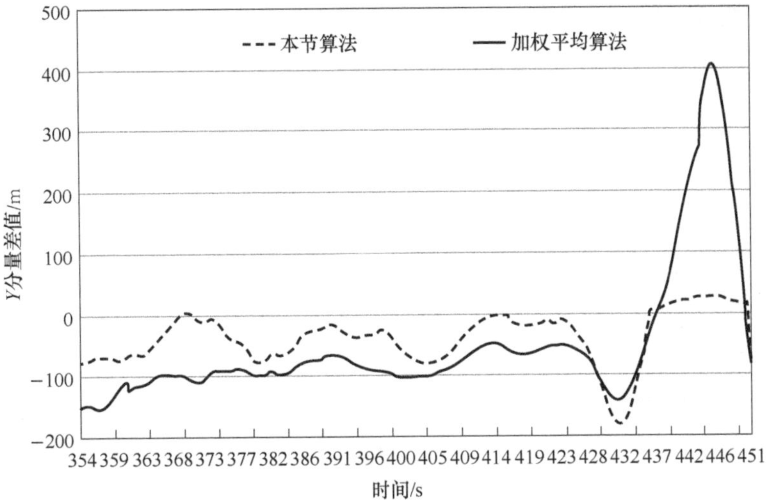


**图 6-15　两种算法 *Y* 方向比对差值图**

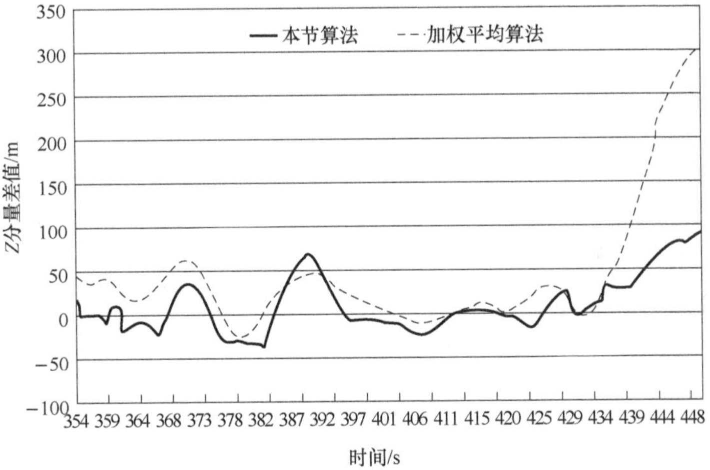


**图 6-16　两种算法 *Z* 方向比对差值图**

从图 6-14 ～图 6-16 可以看出，加权平均算法确定的目标位置参数在 438s 后开始偏离，坐标 *Y*、*Z* 的偏离量值分别达到了 400m 和 300m，基于模糊支持度的加权数据融合算法可有效避免这一情况的出现，通过权值的合理分配，大大降低了异常的单台定位结果对计算结果的影响，确保了目标轨迹结果的可靠性。

为了定量地评价本节算法和加权平均算法确定的轨迹优缺点，可定义以下几种指标作为评价标准：

（1）平方和误差 $e_{\mathrm{SSE}}$：

$$e_{\mathrm{SSE}} = \sum_{i=1}^{N} (x_t - \hat{x}_t)^2 \tag{6-27}$$

（2）均方误差 $e_{\mathrm{MSE}}$：

$$e_{\mathrm{MSE}} = \frac{1}{N}\sqrt{\sum_{i=1}^{N}(x_t - \hat{x}_t)^2} \tag{6-28}$$

（3）平均绝对误差 $e_{\mathrm{MAE}}$：

$$e_{\mathrm{MAE}} = \frac{1}{N}\sum_{i=1}^{N}|x_t - \hat{x}_t| \tag{6-29}$$

（4）平均绝对百分比误差 $e_{\mathrm{MAPE}}$：

$$e_{\mathrm{MAPE}} = \frac{1}{N}\sum_{i=1}^{N}\left|\frac{x_t - \hat{x}_t}{x_t}\right| \tag{6-30}$$

（5）均方百分比误差 $e_{\mathrm{MSPE}}$：

$$e_{\mathrm{MSPE}} = \frac{1}{N}\sqrt{\sum_{i=1}^{N}\left(\frac{x_t - \hat{x}_t}{x_t}\right)^2} \tag{6-31}$$

应用式（6-27）~式（6-31）分别对本节算法和加权平均算法确定的结果进行定量评价，以上各式中，$x_t$ 为 GPS 定位结果，$\hat{x}_t$ 为采用本节算法和加权平均算法确定的估计结果，具体情况见表 6-1。

**表 6-1 模糊支持度加权融合与加权平均算法确定的结果评价指标统计表**

| 评价指标 | | 算法 | |
|---|---|---|---|
| | | 加权平均算法 | 模糊支持度加权融合 |
| $e_{\mathrm{SSE}}$ | $X$ | $3.58\times10^{6}$ | $2.09\times10^{6}$ |
| | $Y$ | $3.07\times10^{7}$ | $6.40\times10^{6}$ |
| | $Z$ | $1.34\times10^{7}$ | $1.98\times10^{6}$ |
| $e_{\mathrm{MSE}}$ | $X$ | 0.990 | 0.750 |
| | $Y$ | 2.860 | 1.310 |
| | $Z$ | 1.890 | 0.730 |
| $e_{\mathrm{MAE}}$ | $X$ | 0.017 | 0.011 |
| | $Y$ | 0.039 | 0.034 |
| | $Z$ | 0.160 | 0.047 |
| $e_{\mathrm{MAPE}}$ | $X$ | $1.31\times10^{-8}$ | $1.90\times10^{-8}$ |
| | $Y$ | $5.60\times10^{-7}$ | $5.02\times10^{-7}$ |
| | $Z$ | $7.15\times10^{-6}$ | $2.16\times10^{-6}$ |
| $e_{\mathrm{MSPE}}$ | $X$ | $2.67\times10^{-7}$ | $2.68\times10^{-7}$ |
| | $Y$ | $6.09\times10^{-7}$ | $5.52\times10^{-7}$ |
| | $Z$ | $7.28\times10^{-6}$ | $2.30\times10^{-6}$ |

从表 6-1 各指标统计情况可以看出，除在指标平均绝对百分比误差($e_{\mathrm{MAPE}}$)和均方百分比误差($e_{\mathrm{MSPE}}$)下，模糊支持度加权融合算法计算的 $X$ 坐标的统计量大于加权平均算法 $X$ 坐标的统计量（$1.90\times10^{-8}>1.31\times10^{-8}$ 和 $2.67\times10^{-7}>2.68\times10^{-7}$）外，其余各项统计指标均是模糊支持度加权融合算法的统计量小于加权平

均算法的统计量，从而说明本节算法确定的结果优于加权平均算法确定的结果。

## 6.6 熵值赋权融合

在空间目标跟踪测量数据处理中，可使用不同的目标轨迹融合估计方法，然而将熵值概念引入飞行目标测量数据处理中的技术文献比较少。本节将在熵值理论的基础上，通过各单台传感器的目标定位信息，确定有效的权值匹配并进行合理组合估计。

### 6.6.1 基本原理

熵的概念源于热力学，表示不能用来做功的热能，为热能的变化量除以温度所得的商，后由申农（C. E. Shannon）引入信息论，现已在工程技术、社会经济等领域得到了广泛应用。

在信息论中，信息是系统有序程度的一个度量，熵是系统无序程度的一个度量，二者的绝对值相等，方向相反。当系统可能处于几种不同状态，每种状态出现的概率为 $p_i(i=1,2,\cdots,m)$ 时，该系统的熵定义为

$$E = -\sum_{i=1}^{m} p_i \ln p_i \tag{6-32}$$

设有 $m$ 种单项估计方法，$n$ 个误差评价指标，形成原始指标矩阵 $\boldsymbol{R}=(r_{ij})_{mn}$，对于某个指标向量 $\boldsymbol{r}_j$，有

$$E_j = -\sum_{i=1}^{m} p_{ij} \ln p_{ij} \quad (j=1,2,\cdots,n) \tag{6-33}$$

其中，$p_{ij} = r_{ij} \Big/ \sum\limits_{i=1}^{m} r_{ij}$。

由上述各式可知，某个误差指标的信息熵越小，表明其指标的变异程度越大，提供的信息量越大，在综合评价中所起的作用越大，该指标的权重也应越大；反之，某个误差指标的信息熵越大，表明其指标的变异程度越小，提供的信息量越小，在综合评价中所起的作用越小，该指标的权重也应越小。所以，可根据各个误差指标值的变异程度，利用信息熵这一工具计算各误差指标的权重，进而为组合估计中各单项估计方法权重的确定提供依据。

### 6.6.2 熵权赋值计算方法

设对同一估计对象的某个指标序列为 $\{x_t, t=1,2,\cdots,N\}$，存在 $m$ 种单项估计方法对其进行估计，第 $i$ 种单项估计方法在第 $t$ 时刻的估计值为 $x_{it}(i=1,2,\cdots,m; t=1,2,\cdots,N)$，熵权赋值计算方法步骤如下。

（1）构造估计相对误差。令

$$e_{it}=\begin{cases}1 & \left(\left|\dfrac{x_t-x_{it}}{x_t}\right|\geqslant 1\right)\\ \left|\dfrac{x_t-x_{it}}{x_t}\right| & \left(0\leqslant\left|\dfrac{x_t-x_{it}}{x_t}\right|<1\right)\end{cases} \tag{6-34}$$

则称 $e_{it}$ 为第 $i$ 种估计方法第 $t$ 时刻的估计相对误差，$i=1,2,\cdots,m,t=1,2,\cdots,N$。显然，$0\leqslant e_{it}\leqslant 1$，$\{e_{it},i=1,2,\cdots,m;t=1,2,\cdots,N\}$ 为第 $i$ 种估计方法在各个 $t$ 时刻的估计相对误差序列。

(2) 将各种单项估计方法估计相对误差序列归一化，即计算第 $i$ 种单项估计方法 $t$ 时刻的估计相对误差的比重。

$$p_{it}=e_{it}\Big/\sum_{t=1}^{N}e_{it}\quad (t=1,2,\cdots,N) \tag{6-35}$$

显然有 $\sum_{t=1}^{N}p_{it}=1$。

(3) 计算第 $i$ 种单项估计方法的估计相对误差的熵值。

$$h_i=-k\sum_{t=1}^{N}p_{it}\ln p_{it}\quad (i=1,2,\cdots,m) \tag{6-36}$$

式中：$k>0$ 为常数；$h_i\geqslant 0,i=1,2,\cdots,m$。对第 $i$ 种单项估计方法而言，如果 $p_{it}$ 全部相等，即 $p_{it}=1/N,t=1,2,\cdots,N$，那么 $h_i$ 取极大值，即 $h_i=k\ln N$，这里 $k=1/\ln N$，则有 $0\leqslant h_i\leqslant 1$。

(4) 计算第 $i$ 种单项估计方法的估计相对误差序列的变异程度系数。因为 $0\leqslant h_i\leqslant 1$，根据系统某项指标的熵值大小与其变异程度相反的原则，定义第 $i$ 种单项估计方法的估计相对误差序列的变异程度系数 $d_i$ 为

$$d_i=1-h_i\quad (i=1,2,\cdots,m)$$

(5) 计算各种估计方法的加权系数 $\alpha_i$ 为

$$\alpha_i=\frac{1}{m-1}\left(1-\frac{d_i}{\sum_{i=1}^{m}d_i}\right)\quad (i=1,2,\cdots,m) \tag{6-37}$$

式（6-37）体现了一个原则，即某个单项估计方法误差序列的变异程度越大，则其在组合估计中对应的权系数就越小。

(6) 计算组合估计值：

$$\hat{x}_t=\sum_{i=1}^{m}\alpha_i x_{it}\quad (t=1,2,\cdots,N) \tag{6-38}$$

### 6.6.3 熵权法应用

设单个传感器设备的目标定位数据为 $\boldsymbol{X}_i=(x_i,y_i,z_i,\dot{x}_i,\dot{y}_i,\dot{z}_i)^{\mathrm{T}},i=1,2,\cdots,n$ 为传感器的个数，$\boldsymbol{\alpha}=(\alpha_1,\alpha_2,\cdots\alpha_n)^{\mathrm{T}}$ 为各传感器的熵权值，则熵权法组合估计的

目标位置及分速度为

$$
\begin{aligned}
\hat{\boldsymbol{X}} &= (\hat{x},\hat{y},\hat{z},\hat{\dot{x}},\hat{\dot{y}},\hat{\dot{z}})^{\mathrm{T}} \\
&= \left(\sum_{i=1}^{n}\alpha_i x_i,\ \sum_{i=1}^{n}\alpha_i y_i,\ \sum_{i=1}^{n}\alpha_i z_i,\ \sum_{i=1}^{n}\alpha_i \dot{x}_i,\ \sum_{i=1}^{n}\alpha_i \dot{y}_i,\ \sum_{i=1}^{n}\alpha_i \dot{z}_i\right)^{\mathrm{T}}
\end{aligned}
\tag{6-39}
$$

相应的精度为

$$
\begin{aligned}
\boldsymbol{\sigma}_{\hat{X}} &= (\sigma_{\hat{x}},\sigma_{\hat{y}},\sigma_{\hat{z}},\sigma_{\hat{z}},\sigma_{\hat{\dot{x}}},\sigma_{\hat{\dot{y}}},\sigma_{\hat{\dot{z}}})^{\mathrm{T}} = \left(\left(\sum_{i=1}^{n}\alpha_i^2\sigma_{x_i}^2\right)^{\frac{1}{2}},\left(\sum_{i=1}^{n}\alpha_i^2\sigma_{y_i}^2\right)^{\frac{1}{2}},\right. \\
&\left.\left(\sum_{i=1}^{n}\alpha_i^2\sigma_{z_i}^2\right)^{\frac{1}{2}},\left(\sum_{i=1}^{n}\alpha_i^2\sigma_{\hat{\dot{x}}_i}^2\right)^{\frac{1}{2}},\left(\sum_{i=1}^{n}\alpha_i^2\sigma_{\hat{\dot{y}}_i}^2\right)^{\frac{1}{2}},\left(\sum_{i=1}^{n}\alpha_i^2\sigma_{\dot{z}_i}^2\right)^{\frac{1}{2}}\right)^{\mathrm{T}}
\end{aligned}
\tag{6-40}
$$

## 6.6.4 算例分析

利用某任务仿真数据对上述方法进行检验和评估。利用标称数据作为基准，同时用1#、2#和3#三台雷达的单台定位精度数据进行组合计算。本节就熵权法与加权平均算法进行了对比。数据对比参见图 6-17 ～图 6-22。

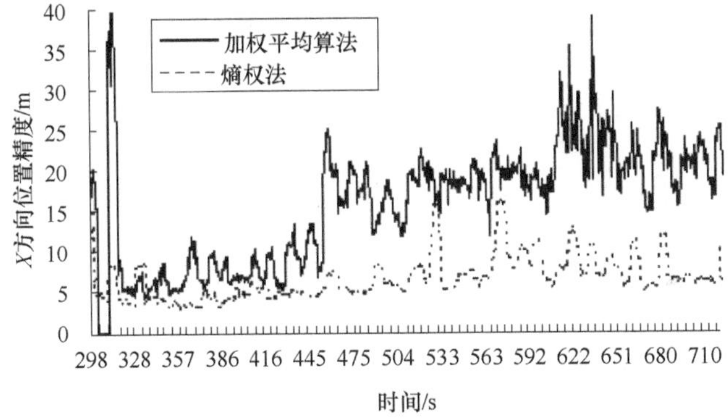


**图 6-17　目标在 X 方向的位置精度比对图**

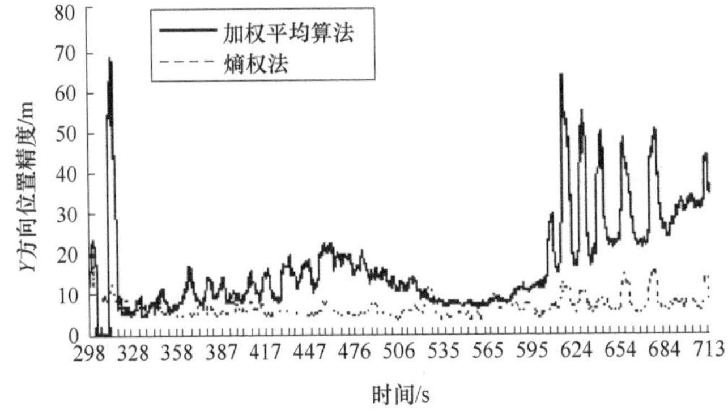


**图 6-18　目标在 Y 方向的位置精度比对图**

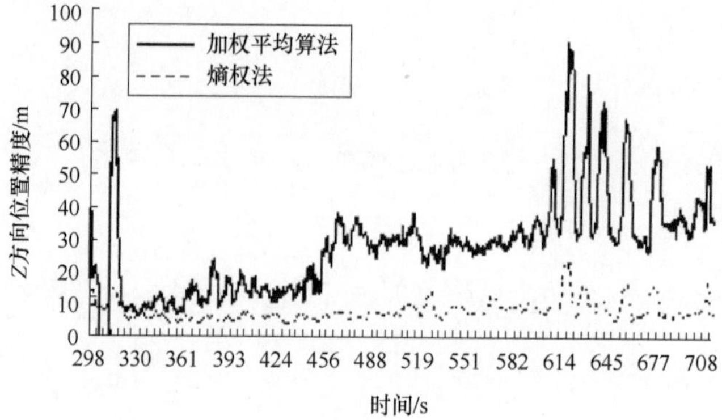


**图 6-19　目标在 Z 方向的位置精度比对图**

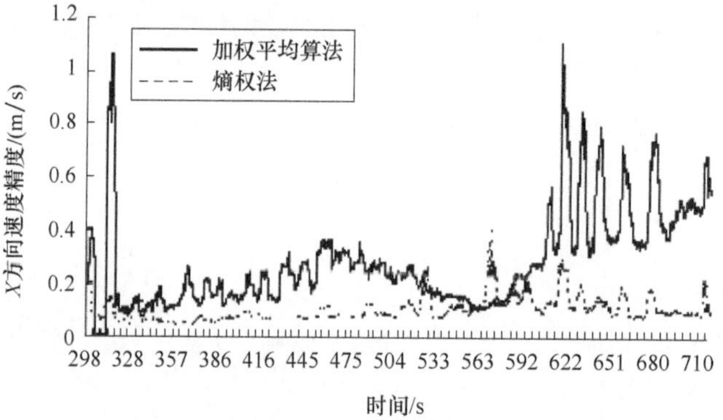


**图 6-20　目标在 X 方向的速度精度比对图**

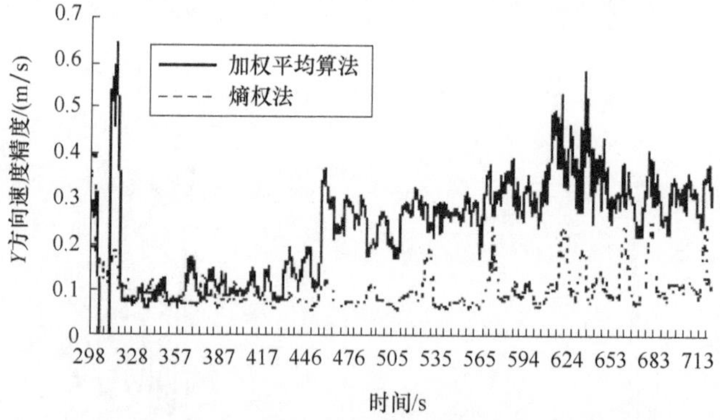


**图 6-21　目标在 Y 方向的速度精度比对图**

从图 6-17 ~图 6-19 中可以看出，应用加权平均算法，3 个方向的位置精度分别达到 40m、70m 和 90m，而应用本节方法，位置精度均没超过 30m，平均在 10m 左右；从速度精度对比图 6-20 ~图 6-22 也可以看出，应用加权算术平均算法，3个方向的速度精度分别达到1.1m/s、0.7m/s 和1.4m/s，而应用本文方法，速度精度均在0.5m/s以下，平均在0.2m/s左右。应用熵权算法得到的定位结果精度满足了处理要求，获得了理想的数据处理效果。与典型的加权平均算法相比，本节提出的基于熵权法确定的坐标和速度精度明显更优。

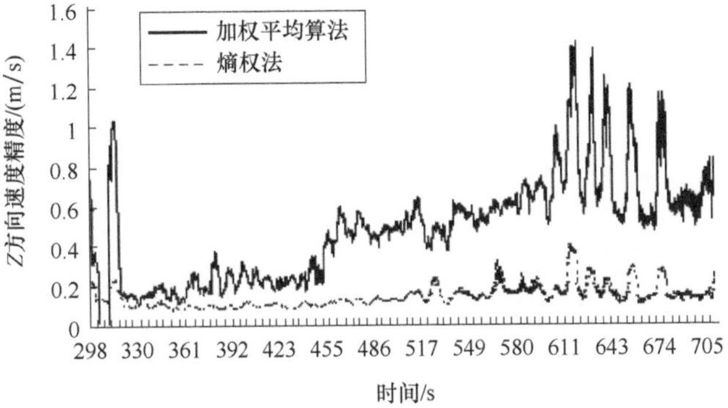


**图6-22 目标在Z方向的速度精度比对图**

## 6.7 诱导有序加权平均算子加权融合

本节以各设备单台定位数据为对象，引入诱导有序加权平均算子概念，结合线性加权组合估计思想，建立基于诱导有序加权算术平均算子的组合估计算法，并对算法应用的效果进行了评估。

### 6.7.1 诱导有序加权平均算子的定义

诱导有序加权平均算子（induced ordered weighted averaging operator，IOWA）是由美国著名学者 Yager 于2003年提出的，是介于最大算子和最小算子之间的一种信息集成方法，常规的加权算术平均算子是它的特例，算子的定义为

$$\mathrm{IOWA}_{W}(<v_1,a_1>,<v_2,a_2>,\cdots,<v_n,a_n>)=\sum_{i=1}^{n}w_i a_{v\text{-index}(i)} \quad (6-41)$$

其中 $\boldsymbol{W}=(w_1,w_2,\cdots,w_n)^{\mathrm{T}}$是与 $\mathrm{IOWA}_W$有关的加权向量，满足 $\sum_{i=1}^{n}w_i=1,w_i\geqslant 0$，$i=1,2,\cdots,n;v-\mathrm{index}(i)$ 是 $v_1,v_2,\cdots,v_n$ 中按从大到小的顺序排列的第 $i$ 个大的数的下标，则称函数 $\mathrm{IOWA}_W$是由 $v_1,v_2,\cdots,v_n$ 产生的 $n$ 维诱导有序加权平均算子，也称 IOWA 算子，$v_i$称为 $a_i$的诱导值。

定义式（6-41）表明，IOWA 算子是对诱导值 $v_1,v_2,\cdots,v_n$ 按从大到小的顺序排列后对应的 $a_1,a_2,\cdots,a_n$ 中的数进行有序加权平均，$w_i$与数 $a_i$的大小和位置无关，而是与其诱导值所在的位置有关。

### 6.7.2 组合模型

在空间目标跟踪测量数据处理中，设目标的标准飞行轨迹为$\{\xi_t,t=1,2,\cdots,N\}$($\xi=x,y,z,\dot{x},\dot{y},\dot{z}$，下同)，各单台设备定位估计值为$\{\xi_{it},i=1,2,\cdots,m;t=1,2,\cdots,N\}$，$\boldsymbol{L}=(l_1,l_2,\cdots,l_m)^{\mathrm{T}}$为各单台估计在组合估计中的加权系数，满足$\sum\limits_{i=1}^{m}l_i=1,l_i\geqslant 0$。定义各单台定位估计值的相对残差为

$$a_{it}=\begin{cases}1-|(\xi_t-\xi_{it})/\xi_t| & (|(\xi_t-\xi_{it})/\xi_t|<1)\\ 0 & (|(\xi_t-\xi_{it})/\xi_t|\geqslant 1)\end{cases} \tag{6-42}$$

式中：$i=1,2,\cdots,m;t=1,2,\cdots,N$。

由估计相对残差的定义可以看到，$a_{it}\in[0,1]$。如果将估计相对残差当作$\xi_{it}$的诱导值，则$a_{it}$和$\xi_{it}$就构成了$m$个二维数组（$<a_{1t},\xi_{1t}>,<a_{2t},\xi_{2t}>,\cdots,<a_{mt},\xi_{mt}>$），将估计相对残差序列$a_{1t},a_{2t},\cdots,a_{mt}$按从大到小的顺序排列，则由IOWA算子的定义，可计算基于IOWA算子的组合估计值，如下：

$$\mathrm{IOWA}_{L}(<a_{1t},\xi_{1t}>,<a_{2t},\xi_{2t}>,\cdots,<a_{mt},\xi_{mt}>)=\sum_{i=1}^{m}l_i\xi_{a\text{-index}(it)} \tag{6-43}$$

令$e_{a\text{-index}(it)}=\xi_t-\xi_{a\text{-index}(it)}$，以二阶范数为准则，定义$N$期组合估计误差平方和$S$为

$$S=\sum_{t=1}^{N}\left(\xi_t-\sum_{i=1}^{m}l_i\xi_{a\_\mathrm{index}(it)}\right)^2=\sum_{i=1}^{m}\sum_{j=1}^{m}l_il_j\left(\sum_{t=1}^{N}e_{a\_\mathrm{index}(it)}e_{a\_\mathrm{index}(jt)}\right)$$

因此，以误差平方和为准则的基于IOWA算子的组合估计模型可表示成以下最优化模型：

$$\min S(\boldsymbol{L})=\sum_{i=1}^{m}\sum_{j=1}^{m}l_il_j\left(\sum_{t=1}^{N}e_{a\_\mathrm{index}(it)}e_{a\_\mathrm{index}(jt)}\right)$$

$$\text{s.t.}\begin{cases}\sum\limits_{i=1}^{m}l_i=1\\ l_i\geqslant 0 \quad (i=1,2,\cdots,m)\end{cases} \tag{6-44}$$

式（6-44）是一个带约束条件的凸二次规划模型，可利用Kuhn-Tucker条件将其转化为线性规划或用Lingo软件求解。在本节中，采用SUMT外点法求取权值，具体步骤为

（1）构造罚函数$F(\boldsymbol{L},\sigma_k)$：

$$F(\boldsymbol{L},\sigma_k)=\sum_{i=1}^{m}\sum_{j=1}^{m}l_il_j\left(\sum_{t=1}^{N}e_{a\_\mathrm{index}(it)}e_{a\_\mathrm{index}(jt)}\right)+\sigma_k\left(\sum_{i=1}^{m}l_i-1\right)^2$$

（2）选取初始数据：

给定初始罚因子$\sigma_1>0$，放大系数$\alpha>1$，允许误差$\varepsilon>0$，令$k=1$。

(3) 求解无约束问题 $\min F(\boldsymbol{L},\sigma_k)$ 的最优解：

$$\boldsymbol{L}_k=\frac{\partial F}{\partial \boldsymbol{L}_k}=\boldsymbol{L}(\sigma_k)$$

(4) 迭代计算：

若 $\sigma_k\left(\sum_{i=1}^{m} l_i-1\right)^2<\varepsilon$，则迭代终止，$\boldsymbol{L}_k$ 为约束问题式（6-44）的近似最优解；否则，令 $\sigma_{k+1}=\alpha\sigma_k$，$k=:k+1$，返回步骤（3）。

在实际计算过程中，分别取 $\sigma_1=0.5$、$\alpha=2$ 和 $\varepsilon=0.00001$。采用 SUMT 外点法求出权值，再利用式（6-38）即可计算出组合估计定位结果。

### 6.7.3 算例分析

以某次任务1#、2#两台雷达 100s 重合弧段的测量数据为例，假设各单台设备计算的定位数据已修正了各种误差，且以标准飞行轨迹为基准扣除了相应的固定偏差。分别应用加权平均算法和本节算法进行组合估计计算，并引入 6.4 节的误差指标来度量各单项估计及两种组合估计算法的准确度，对本节算法的应用效果进行评估，具体统计结果见表 6-2 和表 6-3。图 6-23 和图 6-24 分别为两台雷达单台定位结果、组合估计结果与标准飞行轨迹在 $X$ 方向位置分量和速度分量上的差值曲线。

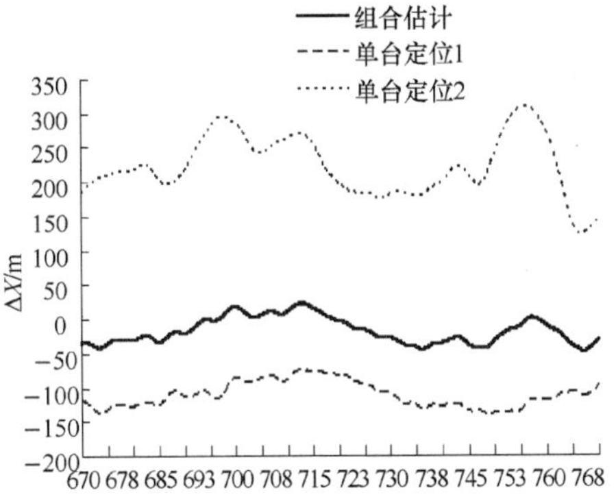


图 6-23 目标各轨迹 $X$ 方向位置分量与标准结果差值图

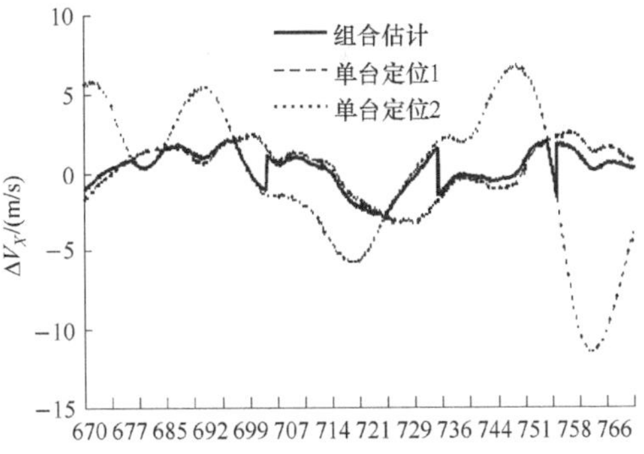


图 6-24 目标各轨迹 $X$ 方向速度分量与标准结果差值图

从图 6-23 与图 6-24 中可以直观地看出，组合估计定位结果明显优于各单台定位结果，且1#雷达定位结果好于2#雷达定位结果。根据权系数的性质，1#雷达定位结果在组合估计结果中比重更大，因而对应的权值也就越大。应用基于 IOWA 的组合估计算法，解算后分别得到1#、2#雷达定位数据在组合估计中对应的权系数为 0.717、0.283（$X$ 方向位置分量）及 0.913、0.087（$X$ 方向速度分量)，这与从图 6-23 和图 6-24 得出的结论相吻合。

表 6-2 不同估计方法 $X$ 方向位置分量评估指标表

| 评估指标 | SSE | MSE | MAE | MAPE | MSPE |
|---|---|---|---|---|---|
| 单台定位估计 1 | $2.56\times10^{7}$ | 2.53 | 111.51 | $4.14\times10^{-5}$ | $9.39\times10^{-7}$ |
| 单台定位估计 2 | $1.02\times10^{8}$ | 5.07 | 222.37 | $8.28\times10^{-5}$ | $1.89\times10^{-6}$ |
| 加权算术平均估计 | $4.70\times10^{6}$ | 1.08 | 44.95 | $1.66\times10^{-5}$ | $4.01\times10^{-7}$ |
| IOWA 组合估计 | $1.32\times10^{6}$ | 0.57 | 22.09 | $8.17\times10^{-6}$ | $2.12\times10^{-7}$ |

表 6-3 不同估计方法 $X$ 方向速度分量评估指标表

| 评估指标 | SSE | MSE | MAE | MAPE | MSPE |
|---|---|---|---|---|---|
| 单台定位估计 1 | $5.30\times10^{3}$ | 0.036 | 1.43 | $2.64\times10^{-4}$ | $6.74\times10^{-6}$ |
| 单台定位估计 2 | $4.46\times10^{4}$ | 0.106 | 3.84 | $7.12\times10^{-4}$ | $1.97\times10^{-5}$ |
| 加权算术平均估计 | $4.28\times10^{3}$ | 0.032 | 1.18 | $2.18\times10^{-4}$ | $6.04\times10^{-6}$ |
| IOWA 组合估计 | $2.76\times10^{3}$ | 0.026 | 0.96 | $1.77\times10^{-4}$ | $4.85\times10^{-6}$ |

从表 6-2 和表 6-3 的统计数据可以看出，对于单台定位估计而言，1#雷达单台定位估计误差指标均小于2#雷达相应的误差指标，表明1#雷达单台定位估计结果在组合估计中的贡献更大，其相应权系数也就更大，从而验证了上面的结论；另外，单台定位估计方法的 5 种估计误差指标均显著大于 IOWA 组合估计算法对应的误差指标，这表明 IOWA 组合估计算法优于各单台定位估计。对于两种组合估计方法，从统计结果看，加权平均算法的各项误差指标均大于 IOWA 组合估计算法，进而表明基于 IOWA 算子的组合估计算法优于传统的加权平均算法。

## 6.8 小结

空间目标飞行过程中，在同一时段内，通常会有多台（套）、多类型的观测设备进行跟踪测量，因此会记录同一目标的不同飞行轨迹，如何从这些由于观测设备精度、观测环境不同而形成的飞行轨迹中选取最优的记录，是本章重点解决的问题。本章主要从各飞行轨迹的不同赋权方式入手，建立了基于统计加权、均值聚类、容错自适应、模糊支持度、熵值赋权、诱导有序加权等一系列飞行轨迹融合选优算法，并引入平方和误差等结果评估指标对部分算法的有效性和准确性进行了评估，实现了对单一空间目标飞行轨迹的融合确定和选优。

## 参考文献

[1] 刘利生. 外弹道测量数据处理 [M]. 北京：国防工业出版社，2000.

[2] 胡绍林，许爱华，郭小红．脉冲雷达跟踪测量数据处理技术［M］．北京：国防工业出版社，2007.
[3] 唐玲，杜雨洺．一种基于多级 Kalman 滤波的高精度距离估计方法［J］．成都信息工程学院学报，2015，30（2）：131-135.
[4] 赵树强，许爱华，苏睿，等．箭载 GNSS 测量数据处理［M］．北京：国防工业出版社，2015.
[5] 赵树强，张栋，许爱华，等．箭载 GNSS 数据融合处理及精度分析［J］．导弹与航天运载技术，2017，6：52-55.
[6] 赵树强，许爱华．箭载 GPS 实时定轨精度估计［J］．全球定位系统，2006，4（2）：19-22.
[7] 宋卫红，崔书华，楼琳 等．IOWA 组合估计算法在外弹道数据处理中的应用［J］．弹箭与制导学报，2012，32（2）：165-168.
[8] 柴敏，胡绍林，陈宁．基于欧氏距离均值聚类算法的多台雷达定位方法研究与应用［J］．靶场试验与管理，2010，(2)：47-50.
[9] 徐小辉，郭小红，赵树强．抵抗性随机误差统计算法在外弹道数据处理中的应用［J］．靶场试验与管理，2007，12（6）：29-32.
[10] 赵树强，许爱华，张荣之，等．北斗一号卫星导航系统定位算法及精度分析［J］．全球定位系统，2008，1（1）：20-24.
[11] 徐小辉，郭小红，赵树强．外弹道加权最小一乘模型研究与应用［J］．飞行器测控学报，2008，4，27（2）：85-88.
[12] 郭小红，徐小辉，赵树强．基于经验模态分解的外弹道降噪方法及应用［J］．宇航学报，2008，7，29（4）：1272-1276.
[13] DOSE V, V DER LINDEN. Outlier tolerant parameter estimation［C］. Maximum Entropy and Bayesian METHODS V D, et al. Kluwer Academic, Dordrecht, 1999.
[14] 胡绍林，孙国基．过程监控技术及其应用［M］．北京：国防工业出版社，2001.
[15] 陈华友，刘春林．基于 L1 范数的加权几何平均组合预测模型的性质［J］．东南大学学报，2004，34（4）：535-540.
[16] 刘振涛，胡先省．一种实用的数据融合方法［J］．自动化仪表，2005，26（8）：7-9.
[17] 陈水利，李敬功，等．模糊集理论及其应用［M］．北京：科学出版社，2005.
[18] 王松桂．线性模型的理论及应用［M］．合肥：安徽教育出版社，1997.
[19] 陈华友．基于预测有效度的组合预测模型研究［J］．预测，2001，20（3）：72-73.
[20] BATES J M, GRANGER C W J. Combination of forecasts［J］. Operations Research Quarterly, 1969, 20（4）: 451-468.
[21] 胡志刚，花向红．Levenberg-Marquardt 算法及其在测量模型参数估计中的应用［J］．测绘工程，2008，17（4）：34-37.
[22] 谢开贵，宋乾坤，周家启．最小一乘线性回归模型研究［J］．系统仿真学报，2002，2：63-66.
[23] 陈华友，盛昭瀚，刘春林．调和平均的组合预测方法至性质研究［J］．系统工程学报，2004，19（6）：620-624.

[24] 万树平. 一种多传感器数据的熵权融合方法 [J]. 传感器与微系统, 2007, 26 (12): 25-26.
[25] YAGER R R. Induced aggregation operators [J]. Fuzzy Sets and Systems, 2003, 137: 56-69.
[26] 胡运权, 郭耀煌. 运筹学教程 [M]. 北京: 清华大学出版社, 1998.
[27] 宋卫红, 崔书华, 曹志远. 基于熵权的综合评价方法在外弹道数据处理中的应用 [J]. 载人航天, 2010, 16 (3): 33-36.
[28] 袁宏俊, 杨桂元. 基于最大-最小贴近度的最优组合预测模型 [J]. 运筹与管理, 2010, 19 (2): 116-122.
[29] 黄小龙, 刘维亭. 基于模糊贴近度的故障诊断 [J]. 科学技术与工程, 2012, 12 (30): 8111-8114.
[30] 施闯, 刘经南, 姚宜斌. 高精度 GPS 网数据处理中的系统误差分析 [J]. 武汉大学学报 (信息科学版), 2002, 27 (2): 148-152.
[31] 刘丙申, 刘春魁, 杜海涛. 靶场外测设备精度鉴定 [M]. 北京: 国防工业出版社, 2008.
[32] 陈华友. 组合预测方法有效性理论及其应用 [M]. 北京: 科学出版社, 2008.
[33] 扬万海. 多传感器数据融合及其应用 [M]. 西安: 西安电子科技大学出版社, 2004.

# 07 第 7 章 空间目标轨迹重构与评估

## 7.1 引言

在空间飞行目标跟踪测量过程中，通常有多种跟踪测量设备，包括光学测量、雷达测量和箭载 GNSS 测量设备等。这些测量设备有些可以独立跟踪提供目标飞行轨迹，有些则需要通过组合手段和不同的跟踪测量方案来提供飞行参数。由于这些测量设备价格一般比较昂贵，可使用的同类设备有限，当射程比较远时，通常使用多种测控设备进行优化布站，共同测量飞行目标的整个飞行段落，这就导致了目标跟踪测量数据的种类较多、特性复杂。一方面，较多的测量数据使得数据的高精度处理成为可能；另一方面，复杂的测量数据特性给数据处理工作带来了很大的困难。多种设备跟踪测量数据存在一定的冗余信息和互补特性，因此需要根据不同的融合层次、融合结构和融合方法，在不同跟踪测量设备和跟踪测量方案之间选取合适的融合模型，在使用多台（套）设备接力跟踪测量时，其关键是如何对多台（套）多种类跟踪测量数据进行有效的融合，从而得到目标飞行过程中整个飞行轨迹的信息。

## 7.2 数值微分

数值微分（numerical differentiation）是指根据函数在一些离散点的函数值，推算其在某点的导数或高阶导数的近似值的方法。在截断误差补偿的目标轨迹重构中，一般多采用光电经纬仪、脉冲雷达、多测速系统以及 GNSS 测量数据通过数值微分技术来确定空间飞行目标的速度、加速度、倾角和偏角等飞行状态参数。

### 7.2.1 滑动多项式平滑微分

多项式平滑和多项式微分平滑是空间目标跟踪测量数据处理的常用方法。

**1. 算法原理**

多项式平滑微分算法的理论依据是 Weierstrass 第一逼近定理和最小二乘平差技术。一般地，对于测量数据的“加性”误差分解模型，当被观测对象 $\{y(t) | t \geqslant t_0\}$ $(y=R,A,E,\dot{R},\dot{S},x,y,z,\dot{x},\dot{y},\dot{z})$ 的变化曲线充分光滑，即当被观测对象满足高阶连续可微条件时，可在有限闭区间上被代数多项式一致逼近，即对任意小的正实数 $\delta$ 均存在多项式：

$$p(t) = \sum_{j=0}^{m} a_j t^j \tag{7-1}$$

使得 $\max\limits_{t_0 \leqslant t \leqslant t_n} \left\{ \left| y(t) - \sum_{j=0}^{m} a_j t^j \right| \right\} \leqslant \delta$。因此，采用误差补偿技术有

$$y(t_i) = \sum_{j=0}^{m} a_j t_i^j + \varepsilon(t_i) \tag{7-2}$$

假设应用不同源观测设备对空间目标进行观测，获取测量数据序列 $\{y(t_i) | t_i = t_0 + ih, i=1,2,3,\cdots\}$，则利用最小二乘技术可以给出式（7-2）中系数向量的最优线性无偏估计：

$$\begin{pmatrix} \hat{a}_0^{(k\to j)} \\ \vdots \\ \hat{a}_m^{(k\to j)} \end{pmatrix} = \left\{ \begin{pmatrix} t_k^0 & \cdots & t_k^m \\ \vdots & & \vdots \\ t_j^0 & \cdots & t_j^0 \end{pmatrix}^{\tau} \begin{pmatrix} t_k^0 & \cdots & t_k^m \\ \vdots & & \vdots \\ t_j^0 & \cdots & t_j^0 \end{pmatrix} \right\}^{-1} \begin{pmatrix} t_k^0 & \cdots & t_k^m \\ \vdots & & \vdots \\ t_j^0 & \cdots & t_j^0 \end{pmatrix}^{\tau} \begin{pmatrix} y(t_k) \\ \vdots \\ y(t_j) \end{pmatrix} \tag{7-3}$$

由此可得测量对象 $\{y(t)\}$ 在任意时刻 $t_i(t_k \leqslant t_i \leqslant t_j)$ 的最优线性平滑估计值为

$$\hat{y}(t_i) = \sum_{s=0}^{m} \hat{a}_s^{(k\to j)} t_i^s \tag{7-4}$$

相应地，可以导出测量数据的一阶和二阶微分平滑估计值为

$$\hat{\dot{y}}(t_i) = \sum_{s=1}^{m} s\, \hat{a}_s^{(k\to j)} t_i^{s-1}, \hat{\ddot{y}}(t_i) = \sum_{s=2}^{m} s(s-1)\, \hat{a}_s^{(k\to j)} t_i^{s-2} \tag{7-5}$$

多项式平滑具有良好的统计性质。可以证明，当拟合多项式阶次准确时，$\hat{y}(t_i)$、$\hat{\dot{y}}(t_i)$ 和 $\hat{\ddot{y}}(t_i)$ 分别是在 $(y(t_i), \dot{y}(t_i), \ddot{y}(t_i))$ 各分量的线性平滑估计族中最小方差的线性无偏平滑估计。

**2. 实现方法**

在空间目标跟踪测量过程中，测量系统由多种设备构成，每种设备都进行较长弧段的跟踪测量，有时达 300～500s，有近万组测量数据。为了确保尽可能多地提取有用信息和改进数据质量，必须对平滑算法的实现技术进行深入研究。下面简要探讨与此有关的几个技术细节。

1） 中心平滑与中心滑动平滑微分

由于数据时间段长、数据量大，因此在实施平滑处理时多采用滑动区间平滑方法。具体地，对于等间隔采样数据，可将式（7-3）改为

$$\begin{pmatrix}\hat{a}_0^{(i-s\to i+s)}\\ \vdots \\ \hat{a}_m^{(i-s\to i+s)}\end{pmatrix}=\{\boldsymbol{H}^{\mathrm{T}}\boldsymbol{H}\}^{-1}\boldsymbol{H}^{\mathrm{T}}\begin{pmatrix}y(t_{i-s})\\ \vdots \\ y(t_{i+s})\end{pmatrix} \tag{7-6}$$

式中：$\boldsymbol{H}=(h_{s,t})_{(2p+1)\times(m+1)}\in\mathbf{R}^{(2p+1)\times(m+1)}$，$h_{s,t}=((s-p-1)h)^{t-1}$。相应地，式（7-4）和式（7-5）的平滑估计与微分平滑估计可分别改为

$$\hat{y}(t_i)=\hat{a}_0^{(i-s\to i+s)},\quad \hat{\dot{y}}(t_i)=\hat{a}_1^{(i-s\to i+s)},\quad \hat{\ddot{y}}(t_i)=2\,\hat{a}_2^{(i-s\to i+s)} \tag{7-7}$$

2）矩阵正交化

无论是式（7-3）还是式（7-6）都涉及对称矩阵求逆。为确保计算精度和简化计算，可以采用施密特正交化过程。下面，以式（7-6）为例，给出具体算法：构造向量 $\boldsymbol{\alpha}_i$ 为矩阵 $\boldsymbol{H}$ 的第 $i$ 列（$i=1,2,\cdots,m+1$），记内积算子为 $<\cdot;\cdot>$，构造正交化向量组：

$$\begin{cases}\boldsymbol{\beta}_1=\boldsymbol{\alpha}_1\\ \boldsymbol{\beta}_2=\boldsymbol{\alpha}_2-\dfrac{<\boldsymbol{\beta}_1,\boldsymbol{\alpha}_2>}{<\boldsymbol{\beta}_1,\boldsymbol{\beta}_1>}\boldsymbol{\beta}_1\\ \vdots\\ \boldsymbol{\beta}_{m+1}=\boldsymbol{\alpha}_{m+1}-\displaystyle\sum_{j=1}^{m}\dfrac{<\boldsymbol{\beta}_j,\boldsymbol{\alpha}_{m+1}>}{<\boldsymbol{\beta}_j,\boldsymbol{\beta}_j>}\boldsymbol{\beta}_j\end{cases} \tag{7-8}$$

由此有 $(\boldsymbol{\alpha}_1,\cdots,\boldsymbol{\alpha}_{m+1})^{\mathrm{T}}=\boldsymbol{M}(\boldsymbol{\beta}_1,\cdots,\boldsymbol{\beta}_{m+1})^{\mathrm{T}}$，式中 $\boldsymbol{M}=[m_{i,j}]\in\mathbf{R}^{(m+1)\times 1}$：

$$m_{i,j}=\begin{cases}0 & (i<j)\\ \dfrac{<\boldsymbol{\beta}_i,\boldsymbol{\alpha}_j>}{<\boldsymbol{\beta}_i,\boldsymbol{\beta}_i>} & (i>j)\\ 1 & (i=j)\end{cases} \tag{7-9}$$

不难验证，$\boldsymbol{M}$ 为下三角形矩阵，向量组 $\{\boldsymbol{\beta}_1,\boldsymbol{\beta}_2,\cdots,\boldsymbol{\beta}_{m+1}\}$ 为正交向量组。引进记号 $\widetilde{\boldsymbol{H}}=(\boldsymbol{\beta}_1,\boldsymbol{\beta}_2,\cdots,\boldsymbol{\beta}_{m+1})$，则式（7-6）～式（7-8）可以改写为

$$\begin{pmatrix}\hat{a}_0^{(i-s\to i+s)}\\ \vdots \\ \hat{a}_m^{(i-s\to i+s)}\end{pmatrix}=\boldsymbol{M}^{\mathrm{T}}\begin{pmatrix}\|\boldsymbol{\beta}_1\|^{-2} & & \\ & \ddots & \\ & & \|\boldsymbol{\beta}_{m+1}\|^{-2}\end{pmatrix}\widetilde{\boldsymbol{H}}^{\mathrm{T}}\begin{pmatrix}y(t_{i-s})\\ \vdots \\ y(t_{i+s})\end{pmatrix} \tag{7-10}$$

由于对对角线元素为 1 的三角形矩阵的求逆可采用矩阵初等变换和消去法直接计算，因此在此不再赘述。

3）拟合多项式阶次确定

影响平滑效果的另一个问题是如何确定拟合多项式的阶次。在数理统计与时间序列分析文献中有大量的研究，并有多种定阶准则（如 AIC 准则、FPE 准则等）可供采用。

下面，介绍一组实用的定阶算法。记测量数据片段 $\{y(t_j)\,|\,j=i-s,\cdots,i,\cdots,i+s\}$

的 $m$ 阶多项式拟合残差为 $\mathrm{Rss}(m)$，则由式（7-6）有

$$\mathrm{Rss}(m)=\left\|(\boldsymbol{I}-\boldsymbol{H}\{\boldsymbol{H}^{\mathrm{T}}\boldsymbol{H}\}^{-1}\boldsymbol{H}^{\mathrm{T}}\begin{pmatrix}y(t_{i-s})\\ \vdots\\ y(t_{i+s})\end{pmatrix}\right\|^2=\begin{pmatrix}y(t_{i-s})\\ \vdots\\ y(t_{i+s})\end{pmatrix}^{\mathrm{T}}(\boldsymbol{I}-\boldsymbol{H}\{\boldsymbol{H}^{\mathrm{T}}\boldsymbol{H}\}^{-1}\boldsymbol{H}^{\mathrm{T}}\begin{pmatrix}y(t_{i-s})\\ \vdots\\ y(t_{i+s})\end{pmatrix} \tag{7-11}$$

当 $\mathrm{Rss}(m)\approx\mathrm{Rss}(m+1)$，即增加阶次对拟合效果改进不明显时，按简约参数原则，可选取拟合多项式的阶次为 $m$。基于这种思想，可以构造定阶统计量：

$$\widetilde{G}(m)\approx\frac{\mathrm{Rss}(m)-\mathrm{Rss}(m+1)}{\mathrm{Rss}(m)}$$

选定接近 0 的小量 $\delta$，预取 $m=1$，按下述步骤定阶。

（1）计算 $\widetilde{G}(m)$，当 $|\widetilde{G}(m)|\leqslant\delta$ 时，确定 $m$ 为合适的拟合阶次；否则，转步骤（2）。

（2）令 $m+1\Rightarrow m$，即对 $m$ 增 1 后，返回步骤（1）。

在空间目标跟踪测量数据处理过程中，为了简化计算方法，通常适当地参照经验信息选用低阶（如 2 阶、3 阶或 4 阶）多项式平滑微分。

## 7.2.2 稳健拟合平滑微分

由于现有数值微分缺乏稳健性和容错能力，因此须构建具有较高精度和容错能力的新型容错稳健数值微分方法，改进和丰富目标飞行轨迹计算技术。

常用的多项式拟合平滑微分算法缺乏稳健性和容错能力的根本原因在于拟合微分算法采用损失函数 $\rho(x)=\frac{1}{2}x^2$，其导函数为 $\phi(x)=\dot{\rho}(x)=x$，平等地对待每个参与计算的测量数据，而没有区别对待数据带来的信息正常与否，使野值点在计算过程中产生了明显大于正常数据点的不利影响。

**1. 损失函数和 $\phi$-函数**

为了提高算法对数据的容错能力，在继承现有拟合平滑微分算法合理内核的同时，将损失函数改为以下形式：

$$\rho_{\mathrm{FT}}(x)=\begin{cases}\frac{1}{2}x^2 & (|x|\leqslant 3\sigma)\\ 1.5|x|\sigma & (3\sigma<|x|\leqslant 4.5\sigma)\\ -x^2+12|x|\sigma-27\sigma^2 & (4.5\sigma<|x|\leqslant 6\sigma)\\ 9\sigma^2 & (|x|>6\sigma)\end{cases} \tag{7-12}$$

对应地，$\phi$-函数为重衰减（redescending）形式：

$$\phi_{\mathrm{FT1}}(x)=\begin{cases}x & (|x|\leqslant 3\sigma)\\ 3\sigma & (3\sigma<x\leqslant 4.5\sigma)\\ -3\sigma & (-4.5\sigma\leqslant x<-3\sigma)\\ -2x+12\sigma & (4.5\sigma<x\leqslant 6\sigma)\\ -2x-12\sigma & (-6\sigma\leqslant x<-4.5\sigma)\\ 0 & (|x|>6\sigma)\end{cases} \tag{7-13}$$

将式（7-12）和式（7-13）与基于最小二乘理论的损失函数及相应 $\phi$-函数对比，式（7-12）和式（7-13）可以有效克服“普通二次损失函数不加区分地利用测量数据信息导致微分算法缺乏容错能力”的缺点，如图 7-1 所示。

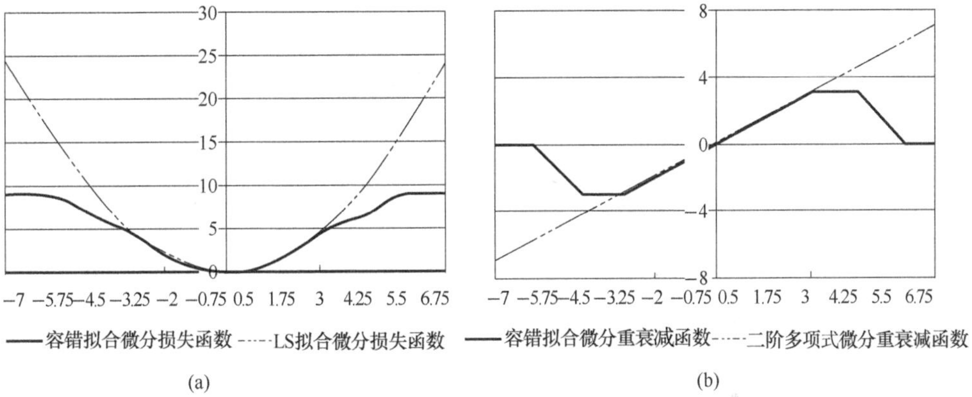


**图 7-1　LS 拟合微分与容错拟合微分的损失函数和 $\phi$-函数对比**

（a）损失函数；（b）$\phi$-函数。

对比分析图 7-1（a）或图 7-1（b）中的两条曲线可以看出，采用式（7-12）取代 LS 估计的损失函数，具有以下优点：

（1）当测量数据正常时，由 $\rho_{\mathrm{LS}}(x)=\rho_{\mathrm{FT1}}(x)$ 和 $\phi_{\mathrm{LS}}(x)=\phi_{\mathrm{FT1}}(x)(|x|\leqslant 3\sigma)$ 可以保证稳健拟合微分算法得到常用拟合平滑微分的结果，确保数据正常时计算结果的高精度；

（2）当测量数据异常时，由 $\rho_{\mathrm{FT1}}(x)=c$（常数）和 $\phi_{\mathrm{FT1}}(x)=0(|x|>6\sigma)$ 可以有效减小异常数据的不利影响，确保微分计算结果的可靠性和避免飞行目标参数失真；

（3）通过 $\rho_{\mathrm{FT1}}(x)$ 和 $\phi_{\mathrm{FT1}}(x)$ 的巧妙设计，使得在数据信息使用过程中好数据与异常数据之间有一个合理的量变过渡，不同于惯常的“剔野”处理，不仅避免了因为剔野后不等间隔数据导致的计算麻烦，还科学地做到了有效信息的充分利用，有利于改进飞行轨迹计算质量。

**2. 容错稳健拟合平滑微分**

假定某种类型的目标观测设备对空间飞行目标进行观测，获取总点数为 $N$、平滑微分半点数为 $n$ 和采样间隔为 $h$ 的测量数据序列 $\{y(t_i)\,|\,t_i=t_0+ih, i=1,2,3,\cdots,N\}$。

1）计算稳健拟合多项式系数

对 $j=n+1,\cdots,N-n$ 的每点取 $y_{j-n},\cdots,y_j,\cdots y_{j+n}$ 的 $2n+1$ 个点作多项式拟合计算，其系数为

$$a_0^{(0)}=\frac{-c\sum_{i=-n}^{n}y_i}{b^2-ac}+\frac{bh^2\sum_{i=-n}^{n}i^2y_i}{b^2-ac} \tag{7-14}$$

$$a_1^{(0)}=\frac{h}{b}\sum_{i=-n}^{n}iy_i \tag{7-15}$$

$$a_2^{(0)}=\frac{b}{b^2-ac}\sum_{i=-n}^{n}y_i+\frac{ah^2}{b^2-ac}\sum_{i=-n}^{n}i^2y_i \tag{7-16}$$

其中，$a=2n+1$、$b=\frac{h^2}{3}n(n+1)(2n+1)$、$c=\frac{h^4}{15}n(n+1)(2n+1)(3n^2+3n-1)$。

2）残差检验

$$\bar{y}_i=a_0^{(0)}+a_1^{(0)}ih+a_2^{(0)}(ih)^2 \tag{7-17}$$

$$v_i'=y_i-\bar{y}_i \tag{7-18}$$

$$v_i=\begin{cases}-\varepsilon & (v_i'<-\sigma)\\ v_i' & (|v_i'\leqslant-\sigma)\\ \varepsilon & (v_i'>-\sigma)\end{cases} \tag{7-19}$$

$$\phi_i=\begin{cases}0 & (|v_i'|>\sigma)\\ 1 & (|v_i'|\leqslant\sigma)\end{cases} \tag{7-20}$$

3）若 $\phi_i$ 全为 1，则得

$$\bar{y}_j=\bar{y}_0=a_0^{(0)} \tag{7-21}$$

$$\bar{y}_j'=\bar{y}_0'=a_1^{(0)}h \tag{7-22}$$

4）若 $\phi_i$ 不全为 1，则令

$$\boldsymbol{J}=\begin{bmatrix}1 & -nh & n^2h^2\\ \vdots & \vdots & \vdots\\ 1 & nh & n^2h^2\end{bmatrix}_{(2n+1,3)}$$

$$\boldsymbol{\Phi}=\begin{bmatrix}\phi_{-n} & & 0\\ & \ddots & \\ 0 & & \phi_n\end{bmatrix}_{(2n+1,2n+1)}$$

$$V=\begin{bmatrix} v_{-n} \\ \vdots \\ v_n \end{bmatrix}_{(2n+1)}$$

计算 $\Delta\boldsymbol{a}$ 及 $\boldsymbol{a}^{(1)}$，令

$$\boldsymbol{a}^{(0)}=\begin{pmatrix} a_0^{(0)} \\ a_1^{(0)} \\ a_2^{0} \end{pmatrix},\quad \boldsymbol{a}^{(1)}=\begin{pmatrix} a_0^{(1)} \\ a_1^{(1)} \\ a_2^{(1)} \end{pmatrix}$$

可得

$$\left.\begin{aligned} \Delta a &= (\boldsymbol{J}^{\mathrm{T}}\boldsymbol{\Phi}\boldsymbol{J})^{-1}\boldsymbol{J}^{\mathrm{T}}\boldsymbol{V} \\ \boldsymbol{a}^{(1)} &= \boldsymbol{a}^{(0)}+\Delta\boldsymbol{a} \end{aligned}\right\} \tag{7-23}$$

由此

$$\bar{y}_j=a_0^{(1)} \tag{7-24}$$

$$\bar{y}_j'=a_1^{(1)}h \tag{7-25}$$

**3. 算例分析**

为了验证容错稳健拟合微分的效果，分别采用多项式拟合平滑微分和容错稳健拟合平滑微分计算目标飞行状态参数，结果如图 7-2 ～图 7-7 所示。

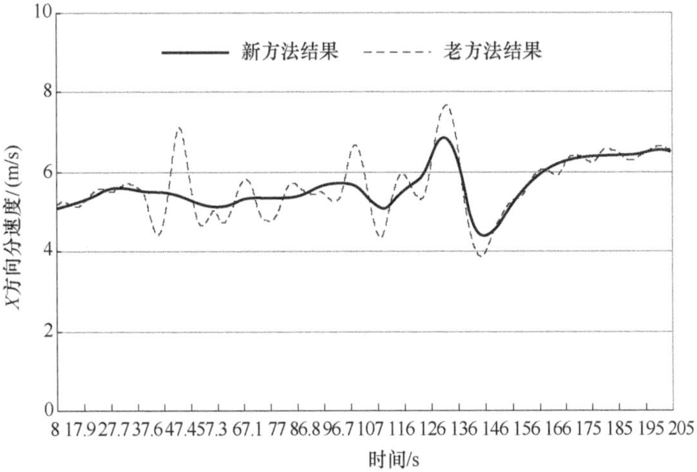


**图 7-2 两种方法微分结果 X 方向分速度**

由计算结果可以发现，容错稳健拟合平滑微分方法在拟合过程中可以很好地规避因异常数据而导致拟合曲线变形的情况，且对随机误差的敏感性较弱，从而避免产生不可靠的数据结果。由图 7-2 ～图 7-7 可以明显看出，容错稳健拟合平滑微分的计算结果明显优于多项式拟合平滑微分的计算结果，证明了新方法具有较好的稳健性和容错能力。

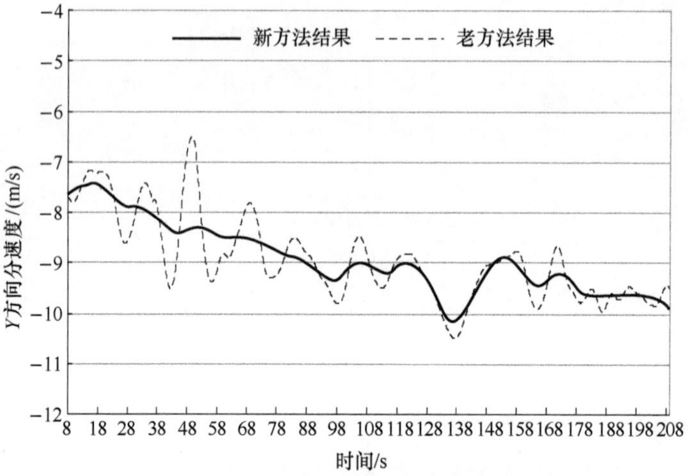


图 7-3 两种方法微分结果 *Y* 方向分速度

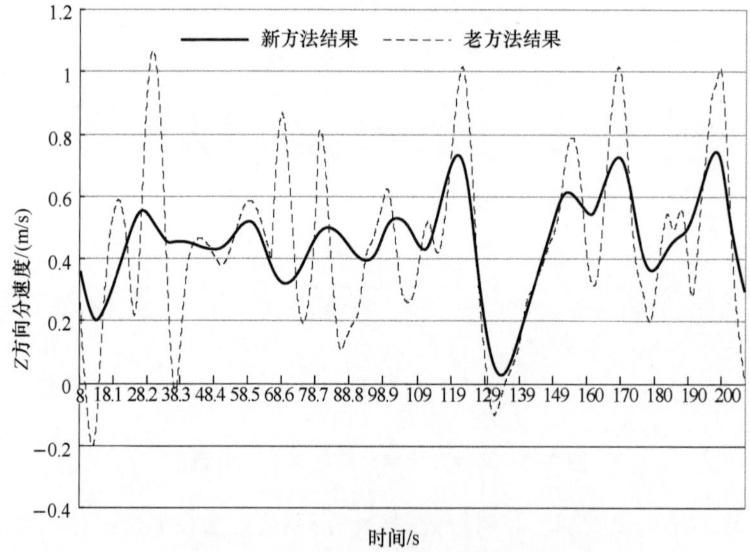


图 7-4 两种方法微分结果 *Z* 方向分速度

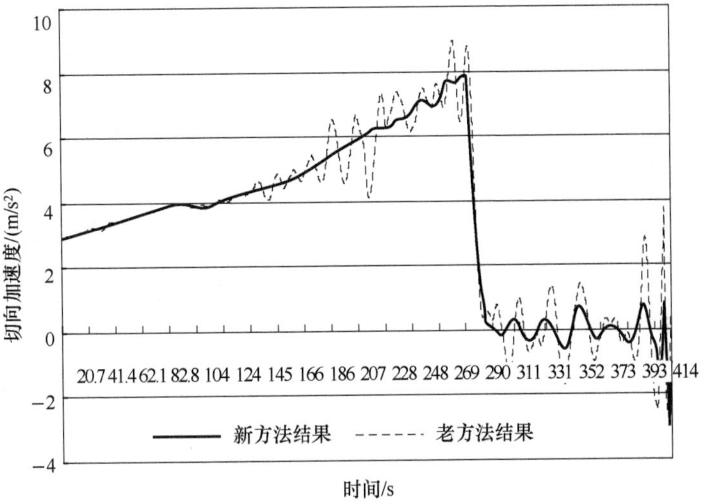


**图 7-5　两种方法微分结果切向加速度**

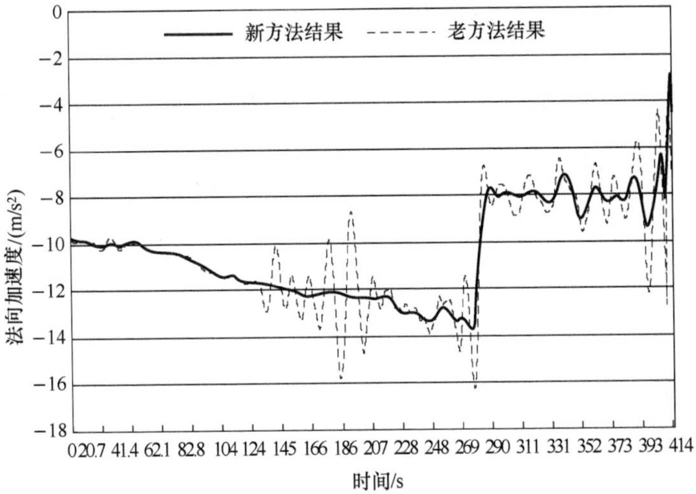


**图 7-6　两种方法微分结果法向加速度**

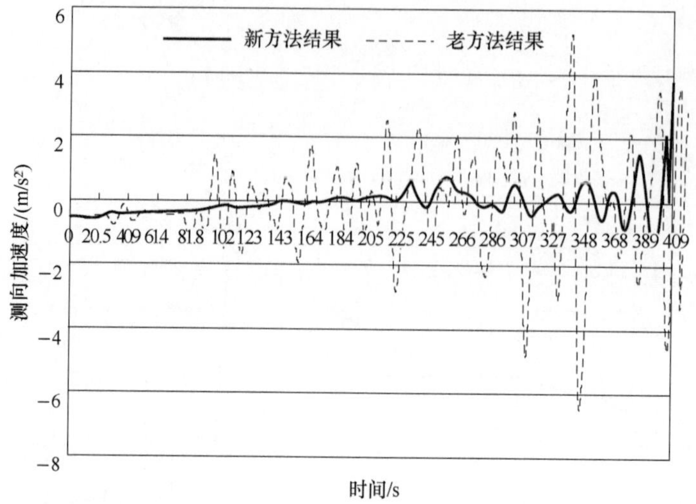


图 7-7 两种方法微分结果侧向加速度

## 7.3 截断误差补偿

目标跟踪设备（如光电经纬仪、脉冲雷达、测速雷达等）在对空间飞行目标进行跟踪测量时，测量信息分别为方位角 $A$、俯仰角 $E$、距离 $R$、距离变化率 $\dot{R}$、距离和变化率 $\dot{S}$ 等。除定位参数可由定位测量信息直接计算外，外测数据处理结果必须包括的速度分量、加速度分量、倾角、偏角、切向加速度、法向加速度、侧向加速度等，均需借助数值微分方法计算。

空间目标在飞行过程中具有不同程度的复杂性，特别是目标机动段，飞行参数采用多项式拟合方法不可避免地带来截断误差，对于位置和速度变化剧烈的弧段，微分平滑公式的误差对这些弧段的影响很大，而这些弧段往往是大家比较关注的，所以对机动点附近的飞行参数要进行截断误差补偿，以满足目标飞行参数处理精度的要求。

### 7.3.1 截断误差成因分析

**1. 理论分析**

对于中心平滑，假设输入观测数据序列为 $x_i(i=-n,-n+1,\cdots,0,\cdots,n)$，并记平滑后输出值为 $\hat{x}_0^{(L)}$，则输入与输出有以下关系：

$$\hat{x}_0^{(L)} = \sum_{i=-n}^{n} w_i x_i \tag{7-26}$$

对于一个连续时间动态测量的观测数据序列 $\{x_i\}$，可用一个 $k$ 阶多项式 $p_k(t)$ 和余项 $O_k(t)$ 表示：

$$x(t)=p_k(t)+O_k(t) \tag{7-27}$$

将 $x_i$ 关于中点 $i=0$ 作 $k$ 阶泰勒展开，并用积分形式表示余项，则有

$$x_i = \sum_{r=0}^{k} \frac{x_0^{(r)}(ih)^r}{r!} + \int_0^{ih} \frac{x^{(k+1)}(t)}{k!}(ih-t)^k \mathrm{d}t \quad (i=0,\pm 1,\pm 2,\cdots,\pm n) \tag{7-28}$$

中心平滑权系数序列为

$$W_{N-i,h} = \sum_{j=L}^{k} \frac{p_j(i)\, p_j^{(L)}\left(\dfrac{N+1}{2}\right)}{h^L s(N,j)}, s(N,k) = \frac{(k!)^4}{(2k)!\,(2k+1)!}\prod_{j=-k}^{k}(N-j)$$

因此：

$$\begin{aligned}\hat{x}_0^{(L)} &= \sum_{i=-n}^{n} w_i \sum_{r=0}^{k} \frac{x_0^{(r)}(ih)^r}{r!} + \sum_{i=-n}^{n} w_i \int_0^{ih} \frac{x^{(k+1)}(t)}{k!}(ih-t)^k \mathrm{d}t \\ &= \sum_{r=0}^{k} \frac{x_0^{(r)} h^r}{r!} \sum_{i=-n}^{n} w_i i^r + \sum_{i=-n}^{n} w_i \int_0^{ih} \frac{x^{(k+1)}(t)}{k!}(ih-t)^k \mathrm{d}t \\ &= x_0^{(L)} + \sum_{i=-n}^{n} w_i \int_0^{ih} \frac{x^{(k+1)}(t)}{k!}(ih-t)^k \mathrm{d}t \end{aligned} \tag{7-29}$$

令

$$\Delta X = \hat{x}_0^{(L)} - x_0^{(L)} \tag{7-30}$$

式（7-30）为 $k$ 阶多项式中心平滑的截断误差。

**2. 仿真分析**

中心微分平滑的截断误差与多项式拟合阶数 $k$、平滑总点数 $n$ 等参数有关，为了定量分析多项式微分平滑对目标飞行参数计算结果的影响，以某次任务理论飞行数据为研究对象，分别就不同阶数、不同滑动区间长度进行仿真分析，仿真结果见图 7-8 和图 7-9。

（1）拟合多项式阶次 $P$，滑动区间长度 $L$ 对 $\dot{X}$ 的影响。

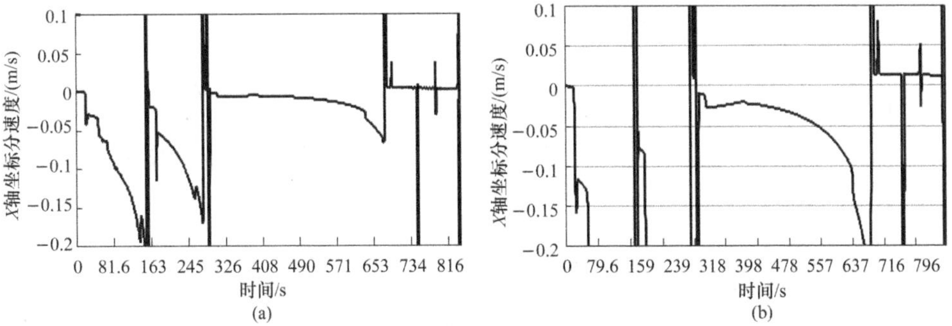


**图 7-8 理论 $\dot{X}$ 与微分计算 $\dot{X}$ 的差的变化曲线**

（a）$P=2$、$L=41$；（b）$P=2$、$L=81$。

（2）拟合多项式阶次 $P$，滑动区间长度 $L$ 对 $\ddot{X}$ 的影响。

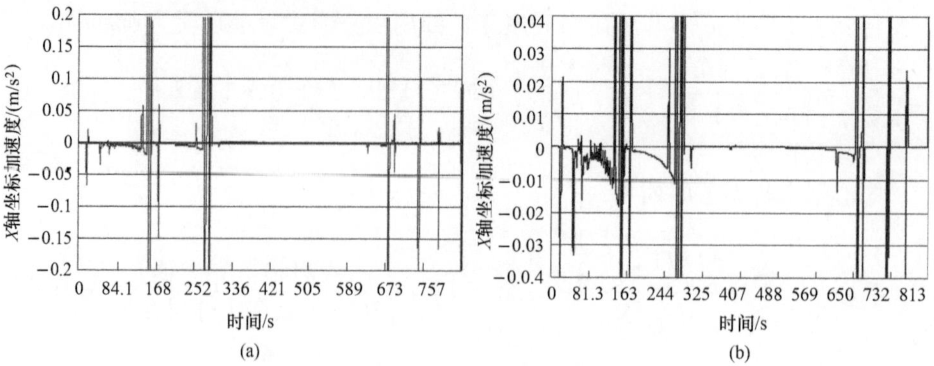


**图 7-9 理论$\ddot{X}$与微分计算$\ddot{X}$的差的变化曲线**

（a）$P=2$、$L=41$；（b）$P=2$、$L=81$。

从图 7-8 和图 7-9 中可以看出，当拟合多项式阶次和平滑次数确定时，截断误差随平滑点总数的增加而增加；对相同的平滑区间长度，二阶多项式产生的截断误差比三阶多项式产生的截断误差相差大，特别是在特征点附近，二阶多项式拟合产生的截断误差远远大于三阶的截断误差。

## 7.3.2 理论飞行参数补偿方法

在空间飞行目标跟踪测量数据处理中，较常采用的截断误差补偿方法是理论飞行参数补偿法。由理论飞行参数的坐标数据$(x,y,z)$用微分平滑公式计算出$t$时刻的速度$(x',y',z')$和加速度$(x'',y'',z'')$，将$t$时刻的理论速度$(\dot{x},\dot{y},\dot{z})$、加速度$(\ddot{x},\ddot{y},\ddot{z})$与微分速度、加速度作差，得到$t$时刻的截断误差估计值$\Delta\dot{\xi}$、$\Delta\ddot{\xi}$ $(\xi=x,y,z)$为

$$\Delta\dot{\xi}=\dot{\xi}-\xi',\quad \Delta\ddot{\xi}=\ddot{\xi}-\xi'' \tag{7-31}$$

在进行截断误差补偿时，把$\Delta\dot{\xi}$、$\Delta\ddot{\xi}$作为实测数据微分得到的速度、加速度的补偿值。

由于实际机动点时间与理论机动点时间不同步，因此在进行补偿处理时必须知道精确的实际机动点时间，将其与理论机动点时间对齐并进行相应的补偿处理。这种方法简单易行，但必须要有精确的实际机动点时间指令。

## 7.3.3 GNSS 弹道参数补偿方法

GNSS 技术的发展完善与应用领域的进一步开拓，一方面可对空间合作目标进行连续的跟踪测量，提供实时定位、测速和飞行目标的瞬时落点等；另一方面又可事后进行精密的数据处理，精确确定目标飞行参数，鉴定目标飞行性能，实际任务中，可利用高精度的 GNSS 弹道参数结果对实际飞行参数进行误

差修正。

**1. GNSS 差分测速的模型设计**

GNSS 差分测速是指利用两台 GNSS 接收机，一台置于已知点作基准站，另一台安装在合作目标上，同步跟踪观测 4 颗以上相同的 GNSS 卫星进行测速，用已知基准 GNSS 接收机数据减小 GNSS 测速误差的技术。

1）GNSS 差分测速的模型设计

（1）确立目标差分测速的观测方程。

由定位观测方程 $\delta_x l_i+\delta_y m_i+\delta_z n_i+c\delta_t=\widetilde{R}_i-c(t_{T0}-t_{svi})+v_{i1}$ 两边对时间求导建立差分测速的观测方程：

$$\begin{aligned}&l_i\dot{x}_T(1-\dot{\delta}_t)+m_i\dot{y}_T(1-\dot{\delta}_t)+n_i\dot{z}_T(1-\dot{\delta}_t)-c\dot{\delta}_t\\&=l_i\,\dot{x}_i\left(1-\frac{\dot{\widetilde{R}}_i}{c}\right)+m_i\,\dot{y}_i\left(1-\frac{\dot{\widetilde{R}}_i}{c}\right)+n_i\,\dot{z}_i\left(1-\frac{\dot{\widetilde{R}}_i}{c}\right)-\dot{\widetilde{R}}_i+v_i\end{aligned}\tag{7-32}$$

式中：$\dot{\widetilde{R}}_i$ 为目标接收机所测的差分后的伪距变化率；$\dot{\delta}_t$ 为目标接收机的钟差变化率；$\dot{x}_i,\dot{y}_i,\dot{z}_i$ 为 $n$ 颗 GNSS（以 GPS 为例）卫星($n\geqslant 4$)在 WGS-84 坐标系下的速度分量；$v_i$ 为伪距变化率 $\dot{\widetilde{R}}_i$ 的随机误差。

令

$$\dot{\boldsymbol{X}}=[\dot{x}_T(1-\dot{\delta}_t)\quad \dot{y}_T(1-\dot{\delta}_t)\quad \dot{z}_T(1-\dot{\delta}_t)\quad c\dot{\delta}_t]^{\mathrm{T}}$$

$$\dot{\boldsymbol{L}}=\left[l_i\cdot\dot{x}_i\left(1-\frac{\dot{\widetilde{R}}_i}{c}\right)+m_i\cdot\dot{y}_i\left(1-\frac{\dot{\widetilde{R}}_1}{c}\right)+n_i\cdot\dot{z}_i\left(1-\frac{\dot{\widetilde{R}}_i}{c}\right)-\dot{\widetilde{R}}_i\right]$$

$$\boldsymbol{A}=\begin{bmatrix}l_1&m_1&n_1&-1\\\vdots&\vdots&\vdots&\vdots\\l_n&m_n&n_n&-1\end{bmatrix},\boldsymbol{V}=\begin{bmatrix}v_1\\\vdots\\v_n\end{bmatrix}$$

$\boldsymbol{A}$ 为位置迭代运算结果所对应的系数矩阵，则观测方程为

$$\boldsymbol{A}\dot{\boldsymbol{X}}=\dot{\boldsymbol{L}}+\boldsymbol{V}\tag{7-33}$$

（2）目标差分测速观测方程的解算。

根据最小二乘法可解得

$$\dot{\boldsymbol{X}}=(\boldsymbol{A}^{\mathrm{T}}\boldsymbol{A})^{-1}\boldsymbol{A}^{\mathrm{T}}\dot{\boldsymbol{L}}\tag{7-34}$$

以此可求得目标的速度为 $\dot{x}_T,\dot{y}_T,\dot{z}_T$。

2）坐标系转换模型

在 GPS 定位中，位置、速度参数是在 WGS-84 坐标系下的。其坐标系原点定义于地球质心，$Z$ 轴指向 BIH1984.0 协议地极（CIP），$X$ 轴指向 BIH1984.0

的零子午面和 CIP 相应赤道的交点，$Y$ 轴与 $X$ 轴、$Z$ 轴构成右手坐标系。

坐标系转换的模型很多，在此采用的是布尔沙模型。两个空间直角坐标系为 $O_s\text{-}X_sY_sZ_s$ 和 $O_T\text{-}X_TY_TZ_T$，如图 7-10 所示。图中 $\boldsymbol{r}_0$ 为 $O_T$ 相对于 $O_s$ 的位置向量，$\varepsilon_x$、$\varepsilon_y$、$\varepsilon_z$ 为因 3 个轴不平行而产生的欧拉角，$m$ 为因尺度比不一致而产生的尺度比改正。

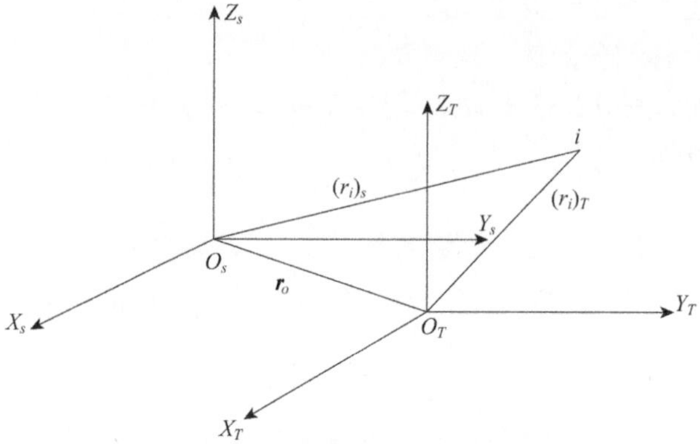


**图 7-10　空间直角坐标系示意图**

由图 7-10 可得

$$(\boldsymbol{r}_i)_s=\boldsymbol{r}_0+(1+m)\boldsymbol{R}_x(\varepsilon_x)\boldsymbol{R}_y(\varepsilon_y)\boldsymbol{R}_z(\varepsilon_z)(\boldsymbol{r}_i)_T \tag{7-35}$$

即

$$\begin{bmatrix}X\\Y\\Z\end{bmatrix}_s=\begin{bmatrix}\Delta X_0\\\Delta Y_0\\\Delta Z_0\end{bmatrix}+(1+m)\boldsymbol{R}_x(\varepsilon_x)\boldsymbol{R}_y(\varepsilon_y)\boldsymbol{R}_z(\varepsilon_z)\begin{bmatrix}X\\Y\\Z\end{bmatrix}_T \tag{7-36}$$

式中：$\boldsymbol{R}_x(\varepsilon_x)$、$\boldsymbol{R}_y(\varepsilon_y)$、$\boldsymbol{R}_z(\varepsilon_z)$为 3 个坐标轴旋转矩阵。

$$\begin{cases}\boldsymbol{R}_x(\varepsilon_x)=\begin{bmatrix}1&0&0\\0&\cos\varepsilon_x&\sin\varepsilon_x\\0&-\sin\varepsilon_x&\cos\varepsilon_x\end{bmatrix}\\\boldsymbol{R}_y(\varepsilon_y)=\begin{bmatrix}\cos\varepsilon_y&0&-\sin\varepsilon_y\\0&1&0\\\sin\varepsilon_y&0&\cos\varepsilon_y\end{bmatrix}\\\boldsymbol{R}_z(\varepsilon_z)=\begin{bmatrix}\cos\varepsilon_z&\sin\varepsilon_z&0\\-\sin\varepsilon_z&\cos\varepsilon_z&0\\0&0&1\end{bmatrix}\end{cases} \tag{7-37}$$

由于 $\varepsilon_x$、$\varepsilon_y$、$\varepsilon_z$ 一般都很小，故可展开一次项，式（7-36）可简化为

$$\begin{bmatrix} X \\ Y \\ Z \end{bmatrix}_s = \begin{bmatrix} \Delta X_0 \\ \Delta Y_0 \\ \Delta Z_0 \end{bmatrix} + (1+m) \begin{bmatrix} 1 & \varepsilon_z & -\varepsilon_y \\ -\varepsilon_z & 1 & \varepsilon_x \\ \varepsilon_y & -\varepsilon_x & 1 \end{bmatrix} \begin{bmatrix} X \\ Y \\ Z \end{bmatrix}_T \tag{7-38}$$

进一步省略 $m\varepsilon_x$、$m\varepsilon_y$、$m\varepsilon_z$，可得

$$\begin{bmatrix} X \\ Y \\ Z \end{bmatrix}_s = \begin{bmatrix} \Delta X_0 \\ \Delta Y_0 \\ \Delta Z_0 \end{bmatrix}^2 + (1+m) \begin{bmatrix} X \\ Y \\ Z \end{bmatrix}_T + \begin{bmatrix} 0 & \varepsilon_z & -\varepsilon_y \\ -\varepsilon_z & 0 & \varepsilon_x \\ \varepsilon_y & -\varepsilon_x & 0 \end{bmatrix} \begin{bmatrix} X \\ Y \\ Z \end{bmatrix}_T \tag{7-39}$$

则对应的目标在相应坐标系中的速度为

$$\begin{bmatrix} \dot{X} \\ \dot{Y} \\ \dot{Z} \end{bmatrix}_s = (1+m) \begin{bmatrix} \dot{X} \\ \dot{Y} \\ \dot{Z} \end{bmatrix}_T + \begin{bmatrix} 0 & \varepsilon_z & -\varepsilon_y \\ -\varepsilon_z & 0 & \varepsilon_x \\ \varepsilon_y & -\varepsilon_x & 0 \end{bmatrix} \begin{bmatrix} \dot{X} \\ \dot{Y} \\ \dot{Z} \end{bmatrix}_T \tag{7-40}$$

**2. 截断误差估算与补偿方法**

将由式（7-39）、式（7-40）得到的$(x,y,z)$、$(\dot{x},\dot{y},\dot{z})$作为“真值”，用微分平滑公式求得$(x',y',z')$，则截断误差为

$$\begin{cases} \Delta\dot{x} = \dot{x} - x' \\ \Delta\dot{y} = \dot{y} - y' \\ \Delta\dot{z} = \dot{z} - z' \end{cases} \tag{7-41}$$

将式（7-41）的值加到对应的飞行参数计算所得的速度上进行补偿。

**3. 理论弹道参数和 GNSS 弹道参数补偿方法算例分析**

以不同型号两次任务(任务 A、任务 B)为例进行仿真，分别用理论飞行参数与 GNSS 飞行参数补偿方法进行截断误差补偿，补偿后机动点结果曲线及差值如图 7-11 和图 7-12 所示。

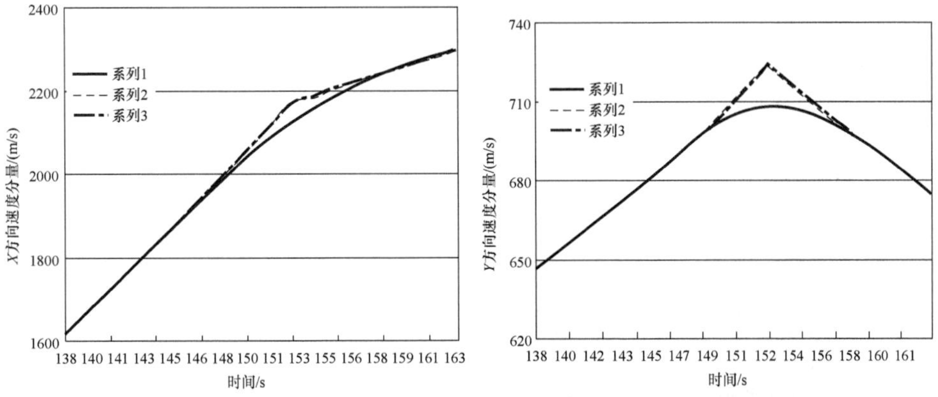


**图 7-11　任务 A 机动段补偿前后 X 方向和 Y 方向速度分量曲线**

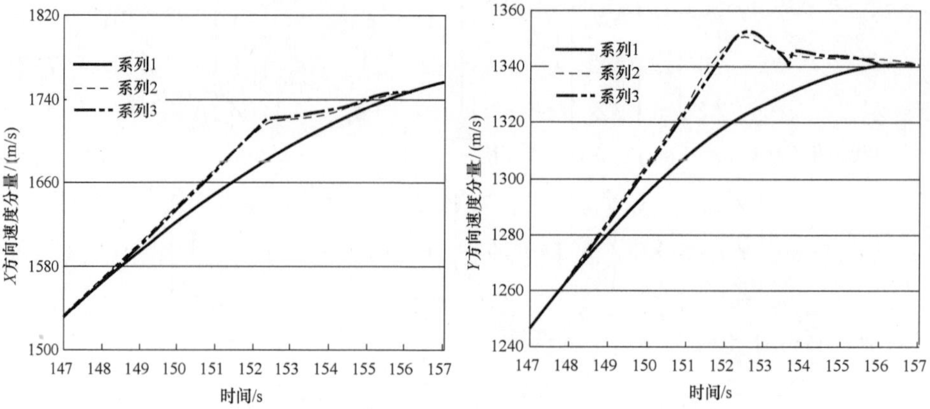


**图 7-12 任务 B 机动段补偿前后 X 方向和 Y 方向速度分量曲线**

在图 7-11 和图 7-12 中，系列 1、系列 2、系列 3 分别为补偿前和理论飞行参数补偿、GNSS 飞行参数补偿后的结果。两次任务用理论飞行参数与 GNSS 飞行参数分别补偿机动点的比对差见表 7-1 和表 7-2。

**表 7-1 任务 A 理论飞行参数与 GNSS 飞行参数补偿机动点比对差**

| 机动点时间 | 参　数 | 两种方法比对差的绝对值/(m/s) |
|---|---|---|
| $T_1$ | X 方向速度分量 | 0.26 |
| | Y 方向速度分量 | 0.51 |
| $T_2$ | X 方向速度分量 | 0.13 |
| | Y 方向速度分量 | 0.41 |
| $T_3$ | X 方向速度分量 | 0.52 |
| | Y 方向速度分量 | 0.45 |

**表 7-2 任务 B 理论飞行参数与 GNSS 飞行参数补偿机动点比对差**

| 机动点时间 | 参　数 | 两种方法比对差/(m/s) |
|---|---|---|
| $T_1$ | X 方向速度分量 | 0.29 |
| | Y 方向速度分量 | 0.33 |
| $T_2$ | X 方向速度分量 | 0.69 |
| | Y 方向速度分量 | 0.26 |

由图 7-11、图 7-12 和表 7-1、表 7-2 可以看出，用理论飞行参数或是用 GNSS 飞行参数进行截断误差补偿，其结果较吻合。

通过实测数据仿真分析，用理论飞行参数补偿法或 GNSS 飞行参数补偿法，其补偿结果差异不大；而 GNSS 飞行参数补偿法，因所用 GNSS 数据与目标实际飞行参数时间一致，补偿时无须知道精确的机动点时间指令，便可进行互相验证，更能反映目标真实飞行情况，且能得到较高的数据处理精度，因此 GNSS 数据具有较好的实际应用价值，可以在空间目标跟踪测量中广泛应用。

### 7.3.4 外遥测联合截断误差补偿法

由于遥测与外测所用坐标系不同，因此先要将惯性坐标系的遥测数据转换成发射坐标系下的参数。其中，位置坐标转换和速度转换公式如下：

$$\boldsymbol{X}=\boldsymbol{\Phi}(\boldsymbol{X}_{惯}+\boldsymbol{R})-\boldsymbol{R} \tag{7-42}$$

$$\dot{\boldsymbol{X}}=\boldsymbol{\Phi}\dot{\boldsymbol{X}}_{惯}+\dot{\boldsymbol{\Phi}}(\boldsymbol{X}_{惯}+\boldsymbol{R}) \tag{7-43}$$

$$\ddot{\boldsymbol{X}}=\boldsymbol{\Phi}\ddot{\boldsymbol{X}}_{惯}+\ddot{\boldsymbol{\Phi}}(\boldsymbol{X}_{惯}+\boldsymbol{R}) \tag{7-44}$$

其中，$\boldsymbol{\Phi}=\boldsymbol{C\Omega\Omega}^{-1}$，$\boldsymbol{\Omega}=\begin{bmatrix}1 & 0 & 0\\ 0 & \cos\omega t & \sin\omega t\\ 0 & -\sin\omega t & \cos\omega t\end{bmatrix}$；$\boldsymbol{C}=\boldsymbol{A}_0\boldsymbol{U}_0\boldsymbol{B}_0$；$\boldsymbol{A}_0=\begin{bmatrix}\cos A_0 & 0 & \sin A_0\\ 0 & 1 & 0\\ -\sin A_0 & 0 & \cos A_0\end{bmatrix}$；

$\boldsymbol{B}_0=\begin{bmatrix}\cos B_0 & -\sin B_0 & 0\\ \sin B_0 & \cos B_0 & 0\\ 0 & 0 & 1\end{bmatrix}$；$\boldsymbol{U}_0=\begin{bmatrix}1 & -\xi_0 & 0\\ \xi_0 & 1 & \eta_0\\ 0 & -\eta_0 & 1\end{bmatrix}$；$\boldsymbol{R}=\boldsymbol{C}(x_0,\ y_0,\ z_0)^{\mathrm{T}}$，

$$\begin{cases}x_0=[N_0(1-e^2)+H_0]\sin B_0\\ y_0=(N_0+H_0)\cos B_0\\ z_0=0\end{cases}。$$

上式中，$A_0$为 0 点的大地方位角；$B_0$为 0 点的大地纬度；$\xi_0$、$\eta_0$为 0 点的垂线偏差的两个分量；$t$ 为累计时间（从发射时间 $T_0$为零点记起）；$\omega$ 为地球自转速度，$\omega=7.2921151467\times10^{-5}\mathrm{rad/s}$。

外遥测联合截断误差补偿的步骤如下：

首先，由得到的遥测飞行参数坐标数据$(x,y,z)$，用微分平滑公式计算出 $t$ 时刻的速度和加速度数据$(x',y',z')$、$(x'',y'',z'')$。

其次，将 $t$ 时刻的遥测速度$(\dot{x},\dot{y},\dot{z})$和加速度$(\ddot{x},\ddot{y},\ddot{z})$与微分计算得到的速度和加速度作差，得到 $t$ 时刻的截断误差估计值 $\Delta\dot{\xi}$、$\Delta\ddot{\xi}$（$\xi=x$、$y$、$z$）为

$$\Delta\dot{\xi}=\dot{\xi}-\xi',\quad \Delta\ddot{\xi}=\ddot{\xi}-\xi'' \tag{7-45}$$

最后，将 $\Delta\dot{\xi}$、$\Delta\ddot{\xi}$ 作为 $t$ 时刻实测数据微分得到速度和加速度的修正量值叠加到相应的外测飞行参数各分量上，以完成截断误差的补偿修正。

### 7.3.5 洁化插值微分截断误差修正法

洁化插值微分截断误差修正法根据数据质量好坏加以区分，构造洁化插值微分算法，在进行截断误差修正的同时，充分利用有效信息，适当抑制甚至剔除异常数据信息不利的影响，提高微分算法的容错能力。

假定数据序列$\{y(t_j)\mid j=i-s,\cdots,i,\cdots,i+s\}$为目标的直接测量量或经过数据转换计算而生成的数据序列，构造洁化算法如下。

（1）数据5点中值：

$$\hat{y}_i=\underset{j=i-2,i-1,i,i+1,i+2}{\mathrm{med}}\{y_j\}$$

（2）残差5点中值：

$$d\,\hat{y}_i=\underset{j=i-2,i-1,i,i+1,i+2}{\mathrm{med}}\{y_j-\hat{y}_j\}$$

（3）数据洁化处理：

$$\bar{y}_i=\begin{cases}y_i,\ |y_i-(\hat{y}_i+d\,\hat{y}_i)|\leqslant\Delta\\ \hat{y}_i+d\,\hat{y}_i,\ |y_i-(\hat{y}_i+d\,\hat{y}_i)|>\Delta\end{cases}\tag{7-46}$$

式中：$\Delta=3\times1.483\underset{i=1,2,\cdots,n}{\mathrm{med}}\{|y_i-(\hat{y}_i+d\,\hat{y}_i)|\}$。

假设$t_i$时刻目标的速度、加速度真值分别为$\dot{x}_i$、$\ddot{x}_i$，则对洁化处理的数据序列进行五点插值微分为

$$\begin{cases}\dot{\bar{y}}(t_i)=\sum\limits_{k=-2}^{2}\dfrac{\mathrm{d}}{\mathrm{d}t}\left\{\prod\limits_{\substack{j=-2\\ j\neq k}}^{2}\dfrac{(t-t_{i+j})}{(t_{i+k}-t_{i+j})}\bar{y}_{i+k}\right\}\\ \ddot{\bar{y}}(t_i)=\sum\limits_{k=-2}^{2}\dfrac{\mathrm{d}}{\mathrm{d}t}\left\{\prod\limits_{\substack{j=-2\\ j\neq k}}^{2}\dfrac{(t-t_{i+j})}{(t_{i+k}-t_{i+j})}\dot{\bar{y}}_{i+k}\right\}\end{cases}\tag{7-47}$$

用$\dot{\bar{y}}(t_i)$、$\ddot{\bar{y}}(t_i)$作为$\dot{x}(t_i)$、$\ddot{x}(t_i)$的近似值，相当于对$\dot{x}_i$、$\ddot{x}_i$进行修正。

## 7.4 空间目标轨迹重构

空间目标轨迹重构实质就是目标轨迹的参数估计，轨迹重构问题是空间飞行目标精度分析和鉴定的关键问题，其意义是由目标飞行轨迹特性参数的估计，分析实际飞行轨迹与标准轨迹的偏差情况，对飞行参数进行性能分析，评估飞行目标的状态及精度，以及进行相关的精度分析和鉴定工作。多站接力交叉跟踪测量目标飞行轨迹示意如图7-13所示。

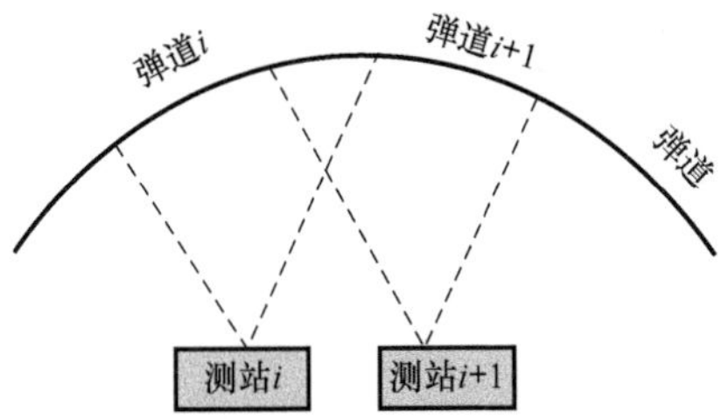


**图 7-13　多站接力交叉跟踪测量目标飞行轨迹示意图**

## 7.4.1　目标轨迹重构数据融合模型

在进行多源数据融合处理时，首先要解决的问题是建立什么样的目标飞行轨迹模型。依据多源信息融合理论，借鉴以往的空间目标跟踪测量处理经验，通常用到两种融合模型：测量元素融合模型和轨迹融合模型。测量元素融合是指将各个测量站（或一套测量站）的各测量设备跟踪测量数据集中起来，然后将这些跟踪测量数据按一定的准则融合，生成飞行目标在发射坐标系下的飞行轨迹数据，测量元素数据融合属于数据级融合。测量元素数据融合示意如图 7-14 所示。

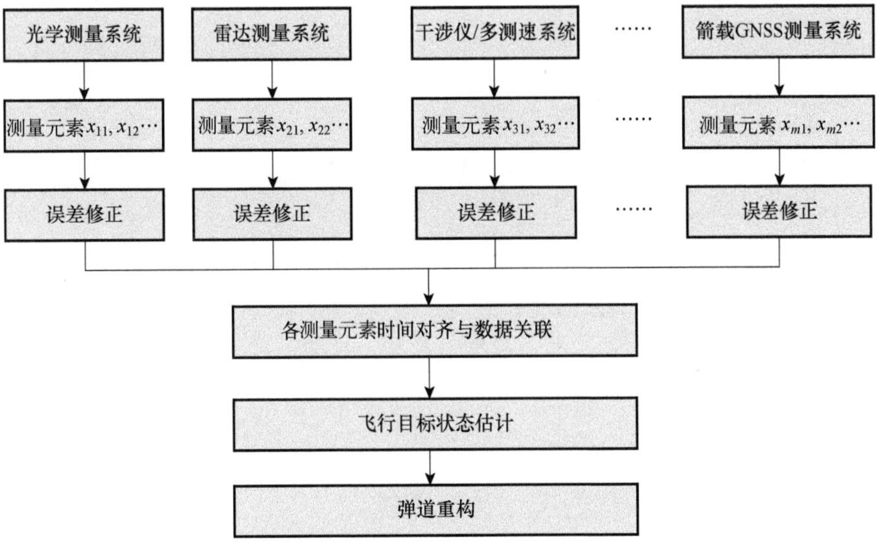


**图 7-14　测量元素数据融合示意图**

轨迹融合是指通过不同模型计算得到的各个目标飞行轨迹，按设备优先级选取或加权融合等进行融合而得到的最终完整飞行轨迹，由于它是对关联后的数据进行处理的，属于特征级融合。对于相同弧段内获取的不同类型的目标轨迹，可根据与融合中心的距离获得加权函数对飞行轨迹进行加权融合。

对于目标轨迹融合，由于各设备跟踪情况千差万别，多台套设备的使用导致目标各计算飞行轨迹在重合弧段往往存在差异，不能完全重合，使得各组设备共同测量区域计算的测量元素目标轨迹出现相交或者台阶跳跃现象。为了得到时间连续完整平滑的目标飞行轨迹曲线，需要将各台套设备数据拟合出来的测量元素层轨迹进行融合，为此需选择合适的目标标准轨迹作为融合中心，在对多种情况目标轨迹进行融合时，考虑与融合中心的距离远近最佳地确定各目标位置参数间的相似性度量，根据设备跟踪时间进行动态融合进而生成一条连续的完整飞行轨迹。轨迹数据融合示意如图 7-15 所示。

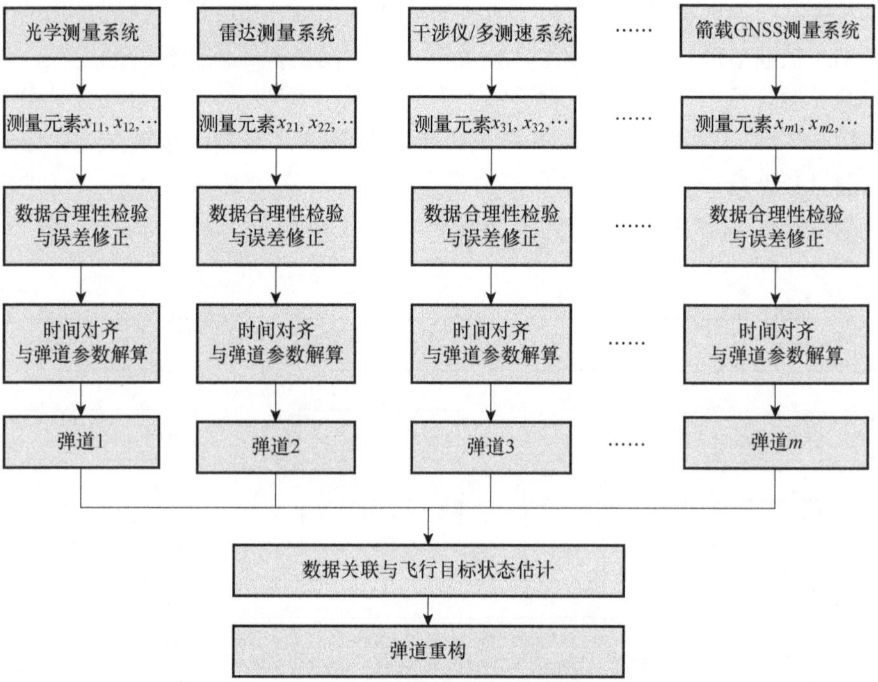


**图 7-15 轨迹数据融合示意图**

## 7.4.2 自适应权值匹配目标轨迹重构

设有 $N$ 个测站设备从不同的方位对某空间目标进行跟踪测量，$x_i$表示第 $i$ 个设备测得的数据，它们彼此独立，并且是 $x$ 的无偏估计；测量方差为 $\sigma_i^2$，代表第 $i$ 个设备的精度。

步骤 1：测量数据精度统计。

对各设备在等间隔采样点 $t_1, t_2, \cdots, t_N$ 中进行数据采样，得到一组观测数据

$x_1,x_2,\cdots,x_N(x_i=A_i,E_i,R_i)$，记为$\{x_i\}$，序列$\{x_i\}$可以用式（7-48）表示：

$$x_i=y_i+\varepsilon_i \quad (i=1,2,\cdots,N) \tag{7-48}$$

式中：$y_i$为真值与系统误差的和；$\varepsilon_i$为随机误差。

首先，对测量数据的任意局部弧段进行容错曲线拟合：

$$\tilde{\tilde{y}}(t)=\hat{a}_0+\hat{a}_1 t+\cdots+\hat{a}_p t^p \tag{7-49}$$

则拟合系数的容错估计为

$$\begin{pmatrix}\hat{a}_0\\ \vdots\\ \hat{a}_p\end{pmatrix}=(\boldsymbol{X}^{\mathrm{T}}\boldsymbol{X})^{-1}\boldsymbol{X}^{\mathrm{T}}\begin{pmatrix}\tilde{\tilde{y}}(t_{i-s})\\ \vdots\\ \tilde{\tilde{y}}(t_{i+s})\end{pmatrix} \tag{7-50}$$

其中

$$\begin{cases}\tilde{\tilde{y}}(t_i)=\hat{y}(t_i)+\phi(y(t_i)-\hat{y}(t_i),c)\\ \hat{y}(t_i)=(t_i^0,\cdots,t_i^p)(\boldsymbol{X}^{\mathrm{T}}\boldsymbol{X})^{-1}\boldsymbol{X}^{\mathrm{T}}\begin{pmatrix}y(t_{i-s})\\ \vdots\\ y(t_{i+s})\end{pmatrix}\end{cases} \tag{7-51}$$

$$\phi(x,c)=\begin{cases}x & (|x|\leqslant c)\\ c & (|x|>c)\end{cases} \tag{7-52}$$

进而得到精度的容错估计：

$$\hat{\sigma}_{ic}=\left[\frac{1}{2s+1}\sum_{j=i-s}^{i+s}\phi^2(y(t_i)-\tilde{\tilde{y}}(t_i),c)\right]^{\frac{1}{2}} \tag{7-53}$$

和批处理式总量估计算法：

$$\hat{\sigma}_c=\left[\frac{1}{N-p}\sum_{i=1}^{N-p}\phi^2(y(t_i)-\tilde{\tilde{y}}(t_i),c)\right]^{\frac{1}{2}} \tag{7-54}$$

步骤2：测量数据测站坐标系转发射坐标系。

设测量设备测得测站坐标系下的方位角为$A_i$，俯仰角为$E_i$，测距为$R_i$，经过坐标转换后方位角为$A_f$，俯仰角为$E_f$、测距$R_f$。则测站坐标系下目标的方向余弦为

$$\begin{bmatrix}l_i\\ m_i\\ n_i\end{bmatrix}=\begin{bmatrix}\cos E_i\cos A_i\\ \sin E_i\\ \cos E_i\sin A_i\end{bmatrix} \tag{7-55}$$

经过坐标转换后在发射坐标系下的方向余弦为

$$\begin{bmatrix}l_f\\ m_f\\ n_f\end{bmatrix}=[T_i]\begin{bmatrix}\cos E_i\cos A_i\\ \sin E_i\\ \cos E_i\sin A_i\end{bmatrix}$$

目标在发射坐标系下的测距、俯仰角、方位角分别为

$$R_f=\sqrt{D^2+R_i^2-2R_iH} \tag{7-56}$$

$$E_f=\arcsin m_f \tag{7-57}$$

$$A_f=\begin{cases}\arctan\dfrac{n_f}{l_f} & (n_f\geqslant 0,l_f\geqslant 0)\\ \arctan\dfrac{n_f}{l_f}+\pi & (l_f<0)\\ \arctan\dfrac{n_f}{l_f}+2\pi & (n_f<0,l_f\geqslant 0)\end{cases} \tag{7-58}$$

式（7-56）中：$H=x_0l_f+y_0m_f+z_0n_f$；$D=\sqrt{x_0^2+y_0^2+z_0^2}$；$(x_0,y_0,z_0)$为测站站址在发射系的坐标。

步骤 3：测量数据自适应权值匹配融合。

利用自适应权值匹配公式：

$$\hat{X}=x_1\cdot\frac{\dfrac{1}{\sigma_1^2}}{\dfrac{1}{\sigma_1^2}+\dfrac{1}{\sigma_2^2}+\cdots+\dfrac{1}{\sigma_n^2}}+\cdots+x_n\cdot\frac{\dfrac{1}{\sigma_n^2}}{\dfrac{1}{\sigma_1^2}+\dfrac{1}{\sigma_2^2}+\cdots+\dfrac{1}{\sigma_n^2}}=\sum_{i=1}^{n}\frac{\dfrac{1}{\sigma_i^2}}{\sum\limits_{j=1}^{n}\dfrac{1}{\sigma_j^2}}x_i$$

进行重合弧段测量数据融合$(\hat{X}=\hat{A}_f,\hat{E}_f,\hat{R}_f)$。

步骤 4：按跟踪时间顺序完成步骤 1～步骤 3 得到连续的发射坐标系下目标测量数据，进而得到完整的目标飞行轨迹，最后完成飞行目标的轨迹重构。

$$\begin{bmatrix}x\\y\\z\end{bmatrix}=\begin{bmatrix}\hat{R}_f\cos\hat{E}_f\cos\hat{A}_f\\ \hat{R}_f\sin\hat{E}_f\\ \hat{R}_f\cos\hat{E}_f\sin\hat{A}_f\end{bmatrix} \tag{7-59}$$

### 7.4.3 基于欧氏距离的目标轨迹重构

基于欧氏距离的目标轨迹重构技术主要解决多站接力跟踪测量飞行目标所得的飞行轨迹间连接融合问题。结合目标飞行参数解算方法，在各目标飞行轨迹连接处，对于各飞行轨迹时间相交部分，建立基于欧氏距离的目标轨迹重构模型。

设在 $t$ 时刻各种组合得到的目标轨迹为 $X_t^i(i=1,2,\cdots,M)$，$i$ 为轨迹编号。

步骤 1：首先取 GNSS 定位结果$(x,y,z,\dot{x},\dot{y},\dot{z})$为飞行目标的标准轨迹（聚类中心，计算各轨迹结果$(x_t^i,y_t^i,z_t^i,\dot{x}_t^i,\dot{y}_t^i,\dot{z}_t^i)$到聚类中心的距离（欧氏距离）。

$$\begin{cases}d_t^i=\sqrt{(x-x_t^i)^2+(y-y_t^i)^2+(z-z_t^i)^2}\\ d_{vt}^i=\sqrt{(\dot{x}-\dot{x}_t^i)^2+(\dot{y}-\dot{y}_t^i)^2+(\dot{z}-\dot{z}_t^i)^2}\end{cases} \tag{7-60}$$

步骤 2：计算各目标轨迹飞行参数到聚类中心的相似性度量。

$$\begin{cases} u_i = \dfrac{1}{d_i} \Big/ \displaystyle\sum_{j=1}^{M} \dfrac{1}{d_j} \\ u_{vi} = \dfrac{1}{d_{vi}} \Big/ \displaystyle\sum_{j=1}^{M} \dfrac{1}{d_{vj}} \end{cases} \tag{7-61}$$

步骤 3：为避免某一目标轨迹结果参与和退出计算时产生的“台阶”现象，对其相似性度量进行调整，计算方法如下。

设某目标轨迹结果数据序列为 $X_{t0}^i, X_{t1}^i, X_{t2}^i, \cdots, X_{tn}^i$；相应的相似性度量调整系数为 $K_0, K_1, K_2, \cdots, K_n$；

$$函数: K_i = \begin{cases} \dfrac{10i}{n} & (0 \leqslant i < 0.1n) \\ 1 & (0.1n \leqslant i \leqslant 0.9n) \\ 10 - \dfrac{10i}{n} & (0.9n < i \leqslant n) \end{cases} \tag{7-62}$$

最终各目标轨迹飞行参数的相似性度量为

$$\begin{cases} p_i = K_i u_i \\ p_{vi} = K_i u_{vi} \end{cases} \tag{7-63}$$

$K_i$序列的图形如图 7-16 所示。

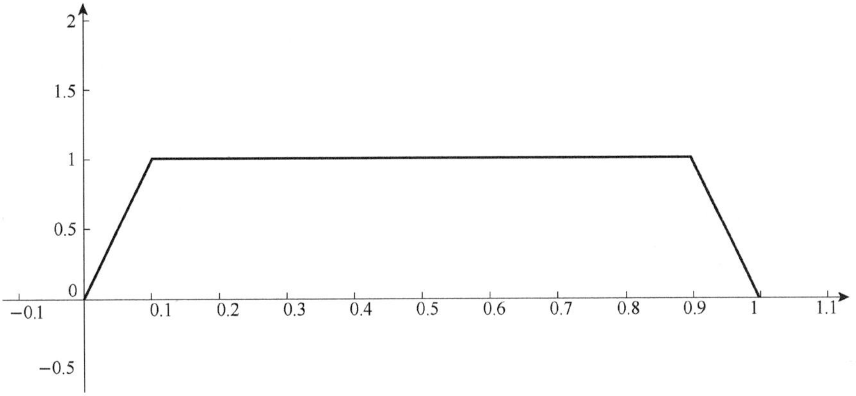


**图 7-16 $K_i$序列图形**

步骤 4：根据相应的隶属度对各轨迹飞行参数进行融合，计算融合后的目标轨迹参数。

$$\begin{bmatrix} x_t \\ y_t \\ z_t \\ \dot{x}_t \\ \dot{y}_t \\ \dot{z}_t \end{bmatrix} = \begin{bmatrix} K_1 x_t^1 \\ K_1 y_t^1 \\ K_1 z_t^1 \\ K_{v1} \dot{x}_t^1 \\ K_{v1} \dot{y}_t^1 \\ K_{v1} \dot{z}_t^1 \end{bmatrix} + \cdots + \begin{bmatrix} K_i x_t^i \\ K_i y_t^i \\ K_i z_t^i \\ K_i \dot{x}_t^i \\ K_i \dot{y}_t^i \\ K_i \dot{z}_t^i \end{bmatrix} \tag{7-64}$$

式中：$i = 1, 2, \cdots, M$。

步骤 5：按时间顺序继续完成步骤 1～步骤 4，最终重构得到一条时间连续的完整目标飞行弹道。

### 7.4.4 算例分析

以某次空间目标飞行试验为例，采用多套光电经纬仪和雷达进行跟踪测量，经处理得到多条组合轨迹，以 GPS 定位结果为目标标准轨迹进行轨迹重构，得到一条稳定平滑的完整目标飞行轨迹，结果如图 7-17～图 7-22 所示。

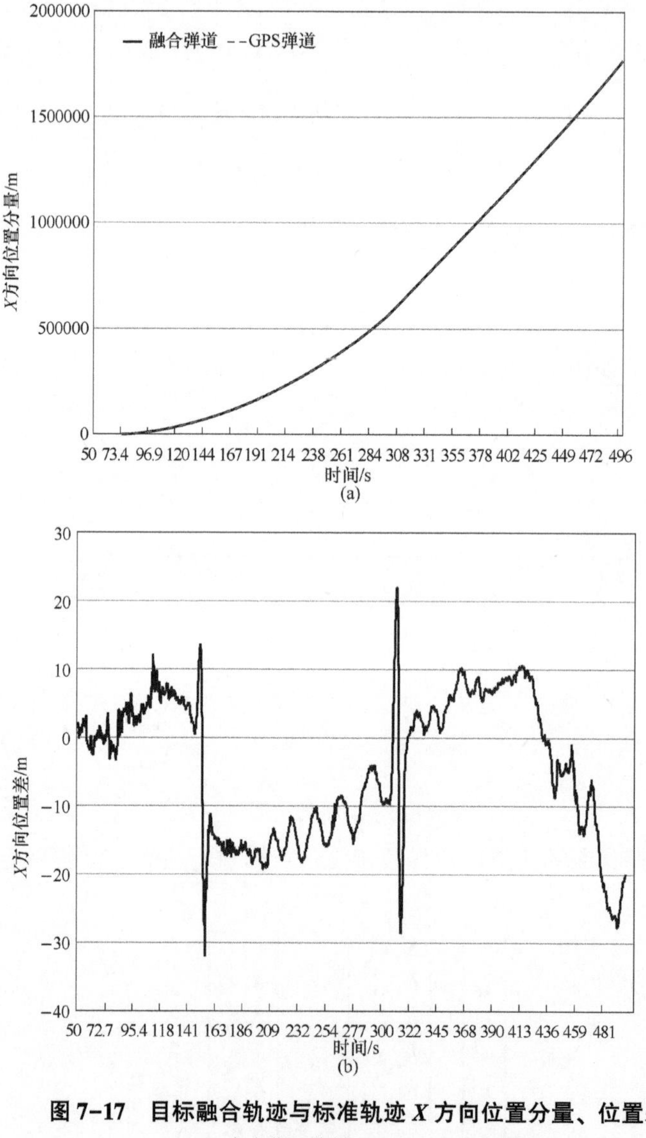


**图 7-17 目标融合轨迹与标准轨迹 X 方向位置分量、位置差**

(a) X 方向位置分量；(b) X 方向位置差。

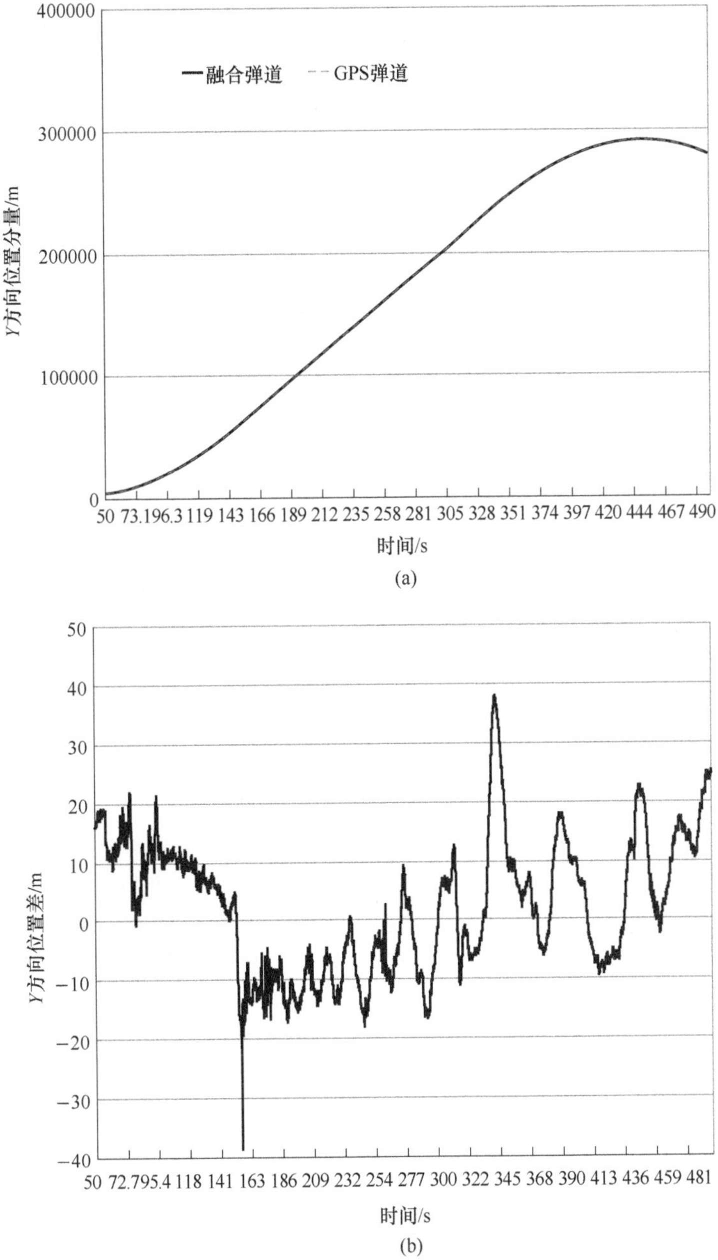


**图 7-18　目标融合轨迹与标准轨迹 *Y* 方向位置分量、位置差**

（a）*Y* 方向位置分量；（b）*Y* 方向位置差。

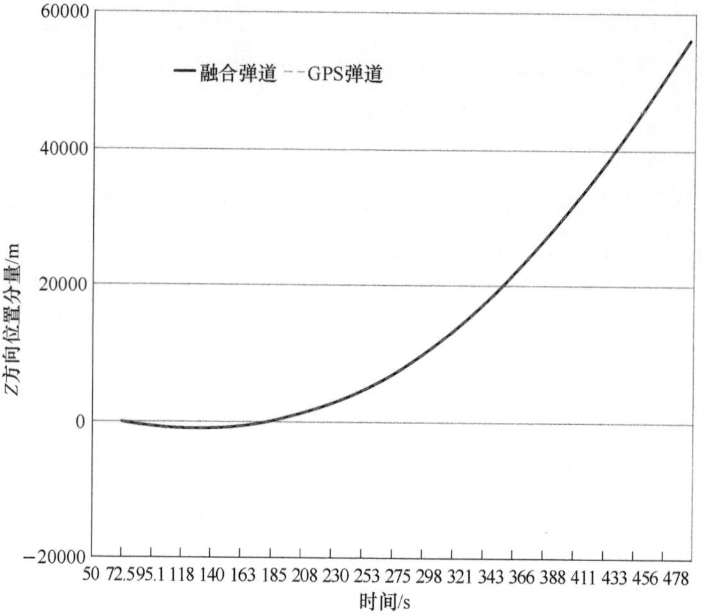

(a)

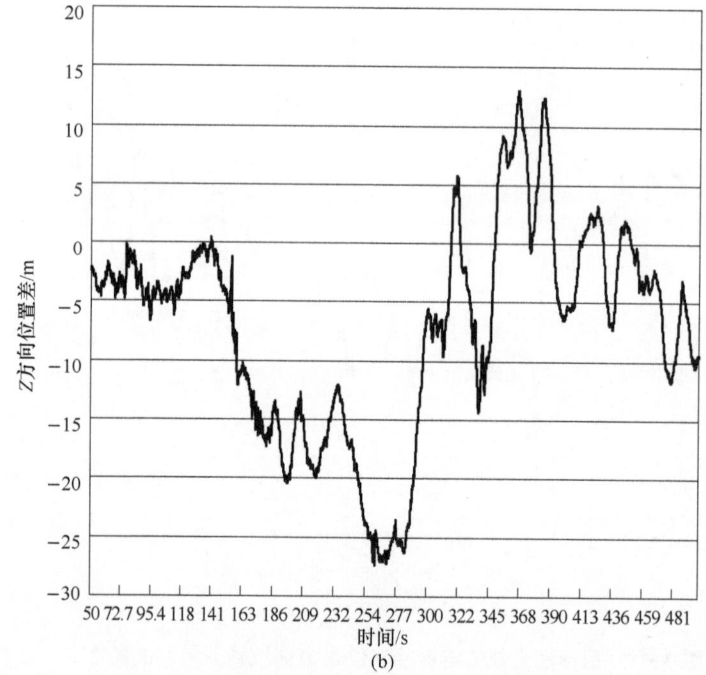

(b)

**图 7-19 目标融合轨迹与标准轨迹 *Z* 方向位置分量、位置差**

（a）*Z* 方向位置分量；（b）*Z* 方向位置差。

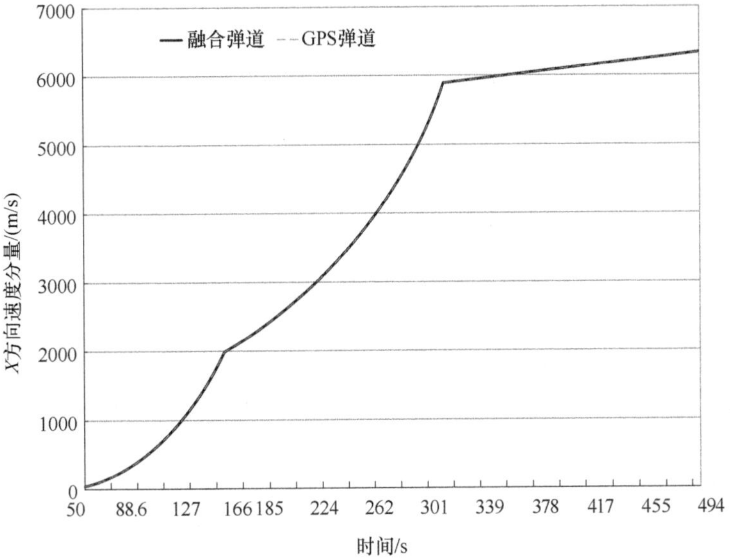


(a)

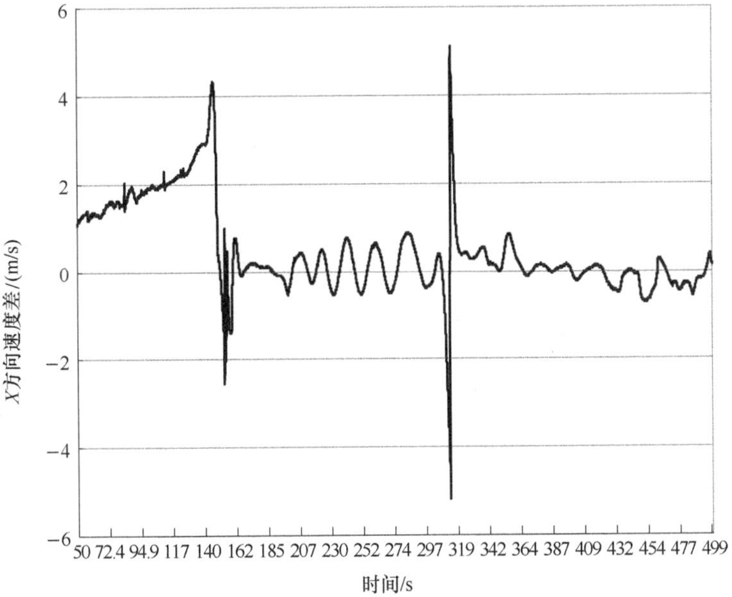


(b)

**图 7-20 目标融合轨迹与标准轨迹 *X* 方向速度分量、速度差**

(a) *X* 方向速度分量；(b) *X* 方向速度差。

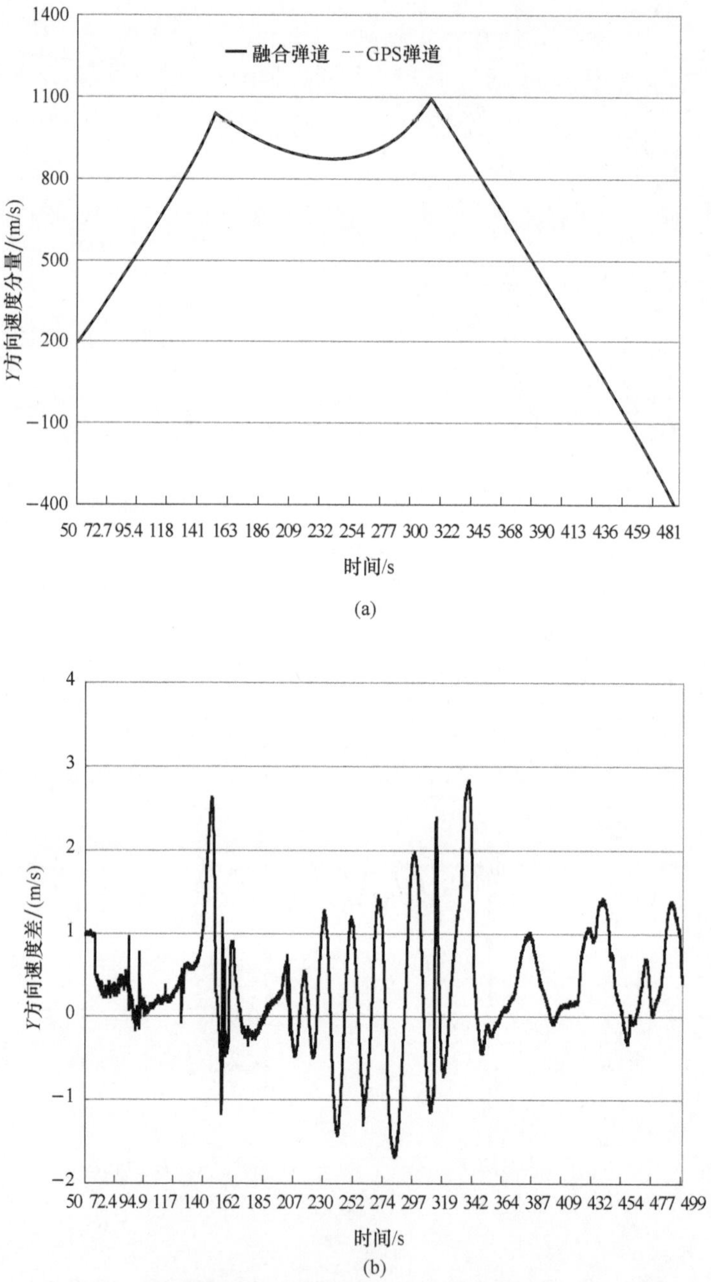


**图 7-21　目标融合轨迹与标准轨迹 *Y* 方向速度分量、速度差**

（a）*Y* 方向速度分量；（b）*Y* 方向速度差。

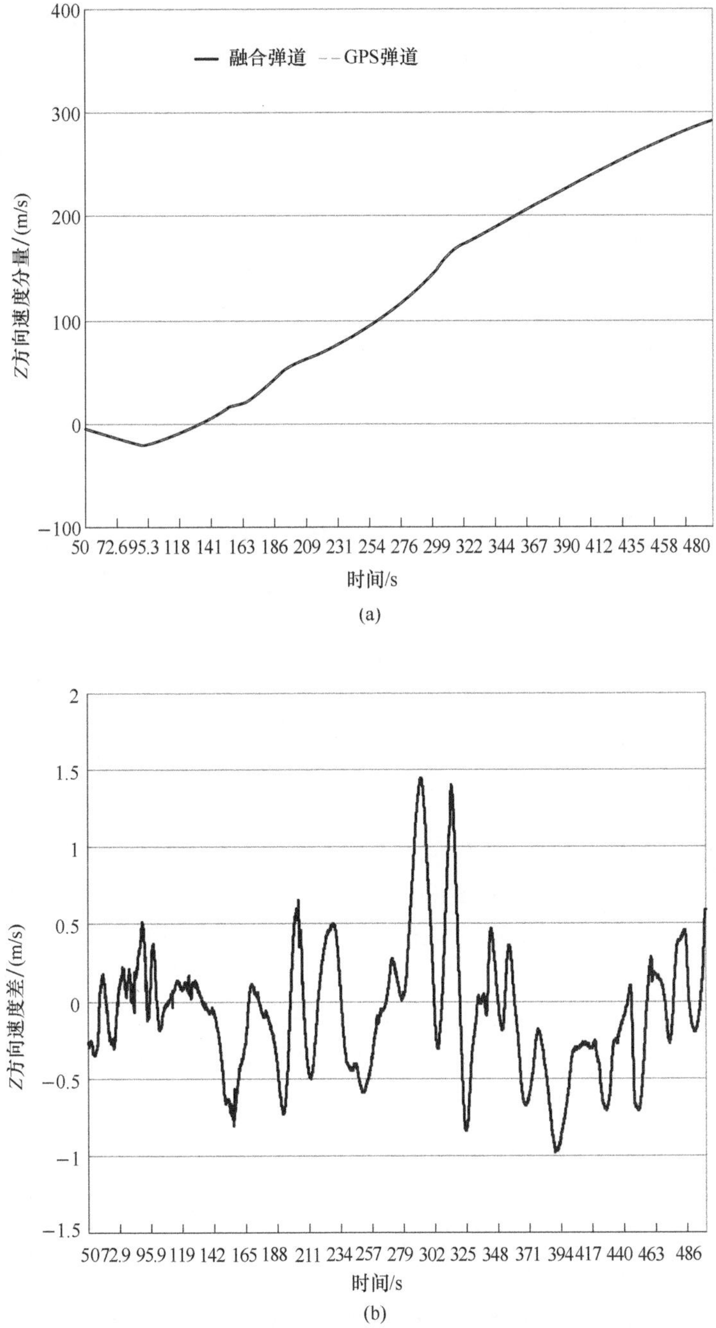


**图 7-22　目标融合轨迹与标准轨迹 Z 方向速度分量、速度差**

（a）Z 方向速度分量；（b）Z 方向速度差。

从图 7-17 ～图 7-22 中可以看出，重构的目标轨迹结果光顺平滑，不存在跳跃现象，重构轨迹与标准轨迹吻合度较高，可见，针对不同目标方法计算的多组轨迹，本节提出的轨迹重构效果较好，重构技术有效。

空间目标跟踪测量试验通常是多种设备对空中目标进行接力式跟踪测量，通过处理得到多段飞行轨迹曲线，为了能够得到目标飞行的完整轨迹，需要对多段飞行轨迹曲线进行重构。本节在对多种情况目标飞行参数进行动态融合时，考虑与融合中心的距离远近最佳地确定各目标飞行参数间的相似性度量，由于距离度量具有明显的几何解释，因此其更具有通俗性和直观效果。实测数据计算表明，该方法计算模型简单实用，能充分利用冗余观测信息，提高定位结果的可靠性，具有很好的工程应用效果和推广应用价值。

## 7.5 观测数据评价

在空间目标跟踪测量数据处理中，要得到高精度的目标飞行轨迹数据，需要对数据进行准确、有效的拟合，在这个过程中更重要的是对目标飞行参数的系统误差、随机误差以及其他各种干扰进行分析，即依赖于对测得的原始数据的各种噪声进行准确的分离，因为高精度的目标轨迹数据既要保留各个特征时刻和飞行目标的真实状态，还要去除不需要的测量噪声。

### 7.5.1 观测数据的随机误差统计

在空间目标跟踪测量数据处理中，最常用的随机误差统计方法为变量差分法和最小二乘拟合残差法，这两种方法原理简单明了，使用计算方便。但当测量数据中含有异常值时，基于滑动窗口的统计方法会对随机误差的统计结果造成很大影响。

**1. 基于概率误差的随机误差统计**

在实际数据处理过程中，如果分离出的随机误差序列中出现异常值，基于最小二乘拟合法会为以该数据为中心的 $2m-1$ 个点的统计结果带来很大的干扰。因为一个点或一小段数据的问题而影响一大段质量较好的数据的计算结果，是在数据处理中所不希望见到的。为避免这种情况出现，我们用一种基于由概率误差到标准误差过渡的算法，它有效地滤除了少数异常点的影响，保证了结果的可靠性。

在误差理论中，所谓概率误差 $\gamma$ 又称或然误差，$\gamma$ 为这样一个数，即绝对值比 $\gamma$ 大的误差与绝对值比 $\gamma$ 小的误差出现的可能性一样大，表示如下：

$$P(|\varepsilon|\leqslant\gamma)=P(|\varepsilon|\geqslant\gamma)=\frac{1}{2} \tag{7-65}$$

理论上，外测系统观测数据含有的随机误差序列服从 $N(0,\sigma^2)$ 分布，由正态分布的对称性及式（7-65）可知：

$$P(\varepsilon\leqslant-\gamma)=P(\varepsilon\geqslant\gamma)=\frac{1}{2}P(|\varepsilon|\leqslant\gamma)=\frac{1}{4}$$

查表可得 $\gamma=0.6745\sigma$，即 $\sigma=1.4826\gamma$。

当参与统计的数据个数足够多时，采用 $\gamma$ 的估计值 $\hat{\gamma}$ 来估计 $\sigma$ 是完全可行的，算法的设计如下。

步骤 1：对参加计算的测量数据序列 $x_1,x_2,\cdots x_m$（$m$ 为奇数）采用最小二乘拟合残差法分离出各点所对应的随机误差估计值 $\hat{\varepsilon}_1,\hat{\varepsilon}_2,\cdots,\hat{\varepsilon}_m$。

步骤 2：将 $|\hat{\varepsilon}_1|,|\hat{\varepsilon}_2|,\cdots,|\hat{\varepsilon}_m|$ 按大小排序，得到 $\hat{\varepsilon}_{(1)},\hat{\varepsilon}_{(2)},\cdots,\hat{\varepsilon}_{(m)}$，$\gamma_1=\varepsilon_{(\frac{m+1}{2})}$。

步骤 3：由式（7-65）计算出 $\hat{\sigma}_1$。

步骤 4：对分离出的随机误差序列 $\hat{\varepsilon}_1,\hat{\varepsilon}_2,\cdots,\hat{\varepsilon}_m$ 进行筛选，剔除绝对值大于 $3\hat{\sigma}_1$ 的数据后重新计算顺序统计量，确定 $\hat{\gamma}_2$。

步骤 5：由式（7-65）计算 $\hat{\sigma}_2$，将 $\hat{\sigma}_2$ 作为结果输出。

**2. 基于曲线拟合法的随机误差统计**

设 $x_1,x_2,\cdots,x_n$ 为观测值，用 $p$ 阶多项式对之进行拟合，将拟合值分别记为 $\hat{x}_i$，则该观测序列的随机误差的方差为

$$\hat{\sigma}_x=\left[\frac{1}{n-p-1}\sum_{i=1}^{n}(x_i-\hat{x}_i)^2\right]^{\frac{1}{2}} \tag{7-66}$$

这里首先假定观测值 $x_1,x_2,\cdots,x_n$ 含有随机误差，用 $p$ 阶多项式拟合正是对观测值 $x_1,x_2,\cdots,x_n$ 起到了滤波作用，经过滤波后的输出值 $\hat{x}_i$ 则被认为不含随机误差，而 $\Delta x_i=x_i-\hat{x}_i$ 被认为是受纯随机误差的影响，所以对 $\Delta x_i$ 进行贝塞尔估计，给出估计值。

（1）计算多项式 $P_K(i)$：

设：

$$B=i-(\overline{N}+1)/2$$
$$P_0(i)=1$$
$$P_1(i)=B$$
$$P_2(i)=B^2-(\overline{N}^2-1)/12$$
$$P_3(i)=B^3-B(3\overline{N}^2-7)/20$$
$$P_4(i)=B^4-B^2(3\overline{N}^2-13)/14+3(\overline{N}^2-1)(\overline{N}^2-9)/560$$

$$P_5(i)=B^5-5B^3(\overline{N}^2-7)/18+B(15\overline{N}^4-230\overline{N}^2+40)/1008$$

$$\vdots$$

$$P_{K+1}(i)=P_1(i)P_K(i)-\frac{K^2(\overline{N}^2-K^2)}{4(4K^2-1)}P_{K-1}(i)$$

（2）计算多项式拟合系数$\hat{a}_K$：

$$\hat{a}_K=\frac{\sum_{i=1}^{\overline{N}}P_K(i)x_{j+i-1}}{\sum_{i=1}^{\overline{N}}P_K^2(i)}$$

（3）计算拟合值$\hat{x}_j$：

$$\hat{x}_j=\sum_{K=0}^{P}P_K\left(\frac{\overline{N}+1}{2}\right)\hat{a}_K$$

（4）计算观测值与拟合值的差 $\Delta x_j$：

$$\Delta x_j=x_{j+(\overline{N}+1)/2}-\hat{x}_j$$

（5）滑动分段估算各段随机误差：

① 计算滑动步进总数 $K1$：

$$K1=[(N-\overline{N})/(\overline{N}/2)]$$

② 滑动分段估算各段随机误差 $\delta_K$：

$$\delta_K=\left[\frac{1}{\overline{N}-P-1}\sum_{j=KK}^{\overline{N}K}\Delta x_j^2\right]^{\frac{1}{2}}$$

式中：$K=1,2,3,\cdots,K1-1$；$KK=30K+1$；$\overline{N}K=KK+\overline{N}$。

（6）计算观测数据列的全段随机误差 $\delta_{(HR)}$：

$$\delta_{(HR)}=\left[\frac{1}{K1}\sum_{K=0}^{K1-1}\delta_K^2\right]^{\frac{1}{2}}$$

这里，$\{x_i\}$为待估计的观测数据序列，其中 $x_i$ 可以是直接观测得到的数据，也可以是观测数据与比较标准数据的差；$N$ 为待估计数据列的样本点数；$P$ 为拟合多项式次数，取 $P=3,4,5,6$；$\overline{N}$为拟合点数，取$\overline{N}=51,81,101,141,201$ 五种情况。

**3. 测量数据统计分析**

以某次空间目标跟踪测量试验中两台雷达的测量数据为例，对其进行随机误差统计，并分析测量数据质量情况。随机误差统计曲线如图 7-23 ～图 7-28 所示。

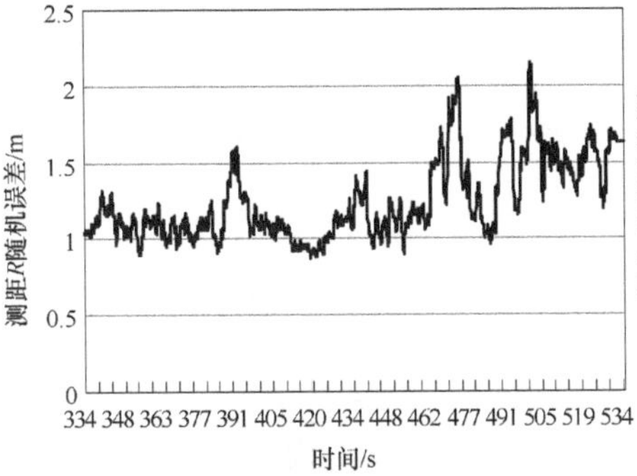


**图 7-23 雷达一测距 *R* 随机误差曲线**

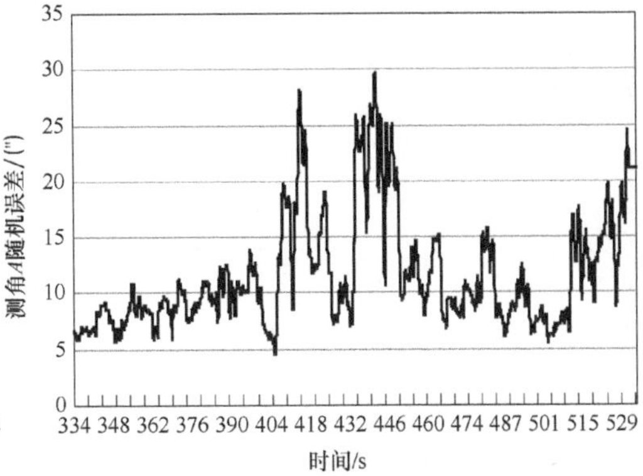


**图 7-24 雷达一测角 *A* 随机误差曲线**

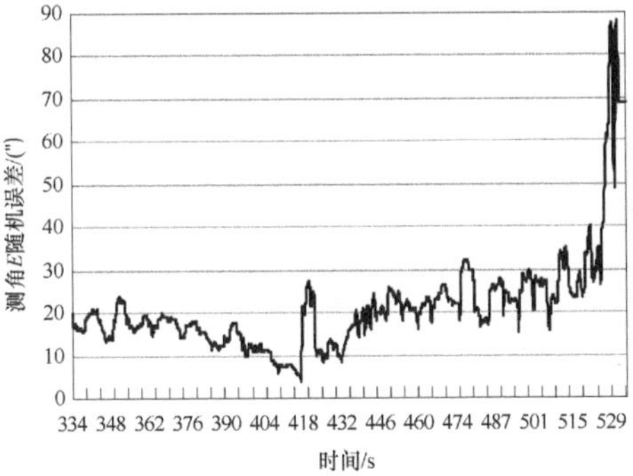


**图 7-25 雷达一测角 *E* 随机误差曲线**

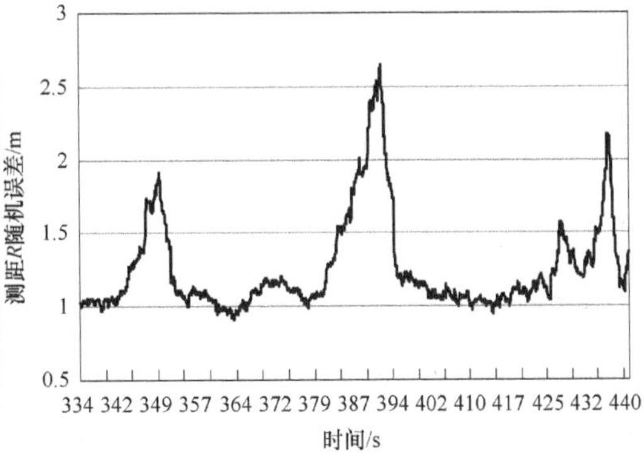


**图 7-26 雷达二测距 *R* 随机误差曲线**

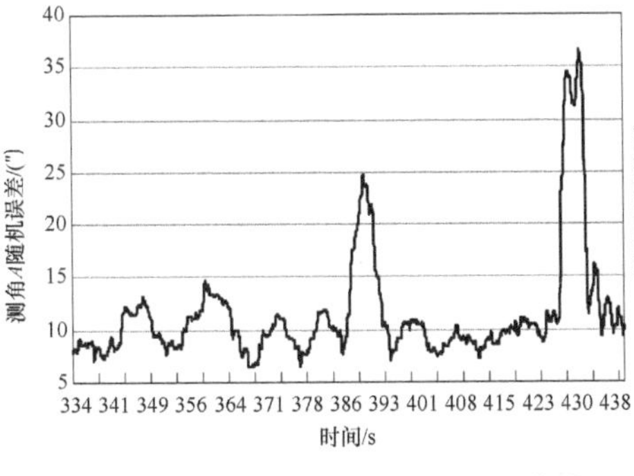


**图 7-27 雷达二测角 *A* 随机误差曲线**

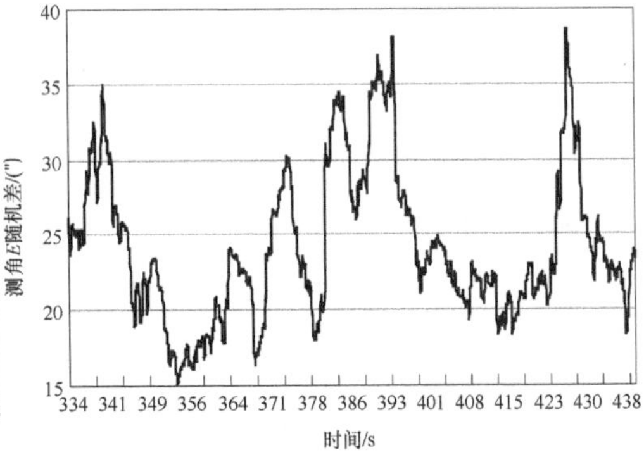


**图 7-28 雷达二测角 *E* 随机误差曲线**

各雷达测量数据随机误差统计结果如表 7-3 所列。

表 7-3 随机误差序列统计均值和均方差比较

| 设备 | | 雷达一 | 雷达二 |
|---|---|---|---|
| $A$ | 起止时间/s | 334.0～444.0 | 12.75～177.75 |
| | 统计点数 | 2121 | 3300 |
| | 差分阶次 | 2 | 2 |
| | 均值 $\bar{\mu}_A/('')$ | 11.026536 | 11.472681 |
| | 均方差 $\sigma_A/('')$ | 25.235388 | 28.080103 |
| $E$ | 起止时间/s | 334.0～444.0 | 12.75～177.75 |
| | 统计点数 | 2121 | 3300 |
| | 差分阶次 | 2 | 2 |
| | 均值 $\bar{\mu}_E/('')$ | 14.984569 | 24.203641 |
| | 均方差 $\sigma_E/('')$ | 19.556806 | 24.825696 |
| $R$ | 起止时间/s | 334.0～444.0 | 12.75～177.75 |
| | 统计点数 | 2121 | 3300 |
| | 差分阶次 | 2 | 2 |
| | 均值 $\bar{\mu}_R$/m | 1.101679 | 1.258677 |
| | 均方差 $\sigma_R$/m | 0.016404 | 0.105911 |

由图 7-23～图 7-28 和表 7-3 可以看出，两台雷达测量数据在短时间内是平稳的，在较长时间段，其测量数据随机误差具有时变特性。

## 7.5.2 观测数据系统残差比对分析

### 1. 测量数据的比对算法

1）理论飞行参数的反解比较

将飞行目标的理论飞行参数$(x_{i0},y_{i0},z_{i0})$作为验前信息序列反算到各测站坐标系下的距离与角度数据$(R_{i0},A_{i0},E_{i0})$，与待诊断测量信息$(R_i,A_i,E_i)$进行比对。具体算法如下。

（1）解算目标在测站坐标系下的坐标：

$$\begin{bmatrix} x'_{i0} \\ y'_{i0} \\ z'_{i0} \end{bmatrix} = \begin{bmatrix} w_{11} & w_{21} & w_{31} \\ w_{12} & w_{22} & w_{32} \\ w_{13} & w_{23} & w_{33} \end{bmatrix} \begin{bmatrix} x_{i0} \\ y_{i0} \\ z_{i0} \end{bmatrix} - \begin{bmatrix} x_0 \\ y_0 \\ z_0 \end{bmatrix} \tag{7-67}$$

式中：$(x_0,y_0,z_0)$为测站在发射坐标系下的坐标；

$\begin{bmatrix} w_{11} & w_{21} & w_{31} \\ w_{12} & w_{22} & w_{32} \\ w_{13} & w_{23} & w_{33} \end{bmatrix}$为测站与发射坐标系之间的转换矩阵。

(2) 反算相对于测站坐标系的径向距离与角度：

$$\begin{cases} R_{i0} = \sqrt{x_{i0}^2+y_{i0}^2+z_{i0}^2} \\ A_{i0} = \arctan\dfrac{z_{i0}}{x_{i0}} + \begin{cases} 0 & (x'_{i0} \geqslant 0) \\ \pi & (x'_{i0} < 0) \end{cases} \\ E_{i0} = \arcsin y'_{i0} \end{cases} \tag{7-68}$$

(3) 比对处理：

$$\begin{cases} \Delta R_i = R_i - R_{i0} \\ \Delta A_i = (A_i - A_{i0}) \times \dfrac{180}{\pi} \times 3600 \\ \Delta E_i = (E_i - E_{i0}) \times \dfrac{180}{\pi} \times 3600 \end{cases} \tag{7-69}$$

2) 遥测飞行参数的反解比较

首先将目标的遥测飞行参数由惯性系转换到发射系下。空间目标的三维位置坐标分量从惯性系到发射系的转换的具体算法如下：

步骤1：由 $O-XYZ$（惯性系）到 $O_t-X_tY_tZ_t$（发射系）的位置坐标变换关系：

$$\boldsymbol{X}_t = \boldsymbol{\Phi}(\boldsymbol{X}+\boldsymbol{R}) - \boldsymbol{R} \tag{7-70}$$

式中：$\boldsymbol{\Phi}=\boldsymbol{C\Omega C}^{-1}$；$\boldsymbol{C}=\boldsymbol{A}_0\boldsymbol{U}_0\boldsymbol{B}_0$；

$$\boldsymbol{\Omega} = \begin{bmatrix} 1 & 0 & 0 \\ 0 & \cos\omega t & \sin\omega t \\ 0 & -\sin\omega t & \cos\omega t \end{bmatrix}; \quad \boldsymbol{A}_0 = \begin{bmatrix} \cos A_0 & 0 & \sin A_0 \\ 0 & 1 & 0 \\ -\sin A_0 & 0 & \cos A_0 \end{bmatrix};$$

$$\boldsymbol{B}_0 = \begin{bmatrix} \cos B_0 & -\sin B_0 & 0 \\ \sin B_0 & \cos B_0 & 0 \\ 0 & 0 & 1 \end{bmatrix}; \quad \boldsymbol{U}_0 = \begin{bmatrix} 1 & -\xi_0 & 0 \\ \xi_0 & 1 & \eta_0 \\ 0 & -\eta_0 & 1 \end{bmatrix}$$

其中，$\omega$ 为地球自转角速度，$\omega = 7.2921151467\times10^{-5}$ rad/s；$t$ 为从发射时间 $t_0$ 为零点记起的累计时间；$A_0$ 为 $X$ 轴的大地方位角；$B_0$ 为 $O$ 点的大地纬度；$\xi_0$、$\eta_0$ 为 $O$ 点的垂线偏差的卯酉分量和子午分量。

$$\boldsymbol{R} = \begin{bmatrix} R_{ox} \\ R_{oy} \\ R_{oz} \end{bmatrix} = \boldsymbol{C}\begin{bmatrix} x_0 \\ y_0 \\ z_0 \end{bmatrix};$$

$$\begin{cases}x_0=[N_0(1-e^2)+H_0]\sin B_0\\y_0=[N_0+H_0]\cos B_0\\z_0=0\end{cases};$$

$$N_0=\frac{a}{\sqrt{1-e^2\sin B_0}}。$$

其中，$a$ 为地球半径，$a=637814\text{m}$；$x_0$、$y_0$、$z_0$为发射原点在地心坐标系中的坐标；$e^2$为地球椭球偏心率的平方，$e^2=0.00669438499959$。

步骤 2：运载火箭的三维速度分量从惯性系到发射系速度分量的转换关系为

$$\dot{\boldsymbol{X}}_t=\boldsymbol{\Phi}\dot{\boldsymbol{X}}+\dot{\boldsymbol{\Phi}}(\boldsymbol{X}+\boldsymbol{R}) \tag{7-71}$$

步骤 3：利用 7.4.2 节中的方法进行反解比对。

3）目标 GNSS 飞行参数的反解比较

通常情况下，空间目标的 GNSS 飞行参数是在 WGS-84 大地坐标系下解算的，关于 GNSS 飞行参数的反解比较，首先要将 WGS-84 坐标系下的目标 GNSS 飞行参数转换到发射坐标系下，其转换算法如下。

步骤 1：WGS-84 到 DX-2 位置和速度坐标转换公式为

$$\begin{cases}\begin{bmatrix}x\\y\\z\end{bmatrix}_{\text{DX-2}}=\dfrac{1}{m+1}\begin{bmatrix}1&-\varepsilon_z&\varepsilon_y\\\varepsilon_z&1&-\varepsilon_x\\-\varepsilon_y&\varepsilon_x&1\end{bmatrix}\cdot\left(\begin{bmatrix}x\\y\\z\end{bmatrix}_{\text{WGS-84}}-\begin{bmatrix}\Delta x_0\\\Delta y_0\\\Delta z_0\end{bmatrix}\right)\\\begin{bmatrix}\dot{x}\\\dot{y}\\\dot{z}\end{bmatrix}_{\text{DX-2}}=\dfrac{1}{m+1}\begin{bmatrix}1&-\varepsilon_z&\varepsilon_y\\\varepsilon_z&1&-\varepsilon_x\\-\varepsilon_y&\varepsilon_x&1\end{bmatrix}\cdot\begin{bmatrix}\dot{x}\\\dot{y}\\\dot{z}\end{bmatrix}_{\text{WGS-84}}\end{cases} \tag{7-72}$$

$\Delta x_0=\Delta y_0=\Delta z_0=\varepsilon_x=\varepsilon_y=m=0$，$\varepsilon_z=-0.244''$

式中：$\Delta x_0$、$\Delta y_0$、$\Delta z_0$为两个坐标系之间的平移参数；$\varepsilon_x$、$\varepsilon_y$、$\varepsilon_z$ 为两个坐标系之间的旋转参数；$m$ 为尺度因子。

步骤 2：DX-2 到发射坐标系位置坐标和速度转换公式为

$$\begin{cases}\begin{bmatrix}x\\y\\z\end{bmatrix}_{\text{FS}}=\boldsymbol{U}_0^{\text{T}}\boldsymbol{A}_{0x}^{\text{T}}\boldsymbol{B}_0^{\text{T}}\boldsymbol{L}_0^{\text{T}}\left(\begin{bmatrix}x\\y\\z\end{bmatrix}_{\text{DX-2}}-\begin{bmatrix}x_0\\y_0\\z_0\end{bmatrix}\right)\\\begin{bmatrix}\dot{x}\\\dot{y}\\\dot{z}\end{bmatrix}_{\text{FS}}=\boldsymbol{U}_0^{\text{T}}\boldsymbol{A}_{0x}^{\text{T}}\boldsymbol{B}_0^{\text{T}}\boldsymbol{L}_0^{\text{T}}\begin{bmatrix}\dot{x}\\\dot{y}\\\dot{z}\end{bmatrix}_{\text{DX-2}}\end{cases} \tag{7-73}$$

式中：

$$\begin{cases}x_0=(N_0+H_0)\cos B_0\cos L_0\\ y_0=(N_0+H_0)\cos B_0\sin L_0\\ z_0=[N_0(1-e^2)+H_0]\sin B_0\end{cases};\quad N_0=\frac{a}{\sqrt{1-e^2\sin B_0}};\quad e^2=1-(a/b)^2;$$

$$\boldsymbol{U}_0=\begin{bmatrix}\cos\xi_0 & \sin\xi_0 & 0\\ -\sin\xi_0 & \cos\xi_0 & 0\\ 0 & 0 & 1\end{bmatrix}\begin{bmatrix}1 & 0 & 0\\ 0 & \cos\eta_0 & -\sin\eta_0\\ 0 & \sin\eta_0 & \cos\eta_0\end{bmatrix};$$

$$\boldsymbol{A}_{0x}=\begin{bmatrix}\cos\left(\frac{\pi}{2}+A_{0x}\right) & 0 & -\sin\left(\frac{\pi}{2}+A_{0x}\right)\\ 0 & 1 & 0\\ \sin\left(\frac{\pi}{2}+A_{0x}\right) & 0 & \cos\left(\frac{\pi}{2}+A_{0x}\right)\end{bmatrix};\quad \boldsymbol{B}_0=\begin{bmatrix}1 & 0 & 0\\ 0 & \cos B_0 & -\sin B_0\\ 0 & \sin B_0 & \cos B_0\end{bmatrix};$$

$$\boldsymbol{L}_0=\begin{bmatrix}\sin L_0 & \cos L_0 & 0\\ -\cos L_0 & \sin L_0 & 0\\ 0 & 0 & 1\end{bmatrix}$$

其中，$x_0$、$y_0$、$z_0$为发射原点在地心坐标系中的坐标；$e$ 为地球椭球偏心率；$a$ 和 $b$ 分别为参考椭球的长、短半轴；$B_0$，$L_0$，$H_0$，$\xi_0$，$\eta_0$分别为发射原点的大地纬度、大地经度、高程、子午和卯酉方向垂线偏差；$A_{0x}$为发射方位角。

最后利用 7.4.2 节中的方法将目标 GNSS 飞行参数转换到测站坐标系进行反解比对。

**2. 比对结果的趋势性变化诊断**

对比对结果生成的数据序列$(l_i,\Delta x_i,\Delta y_i,\Delta z_i)$和$(l_i,\Delta R_i,\Delta A_i,\Delta E_i)$进行趋势变化诊断，首先要准确判定各数据列是否存在随时间变化的趋势。为此，构造两个检验指标函数。

（1）归一化的逆序数：

$$\mu_\xi=\frac{\left[A_\xi+\frac{1}{2}-\mathrm{E}(A_\xi)\right]}{\sqrt{\mathrm{Var}(A_\xi)}} \tag{7-74}$$

式中：$\xi=\Delta x,\Delta y,\Delta z,\Delta R,\Delta A,\Delta E$；$A_\xi$ 为逆序总数，$A_\xi=\sum_{i=1}^{n-1}A_{\xi_i}$；$A_{\xi_i}$为数据列相对于$\xi_i$的逆序数，$A_{\xi_i}=\sum_{j=i+1}^{n}\Phi(\xi_j-\xi_i)$；$\mathrm{E}(A_\xi)$为逆序总数的母体均值，$\mathrm{E}(A_\xi)=\frac{1}{4}n(n-1)$；$\mathrm{Var}(A_\xi)$为逆序总数的母体方差，$\mathrm{Var}(A_\xi)=\frac{m}{72}(2m^2+3m-5)$；$\Phi(\xi_j-\xi_i)$

为 $\xi_i$ 的逆序数统计计数函数，$\Phi(\xi_j-\xi_i)=\begin{cases}1 & (\xi_j>\xi_i)\\ 0 & (\xi_j\leqslant\xi_i)\end{cases}$。

当数据列 $\{\xi_i\}$ 中不含趋势性变化且 $n$ 充分大时，函数 $\mu_\xi$ 渐近服从标准正态分布 $N(0,1)$。因此，对于差值序列 $(\Delta x_i,\Delta y_i,\Delta z_i)$ 或 $(\Delta R_i,\Delta A_i,\Delta E_i)$，可以计算出任意一列的归一化逆序数 $\mu_\xi(\xi=\Delta x,\Delta y,\Delta z,\Delta R,\Delta A,\Delta E)$，并且当 $|\mu_\xi|\leqslant 2.0$ 时，可以认为该序列无明显随时间变化趋势；当 $\mu_\xi<-2.0$ 时，可有 95%的概率认为该序列存在下降的趋势；当 $\mu_\xi>2.0$ 时，可有 95%的概率认为该序列存在随时间增大的趋势。

当序列中含有时增时减或隐周期型变化趋势时，上述逆序函数的使用受到限制。为此，需要再构造一个函数。

（2）归一化的游程数：

$$V_\xi=\frac{r_\xi-\mathrm{E}(r_\xi)}{\sqrt{\mathrm{Var}(r_\xi)}} \tag{7-75}$$

式中：$\xi=\Delta x,\Delta y,\Delta z,\Delta R,\Delta A,\Delta E$；$r_\xi$ 为中心化数据列 $\left\{\xi_i-\frac{1}{n}\sum_{j=1}^{n}\xi_j\right\}$ 的正负号改变次数，常称数据列的游程数；$\mathrm{E}(r_\xi)$ 为游程总数母体分布的总体均值，$\mathrm{E}(r_\xi)=\frac{2n_1n_2}{n}$；$\mathrm{Var}(r_\xi)$ 为游程总数母体分布的方差，$\mathrm{Var}(r_\xi)=\left[\frac{2n_1n_2(2n_1n_2-n)}{n^2(n-1)}\right]^{\frac{1}{2}}$；$n$ 为中心化数据序列的总个数；$n_1$ 为中心化数据序列中“+”号出现的总数（含零）；$n_2$ 为中心化数据序列中“-”号出现的总数。

当 $n$ 充分大时，$V_\xi$ 的分布可用标准正态分布 $N(0,1)$ 来近似。因此，当计算值 $|V_\xi|>2.0$ 时，即可以有 95%的概率认为该序列 $\{\xi_i\}$ 存在随时间变化的趋势。

**3. 比对结果的趋势项分离**

当诊断出比对差序列中含有随时间变化的趋势时，紧接着要做的工作是确定其变化趋势的性质及变化规律。通常，随时间变化的趋势项可用低阶代数多项式一致逼近。如果能确定该代数多项式各项系数的最优估计值，即可实现比对结果的趋势项分离与分析工作。为此，构造以下算法：

$$\begin{pmatrix}\hat{a}_0\\ \vdots\\ \hat{a}_p\end{pmatrix}=(\boldsymbol{x}^{\mathrm{T}}\boldsymbol{x})^{-1}\boldsymbol{x}^{\mathrm{T}}\begin{pmatrix}\xi_1\\ \vdots\\ \xi_n\end{pmatrix} \tag{7-76}$$

其中，$\xi=\Delta x,\Delta y,\Delta z,\Delta R,\Delta A,\Delta E$；$\boldsymbol{x}=\begin{bmatrix}1 & t_1 & \cdots & t_1^p\\ \vdots & \vdots & \ddots & \vdots\\ 1 & t_n & \cdots & t_n^p\end{bmatrix}$；$p$ 为适当选定的

正整数。

趋势项的变化可用下述拟合曲线来描述：

$$\Delta\xi_{(t)}=\hat{a}_0+\hat{a}_1 t+\cdots+\hat{a}_p t^p \tag{7-77}$$

**4. 比对差值序列与比较标准关系分析**

具体来说，比对差值($\Delta R,\Delta A,\Delta E$)的大小可能是设备系统误差修正不彻底造成的，其大小和目标运行状态有关。因此，在分析比对差值时，必须将它们和比较标准序列($R,A,E$)的变化联系起来考虑。下面，构造一组通用的分析算法：

(1) 确定变化系数：

$$\begin{pmatrix}\hat{b}_0\\ \vdots\\ \hat{b}_p\end{pmatrix}=(\boldsymbol{x}_\eta^{\mathrm{T}}\boldsymbol{x}_\eta)^{-1}\boldsymbol{x}_\eta^{\mathrm{T}}\begin{pmatrix}\xi_1\\ \vdots\\ \xi_n\end{pmatrix} \tag{7-78}$$

其中，$\boldsymbol{x}_\eta=\begin{bmatrix}1 & \eta_1 & \cdots & \eta_1^p\\ \vdots & \vdots & \ddots & \vdots\\ 1 & \eta_n^1 & \cdots & \eta_n^p\end{bmatrix}$；$\xi=\Delta R,\Delta A$ 或 $\Delta E$；$\eta=R$、$A$ 或 $E$ 所形成的 9 种配对关系，可产生 9 组不同的变化系数计算值。

为叙述方便，现将下标省略。

(2) 构造变化趋势曲线：

$$\hat{\xi}_i=\hat{b}_0+\hat{b}_1\eta_i+\cdots+\hat{b}_p\eta_i^p \tag{7-79}$$

(3) 分析拟合效果，统计拟合残差平方和：

$$\mathrm{Rss}(\eta,\xi)=\sum_{i=1}^{n}(\xi_i-\hat{\xi}_i)^2 \tag{7-80}$$

绘制 $\eta$-$\xi$ 的变化趋势曲线和拟合残差序列 $\Delta\xi_i=\xi_i-\hat{\xi}_i$，$\xi=(\Delta R,\Delta A,\Delta E)$的散布曲线，通过分析各拟合系数的大小和拟合残差序列的散布曲线，可以诊断出比对差值数据序列中趋势性变化产生的部分原因，并可针对相应的原因在设备状况和数据处理的有关环节上考虑采用相应的对策。

**5. 实例分析**

在两次空间目标跟踪测量试验的数据处理过程中，分离系统残差之前，已对参试设备某雷达的观测数据进行了其他的系统误差修正，仅剩下系统残差。将两次任务的高精度 GPS 飞行参数数据分别反算到测站，即求出系统残差 $\Delta R$、$\Delta A$、$\Delta E$。图 7-29 ～图 7-34 为两次任务该中雷达观测数据的系统残差曲线。

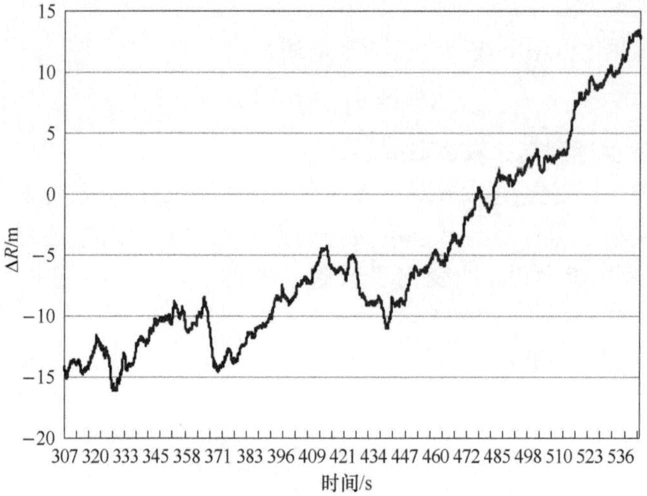


图 7-29 目标 1 雷达系统残差 **ΔR** 曲线

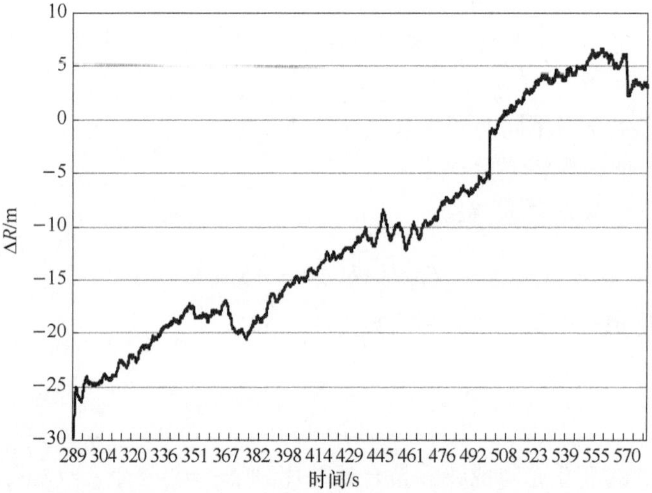


图 7-30 目标 2 雷达系统残差 **ΔR** 曲线

从两次目标跟踪测量试验该雷达设备观测数据系统残差曲线图可以看出，测距 $R$ 的系统残差有着比较明显的线性递增趋势，而测角的系统残差则比较平稳，没有显著的单调特性。给定门限后，系统残差在设备指定系统误差范围内相对平稳。

对求得的系统残差进行均方误差统计，得到表 7-4 所列的结果。

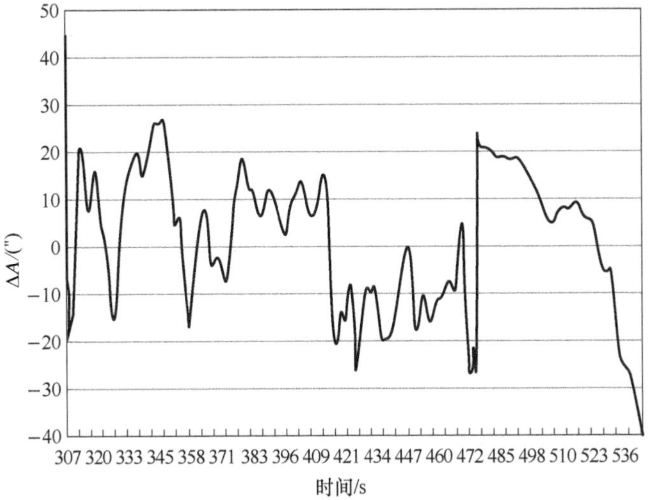


**图 7-31　目标 1 雷达系统残差 ΔA 曲线**

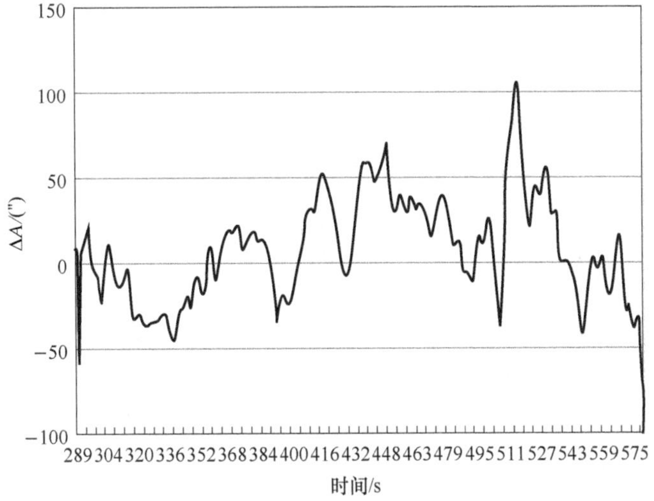


**图 7-32　目标 2 雷达系统残差 ΔA 曲线**

**表 7-4　系统残差的均方差**

| 某雷达 | $\bar{\sigma}_R$/m | $\bar{\sigma}_A$/(″) | $\bar{\sigma}_E$/(″) |
|---|---|---|---|
| 目标 1 | 14.29 | 25.41 | 29.43 |
| 目标 2 | 9.25 | 41.11 | 37.60 |

从表 7-4 中可以看出，除目标 1 该雷达统计的测距 $R$ 的系统残差均方差超过系统误差指标精度外，其他测量元素统计的系统残差均方差均满足设备系统误差指标精度要求（该雷达精度指标：$\bar{\sigma}_R^0=10.0\text{m}$，$\bar{\sigma}_A^0=43.2''$，$\bar{\sigma}_E^0=43.2''$）。

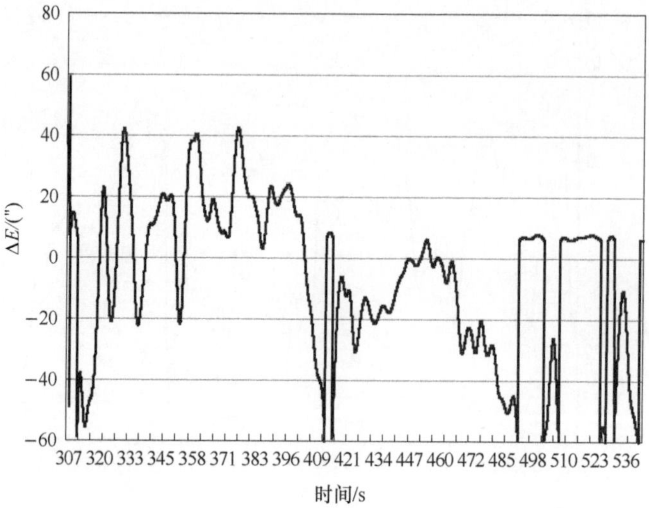


**图 7-33　目标 1 雷达系统残差 ΔE 曲线**

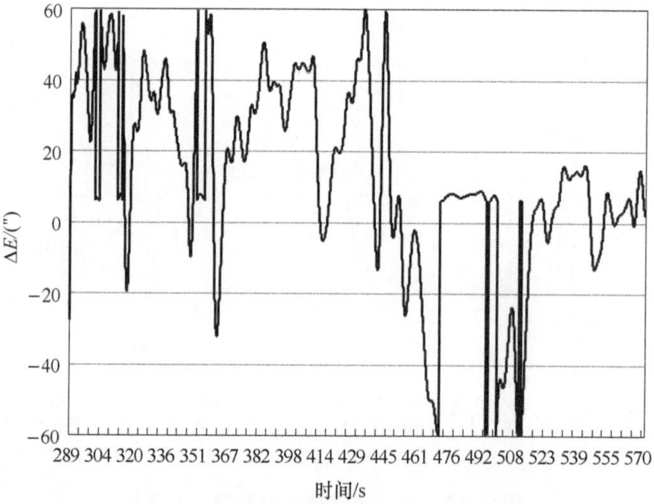


**图 7-34　目标 2 雷达系统残差 ΔE 曲线**

## 7.6 目标轨迹结果评估

目标飞行轨迹估计模型的关键是选择组合模型的形式以及确定组合权系数的方式。一般地，对于同样一组单项估计模型，选择不同的优化准则会得到不同的组合估计模型，而这些组合估计模型各有优势。有些组合估计模型在误差平方和优化准则下能达到最优，而有些组合估计模型的平均相对误差最小。因此，要评价一种组合估计模型的优劣，必须对优化准则进行综合考虑。

### 7.6.1 最小机会损失模型优劣性评估

设$\{x(k),k=1,2,\cdots,n\}$为目标的实际飞行轨迹数据序列，利用目标观测信息，通过不同方法获取多组目标的计算飞行轨迹，将这些计算的飞行轨迹按照一定的优化准则建立不同的组合估计模型，假设共有 $m$ 组，用 $y_i(k)(i=1,2,\cdots,m)$表示第 $i$ 种组合估计模型的估计值。

**1. 最小机会损失准则**

最小机会损失法是一种根据机会成本进行评估和决策的方法，其思想是以各方案机会损失的大小来判断方案模型的优劣。当某种状态出现时，决策者由于从若干方案中选优时没有采取能够获得最大收益的方案，而采取了其他方案，因此在收益上产生了某种损失。

**2. 组合估计精度评价模型**

假设 $e_{ij}(i=1,2,\cdots,m;j=1,2,\cdots,n)$表示第 $i$ 种组合估计模型在 $j$ 时刻的估计精度，其定义为

$$e_{ij}=\frac{|x(j)-y_i(j)|}{x(j)} \tag{7-81}$$

构造综合评估结果矩阵 $\boldsymbol{E}=(e_{ij})_{m\times n}$。如果各个组合估计模型在不同时刻估计精度的权系数向量为 $\boldsymbol{W}=(\omega_1,\omega_2,\cdots,\omega_n)^{\mathrm{T}}$，则第 $i$ 种组合估计模型的综合评估值为

$$E_i=\omega_1 e_{i1}+\omega_2 e_{i2}+\cdots+\omega_n e_{in} \tag{7-82}$$

其中，权系数向量为 $\boldsymbol{W}=(\omega_1,\omega_2,\cdots,\omega_n)^{\mathrm{T}}$，可以通过最小机会损失准则确定。

根据最小机会损失准则的基本原理，可将各组合估计模型的估计精度作为收益矩阵，进一步求出各组合估计模型的评估值所对应的机会损失值，即

$$\tilde{e}_{ij}=\max_j\{e_{ij}\}-e_{ij}\quad (i=1,2,\cdots,m;j=1,2,\cdots,n) \tag{7-83}$$

用权系数向量 $\boldsymbol{W}=(\omega_1,\omega_2,\cdots,\omega_n)^{\mathrm{T}}$对机会损失矩阵$\widetilde{\boldsymbol{E}}=(\tilde{e}_{ij})_{m\times n}$进行线性组合，就可以得到组合估计机会损失值为

$$\boldsymbol{Y}=\widetilde{\boldsymbol{E}}\boldsymbol{W}=(y_1,y_2,\cdots,y_n)^{\mathrm{T}} \tag{7-84}$$

其中，第 $i$ 个组合估计模型的组合估计机会损失值为

$$y_i=\omega_1\tilde{e}_{i1}+\omega_2\tilde{e}_{i2}+\cdots+\omega_n\tilde{e}_{in}\quad (i=1,2,\cdots,m) \tag{7-85}$$

**3. 权系数向量 $\boldsymbol{W}$ 的求解**

为了求取权系数向量 $\boldsymbol{W}$，依据各单一组合估计模型评价值的组合期望损失

值到最小损失值的距离最小的思想，使组合期望损失值尽可能接近各个单一组合估计模型的最小损失值，从而实现各模型都尽可能地靠近决策所带来的损失。

假设 $d_i$ 表示第 $i$ 个组合估计模型的组合估计损失值 $y_i$ 与单一组合估计模型的最小机会损失值 $\min\limits_j \tilde{e}_{ij}$ 的距离，$i=1,2,\cdots,m$，则 $d_i$ 可表示为

$$d_i=(y_i-\min_j \tilde{e}_{ij})^2 \tag{7-86}$$

所有单一组合估计模型的组合估计机会损失值 $y_i$ 与单一组合估计模型的最小机会损失值的距离之和为

$$D=\sum_{i=1}^{m} d_i=\sum_{i=1}^{m}(y_i-\min_j \tilde{e}_{ij})^2 \tag{7-87}$$

由机会损失值的定义式（7-83）可知，单一组合估计模型的最小机会损失值一定为 0，即 $\min\limits_j \tilde{e}_{ij}=0$，于是有

$$D=\sum_{i=1}^{m} d_i=\sum_{i=1}^{m} y_i^2 \tag{7-88}$$

根据式（7-84）可得

$$D=(\tilde{\boldsymbol{E}}\boldsymbol{W})^{\mathrm{T}}\tilde{\boldsymbol{E}}\boldsymbol{W}=\boldsymbol{W}^{\mathrm{T}}(\tilde{\boldsymbol{E}}^{\mathrm{T}}\tilde{\boldsymbol{E}})\boldsymbol{W}=\boldsymbol{W}^{\mathrm{T}}\boldsymbol{P}\boldsymbol{W} \tag{7-89}$$

其中：$\boldsymbol{P}=\tilde{\boldsymbol{E}}^{\mathrm{T}}\tilde{\boldsymbol{E}}$ 是实对称矩阵。权系数向量 $\boldsymbol{W}$ 的确定可归结为求解下列规划模型：

$$\begin{cases}\min D=\boldsymbol{W}^{\mathrm{T}}\boldsymbol{P}\boldsymbol{W}\\ \boldsymbol{W}^{\mathrm{T}}\boldsymbol{W}=1\\ \boldsymbol{W}>0\end{cases} \tag{7-90}$$

**4. 模型优劣性评估步骤**

根据以上模型分析以及最小机会损失准则，进一步归纳总结出该评估模型的算法步骤如下：

（1）针对 $m$ 种弹道级融合估计模型，分别计算各个融合估计模型在 $j$ 时刻的估计精度 $e_{ij}$，进一步计算各个单一融合估计模型的评估值所对应的机会损失值 $\tilde{e}_{ij}$，从而得到矩阵 $\tilde{\boldsymbol{E}}$，并计算矩阵 $\boldsymbol{P}$；

（2）利用软件求解形如式（7-90）的规划问题，确定权系数向量 $\boldsymbol{W}$；

（3）计算第 $i$ 种融合估计模型的综合评估值 $E_i$；

（4）确定 $E_k=\max E_i$，则所对应的第 $k$ 种融合估计模型为最优融合估计模型。

### 7.6.2 最小贴近度模型优劣性评估

依据 7.6.1 节的相关假设，并定义第 $i$ 种组合估计模型在 $j$ 时刻的估计精度

$e_{ij}$为式（7-81），第 $i$ 种组合估计模型的综合评估值 $E_i$ 为式（7-82）。定义 $\boldsymbol{e}_i=(e_{i1},e_{i1},\cdots,e_{in})$为第 $i$ 个组合估计模型的估计精度向量。显然，$e_{ij}$的值越小，说明第 i 个组合估计模型在第 $j$ 时刻拟合精度越高，记为

$$\bar{e}_j=\min\{e_{1j},e_{2j},\cdots,e_{mj}\},\underline{e}_j=\max\{e_{1j},e_{2j},\cdots,e_{mj}\}$$

则$\bar{e}_j$和$\underline{e}_j$分别表示 $m$ 个组合估计模型在第 $j$ 时刻估计精度的最大值和最小值。这些最大值和最小值构成了两个向量$\bar{\boldsymbol{e}}=(\bar{e}_1,\bar{e}_2,\cdots,\bar{e}_n)$、$\underline{\boldsymbol{e}}=(\underline{e}_1,\underline{e}_2,\cdots,\underline{e}_n)$，分别称为最优点精度向量和最劣点精度向量。如果某一组合估计模型的精度和$\bar{\boldsymbol{e}}$比较接近，则表明该估计模型具有较高的估计精度；反之，如果某一组合估计模型的精度和$\underline{\boldsymbol{e}}$比较接近，则表明该估计模型估计精度较差。这样就可以利用每种组合估计模型与$\bar{e}_j$和$\underline{e}_j$的接近程度来判定组合估计模型的估计精度。

**1. 算术平均最小贴近度的定义**

在某些情况下，模型的估计精度指标可能不满足 $e_{ij}\leqslant 1$，因此需先对估计精度指标进行标准化处理。令

$$s_{ij}\leqslant\frac{e_{ij}-\underline{e}_j}{\bar{e}_j-\underline{e}_j}\quad(i=1,2,\cdots,m;j=1,2,\cdots,n)$$

同样地，$\boldsymbol{s}_i=(s_{i1},s_{i2},\cdots,s_{in})$称为第 $i$ 个组合估计模型的标准化估计精度向量，记为

$$\bar{s}_j=\min\{s_{1j},s_{2j},\cdots,s_{mj}\},\underline{s}_j=\max\{s_{1j},s_{2j},\cdots,s_{mj}\}$$
$$\bar{\boldsymbol{s}}=(\bar{s}_1,\bar{s}_2,\cdots,\bar{s}_n),\underline{\boldsymbol{s}}=(\underline{s}_1,\underline{s}_2,\cdots,\underline{s}_n)$$

则$\bar{\boldsymbol{s}}=(\bar{s}_1,\bar{s}_2,\cdots,\bar{s}_n)$为标准化最优点精度向量，$\underline{\boldsymbol{s}}=(\underline{s}_1,\underline{s}_2,\cdots,\underline{s}_n)$为标准化最劣点精度向量。为了判断组合估计模型与标准化最优点精度向量的接近程度，给出算术平均最小贴近度的定义如下。

对于向量 $\boldsymbol{\xi}=(\xi_1,\xi_2,\cdots,\xi_n)$和 $\boldsymbol{\eta}=(\eta_1,\eta_2,\cdots,\eta_n)$，构造

$$\Gamma(\boldsymbol{\xi},\boldsymbol{\eta})=\frac{\sum\limits_{j=1}^{n}(\xi_j\wedge\eta_j)}{\sum\limits_{j=1}^{n}\frac{1}{2}(\xi_j+\eta_j)}=1-\frac{\sum\limits_{j=1}^{n}|\xi_j-\eta_j|}{\sum\limits_{j=1}^{n}(\xi_j+\eta_j)}\tag{7-91}$$

则称 $\Gamma(\boldsymbol{\xi},\boldsymbol{\eta})$为向量的算术平均最小贴近度。式（7-91）表明，$\Gamma(\boldsymbol{\xi},\boldsymbol{\eta})$的值越大，向量 $\boldsymbol{\xi}$ 和 $\boldsymbol{\eta}$ 就越接近。

**2. 模型评价的准则**

对于第 $i$ 个组合估计模型的标准化估计精度向量 $\boldsymbol{s}_i=(s_{i1},s_{i2},\cdots,s_{in})$，计算它与标准化最优点精度向量$\bar{\boldsymbol{s}}=(\bar{s}_1,\bar{s}_2,\cdots,\bar{s}_n)$之间的贴近度，有

$$\Gamma(\bar{\boldsymbol{s}},\boldsymbol{s}_i)=1-\frac{\sum\limits_{j=1}^{n}|\bar{s}_j-s_{ij}|}{\sum\limits_{j=1}^{n}(\bar{s}_j+s_{ij})}\quad(i=1,2,\cdots,m)\tag{7-92}$$

比较各 $\Gamma(\bar{s},s_i)$ 的大小，哪个模型对应的贴近度值越大，说明该模型的估计精度越接近最优点估计精度，该模型的估计精度也就越高。对于最优估计模型，$\Gamma(\bar{s},s_i)$ 的值越大越好，但同时应需考虑标准化估计精度向量与标准化最劣点精度向量 $\underline{s}=(\underline{s}_1,\underline{s}_2,\cdots,\underline{s}_n)$ 的贴近度，即

$$\Gamma(\underline{s},s_i)=1-\frac{\sum_{j=1}^{n}|\underline{s}_j-s_{ij}|}{\sum_{j=1}^{n}(\underline{s}_j+s_{ij})}\quad (i=1,2,\cdots,m) \tag{7-93}$$

比较各 $\Gamma(\underline{s},s_i)$ 的大小，哪个模型对应的贴近度值越大，说明该模型的估计精度越接近最劣点估计精度，该模型的估计精度也就越低。因此，为了兼顾最优点和最劣点估计精度向量，可计算 $\Gamma(\bar{s},s_i)$ 与 $\Gamma(\underline{s},s_i)$ 的差，记为 $T(s_i)$。即

$$T(s_i)=\Gamma(\bar{s},s_i)-\Gamma(\underline{s},s_i) \tag{7-94}$$

式（7-94）表明，差值 $T(s_i)$ 越大，对应的组合估计模型精度越高。

**3. 模型评价的步骤**

依据上述分析，给出估计模型贴近度评价算法的步骤如下：

步骤 1：计算第 $i$ 个组合估计模型在第 $j$ 时刻的估计精度，得到估计精度向量 $e_i=(e_{i1},e_{i1},\cdots,e_{in}),i=1,2,\cdots,m$，下同；

步骤 2：确定最优点和最劣点估计精度向量 $\bar{e}=(\bar{e}_1,\bar{e}_2,\cdots,\bar{e}_n)$、$\underline{e}=(\underline{e}_1,\underline{e}_2,\cdots,\underline{e}_n)$；

步骤 3：对估计精度指标进行无量纲化处理，得到 $s_i=(s_{i1},s_{i2},\cdots,s_{in})$，$\bar{s}=(\bar{s}_1,\bar{s}_2,\cdots,\bar{s}_n)$ 和 $\underline{s}=(\underline{s}_1,\underline{s}_2,\cdots,\underline{s}_n)$；

步骤 4：计算 $\Gamma(\bar{s},s_i)$、$\Gamma(\underline{s},s_i)$ 及其差值 $T(s_i)$；

步骤 5：将 $T(s_i)$ 按照从大到小排序，如果 $T(s_k)=\max\{T(s_1),T(s_2),\cdots,T(s_m)\}$，则第 $k$ 个组合估计模型为最优估计模型。

### 7.6.3 模型优劣性评估实例分析

为了更好地说明上述评估模型的应用效果，以某次空间目标跟踪测量的飞行轨迹为分析对象，在飞行的某 100s 弧段内，共获取目标的多组飞行轨迹，分别应用加权算术平均算法和第 6 章给出的各种算法进行组合估计计算，得到 6 组融合轨迹，以高精度 GNSS 飞行参数结果为基准，对飞行目标的这几组融合轨迹分别使用基于最小机会损失和基于最小贴近度的模型优劣性评估算法进行优劣性评估，以目标飞行参数的 $X$ 方向位置分量为例，具体统计指标结果见表 7-5。

表 7-5 不同估计方法 $X$ 方向位置目标飞行参数评估模型指标统计表

| 评估指标/算法模型 | $E_i$ | $\Gamma(\bar{s},s_i)$ | $\Gamma(\underline{s},s_i)$ | $T(s_i)$ |
|---|---|---|---|---|
| 加权算术平均 | 0.8512 | 0.3569 | 0.4878 | -0.1309 |
| 均值聚类 | 1.6806 | 0.8452 | 0.3566 | 0.4886 |
| 容错自适应加权 | 2.8694 | 0.8125 | 0.1462 | 0.6663 |
| 模糊支持度 | 2.0113 | 0.7564 | 0.2363 | 0.5201 |
| 熵权赋值 | 2.2363 | 0.8097 | 0.2455 | 0.5642 |
| IOWA | 3.2895 | 0.9021 | 0.1357 | 0.7664 |

表 7-5 给出了不同估计方法的 $X$ 方向位置目标飞行参数评估模型指标统计值，可以看出，对于最小机会损失模型优劣性评估算法来说，$E_6>E_3>E_5>E_4>E_2>E_1$，说明在最小机会损失准则下，基于 IOWA 算子的目标轨迹融合模型精度最高；对于最小贴近度模型优劣性评估算法来说，差值 $T(s_i)$ 满足 $T(s_6)>T(s_3)>T(s_5)>T(s_4)>T(s_2)>T(s_1)$，可见基于 IOWA 算子的目标轨迹融合模型精度最高，容错自适应加权融合模型次之。另外，虽然 $\Gamma(\bar{s},s_2)>\Gamma(\bar{s},s_3)$，但因为 $T(s_3)>T(s_2)$，所以容错自适应加权融合模型的精度仍高于均值聚类算法模型。

### 7.6.4 目标轨迹与观测数据互评价

目标轨迹与观测数据互评价的主要依据是，无论有多少个测量元素，目标飞行的实际轨迹都是唯一的。在实际测量中，所有跟踪测量设备均是对同一目标的飞行轨迹进行测量，因此，在所有测量数据中，都含有轨迹这一共同的真实信号，这就为建立联合模型奠定了基础。跟踪测量设备数量较多及跟踪设备种类的多样性，为建立多种形式的组合模型，进而给出多种组合模型下的飞行参数联解和系统误差估计提供了实现条件。如果模型正确，则各种组合模型下的联解轨迹和系统误差的联解值应该是一致的。

**1. 评价流程**

分别以 $3R(R1,R2,R3)$、$3RAE(R1、A1、E1,R2、A2、E2,R3、A3、E3)$ 测量系统的相互比对来说明，其他系统的比对分析类似。评价处理流程如图 7-35 所示。

数据比对是为数据分析与决策处理服务的。不同源数据之间的比对，是一项非常重要的工作，科学、准确地对各类比对结果进行全面、合理的分析与诊断，找出比对误差源中可能出现的诸如长弧段异常，以及随机误差、系统误差修正后的残差含趋势性变化分量，是空间目标跟踪测量结果参数可靠性的重要保证，这对评价设备跟踪测量性能，以及分析空间目标飞行性能和制导精度均有重要参考价值。

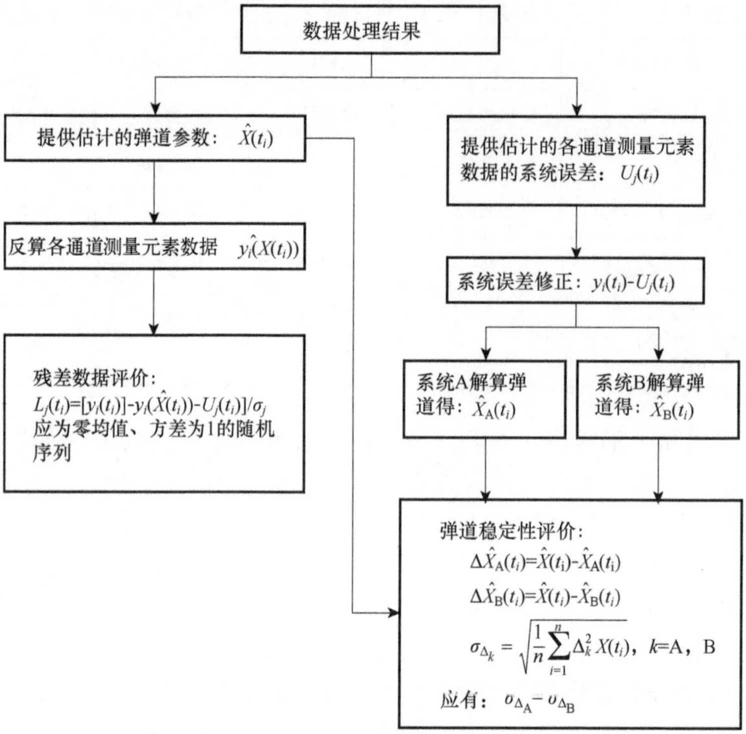


**图 7-35　两套测量系统的相互比对评价流程图**

### 2. 目标飞行轨迹稳定性评价

以某目标跟踪测量试验 3 台雷达的测量数据分别用 3*R* 和 3*RAE* 方法计算弹道，并以目标的 GPS 飞行参数作为标准轨迹，与 3*R* 和 3*RAE* 计算的目标轨迹进行比对，结果如图 7-36～图 7-47 所示。

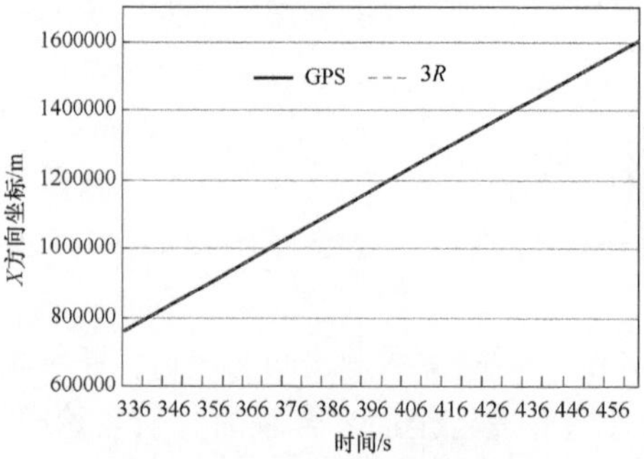


**图 7-36　3*R* 与 GPS 飞行参数 *X* 方向位置分量**

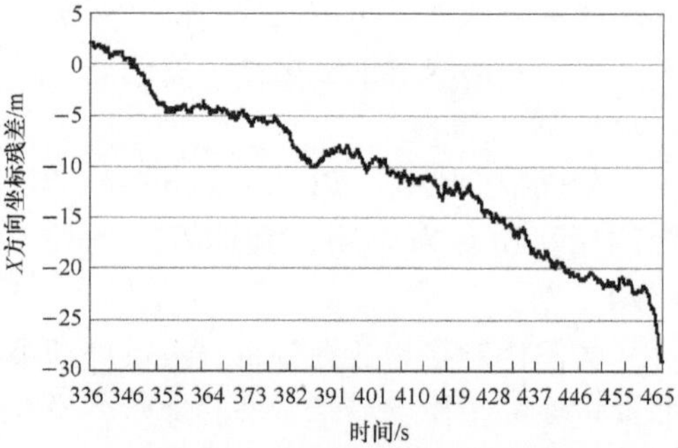


**图 7-37　3*R* 与 GPS 飞行参数 *X* 方向坐标残差**

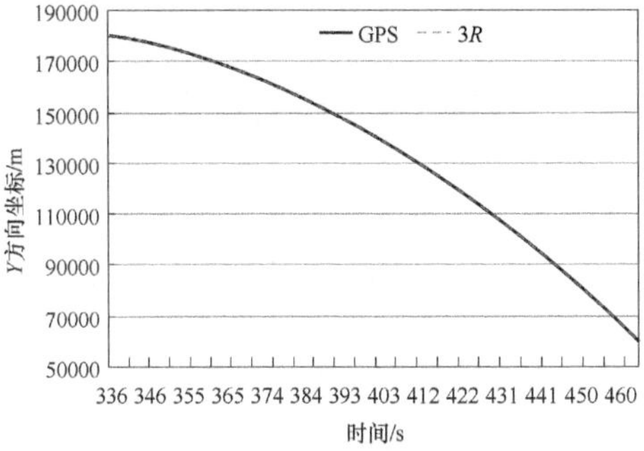


图 7-38 3*R* 与 GPS 飞行参数 *Y* 方向位置分量

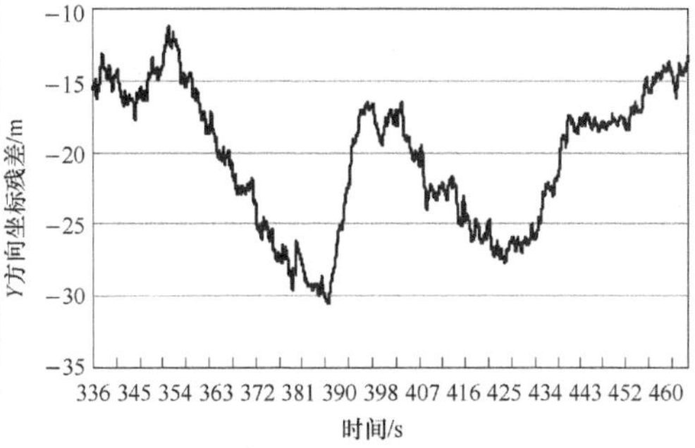


图 7-39 3*R* 与 GPS 飞行参数 *Y* 方向坐标残差

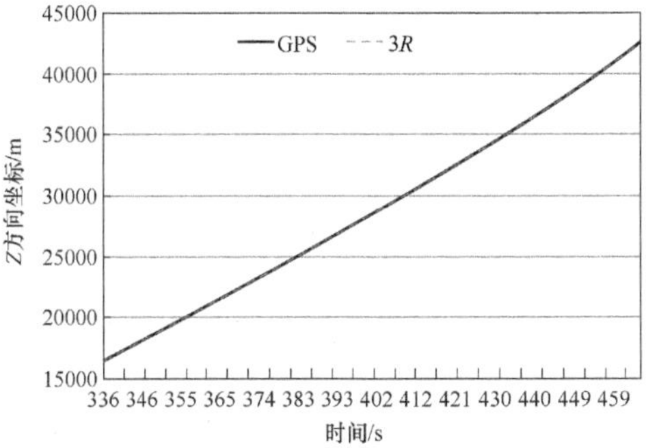


图 7-40 3*R* 与 GPS 飞行参数 *Z* 方向位置分量

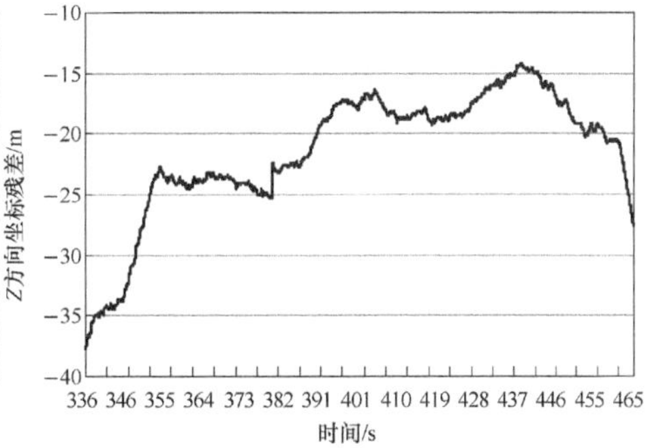


图 7-41 3*R* 与 GPS 飞行参数 *Z* 方向坐标残差

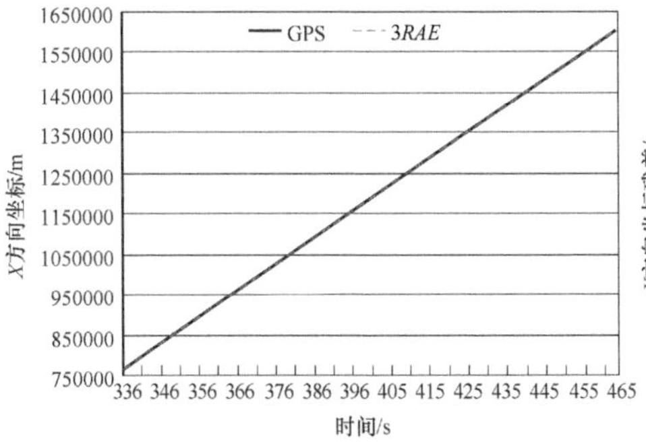


图 7-42 3*RAE* 与 GPS 飞行参数 *X* 方向位置分量

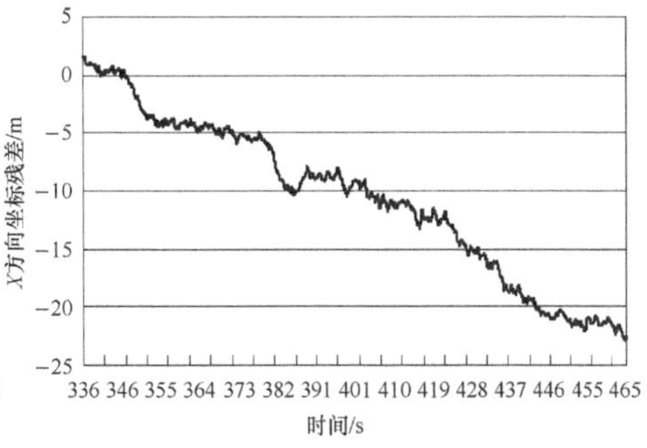


图 7-43 3*RAE* 与 GPS 飞行参数 *X* 方向坐标残差

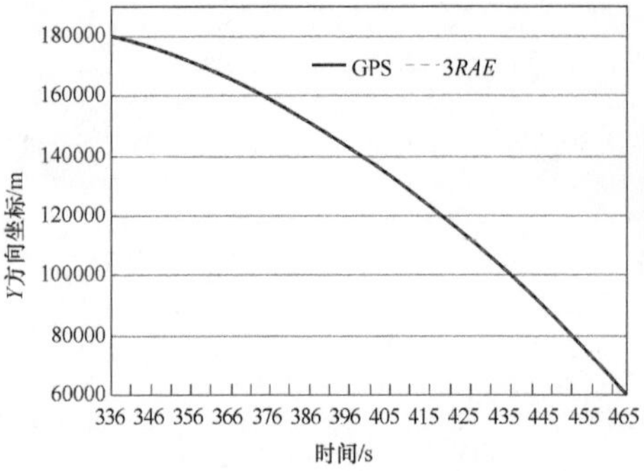


**图 7-44　3RAE 与 GPS 飞行参数 Y 方向位置分量**

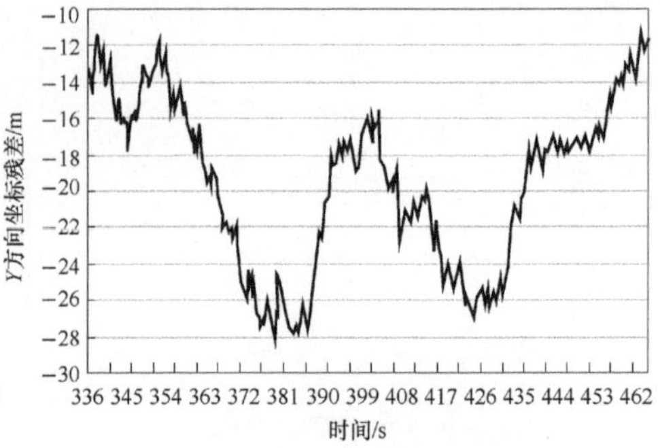


**图 7-45　3RAE 与 GPS 飞行参数 Y 方向坐标残差**

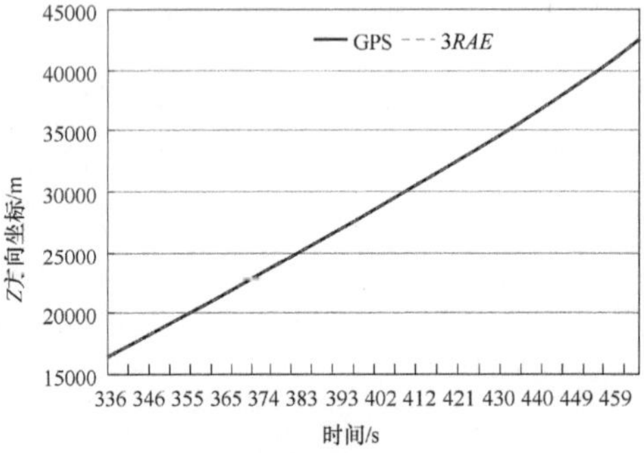


**图 7-46　3RAE 与 GPS 飞行参数 Z 方向位置分量**

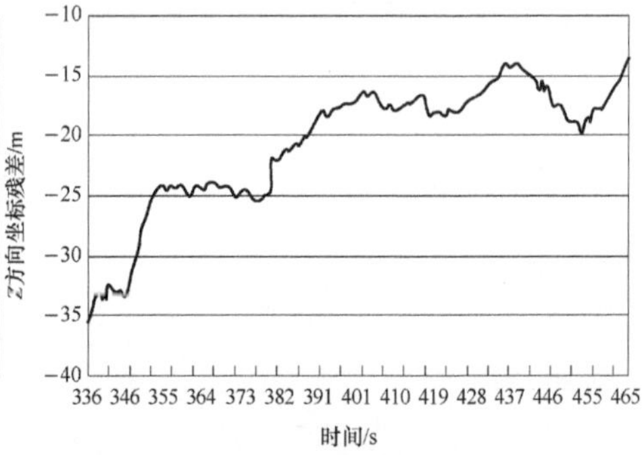


**图 7-47　3RAE 与 GPS 飞行参数 Z 方向坐标残差**

从图 7-36～图 7-47 可以看出，用 3R 和 3RAE 计算的目标轨迹与目标的 GPS 飞行参数轨迹在整个跟踪弧段内吻合得较好，在 X、Y、Z 三个方向上趋势基本一致，且坐标残差量值相当，说明用 3R 和 3RAE 解算的目标轨迹正确，且稳定性较好。

用图 7-35 两套测量系统的相互比对评价流程中的处理方法对该任务跟踪弧段进行坐标残差均方差统计，统计结果见表 7-6。

**表 7-6　3R 与 3RAE 解算目标轨迹的残差均方差统计结果**　　单位：m

| 定位方法 | 均方差 | | |
|---|---|---|---|
| | $\sigma_x$ | $\sigma_y$ | $\sigma_z$ |
| 3R | 12.928342 | 21.009827 | 21.986126 |
| 3RAE | 12.729999 | 20.158218 | 21.354530 |

由表 7-6 可以看出，$\sigma_{\Delta_{3R}} \approx \sigma_{\Delta_{3RAE}}$，也就是说 3*R* 和 3*RAE* 两种组合定位模型下的联解轨迹和系统误差的联解值基本一致，联解结果稳定且具有一致性，同时也说明了所选模型的正确性和测量元素跟踪质量的可靠性。

**3. 残差数据评价**

用某目标跟踪测量实验中 3 台雷达的测量数据采用 3*RAE* 估计方法计算目标飞行轨迹，将计算得到的目标轨迹反算到雷达一并与其各测量元素数据作差进行残差分析评价，比对结果见图 7-48 ～图 7-53 所示（图中，“JH” 表示 3*RAE* 方法计算目标轨迹曲线，“NN” 表示某雷达单位计算目标轨迹曲线）。

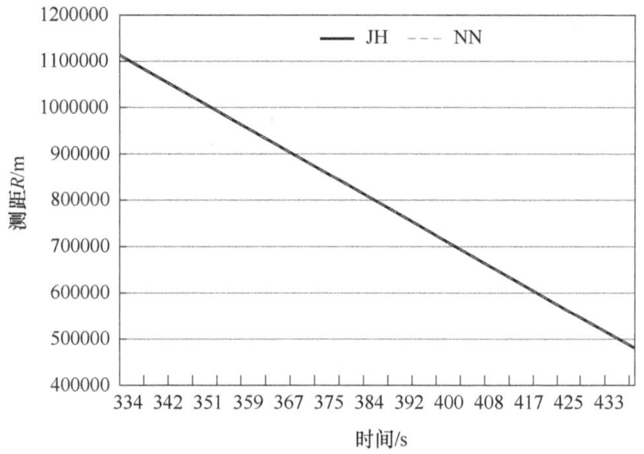


**图 7-48　测距 *R* 比较曲线**

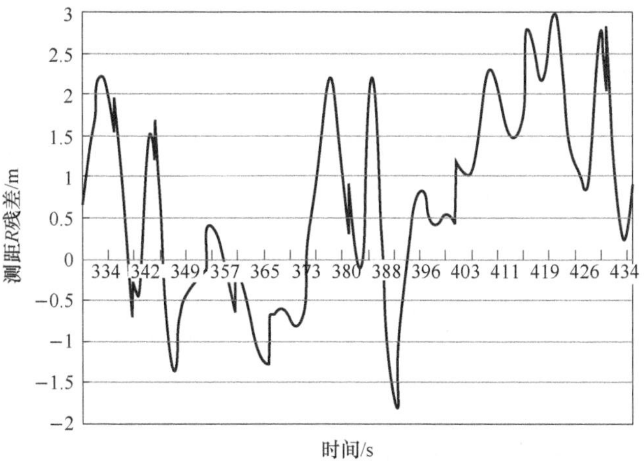


**图 7-49　测距 *R* 残差曲线**

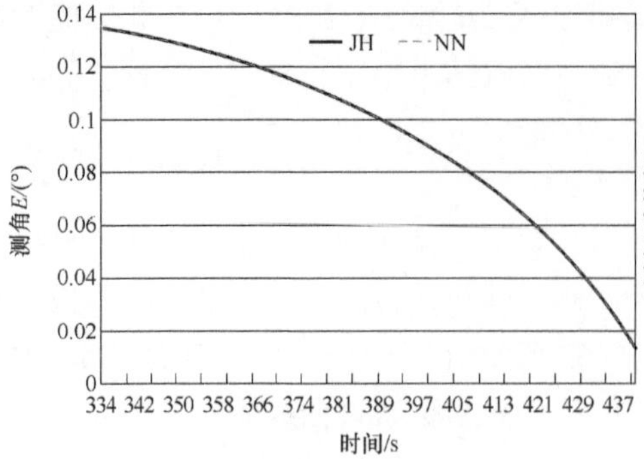


图 7-50 测角 A 比较曲线

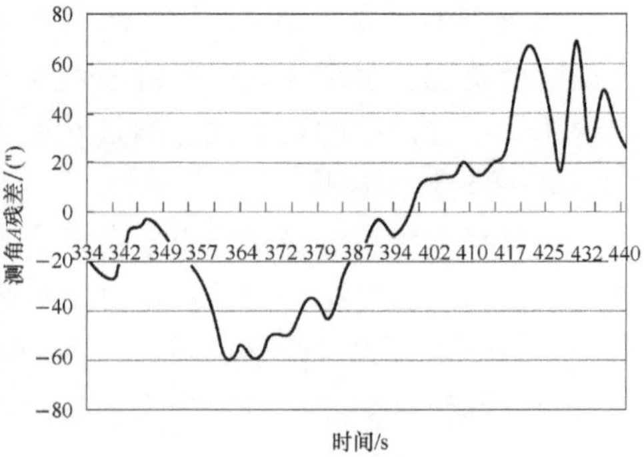


图 7-51 测角 A 残差曲线

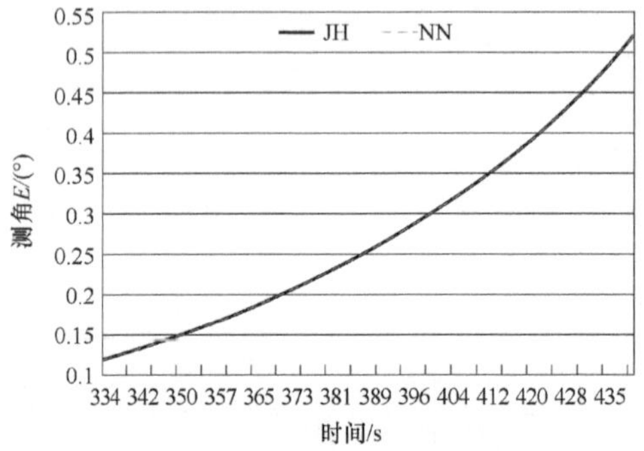


图 7-52 测角 E 比较曲线

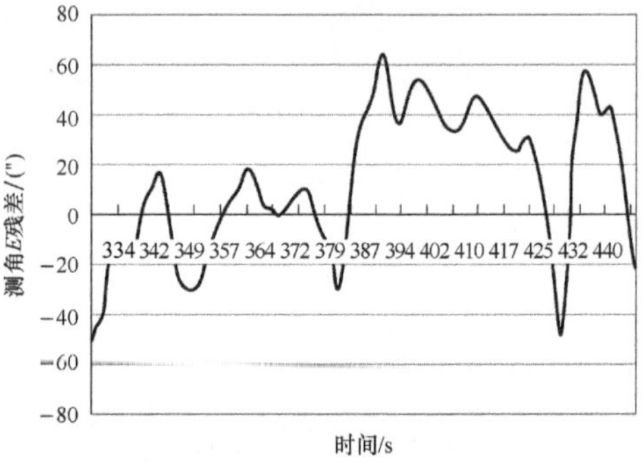


图 7-53 测角 E 残差曲线

从图 7-48～图 7-53 中可以看出，测距 $R$、测角 $A$ 和测角 $E$ 三个测量元素数据与反算数据趋势一致，曲线的吻合性较好，说明该雷达的 3 个跟踪测量数据质量总体较好；测距 $R$ 的残差较小，在 -3～3cm，表明测距 $R$ 的测量精度较高，测角 $A$ 和测角 $E$ 的残差在 $-80'$～$80'$，说明测角 $A$ 和测角 $E$ 仍含有未修正的系统误差残差。

用两次目标跟踪测量试验中 3 台雷达的 3*RAE* 方法计算目标轨迹，将计算的轨迹结果反算到某雷达各通道并与其测量数据作残差统计，结果见表 7-7。

**表 7-7 两次目标跟踪测量试验某雷达测量元素残差均值与残差均方差统计结果**

| 单脉冲雷达 | 测量元素残差均值 | | | 测量元素残差均方差 | | |
|---|---|---|---|---|---|---|
| | $\bar{\mu}_R$/m | $\bar{\mu}_A$/(″) | $\bar{\mu}_E$/(″) | $\sigma_R^2$ | $\sigma_A^2$ | $\sigma_E^2$ |
| 目标 1 | 0. 073458 | 0. 028085 | 0. 031279 | 0. 037568 | 0. 801379 | 0. 377230 |
| 目标 2 | 0. 027646 | 0. 032766 | -0. 054596 | 0. 041600 | 0. 618928 | 0. 603697 |

从表 7-7 中可以看出，各通道测量元素残差均值基本为零均值，这表明数据处理结果的正确性和一致性，各通道测量元素残差均方差的统计结果比较小，说明测量元素残差的平稳性较好，这充分反映了测量数据的可靠性。

## 7.7 小结

空间目标轨迹重构是指利用光学、无线电等测量设备对空间目标飞行过程中获取的目标跟踪测量信息进行有效的融合和参数估计，尽可能真实地反映出目标实际飞行轨迹信息。本章系统介绍了空间目标飞行轨迹重构的方法、流程以及对重构结果的评估等一系列模型方法，通过误差修正和模型优化等手段，采用飞行状态参数估计方法，重新构建精确的飞行轨迹，进而还原空间目标的真实飞行状态。本章主要介绍了飞行参数的截断误差补偿、基于参数估计的轨迹重构、观测数据误差评估以及目标轨迹结果评估技术。空间目标轨迹重构对空间目标飞行性能分析，评估飞行目标状态，以及精度分析和鉴定都有重大意义。

## 参考文献

[1] 柴敏，王敏，也铁宁，等．弹道确定的新型数值微分方法［C］．飞行器测控学术会议论文集，（英文版，EI号：20144700227620）2014.
[2] 柴敏，杨锐，徐小辉，等．面向故障诊断的航天器遥测数据降维分析技术［J］．弹箭与制导学报，2014，34（1）：150-153.
[3] 柴敏，余慧，宋卫红，等．光学无线电测量信息融合定位方法［J］．光学学报，2012，32（12）：1212002-1-1212002-7.
[4] 柴繁，胡绍林，郭小红．外测弹道截断误差修正方法［J］．导弹与航天运载技术，2006（5）：53-57.
[5] 柴敏，胡绍林，张伟．靶场光电经纬仪跟踪精度评估技术［J］．飞行器测控学报，2013（5）：403-407.
[6] 柴敏，王敏，胡绍林，等．无线电测量元素偏差对弹道的灵敏度影响分析［J］．弹箭与制导学报，2012，32（1）：150-153.
[7] 柴敏，胡绍林，郭小红．运载火箭外测弹道截断误差的洁化插值修改算法研究［J］．航天控制，2009（5）：87-93.
[8] 柴敏，陈宁、林海晨，等．多传感器光电经纬仪跟踪误差修正方法［J］．载人航天，2013（1）：47-50.
[9] 柴敏，胡绍林，楼琳，等．光电经纬仪判读误差分析技术与应用［J］．飞行器测控学报，2006（1）：80-85.
[10] 柴敏，胡绍林，陈宁．基于欧氏距离均值聚类算法的多台雷达定位方法研究与应用［J］．靶场试验与管理，2010（2）：47-50.
[11] 柴敏．光电经纬仪跟踪误差分析与精度评估［J］．靶场试验与管理，2004（2）：35-40.
[12] 柴敏．差分GPS鉴定地基光电经纬仪测量系统精度［J］．靶场试验与管理，2004，2（5）：30-34.
[13] 徐小辉，郭小红，赵树强．抵抗性随机误差统计算法在外弹道数据处理中的应用［J］．靶场试验与管理，2007，12（6）：29-32.

[14] 赵树强，许爱华，张荣之，等．北斗一号卫星导航系统定位算法及精度分析［J］．全球定位系统，2008，(1)：20-24.
[15] 徐小辉，郭小红，赵树强．外弹道加权最小一乘模型研究与应用［J］．飞行器测控学报，2008，4/27（2）：85-88.
[16] 郭小红，徐小辉，赵树强．基于经验模态分解的外弹道降噪方法及应用［J］．宇航学报，2008，7/29（4）：1272-1276.
[17] 杨增学，杨世宏，宁双侠，等．常规兵器试验交会测量方法及应用［M］．西安：西安交通大学出版社，2010.
[18] 范金城，梅长林．数据分析［M］．北京：科学出版社，2002.
[19] 胡朝悌，弹道导弹运动特性分析及其量测融合方法［D］．长沙：国防科技大学出版社，2008.
[20] 刘令．弹道数据事后处理分析与研究［D］．成都：电子科技大学，2005.
[21] 王正明．弹道跟踪数据的校准与评估［M］．长沙：国防科技大学出版社，1999.
[22] 刘利生，郭军海，刘元，等．空间轨迹测量融合处理与精度分析［M］．北京：清华大学出版社，2014.
[23] 王正明，易东云．测量数据建模与参数估计［M］．长沙：国防科技大学出版社，1996.
[24] 胡峰，孙国基．基于多项式拟合的容错平滑与容错微分平滑［J］．工程数学学报，2000，17（2）：53-57.
[25] 李征航，张小红．卫星导航定位新技术及高精度数据处理方法［M］．武汉：武汉大学出版社，2009.
[26] 李新国，曾颖超，陈红英．弹道重构与仿真模型验证［J］．战术导弹技术，2002（3）：9-12.
[27] 刘蝉媛，陈国光．基于 GPS 的卡尔曼滤波技术研究［J］．弹箭与制导学报，2006，26（4）：110-112.
[28] 陈磊，王海丽，周伯昭，等．基于预警卫星观测数据的弹道重构算法研究［J］．宇航学报，2003，24（2）：202-205.
[29] 夏青．弹道测量系统精度评估与弹道重建分析［M］．长沙：国防科技大学出版社，2005.
[30] 丁传炳．制导弹箭弹道测量及弹道重构技术研究［D］．南京：南京理工大学，2011.
[31] 韩子鹏，等．弹箭外弹道学［M］．北京：北京理工大学出版社，2008.
[32] 王惠南．GPS 导航原理与应用［M］．北京：科学出版社，2003.
[33] 淡鹏，李恒年，张智斌．一种火箭外测弹道实时重建的自适应滤波算法［J］．弹箭与制导学报，2013，33（6）：186-188.
[34] 袁宏俊，杨桂元．基于最大-最小贴近度的最优组合预测模型［J］．运筹与管理，2010，19（2）：116-122.
[35] 黄小龙，刘维亭．基于模糊贴近度的故障诊断［J］．科学技术与工程，2012，12（30）：8111-8114.
[36] 孙新波，汪民乐．基于信息损失最小的预警卫星传感器调度模型［J］．现代防御技术，2013，41（3）：30-33.
[37] 王昊京，王建立，吴量，等．基于最小损失函数法进行三视场天文定位定向的误差分析［J］．光子学报，2015，44（9）：104-112.

# 08 第 8 章 数据处理系统

## 8.1 引言

空间目标跟踪测量数据处理系统经过近 40 年的发展，已经建成具有高扩展性的实时自动数据处理系统，其能够完成各种导弹、运载火箭等空间飞行目标的外弹道测量数据处理任务，具备计算高速电视测量仪、光电经纬仪、光电望远镜、脉冲雷达、微波统一测控系统、短基线干涉仪、多测速系统和箭载 GNSS 测量系统等各类测量设备的数据质量检查、数据分析与数据处理等功能。在数据融合处理方面，数据处理系统具备完成多源观测数据融合、目标轨迹融合、轨迹重构与评估等功能，可获取状态矢量的最佳估计值，形成一条包含目标空间位置、分速度及合速度、倾角和偏角等目标飞行的轨迹参数，为型号研制部门分离飞行器制导误差、鉴定飞行器的飞行状况与制导系统精度、改进飞行器性能等工作提供依据，同时对各测量设备跟踪状况和测量数据的质量进行综合评估。该系统采用可扩展的框架结构，将各个处理模块封装为独立模块，采用配置文件描述各个模块的处理顺序和输入输出接口；在执行数据处理前访问数据库存储的公用信息，通过人机交互界面配置好所有的参数和数据文件，执行后不需要进行人工干预，系统就可以自动完成处理，同时记录中间结果以备检查。

本章主要对数据处理系统的功能和性能、数据处理流程、系统架构等内容进行介绍。

## 8.2 数据处理系统功能与性能

### 8.2.1 数据处理功能

在系统的设计过程中，始终以空间目标跟踪测量数据处理实际需要为目标，采用“并行和串行”相统一的工作模式，结合分布式处理的思想，突出自动处理、快速处理的功能需求，按处理任务分配功能，通过工作流程和数据流将各功能联系在一起，既可串行对各类跟踪设备的测量数据进行处理，又能并行对数据进行分析。采用面向对象的设计思想，使底层功能模块高度独立，确保各自具有相对的完整性和独立性，既确保了软件系统的可读性和可扩展性，又确保了系统在不同环境和背景下的可移植性与通用性。

数据处理系统包括以下几个主要功能：人机交互与监控显示功能、自动化调用功能、数据库服务功能和数据处理功能。其中，每个功能又包含若干个与该软件定义相关联的子功能。数据处理系统结构如图 8-1 所示。

人机交互与监控显示功能提供了用户管理、作业信息配置管理、执行数据处理作业、数据的图形分析比对、监控显示等功能。自动化调用功能提供流程信息配置识别、自动执行数据处理功能单元、文件校验和预处理、日志管理等功能。数据库服务功能包括网络通信服务、解析数据包、数据库操作、结果数据打包操作等功能。

数据处理功能比较复杂，而且包含的子功能比较多，通常包括视频图像判读、起飞漂移量数据处理、光学数据处理、雷达数据处理、干涉仪和多测速数据处理、GNSS 数据处理和数据融合处理等功能。

（1）视频图像判读包括起飞漂移量视频图像判读和光学设备视频图像判读。

（2）起飞漂移量数据处理主要包括判读数据整理与量纲复原、零值误差计算、跟踪误差修正、其他系统误差修正、随机误差统计、判读部位修正、漂移量计算、箭体姿态角计算及精度估计。

（3）光学数据处理主要是对光电经纬仪、光电望远镜、光学实况景象记录仪等光学设备记录的数据进行处理，主要内容包括判读数据整理与量纲复原、跟踪误差修正、方位角跳点修正、合理性检验、其他系统误差修正、随机误差统计、时间误差修正、激光测距部位修正、目标位置参数初值计算、光波折射误差修正、角坐标转换、目标位置、速度计算及精度估计、目标部位坐标修正及其他弹道参数计算及精度估计。

（4）雷达数据处理主要是对脉冲雷达和统一微波测控系统测量数据进行处理，主要内容包括测量数据量纲复原、角度整周跳跃处理、合理性检验、零值修正、其他系统误差修正、随机误差统计、时间误差修正、电波折射误差修正、目标位置速度计算及精度估计、跟踪部位修正、其他弹道参数计算及精度估计。

（5）干涉仪和多测速数据处理是对短基线干涉仪和多测速系统的测量数据进行处理，主要内容包括测量数据量纲复原、合理性检验、随机误差统计、时间误差修正、电波折射误差修正、数据合成、目标位置、速度计算及精度估计。

（6）GNSS 数据处理的主要内容包括基准、箭载 GNSS 测量数据解码和分流、合理性检验与修复、利用导航电文进行 GPS、GLONASS、BDS 卫星位置、速度计算、导航卫星坐标系统和时间系统统一、观测数据整合、误差修正、单点定位

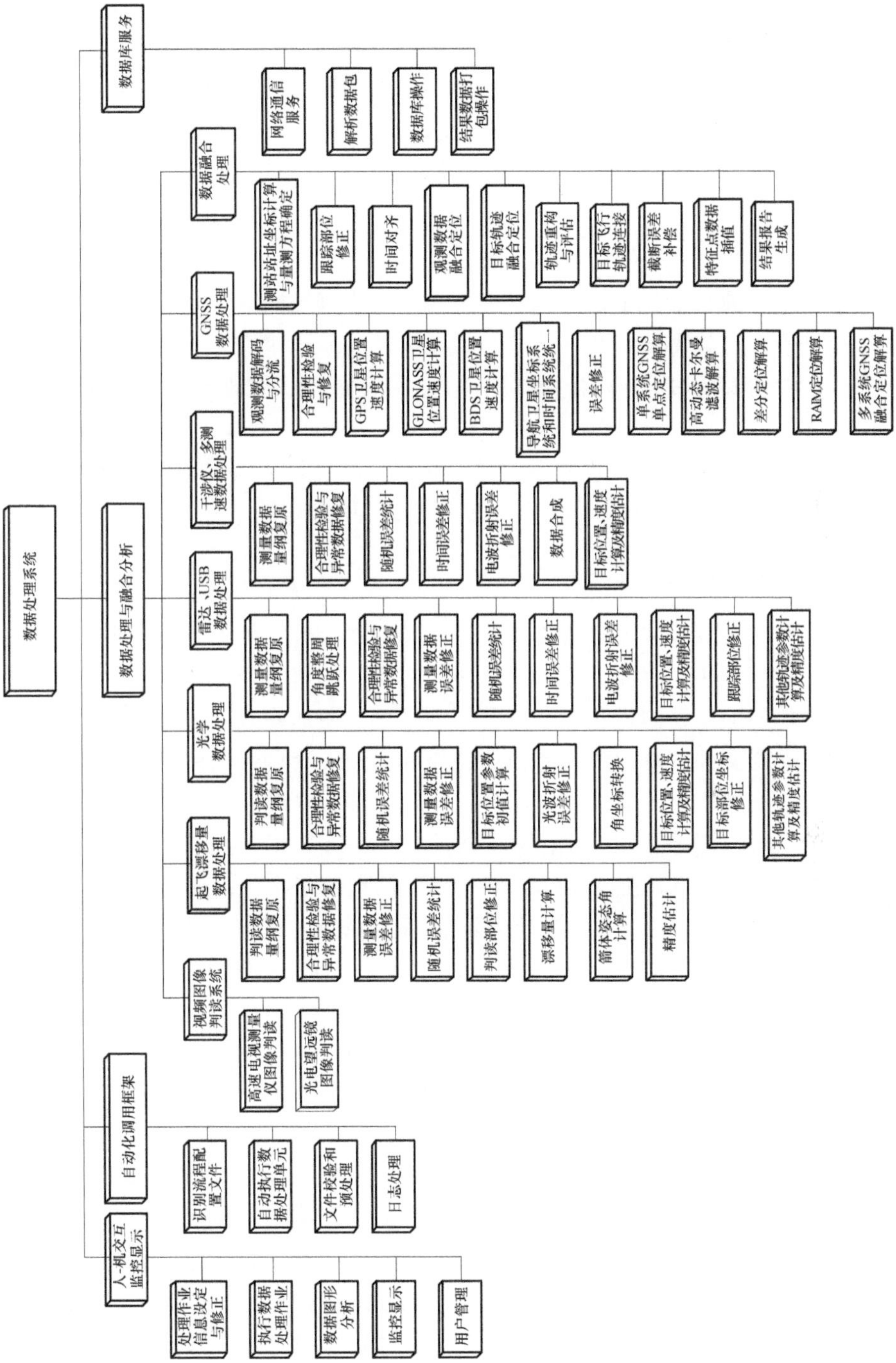


图 8-1 数据处理系统结构图

解算及精度估计、差分解算及精度估计、多系统 GNSS 自适应融合定位解算、结果参数及精度坐标系和时间系统转换。

(7) 数据融合处理主要内容包括测量方程确定、测站站址坐标计算、跟踪部位修正、时间对齐、测量元素层融合解算弹道参数、轨迹层融合弹道参数解算、其他弹道参数计算及精度估计、弹道连接与分析、截断误差补偿、轨迹重构与评估、结果报告生成等。

### 8.2.2 数据处理性能

由于数据处理系统的工作环境是多人在同一个局域网的多台工作站上，所以在对其进行设计时就需要考虑以下分布式系统的性能要求：

(1) 数据处理系统平台软件需具有较高的容错性，软件平均无故障时间大于 7×24h；

(2) 单台设备数据处理过程不超过 5min；

(3) 同时为 20 个以上用户提供同步数据处理服务。

### 8.2.3 系统扩展性

随着新的航天测控装备陆续投入使用以及数据处理技术的飞速发展，需要不断研制新的处理方法，因此，要求系统应具有良好的可扩展性。

系统的扩展性主要体现在 3 个方面：一是能方便地修改处理流程，这一点只需修改流程配置文件，修改处理单元的调用顺序或迭代调用条件，就能够满足要求；二是能方便加入新的算法或方法，这一点只需独立开发一个或几个新的功能模块，新的功能模块可以采用多种语言（如 VisualC++6.0、C#、Matlab、Fortran、Python 等）进行独立编译，然后修改流程配置文件，在新的处理流程中调用这些功能模块即可；三是能处理新格式下的光学图像、雷达测量数据和 GNSS 原始观测数据等，这种情况只需要增加新的二进制数据解码功能模块，在新的处理流程中加入这个模块即可。

## 8.3 数据处理流程

通常来说，数据处理系统的主要工作场景是在航天器发射飞行试验结束后，各测控站测量分系统跟踪导弹、运载火箭或航天器等空间目标获取的由终端记录的观测数据通过测控网通信协议传输到数据处理中心，数据处理自动化平台软件对这些数据自动接收、整理、储存和加工，消除系统误差，减小随机误差，分析和评估测控网各外测设备跟踪测量质量，计算运载火箭垂直飞行段的横向漂移量及箭体姿态角，计算基于光学、脉冲雷达、微波统一测控系统、短基线干涉仪、多测速系统及箭载 GNSS 等多台套不同类型测量信息的外弹道数据，这些数据经过加工、处理与分析，完成各类误差修正、时间统一与时间对齐、坐标系转换、跟踪部位修正等处理后，将符合融合处理条件的数据进行多源观测数据融合、目标轨迹融合、轨迹重构与评估等处理，获取从运载火箭起飞到星箭分离之间的目标位置、速度、加速度、弹道倾角、弹道偏角等用户所需的参数和信息，向型号研制单位和指挥部门提供运载火箭飞行试验外测数据处理结果报告，为火箭研制部门分析评估火箭飞行性能和制导精度提供可靠依据。数据处理流程如图 8-2 所示。

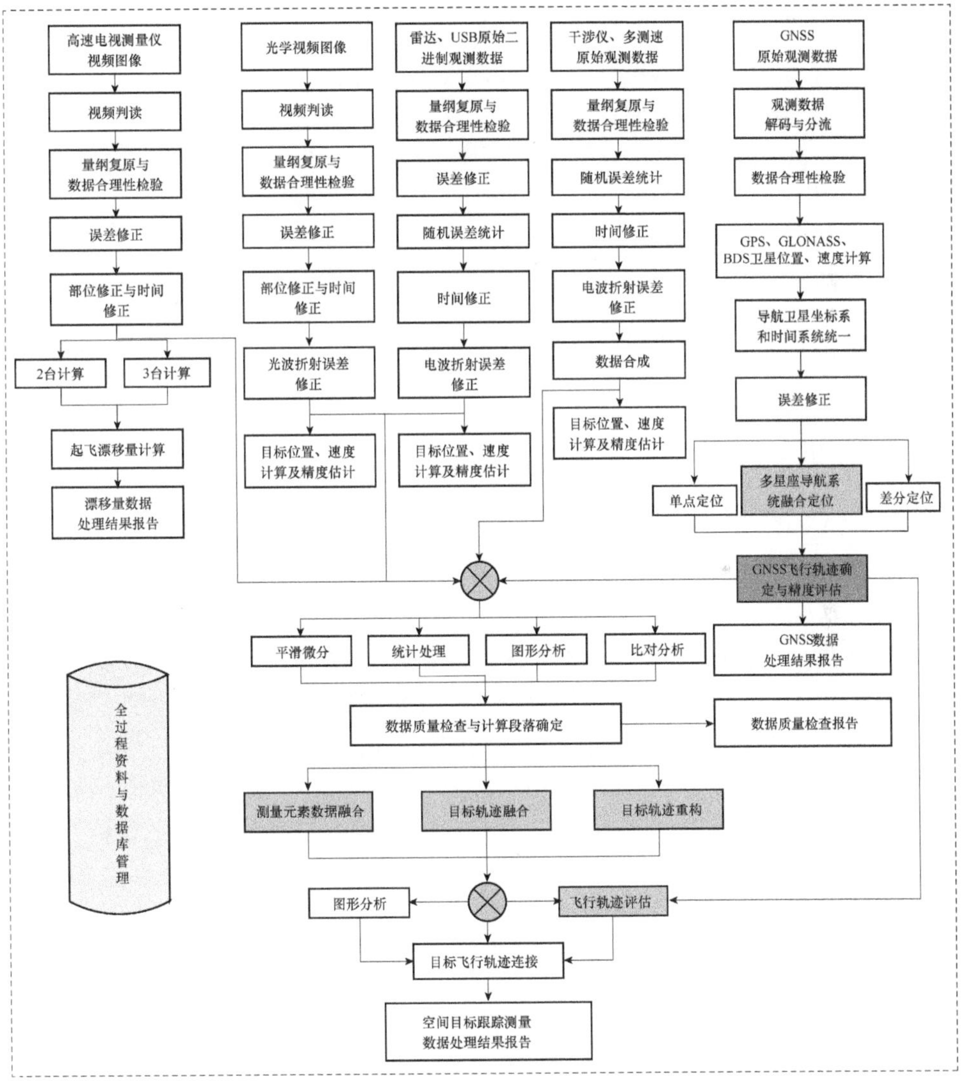


**图 8-2　数据处理流程图**

### 8.3.1 漂移量数据处理

高速电视测量仪跟踪测量运载火箭垂直起飞段的测量信息，记录在视频图像上的箭体成像信息经过视频图像判读系统判读后，可获取箭体测量点相对于十字丝的二维坐标位置及主跟踪镜在视场中心的俯仰角和方位角的指向值信息。经对跟踪系统的系统误差修正以及箭体判读位置进行中轴部位修正后，通过多台跟踪测量数据交会可获得箭体上测量点在发射坐标系中的漂移量数据，具体计算流程如下：

(1) 起飞漂移量视频图像判读与判读数据整理；

(2) 判读数据量纲复原；

(3) 零值误差计算；

(4) 跟踪误差修正；

(5) 其他系统误差修正；

(6) 随机误差统计；

(7) 判读部位修正；

(8) 漂移量计算；

(9) 箭体姿态角计算；

(10) 精度估计。

### 8.3.2 光学数据处理

光电经纬仪、光电望远镜和光学实况景象记录仪是航天发射飞行试验初始段外测的主要跟踪测量设备，具有测量精度高、直观性强、性能稳定可靠、不受“黑障区”和地面杂波干扰影响等优点。其跟踪导弹和运载火箭时所获取的视频图像数据，飞行试验后经靶场通信系统汇集到数据处理中心，经过视频图像判读系统判读后，对其进行物理量纲复原和脱靶量修正、跨零跳点剔除、系统误差修正、合理性检验、部位修正、大气折射修正、角坐标转换等，利用单台或两台以上的测量设备观测信息，依据最小二乘估计法解算出目标位置参数的精确值，应用二阶和三阶中心微分平滑可求得目标的分速度、分加速度，具体计算流程如下：

(1) 视频图像判读与判读数据整理；

(2) 判读数据量纲复原；

(3) 跟踪误差修正；

(4) 方位角跳点修正；

(5) 合理性检验；

(6) 其他系统误差修正；

(7) 随机误差统计；

(8) 时间误差修正;
(9) 激光测距部位修正;
(10) 目标位置参数初值计算;
(11) 光波折射误差修正;
(12) 角坐标转换;
(13) 目标位置、速度计算及精度估计;
(14) 目标部位坐标修正;
(15) 其他弹道参数计算及精度估计。

### 8.3.3 雷达数据处理

雷达和统一微波测控系统是航天靶场导弹和运载火箭飞行试验主动段测量的主要测控设备,其跟踪导弹和运载火箭时所获取的二进制原始观测数据经靶场通信系统汇集到数据处理中心,经过物理量纲复原和零值修正、方位角跨零跳跃处理、合理性检验、系统误差修正、时间误差修正、电波折射误差修正、角坐标转换等,利用单台或多台雷达观测数据,解算出目标在发射坐标系中的位置参数、速度参数和其他参数,具体计算流程如下:

(1) 测量数据量纲复原;
(2) 角度整周跳跃处理;
(3) 合理性检验;
(4) 零值修正;
(5) 其他系统误差修正;
(6) 随机误差统计;
(7) 时间误差修正;
(8) 船摇、船体变形修正;
(9) 电波折射误差修正;
(10) 目标位置、速度计算及精度估计;
(11) 跟踪部位修正;
(12) 其他弹道参数计算及精度估计。

### 8.3.4 短基线干涉仪和多测速系统数据处理

短基线干涉仪和多测速系统是航天测控网中的新型弹道测量设备,可实现航天发射首区、航区和落区多冗余高精度测速元素的测量,具有性能优、精度高、状态稳定以及机动灵活等特点。其跟踪导弹和运载火箭时所获取的原始观测数据经过物理量纲复原、合理性检验、时间误差修正、电波折射误差修正等,利用多台套测速观测数据,解算出目标在发射坐标系中的弹道参数,具体计算流程如下:

（1）测量数据量纲复原；
（2）合理性检验；
（3）随机误差统计；
（4）时间误差修正；
（5）电波折射误差修正；
（6）数据合成；
（7）目标位置、速度与其他弹道参数计算及精度估计。

### 8.3.5 GNSS 数据处理

箭载 GNSS 接收机用于运载火箭外弹道测量，是 21 世纪我国航天测控领域高精度外弹道测量最重要的应用之一。箭载 GNSS 测量数据处理是将箭载接收机和基准接收机记录的原始观测数据进行信息解码、分流，利用导航电文计算出 GNSS 卫星的位置、速度，经各种误差修正后，进行目标的单点、差分和多系统融合定位计算，解算出运载火箭在发射坐标系下的位置、速度等弹道参数和相应的定位精度信息，具体计算流程如下：

（1）基准/箭载 GNSS 测量数据解码和分流；
（2）合理性检验与修复；
（3）利用导航电文进行 GPS 卫星位置、速度计算；
（4）利用导航电文进行 GLONASS 卫星位置、速度计算；
（5）利用导航电文进行 BDS 卫星位置、速度计算；
（6）导航卫星坐标系统和时间系统统一；
（7）观测数据整合；
（8）误差修正；
（9）单系统基准位置、速度计算及精度估计；
（10）单系统目标位置、速度计算及精度估计；
（11）差分解算目标位置、速度及精度估计；
（12）高动态自适应卡尔曼滤波定位解算及精度估计；
（13）RAIM 定位解算及精度估计；
（14）多星座导航系统 GNSS 融合定位解算；
（15）结果参数及精度坐标系和时间系统转换。

### 8.3.6 数据融合处理

数据融合处理是指将各目标跟踪测量设备的观测数据汇集起来，利用解析及仿真方法进一步修正各种误差，再根据测控技术方案解算出型号研制部门和用户单位所需的轨迹参数。为了保证数据获取的高可靠性和最终轨迹的高精度，空间目标（通常包括导弹、运载火箭和飞行器等）飞行试验时经常由多套观测设备联合测量，在对各观测数据进行量纲复原及各种误差修正之后，还必须将它们汇集在一起，经跟踪部位不一致修正、系统误差模型辨识、系统误差估计、观测数据融合、飞行轨迹融合及轨迹重构等数据处理技术和方法进行融合处理，进一步提高目标飞行轨迹的可靠性和准确性。此外，在单台套测量设备进行数据预处理时，对观测数据进行了各种系统误差修正，但由于对误差特性的认识有限或修正模型不准确等因素，仍然存在系统误差残差。在数据融合处理时，充分利用观测数据的冗余度、更合理的模型和估计方法来修正这些残差，具体计算流程如下：

（1）测量方程确定；

（2）测站站址坐标计算；

（3）跟踪部位修正；

（4）时间对齐；

（5）观测数据融合定位解算；

（6）目标轨迹融合定位解算；

（7）轨迹重构与分析评估；

（8）其他弹道参数计算及精度估计。

## 8.4 系统架构

数据处理系统采用了分布式的处理架构，利于同步处理多台套外测跟踪测量设备的数据，为了适应这样的架构，对软件硬件系统进行了适当的设计。

### 8.4.1 硬件系统与软件环境

硬件系统是由一系列的服务器、工作站、磁盘阵列和高速网络设备共同组成的，如图 8-3 所示。

各测控站外测系统设备通过靶场通信系统与数据处理中心进行网络连接，原始数据资料、计算结果数据以及中间数据存储在磁盘阵列中。数据库服务器中存储着试验任务信息和最终结果数据，漂移量、光学、雷达、短基线干涉仪、多测速、GNSS、融合处理等数据处理工作站和数据库服务器协同完成空间目标跟踪测量数据处理任务，表 8-1 中给出了数据处理系统的相关软硬件系统配置。

**表 8-1 数据处理系统的相关软硬件系统配置表**

| 硬件配置项 | 数量 | 硬件配置 | 系统软件 | 其他 |
|---|---|---|---|---|
| 计算工作站 | 20 | CPU 3.20GHz 以上<br>内存 4GB | Windows 7 专业版 | |
| 磁盘阵列 | 1 | 硬盘不少于 20TB | | 数据传输速率高 |

续表

| 硬件配置项 | 数量 | 硬件配置 | 系统软件 | 其他 |
| --- | --- | --- | --- | --- |
| 千兆交换机 | 1 | 端口为 24 口，全千兆交换，磁盘阵列接口采用万兆接口 | | |
| 数据库服务器 | 1 | 1. CPU 3.20GHz 以上<br>2. 内存 16GB | Windows Server 2010 | 双 CPU，多核处理器，数据库 |
| 配置管理与数据处理服务器 | 1 | 1. CPU 3.20GHz 以上<br>2. 内存 16GB | Windows Server 2010 | 双 CPU，多核处理器，数据处理 |
| 打印机 | 1 | 彩色激光打印机 | | 网络打印机 |

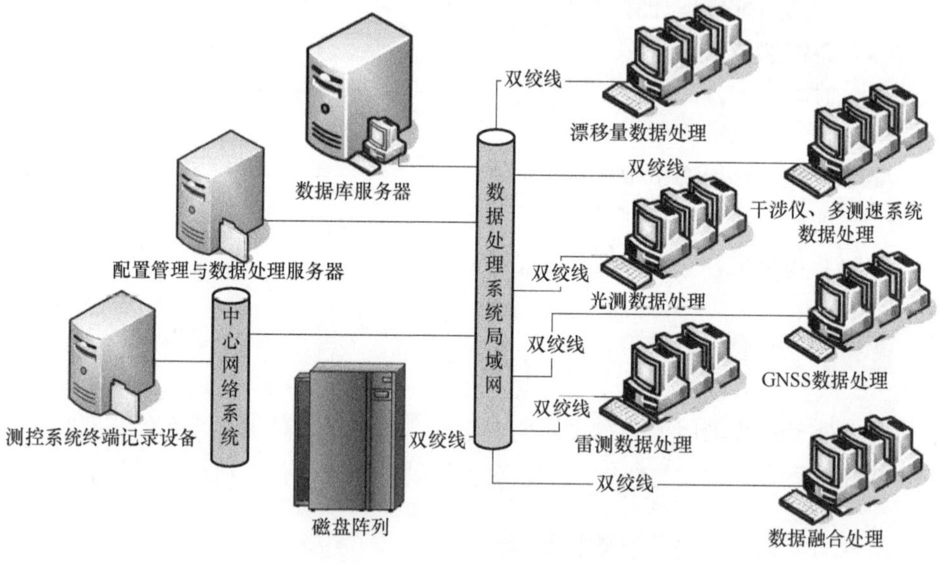


**图 8-3 数据处理系统硬件系统**

## 8.4.2 系统设计

数据处理系统采用 C/S 模式设计，其客户端各专用处理软件的主控调度部分采用了统一的设计架构，并将各软件功能进行分类，主要包括通用功能和专用功能，所有专用功能模块采用插件设计研发，统一由主控程序依据预设特性进行调度管理；服务器端采用动态数据存储功能扩展技术的数据服务程序运行，负责向用户终端提供所需数据，并完成指定的存储功能。系统软件设计建立了插件式框架和基于 XML 解析的动态数据存储功能扩展技术，采用两层算法结构体系、可控式管理等先进思想，具体包括以下四点。

一是采用插件式应用框架。根据试验任务的现实需求，设计了基于插件式应用框架的数据处理公用技术平台，实现了对各插件功能模块的可控管理，增强了系统的易用性和可扩展性，满足了航天试验任务数据处理算法动态增加的客观要求。

二是采用两层算法结构。随着软件技术的不断发展，代码重用成为改进软件质量的重要手段。多层结构体系，即将数据层、数据显示层与业务逻辑进行分割的技术手段成了软件发展的主流方向。本系统设计的算法两层结构正是参考了这种软件思想，将处理算法独立出来，分为两层结构的数学层与处理逻辑层。这种结构使系统具有很高的可扩展性和易维护性，提高了开发效率，缩短了开发周期。

三是对软件版本和任务数据的可控管理。以数据处理软件在试验任务中的实际需求为导向，建立软件版本智能升级及任务管理机制。升级机制实现了版本受控、智能部署、灵活配置，解决了软件在研制、运行和维护中的任意性造成的混乱，对其做到了可控管理；任务管理机制则通过任务配置、统计等手段实现了对数据处理任务执行状态、数据管理状态进行有效控制的目的。

四是基于XML解析的动态数据存储功能扩展技术。服务器端设计了统一的网络数据接口协议，建立了基于XML解析的动态功能扩展技术，结合存储过程调用模式，实现了对数据存储服务的非代码级功能扩展。

**1. 插件式应用框架**

针对数据处理中不同设备接口变化大、处理模型多、研发的算法不断改进升级等现实需求，本系统软件研发了插件式应用框架，使各软件插件能方便组合完所需功能，同时在产品设计完成后系统仍能不断扩展，可不断地积累功能和采用新的算法技术。

该系统设计由主控平台和多个功能插件两部分组成。其中，主控平台是整个系统的核心，用于实现应用软件中所需的通用功能以及完成扩展的调度机制；插件程序是对主控平台功能的扩展和补充。由于应用程序的扩展功能可由外部的插件实现，因此软件功能的扩展可以简单、方便地通过插入和改变外部插件来实现。这种插件技术的应用使软件具有很高的可伸缩性，能圆满完成软件功能的扩展。插件式应用框架调用关系示意如图8-4所示。

对于主控框架来说，其主要由主调度模块、插件管理器、公共功能组成。主调度模块完成程序启动、关闭、菜单、工具条、公共功能等主体资源的调度管理；插件管理器通过插件调度逻辑来实现对插件的加载、卸载管理，以及对插件内功能函数的调用；公共功能模块则完成通信、登录、人员管理等公共功能视图的显示、处理。

1）插件的动态加载

在插件式应用框架的开发设计中，工作的关键在于宿主程序怎样查找和加载插件，并且对插件所提供的功能函数进行使用。主框架程序启动时，查找可用的插件文件并创建可用的插件对象，主框架程序在运行时，按照预定义的参数来动

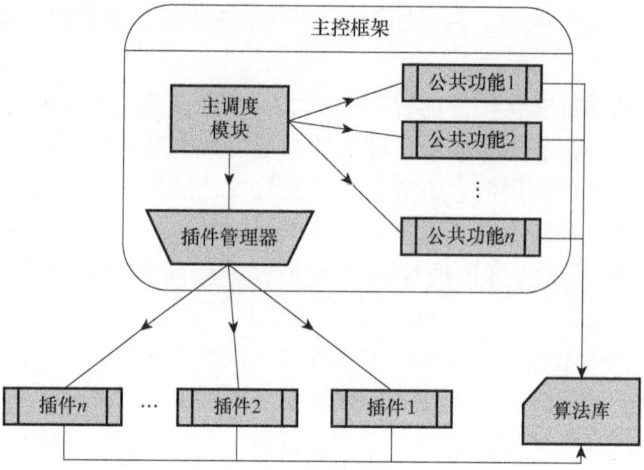


图 8-4 插件式应用框架调用关系示意图

态加载适当的插件程序，并将相关信息放入插件表。应用框架当中的插件管理器获取插件对象实例之后，对插件管理器中已有的插件对象进行查询，从而进行插件的加载和卸载。

2）插件的调用

插件管理器获取插件后，主控程序按照插件信息生成相应的菜单以及工具栏，并完成指定插件的调用、显示，这就需要主控程序对自身插件管理器中的插件对象进行统一管理，使不同的插件依据自身需要进行正确的显示及功能实现。

**2. 数据处理算法架构**

在软件功能实现中，通过分析数据处理中算法的特点，设计了两层数据处理算法架构。上层的专用算法逻辑库完成逻辑层面的专业算法模型架设，底层独立封装的数学算法库完成基本数学计算，这样编写专业算法时则可以直接调用封装好的数学算法，极大地提高软件设计效率。同时，这两层结构设计更加清晰，使系统具有很高的可扩展性和易维护性。两层结构数据处理算法调用逻辑示意如图 8-5 所示。

1）数学算法库

数学算法是所有算法实现的基础，将数据处理中常用的数学计算进行分类，封装了用于数据处理的底层数学算法，主要包括各种平滑、插值、积分、微分、滤波、矩阵以及统计运算等。

2）专用算法逻辑库

专用算法逻辑库是通过调用各种数学运算完成专用数据处理逻辑封装，其主要完成飞行目标的弹道参数解算，包括不同跟踪测量系统的系统误差修正、光电波折射修正、随机误差统计、时间误差修正、跟踪部位修正、坐标位置速度计算以及弹道参数解算和弹道精度评估等各类专业数据处理算法。

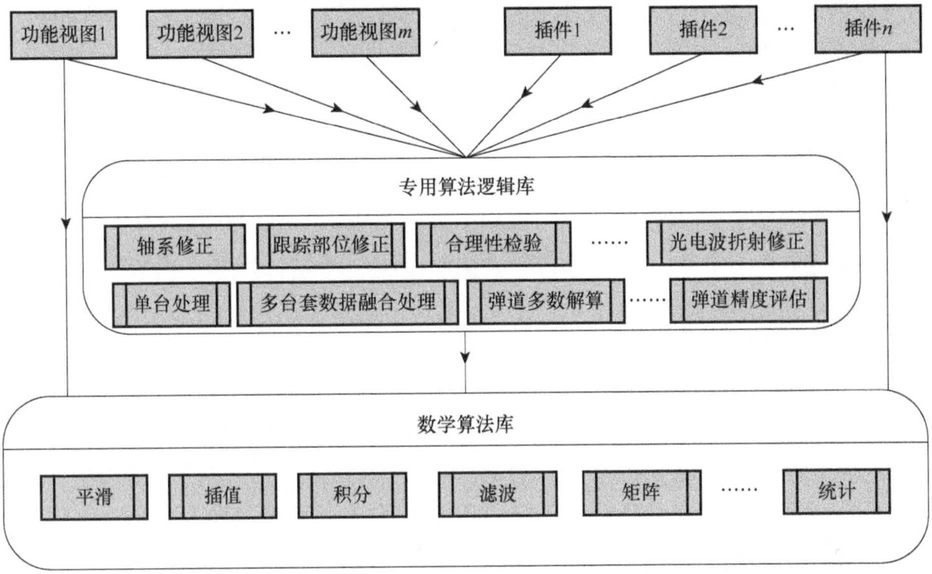


**图 8-5　两层结构数据处理算法调用逻辑示意图**

**3. 软件和数据的可控管理**

1）软件版本的可控管理

传统软件在设计完成后，经常面临的问题是随着算法的更新换代，部署在不同地方的软件需要完成相应的卸载、更新操作，但由于卸载的不完整或更新的不及时，会在无意中造成不同的客户端运行的软件版本不同，从而导致出现错误的运行结果。针对这种情况，数据处理系统在设计时提出了直接通过软件技术在平台中建立一套软件版本升级的管理机制。通过软件版本注册、智能部署的方式来控制软件版本，解决了软件在研制、运行和维护中因软件版本不一致造成的混乱，提高了软件的可控性和管理性。

2）任务数据的可控管理

数据处理平台通过软件管理的方式完成对数据收集状态、任务执行状态、数据处理情况的自动跟踪统计，为任务可控、管理提供了一种新的手段，主要内容有以下几点：

（1）在任务准备阶段，根据总体文件的要求及技术状态，对任务信息及参试设备信息进行关联，建立任务进度的初始化状态。

（2）在任务实施过程中，系统接收到任务数据后，自动将其分配到指定的客户端完成数据处理工作，在相应的数据处理完成后，在客户端软件上传处理的原始数据、结果数据、关键参数等文件，完成数据的存储。

**4. 基于 XML 解析的动态数据存储功能扩展**

数据存储服务软件作为服务器端软件，是系统的数据分发、存储中心，能够完成人员认证、数据转发及原始数据、预处理数据、结果数据、参数辅助文件等数据的存储，为系统提供各种数据信息。针对数据服务多样性的特点，系统在设计中采用 XML 语言描述统一的网络数据接口协议。数据存储服务可以通过读取 XML 配置文件对传来的网络数据进行智能解析，并通过调用对应的存储过程完成数据存储功能，将返回的数据动态组包发送到指定用户。数据存储功能需求增加或变更时，只需在 XML 配置文件中新增或修改对应的协议项，并在 SQL Server 数据库中新增或修改对应的存储过程即可，而软件代码不需要更改，便能实现数据存储功能的动态扩展。

1）统一的网络数据接口协议

数据处理系统中包含漂移量、光测、雷达、干涉仪/多测速、GNSS 和综合处理等多个软件配置项，它们通过网络接口实现数据交换。数据存储软件通过接收其他配置项传输的网络数据，经过解析后得到需要处理的参数，将这些参数传入相应的存储过程，存储过程执行后会得到由多条记录组成的数据集，数据存储软件将这个数据集组成网络数据包返回给各个配置项。

由于数据存储服务传入的数据参数各不相同，为了能够做到动态数据存储功能扩展，首先要定义一个统一的网络数据交换协议。网络数据交换采用一次应答的方式，数据存储作为服务端，能够随时响应其他配置项的网络请求包，处理后将网络请求包对应的结果数据集回传到配置项，这就构成一个完整的网络交换过程。请求数据包与返回数据包采用相同的构成格式，图 8-6 是网络数据包的结构图，其中的图（a）和图（b）分别是操作请求包和数据集返回包的结构。操作请求包和数据集返回包的包头部分结构相同，分为帧长、标志、命令和数据四个部分，操作请求包还包括多个输入参数，数据集返回包包括记录集的条数和各个字段的内容。

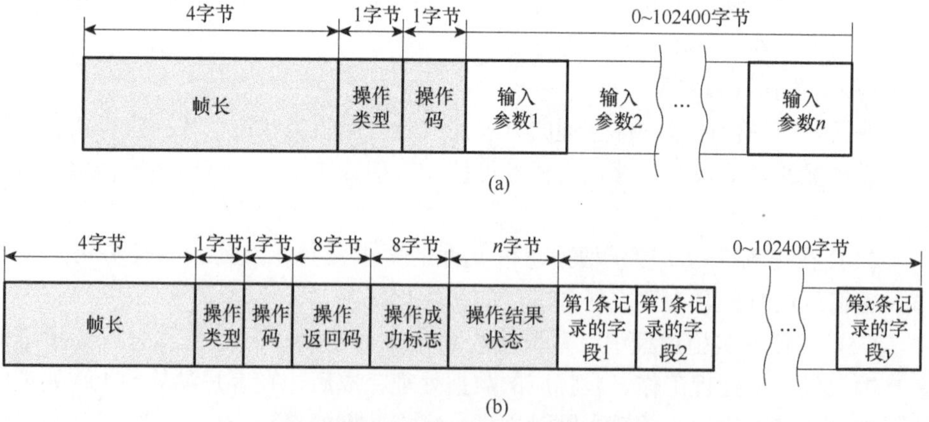


**图 8-6 网络数据包的结构图**

（a）操作请求包的结构；（b）数据集返回包的结构。

2）基于 XML 解析的动态功能扩展技术

（1）XML 语言描述网络传输协议。

XML 作为一种元标记语言，既具有 SGML 的强大功能和扩展性，也具有 HTML 的简单性，是一种可以用来定义其他语言的语法系统，它的扩展性在于用户可以按照需要创建新的标记。

配置项和数据存储软件进行一次数据交换，需要传入操作请求网络数据包，测量数据存储处理后返回含有结果集的返回数据包。请求数据包根据功能需求分为多种类型，每类请求数据包要执行不同的存储过程，不同类型的返回数据包要传入不同数目的参数，每个参数又有不同的参数名和不同的参数类型等；返回数据包根据数据集的类型不同分为多种类型，每类返回包要返回不同数目字段构成的数据集，而每个字段又有不同的字段名和不同的字段类型。由此建立的网络数据包内容层次性关系如图 8-7 所示。

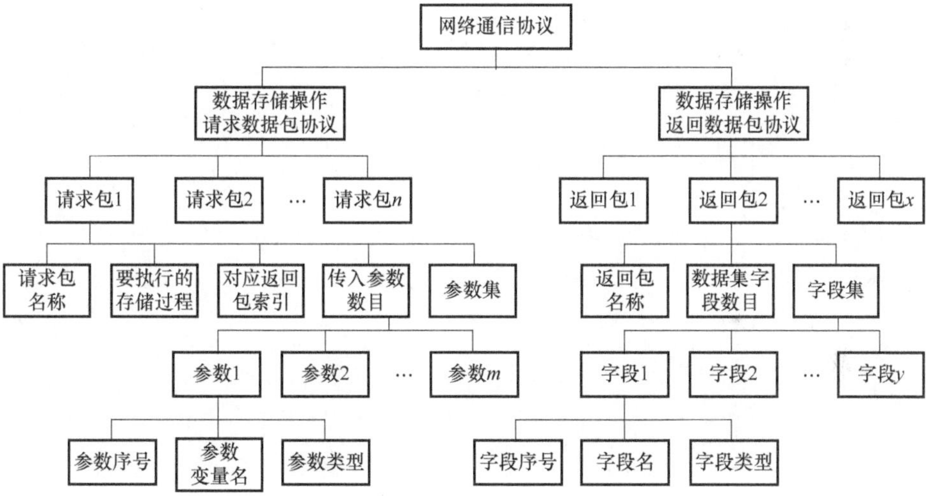


**图 8-7　网络数据包内容层次性关系**

由于 XML 语言具有的结构性、扩展性等特点，为了能够描述两种数据包结构和相对应的存储过程，可以设计相应的标签并采用层次化结构的方式描述请求网络数据包、返回网络数据包以及调用的存储过程的信息，图 8-8 和图 8-9 分别是“请求包 XML 描述”和“返回包 XML 描述”，这种对网络通信数据包的 XML 语言描述，具有较强的可读性和结构描述性。

（2）基于存储过程调用方式。

存储过程是在大型数据库系统中，一组为了完成特定功能的 SQL 语句集，经编译后存储在数据库中，用户通过制定存储过程的名字并给出参数来执行它。采用存储过程的方式比直接使用 SQL 语句的方式更具优势，例如存储过程执行速度快，便于提高系统的性能；减少网络流量，提高系统执行效率；维护数据库的安全性；提高软件系统的可维护性；充分增强 SQL 语言的功能和灵活性等特点。

```
● 请求包XML描述
<Functions>
  <FunctionID>34</FunctionID>
  <Remark>获得设备信息</Remark>
  <Proc>P_get_device_info</Proc>
  <Return_Func>34</Return_Func>
  <ParaNumber>2</ParaNumber>
  <DbIdx>0</DbIdx>
  <Paras>
    <Paras_Details>
      <ParaID>1</ParaID>
      <ParaName>@I_device_id</ParaName>
      <ParaType>3</ParaType>
    </Paras_Details>
    <Paras_Details>
      <ParaID>2</ParaID>
      <ParaName>@I_device_type</ParaName>
      <ParaType>0</ParaType>
    </Paras_Details>
  </Paras>
</Functions>
```

**图 8-8 请求包 XML 描述**

```
● 返回包XML描述
<Functions>
  <FunctionID>34</FunctionID>
  <Remark>"获得设备信息"的返回包</Remark>
  <ParaNumber>5</ParaNumber>
  <Paras>
    <Paras_Details>
      <ParaID>1</ParaID>
      <ParaName>device_id</ParaName>
      <ParaType>3</ParaType>
    </Paras_Details>
    <Paras_Details>
      <ParaID>2</ParaID>
      <ParaName>device_name</ParaName>
      <ParaType>1</ParaType>
    </Paras_Details>
    <Paras_Details>
      <ParaID>3</ParaID>
      <ParaName>device_position</ParaName>
      <ParaType>1</ParaType>
    </Paras_Details>
    <Paras_Details>
      <ParaID>4</ParaID>
      <ParaName>device_discribe</ParaName>
      <ParaType>1</ParaType>
    </Paras_Details>
    <Paras_Details>
      <ParaID>5</ParaID>
      <ParaName>device_type</ParaName>
      <ParaType>0</ParaType>
    </Paras_Details>
  </Paras>
</Functions>
```

**图 8-9 返回包 XML 描述**

对于数据存储服务，主要需求是根据航天试验任务和测控网中的跟踪测量设备不同的测量信息情况存储数据或者查询符合某些条件的数据，完成这些需求一般需要有比较复杂的判断逻辑，需要通过多条 SQL 语句来完成，如果在设计时使用直接调用 SQL 语句来实现，就必须更改代码来完成。

基于存储过程具备的优点，在进行数据存储服务开发时，把比较浪费时间、影响网络传送的相关业务逻辑编写成存储过程，由存储服务执行，充分提高了软件系统的性能。存储过程将相关业务逻辑封装在一起，可以大大提高整个软件系统的可维护性。当相关业务逻辑发生变化时，不需要修改并编译程序，只需要修改位于服务器端的实现相应业务逻辑的存储过程。

## 8.4.3 软件模块

数据处理软件包括人机交互和监控显示模块、自动化调用框架模块、数据库服务模块、计算服务模块、漂移量数据处理、光学数据处理、雷达数据处理、多测速数据处理、GNSS 数据处理和融合数据处理等模块，如图 8-10 所示。可以看出，操作员通过人机交互和监控显示模块操作整个系统，接收用户填写必要的计算参数和配置信息，将用户要执行的计算任务转化为统一格式的调用参数集，并能够在整个外测数据处理过程中查看计算过程是否正常；自动化调用框架模块接收统一用户操作指令，按照处理流程描述文件逐一调用计算服务器中数据处理模块的各个单元，同时向人机交互和监控显示模块发送计算状态；漂移量数据处理、光学数据处理、雷达数据处理、多测速数据处理、GNSS 数据处理和融合数据处理等模块由一系列的处理单元组成，每个处理单元完成特定的计算任务，并通过自动化调用框架将计算服务器处理结果反馈给操作用户；数据库服务模块主要向人机交互和监控显示模块提供数据库服务，能够使人机交互和监控显示模块方便地从数据库中读取任务数据，也能够方便地将各种数据处理结果记录到数据库中。

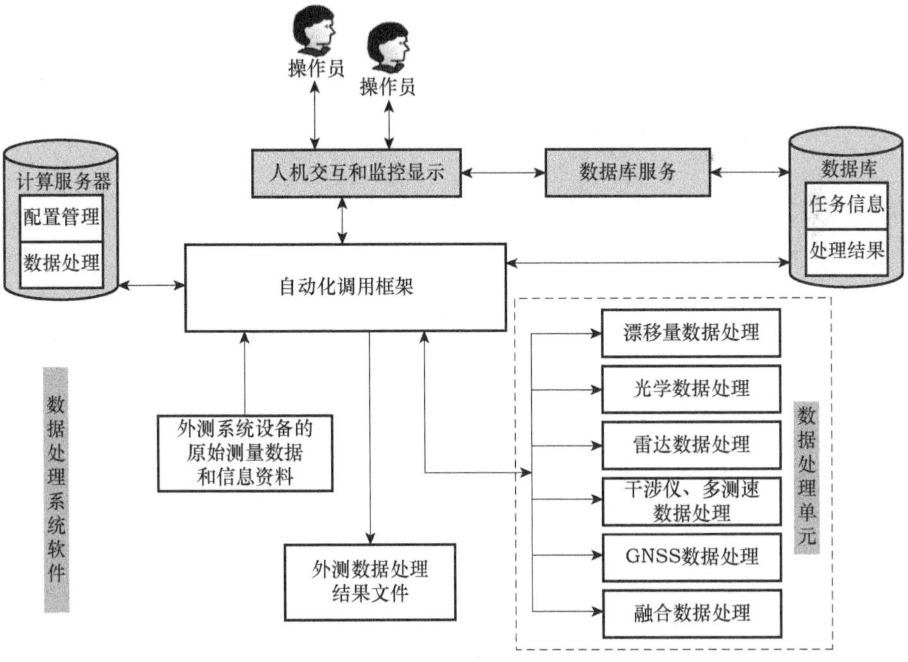


**图 8-10　数据处理系统的软件模块**

### 1. 人机交互和监控显示模块

人机交互和监控显示模块接收用户的调用请求，完成外测数据处理，并显示数据处理的执行情况。用户在登录认证后，进入自动化作业定制界面，然后通过点选或填写参数定制需要的数据处理作业，最终通过执行指定作业完成外测数据处理工作；同时收集数据处理各个步骤的完成信息，并显示处理进度。其可分为以下几个功能单元。

1）作业信息设定与修改（TAPS_GUI_CFG）

根据不同的计算类型显示不同的信息设置界面，用户可以在界面中选择或填写计算所需的参数，如果是第一次填写信息，可将填写信息写入特定的信息文件中；如果以前填写过，可以读取信息文件中的信息显示以便用户修改；还有一些信息是从数据库中提取的，如发射零时、火箭型号、设备信息等。

2）定制作业的执行（TAPS_GUI_RUN）

将用户选择的计算作业信息转化为一系列参数，启动新进程调用自动化框架模块执行数据处理。能够保持用户配置好的计算作业信息或启动重新执行，并且能选择其中的部分步骤执行。

3）监控显示和数据分析（TAPS_GUI_VIEW）

启动网络监听线程，接收自动化调用框架模块发出的信息并显示处理进度；能够图形化地分析弹道数据，并且能以图形化方式编辑处理流程配置文件，完成其他一些辅助功能。

**2. 自动化调用框架模块**

自动化调用框架模块是一个能够独立执行的可执行程序，传入特定的参数就能够自动执行外测数据处理的功能。先读取数据处理的流程配置文件，根据参数执行一个或多个处理单元，根据执行结果的成功与否进行跳转或循环，将执行的进程信息发送给人机交互和监控显示模块，可分为以下几个功能单元。

1）读入流程配置文件（TAPS_FRM_CFG）

按照配置文件的层次读取配置文件集，根据调用参数替换配置文件集中的通配符，检查配置文件集的完整性，如果发现配置文件有错误，程序发出警告。

2）执行可执行程序（TAPS_FRM_EXE）

根据功能号选择对应的处理流程，依据流程配置文件执行多个外测数据处理单元，向人机交互模块上报自己的状态。

3）文件校验或数据传输（TAPS_FRM_DATA）

在执行每个数据处理单元之前，自动校验配置检验数据处理单元的执行条件，根据校验的不同类型决定具体的校验操作，例如，可以自动循环等待必要的输入数据准备完毕后再执行操作。

**3. 数据库服务模块（DB_SERVER）**

数据库服务模块将程序对数据库的常规访问封装为特定格式的网络包结构，可以将对数据库的访问转化为网络数据包的交互，这样就可以屏蔽数据库操作的细节，将其抽象化处理。数据库服务软件模块划分如表 8-2 所列。

表 8-2　数据库服务软件模块划分

| 功能 | 对应的软件模块 | 标识 |
|---|---|---|
| TCP/IP 数据通信功能 | 网络通信部件 | CTcpNetComponent |
| 解包执行后组包功能 | 解包执行后组包部件 | CPacketProcessor |
| 数据库操作功能 | 数据库存储过程调用部件 | Database |
| 程序初始化功能 | 主进程框架部件 | EtmdssService |
| 日志管理功能 | 日志管理部件 | TLog |

**4. 数据处理模块**

数据处理模块由漂移量数据处理、光学数据处理、雷达数据处理、多测速数据处理、GNSS 数据处理和数据融合处理等模块组成，包括一系列处理单元，这些处理单元都是独立设计的可执行程序，每个处理单元都完成一种相对独立的功能。这些处理单元可以采用不同的程序语言设计编码，增加了设计的灵活性，而且可以多人独立开发。根据流程配置文件，自动化调用框架模块可以灵活地调用这些处理单元，以完成整个数据处理过程。表 8-3 中列出了这些处理单元的名称、标识和功能。

表 8-3　数据处理模块包含的处理单元

| 处理单元的名称 | 标识 | 功能 |
|---|---|---|
| 漂移量数据处理 | TAPS_PLY | 完成漂移量计算及箭体姿态计算等功能 |
| 光学数据处理 | TAPS_GC | 完成光测数据处理功能 |
| 雷达数据处理 | TAPS_LD | 完成单脉冲雷达、USB 雷达等数据处理功能 |
| 干涉仪数据处理 | TAPS_GSY | 完成短基线干涉仪数据处理功能 |
| 多测速数据处理 | TAPS_DCS | 完成多测速系统数据处理功能 |
| GNSS 数据处理 | TAPS_GNSS | 完成 GPS、GLONASS、BDS 等数据处理功能 |
| 数据融合处理 | TAPS_RONGHE | 完成多台套数据融合处理功能 |

## 8.4.4　接口描述

系统接口包括功能配置文件集、自动化调用框架模块的调用接口、数据库服务模块的网络包结构、人机交互和监控显示模块的消息接口等。其中，功能配置文件集是描述整个系统处理功能的一系列配置文件，自动化调用框架模块的调用接口规定了参数的个数和意义，数据库服务模块的网络包结构规定了特定数据库操作对应的网络包交换的结构，人机交互模块的消息接口规定了显示执行信息的具体格式和内容，下面对它们进行简要介绍。

**1. 配置文件集**

配置文件集由描述系统功能的一系列配置文件组成，这些文件可以由人机交互和监控显示模块图形化的编辑修改，也可以由人工编写。配置文件集包括总体功能描述配置文件、处理流程配置文件、数据处理参数配置文件、预先校验总体配置文件和校验项配置文件五种类型的配置文件。配置文件的基本结构采用“A=B”这样的结构，其中A是特定意义的符号，B是对这些符号的赋值；“!”之后的一行内容表示注释。配置文件集的层次引用关系如图8-11所示。

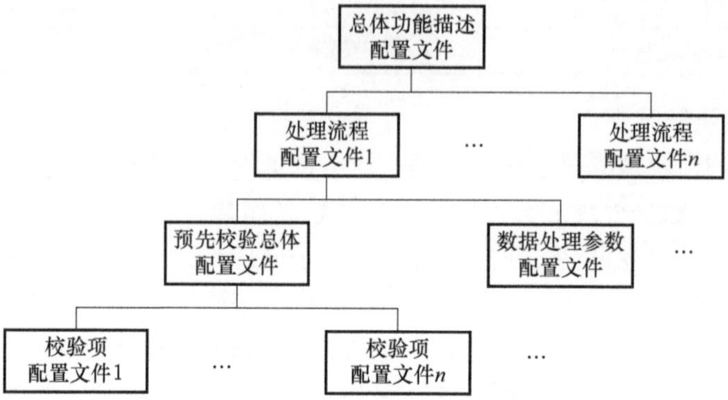


**图8-11 配置文件集的层次引用关系**

1）总体功能描述配置文件

总体功能描述配置文件描述整个系统支持的处理功能，缺省的通配符设置等内容，表8-4中列出了其符号标记的取值类型和说明。

**表8-4 总体功能描述配置文件符号标记的取值类型和说明**

| 符号标记 | 取值类型 | 说明 |
| --- | --- | --- |
| task_id | 字符串 | 表示任务代号，后面的配置文件中遇到$TASK_ID$的通配符，用设定的值替换 |
| device_id | 字符串 | 设备代号通配符，后面的配置文件中遇到$DEVICE_ID$的通配符，用设定的值替换 |
| work_dir | 字符串 | 工作路径通配符，后面的配置文件中遇到$WORK_DIR$的通配符，用设定的值替换 |
| config_dir | 字符串 | 配置路径通配符，后面的配置文件中遇到$CONFIG_DIR$的通配符，用设定的值替换 |
| source_dir | 字符串 | 源路径通配符，后面的配置文件中遇到$SOURCE_DIR$的通配符，都用设定的值替换 |
| destine_dir | 字符串 | 目的路径通配符，后面的配置文件中遇到$DESTINE_DIR$的通配符，都用设定的值替换 |
| max_running_time | 整数 | 自动化调用框架模块的最大执行时间，防止程序死循环，如超时程序自动退出，以秒为单位 |
| record_stdout_in_log_flag | 整数 | 是否将子进程的标准I/O信息也输出到日志文件中，1表示输出，其他值表示不输出 |

续表

| 符号标记 | 取值类型 | 说明 |
| --- | --- | --- |
| function_num | 整数 | 系统支持最多的数据处理功能，每个功能可以用一套配置参数详细地描述 |
| function_name_xxx | 字符串 | 该功能的名称，其中的 xxx 表示序号，从 000 开始，最大为 999 |
| function_cfg_fname_xxx | 字符串 | 该功能对应的处理流程配置文件的文件名 |

图 8-12 是一个简单的总体功能描述配置文件示例，其中“x”表示相应的字符或数字。

```
!GLOBAL CONFIG
task_id = "xx-xx"
device_id = "xxxx-xxxx"
work_dir = "E:/wcs_process/WCSAUTO_WORK/$TASK_ID$-$DEVICE_ID$-作业号-$JOB_ID$"
config_dir = "E:/wcs_process/WCSAUTO_CFG"
source_dir = "\\Hp-server\自动化系统共享目录\$TASK_ID$"
destine_dir = "E:/wcs_process/WCSAUTO_WORK/$TASK_ID$-$DEVICE_ID$-作业号-$JOB_ID$"
max_running_time = 86400
record_stdout_in_log_flag = 0    !是否将子进程的标准输出重新定向到日志文件中
function_num   = 7
function_name_000 = "漂移量数据处理"
function_cfg_fname_000 = "$CONFIG_DIR$/GNSS_SINGLE/LAND_GNSS_SINGLE_global.cfg"
……
```

**图 8-12　总体功能描述配置文件示例**

2）处理流程描述配置文件

处理流程描述配置文件描述某个功能的具体处理流程，表 8-5 中列出了符号标记的取值类型和说明。

**表 8-5　处理流程描述配置文件符号标记的取值类型说明**

| 符号标记 | 取值类型 | 说明 |
| --- | --- | --- |
| procedure_num | 整数 | 表示该功能共需要多少个步骤处理，每个步骤可以用一套配置参数详细地描述 |
| procedure_name_xxx | 字符串 | 该步骤的名称 |
| procedure_exe_fname_xxx | 字符串 | 该步骤执行的可执行程序文件名 |
| procedure_cfg_fname_xxx | 字符串 | 该步骤执行时传入参数的配置描述文件，即数据处理参数配置文件名 |
| procedure_exec_path_xxx | 字符串 | 该步骤执行时的执行路径 |
| procedure_inverify_flag_xxx | 整数 | 执行该步骤之前，是否需要预先校验执行的必要条件，1 表示需要预先校验，其他表示不需要校验 |
| procedure_inverify_cfg_fname_xxx | 字符串 | 该步骤预先校验总体配置文件名，当 procedure_inverify_flag_xxx 取值为 1 时启用 |

续表

| 符号标记 | 取值类型 | 说明 |
|---|---|---|
| procedure_importan t_level_xxx | 整数 | 该步骤是否属于关键步骤，1 表示是关键步骤，系统会读取结果文件以判断该步骤是否执行成功，如果成功，程序继续执行，如果该步骤执行不成功，处理流程会直接结束；其他值表示不是关键步骤，系统将不校验结果 |
| procedure_important_level_xxx | | 文件，继续执行 |
| procedure_rlt_fname_xxx | 字符串 | 该步骤执行结果文件，当 procedure_importan t_level_xxx 取值为 1 时启用 |
| procedure_rerun_flag_xxx | 整数 | 该步骤如果执行失败，是否需要重新运行标志，1 表示需要重新执行，其他值表示不需要重新执行；当 procedure_importan t_level_xxx 取值为 1 时启用 |
| procedure_rerun_interval_xxx | 整数 | 该步骤如果执行失败，需要间隔多长时间重新运行该步骤，以秒为单位，当 procedure_rerun_flag_xxx 取值为 1 时启用 |
| procedure_max_time_xxx | 整数 | 该步骤执行的最大时间，防止程序死循环，如超时该步骤退出，以秒为单位 |
| procedure_info_display_xxx | 整数 | 该步骤执行时是否显示标准 I/0 |
| procedure_jump_steps_xxx | 整数 | 该步骤如果执行失败，则执行下一个步骤的相对位置，当 procedure_rerun_flag_xxx 取值为 1 时启用 |

图 8-13 是 GNSS 数据处理功能的处理流程描述配置文件示例，可以看出它包含 75 个步骤，以下只列出了第一步的参数，后面的步骤略。

```
procedure_num                  =        75
procedure_name_000             =        "GNSS 数据处理第一步（1）:初始化工作目录"
procedure_exe_fname_000 = "$WORK_DIR$/GNSS_SINGLE/ExecuteDir/Frameworks/wcsauto_begin.exe"
procedure_cfg_fname_000        =        "$CONFIG_DIR$/GNSS_SINGLE/GNSS_SINGLE_Sleep.cfg"
procedure_exec_path_000        =        "$WORK_DIR$/GNSS_SINGLE/ExecuteDir/Frameworks/"
procedure_inverify_flag_000    =        1
procedure_inverify_cfg_fname_000 =      "$CONFIG_DIR$/GNSS_SINGLE/InitDir_inverify.cfg"
procedure_important_level_000  =        1
procedure_rlt_fname_000 = "$WORK_DIR$/GNSS_SINGLE/ExecuteDir/Frameworks/wcsauto_begin.rlt"
procedure_rerun_flag_000       =        0
procedure_rerun_interval_000   =        0
procedure_max_time_000         =        120
procedure_info_display_000     =        1
procedure_jump_steps_000       =        0
……
```

**图 8-13　GNSS 数据处理功能的处理流程描述配置文件示例**

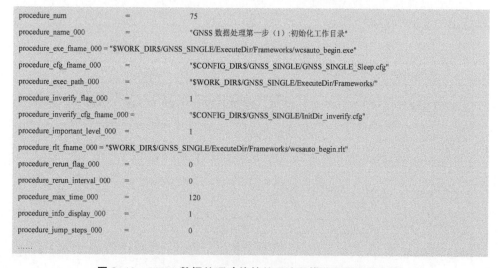

3）数据处理参数配置文件

数据处理参数配置文件描述执行某个步骤时需要传入的参数情况，表 8-6 中列出了其符号标记的取值类型和说明。

**表 8-6 数据处理参数配置文件符号标记的取值类型说明**

| 符号标记 | 取值类型 | 说明 |
| --- | --- | --- |
| parameter_num | 整数 | 表示需要传入的参数个数 |
| parameter_name_xxx | 字符串 | 该参数的名称 |
| parameter_type_xxx | 字符串 | 该参数的类型，0 表示字符串，1 表示整数，2 表示浮点数 |
| parameter_value_xxx | 字符串 | 该参数的取值 |

图 8-14 是差分 GNSS 计算及精度估计步骤的数据处理参数配置文件示例，可以看出它配置了 2 个传入参数，一个是箭载接收机的数据文件名列表文件，另一个是基准接收机的数据文件名列表文件。

```
parameter_num    =    2
parameter_name_000  = "存有（箭载接收机误差修正后数据文件名）的 COPYFILELIST 文件名"
parameter_type_000 = 0
parameter_value_000  = "../../../CalculateDir/箭载计算结果/JIANZAI_WCXZFileList.txt"
parameter_name_001  = "存有（基准接收机误差修正后数据文件文件名）的 COPYFILELIST 文件名"
parameter_type_001 = 0
parameter_value_001  = "../../../CalculateDir/基准站计算结果/JIZHUN_WCXZFileList.txt"
```

**图 8-14 数据处理参数配置文件示例**

4）预先校验配置文件

预先校验配置文件描述执行某个步骤之前需要预先校验的配置信息，表 8-7 中列出了其符号标记的取值类型和说明。

**表 8-7 预先校验总体配置文件符号标记的取值类型说明**

| 符号标记 | 取值类型 | 说明 |
| --- | --- | --- |
| file_num | 整数 | 需要预先传入的参数个数 |
| file_name_xxx | 字符串 | 需要校验的文件的名称，可以使用“ * ”等 Windows 通配符表示文件 |
| file_inverify_cfg_fname_xxx | 字符串 | 对该文件校验进一步配置 |
| file_importan t_level_xxx | 字符串 | 该文件是否是关键文件，1 表示是关键文件。如果该文件是关键文件，而且文件校验失败，则系统退出；否则继续校验下一个文件 |
| file_rescan_flag_xxx | 整数 | 该文件是否需要重新校验，file_importan t_level_xxx 为 1 时有效。1 表示如果是关键文件且校验失败，则系统需要重新校验该文件 |
| file_rescan_interval_xxx | 整数 | 文件再次校验的间隔时间，以秒为单位，file_rescan_flag_xxx 为 1 时有效 |

图 8-15 是复制原始数据步骤的预先校验总体配置文件示例，可以看出执行这一步骤之前需要对 9 种文件进行预先校验操作，以下只列出了第一种文件的相关配置，其他的略。

```
file_num                =          9
file_name_000           =          "*.YS"
file_inverify_cfg_fname_000="$CONFIG_DIR$/GPS_SINGLE/COPY_YS_FILES_CFG/CopyData_JIZHUN_YSfile.cfg"
file_important_level_000 =     0
file_rescan_flag_000      =    0
file_rescan_interval_000 =     10
……
```

**图 8-15　预先校验总体配置文件示例**

5）校验项配置文件

校验项配置文件描述对某类文件执行校验的配置信息，表 8-8 中列出了其符号标记的取值类型和说明。

**表 8-8　校验项配置文件符号标记取值类型和说明**

| 符号标记 | 取值类型 | 说明 |
|---|---|---|
| verify_num | 整数 | 需要对该文件进行几次校验 |
| verify_type_xxx | 整数 | 校验类型。<br>0 表示检验文件的存在性，如果存在，校验成功，否则失败；<br>1 表示校验文件大小，如果文件大小在一定范围内，校验成功，否则失败；<br>2 表示校验文件行数，如果行数在一定范围内，校验成功，否则失败；<br>3 表示保留；<br>4 表示对文件进行查找和复制操作；<br>5 表示参数初始化工作目录；<br>6 表示对符合命名规定的文件进行查找，并且记录所有符合要求的文件名；<br>7 表示对符合命名规定和行数规定的文件进行查找，并且记录所有符合要求的文件名；<br>8 表示对文件进行查找和复制操作；<br>9 表示对文件进行查找和批量复制并加前缀操作 |
| verify_para1_xxx | 字符串 | verify_type_xxx 为 0 表示不使用；<br>verify_type_xxx 为 1 表示文件大小上限；<br>verify_type_xxx 为 2 表示文件行数上限；<br>verify_type_xxx 为 3 表示不使用；<br>verify_type_xxx 为 4 表示文件存在的源目录名；<br>verify_type_xxx 为 5 表示复制目录的源目录名；<br>verify_type_xxx 为 6 表示查找文件的源目录名；<br>verify_type_xxx 为 7 表示查找文件的源目录名；<br>verify_type_xxx 为 8 表示复制文件的源目录名；<br>verify_type_xxx 为 9 表示批量复制文件的源目录名 |

续表

| 符号标记 | 取值类型 | 说明 |
|---|---|---|
| verify_para2_xxx | 字符串 | verify_type_xxx 为 0 表示不使用；<br>verify_type_xxx 为 1 表示文件大小下限；<br>verify_type_xxx 为 2 表示文件行数下限；<br>verify_type_xxx 为 3 表示不使用；<br>verify_type_xxx 为 4 表示将文件复制到目的目录名；<br>verify_type_xxx 为 5 表示复制目录的目的目录名；<br>verify_type_xxx 为 6 表示不使用；<br>verify_type_xxx 为 7 表示文件行数下限；<br>verify_type_xxx 为 8 表示复制文件的目的目录名；<br>verify_type_xxx 为 9 表示批量复制文件的目的目录名 |
| verify_para3_xxx | 字符串 | verify_type_xxx 为 0 表示不使用；<br>verify_type_xxx 为 1 表示不使用；<br>verify_type_xxx 为 2 表示不使用；<br>verify_type_xxx 为 3 表示不使用；<br>verify_type_xxx 为 4 表示包含复制成功文件名的列表文件名；<br>verify_type_xxx 为 5 表示不使用；<br>verify_type_xxx 为 6 表示包含源目录下所有符合条件的文件名的列表文件名；<br>verify_type_xxx 为 7 表示文件行数上限；<br>verify_type_xxx 为 8 表示复制文件的修改后文件名；<br>verify_type_xxx 为 9 表示批量复制文件的修改后文件名前缀 |

图 8-16 是复制"箭载差分 PDOP 文件"校验项配置文件示例，可以看出执行这一步骤之前需要对 9 种文件进行预先校验操作，以下只列出了其中第一种文件的相关配置，其他的略。

```
verify_num   =   1
verify_type_000 =  8
verify_para1_000  =    "$DESTINE_DIR$/GNSS_SINGLE/CalculateDir/差分计算结果/"
verify_para2_000  =    "$SOURCE_DIR$/GNSS 数据处理/$DEVICE_TYPE$-$DEVICE_ID$/箭载/差分定位/WGS-84 系结果/"
verify_para3_000  =    "$TASK_ID$-$DEVICE_ID$-作业号-$JOB_ID$-cf-pdop.dat"
```

**图 8-16 校验项配置文件示例**

### 2. 自动化调用框架模块的调用接口

自动化调用框架模块的调用接口是自动化框架运行时需要填写的调用参数，各种参数使用特定标识表明，基本格式是"A=B"，其中 A 是标识，用于标识参数的含义，B 是设置的参数值，参数的排列与顺序无关。表 8-9 列出了参数的类型和说明，图 8-17 是一个自动化调用框架的调用接口示例。

表 8-9　调用接口符号标记的取值类型和说明

| 符号标记 | 取值类型 | 说明 |
|---|---|---|
| func_id | 整数 | 需要对该文件进行几次校验 |
| job_id | 整数 | 计算作业的标号，有系统自动计算，以区别对同一个任务、同一个设备的多次计算任务 |
| start_step_id | 整数 | 从哪一步开始计算 |
| run_steps | 整数 | 执行多少步 |
| task_id | 字符串 | 试验任务 ID |
| device_id | 字符串 | 设备 ID |
| device_type | 字符串 | 设备类型 |

```
wcs_auto.exe func_id=2 job_id=33158 start_step_id=0 run_steps=33 task_id=xx-xx device_id=xxxxx device_type=xxxx
```

图 8-17　自动化调用框架的调用接口示例

### 3. 数据库服务模块的网络接口

数据库服务模块可以完成人员认证、数据转发及原始数据、预处理数据、结果数据、参数辅助文件、数据文件等的存储，作为数据中心为系统提供各种数据信息。针对数据服务多样性的特点，本系统设计了统一的网络数据接口协议，封装了各种数据库操作。网络数据交换采用一次应答的方式，数据库服务模块作为服务端，能够随时响应收到的网络请求包，处理后将网络请求包对应的结果数据集回传到发送方，构成一个完整的网络交换过程。表 8-10 和表 8-11 分别是请求数据包和返回数据包的字段说明，可以看出，这个接口通过不同的参数组合和返回数据集可以完成各种常用的数据库操作。

表 8-10　请求数据包的格式说明

| 操作类型 | 操作码 | 输入参数 | 内部功能请求 | 返回包中的操作码 |
|---|---|---|---|---|
| 0x01（用户操作相关） | 0x00 | A. 登录用户名<br>B. 登录密码 | 用户登录 | 0x00 |
| | 0x01 | A. 管理员 ID<br>B. 用户名<br>C. 用户权限<br>D. 用户密码 | 增加用户 | 0x01 |
| | 0x03 | A. 管理员 ID<br>B. 用户 ID | 删除用户 | 0x03 |
| | 0x04 | 无 | 请求用户列表 | 0x10 |
| | 0x11 | A. 用户 ID | 请求用户信息 | 0x04 |

续表

| 操作类型 | 操作码 | 输入参数 | 内部功能请求 | 返回包中的操作码 |
|---|---|---|---|---|
| 0x10（文件操作相关） | 0x05 | A. 用户 ID<br>B. 文件长度<br>C. 文件包个数<br>D. 文件名 | 请求上传文件 | 0x05 |
| | 0x06 | A. 文件 ID<br>B. 文件数据包索引<br>C. 文件数据包结束标记<br>D. 文件数据包数据 | 上传文件数据包 | 0x11 |
| | 0x07 | A. 文件名（可以包含 Windows 的通配符） | 请求文件 ID 列表 | 0x06 |
| | 0x08 | A. 文件 ID | 请求文件详情 | 0x07 |
| | 0x09 | A. 文件 ID<br>B. 文件数据包索引 | 请求文件数据下传 | 0x08 |
| | 0x10 | A. 文件 ID<br>B. 用户 ID | 删除文件 | 0x05 |
| 0x20（设备操作相关） | 0x20 | A. 任务主管人员 ID<br>B. 设备名<br>C. 设备位置<br>D. 设备描述<br>E. 设备类型 | 增加设备 | 0x20 |
| | 0x21 | A. 任务主管人员 ID<br>B. 设备 ID | 删除设备 | 0x20 |
| | 0x22 | A. 设备 ID（取值为-1，获取所有设备列表；取值>0 时，获取该设备的所有属性）<br>B. 设备类型（取值为-1，获取所有类型的设备信息列表；取值>0 时，获取该类型设备的所有信息列表） | 获得设备信息 | 0x22 |
| | 0x23 | 无 | 获得设备 ID 列表 | 0x23 |
| 0x30（任务代号操作相关） | 0x30 | A. 任务主管人员 ID<br>B. 任务名称<br>C. 发射单位<br>D. 火箭类型<br>E. 发射日期<br>F. 发射地点<br>G. 发射工位<br>H. 任务描述 | 增加任务 | 0x30 |

续表

| 操作类型 | 操作码 | 输入参数 | 内部功能请求 | 返回包中的操作码 |
|---|---|---|---|---|
| 0x30（任务代号操作相关） | 0x31 | A. 任务主管人员 ID<br>B. 任务 ID | 删除任务 | 0x30 |
| | 0x32 | A. 任务 ID（取值为-1，获取所有任务的列表；如果是>0 的，获取该次任务的相关属性） | 获得任务信息 | 0x32 |
| | 0x33 | 无 | 获得任务 ID 列表 | 0x33 |
| | 0x34 | A. 任务主管人员 ID<br>B. 任务 ID<br>C. 设备 ID | 增加任务-设备关联对 | 0x30 |
| | 0x35 | A. 任务主管人员 ID<br>B. 任务-设备关联 ID | 删除任务-设备关联对 | 0x30 |
| | 0x36 | 任务 ID | 获得某次任务的任务-设备关联对的信息 | 0x36 |

**表 8-11　返回数据包的格式说明**

| 操作类型 | 操作码 | 记录集字段 |
|---|---|---|
| 0x01（用户操作相关） | 0x00 | 输出参数：<br>A. 操作返回码（如果用户请求返回包括记录集，它指示记录集的个数；如果返回的是某一个 ID 值，它就是这个值；如果请求失败或非法，应是一个小于零的值）<br>B. 操作成功标志（如果用户请求操作成功，其值是 1；其他值表示请求失败或非法）<br>C. 操作结果状态（长度 0～200 字节）<br>记录集字段：<br>无 |
| 0x01（用户操作相关） | 0x01 | 输出参数：<br>A. 操作返回码<br>B. 操作成功标志<br>C. 操作结果状态<br>记录集字段：<br>无 |
| | 0x03 | 输出参数：<br>A. 操作返回码<br>B. 操作成功标志<br>C. 操作结果状态<br>记录集字段：<br>无 |

续表

| 操作类型 | 操作码 | 记录集字段 |
| --- | --- | --- |
| 0x01（用户操作相关） | 0x10 | 输出参数：<br>A. 操作返回码<br>B. 操作成功标志<br>C. 操作结果状态<br>记录集字段：<br>A. USER_ID |
| | 0x04 | 输出参数：<br>A. 操作返回码<br>B. 操作成功标志<br>C. 操作结果状态<br>记录集字段：<br>A. 用户 ID<br>B. 用户名<br>C. 用户授权级别 |
| 0x10（文件操作相关） | 0x05 | 输出参数：<br>A. 操作返回码<br>B. 操作成功标志<br>C. 操作结果状态<br>记录集字段：<br>无 |
| | 0x06 | 输出参数：<br>A. 操作返回码<br>B. 操作成功标志<br>C. 操作结果状态<br>记录集字段：<br>A. 文件 ID |
| 0x10（文件操作相关） | 0x07 | 输出参数：<br>A. 操作返回码<br>B. 操作成功标志<br>C. 操作结果状态<br>记录集字段：<br>A. 文件 ID<br>B. 文件名<br>C. 文件长度<br>D. 文件数据包个数<br>E. 文件上传日期<br>F. 上传文件用户名 |
| | 0x08 | 输出参数：<br>A. 操作返回码<br>B. 操作成功标志<br>B. 操作结果状态<br>记录集字段：<br>A. 文件 ID<br>B. 文件数据包索引<br>C. 是否为最后一个数据包<br>D. 文件数据包 |

续表

| 操作类型 | 操作码 | 记录集字段 |
|---|---|---|
| 0x10（文件操作相关） | 0x11 | 输出参数：<br>A. 操作返回码<br>B. 操作成功标志<br>C. 操作结果状态<br>记录集字段：<br>无 |
| 0x20（设备操作相关） | 0x20 | 输出参数：<br>A. 操作返回码<br>B. 操作成功标志<br>C. 操作结果状态<br>记录集字段：<br>无 |
| | 0x22 | 输出参数：<br>A. 操作返回码<br>B. 操作成功标志<br>C. 操作结果状态<br>记录集字段：<br>A. 设备 ID<br>B. 设备名称<br>C. 设备位置<br>D. 设备描述<br>E. 设备类型 |
| | 0x23 | 输出参数：<br>A. 操作返回码<br>B. 操作成功标志<br>C. 操作结果状态<br>记录集字段：<br>A. 设备 ID |
| 0x30（任务代号操作相关） | 0x30 | 输出参数：<br>A. 操作返回码<br>B. 操作成功标志<br>C. 操作结果状态<br>记录集字段：<br>无 |

续表

| 操作类型 | 操作码 | 记录集字段 |
| --- | --- | --- |
| 0x30（任务代号操作相关） | 0x32 | 输出参数：<br>A. 操作返回码<br>B. 操作成功标志<br>C. 操作结果状态<br>记录集字段：<br>A. 任务 ID<br>B. 任务名称<br>C. 发射单位<br>D. 火箭类型<br>E. 发射日期时间<br>F. 发射地点<br>G. 发射工位<br>H. 任务描述 |
| | 0x33 | 输出参数：<br>A. 操作返回码<br>B. 操作成功标志<br>C. 操作结果状态<br>记录集字段：<br>A. 任务 ID |
| | 0x36 | 输出参数：<br>A. 操作返回码<br>B. 操作成功标志<br>C. 操作结果状态<br>记录集字段：<br>A. 任务名称<br>B. 设备名称<br>C. 任务设备关联时间<br>D. 任务设备关联操作用户名 |

#### 4. 消息接口

消息接口是自动化调用框架模块向人机交互和监控显示模块传输信息的接口，如图 8-18 所示。

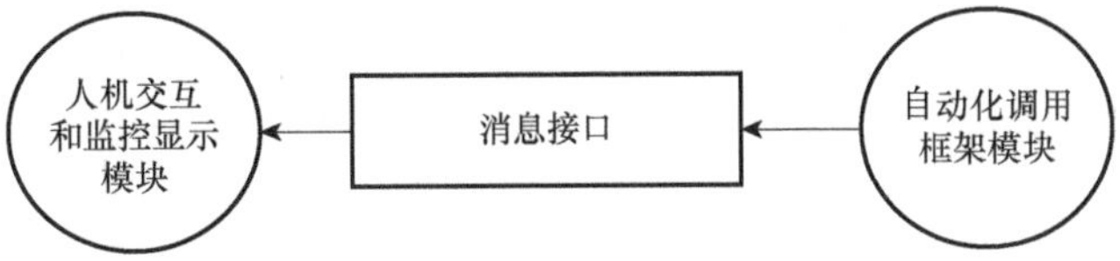


图 8-18　消息接口

这类消息可分为 3 种，以下是这些类型消息的详细信息：

（1）显示的执行日志信息，包含数据元素[LOGTIME]IMPFLAG|LOGCONTENT；

（2）显示的执行进度消息，包含数据元素 totalSteps、currentStepInd；

（3）给人机交互和监控显示模块发出的结束消息，包含数据元素 endFlag。

## 8.5 应用实例

用户启动系统，进入“数据处理系统”登录界面，完成正确登录，如图 8-19 所示。

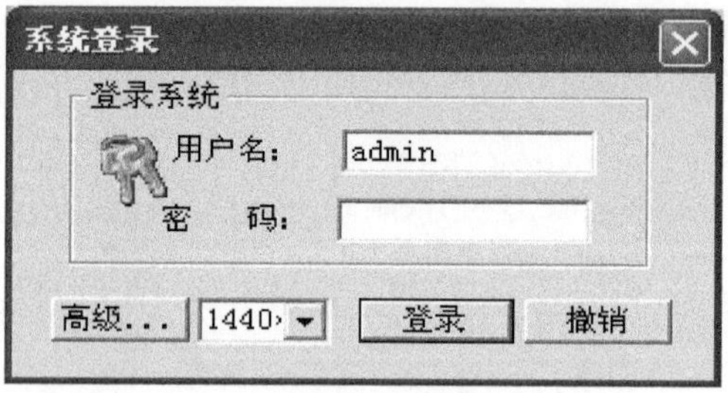


图 8-19 “数据处理系统”登录界面

系统成功登录后，会自动检测更新数据处理软件部件、动态链接库和用户配置信息等情况，检测更新后，系统进入数据处理主控界面，如图 8-20 所示。

图 8-20 数据处理主控界面

在数据处理主控框架下，用户可以设置任务信息参数、进行设备管理操作，设置、增加、修改和管理数据处理相关的任务信息、设备关联信息等参数，开展指定数据格式的预处理解码工作，完成特定数据处理功能的作业配置与处理，开展数据处理相关分析和数据处理质量管控以及用户管理等处理操作。

图 8-21 是雷达测量数据处理的作业定制与计算处理界面。在界面中可以选择新的雷达设备增加新的计算作业，可以新建配置参数或导入参数配置表，完成雷达轴系误差、系统误差、零值误差等参数设置。作业参数配置完成后，勾选需要执行的作业即可自动完成雷达测量数据处理工作。

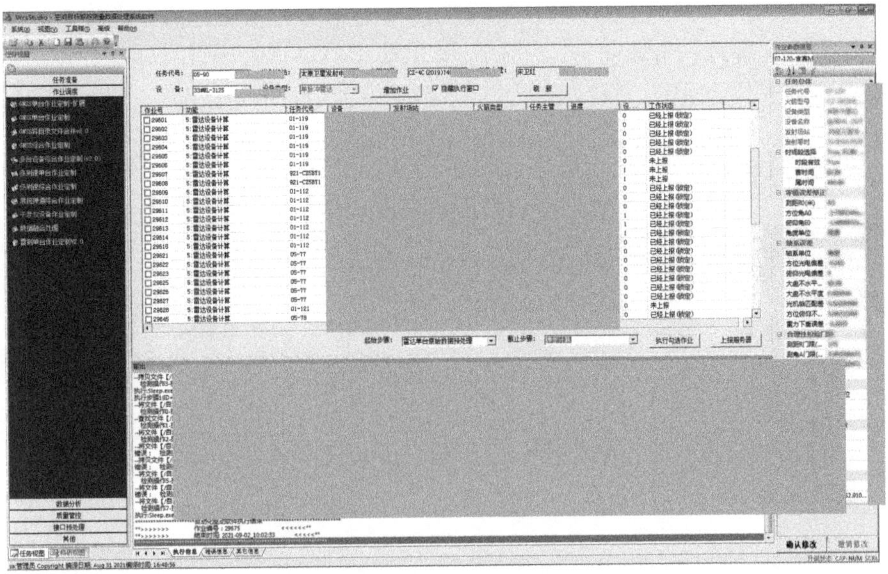

**图 8-21　雷达测量数据处理的作业定制与计算处理界面**

图 8-22 是 GNSS 数据处理的计算作业定制界面，从界面中可以看出已经配置好一系列的计算作业，通过选择新的设备可以增加新的计算作业，也可以手工删除不需要的作业。

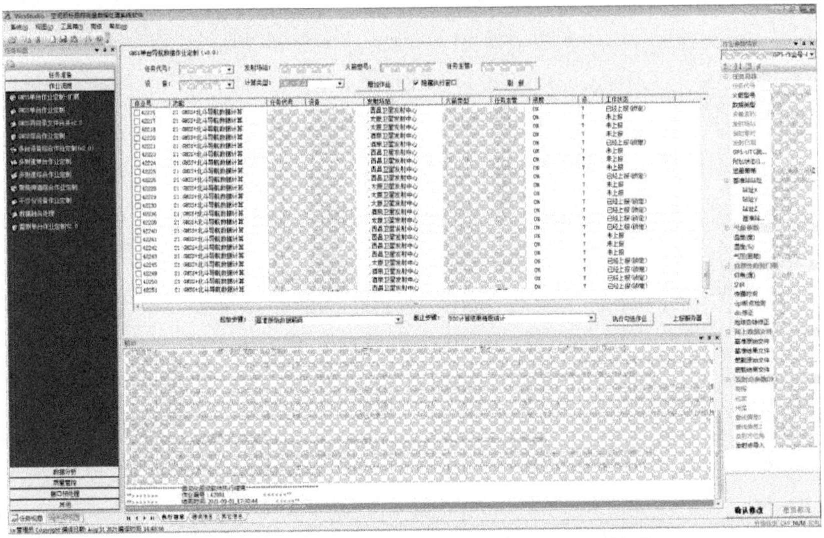

**图 8-22　GNSS 数据处理的计算作业定制界面**

通过单击增加作业或者双击已存在的计算作业这两种操作，可以打开 GNSS 数据处理计算作业参数填写界面。在参数配置界面中可以填写或选择与数据处理相关的一些参数，如坐标系转换参数、俯仰角门限等。计算作业参数配置完成后，勾选需要执行的作业即可自动完成 GNSS 数据处理工作。

图 8-23 是跟踪测量数据融合处理的计算作业定制界面，从界面中可以看出已经配置好一系列的计算作业，根据计算需要可以增加新的计算作业，也可以手工删除不需要的作业。

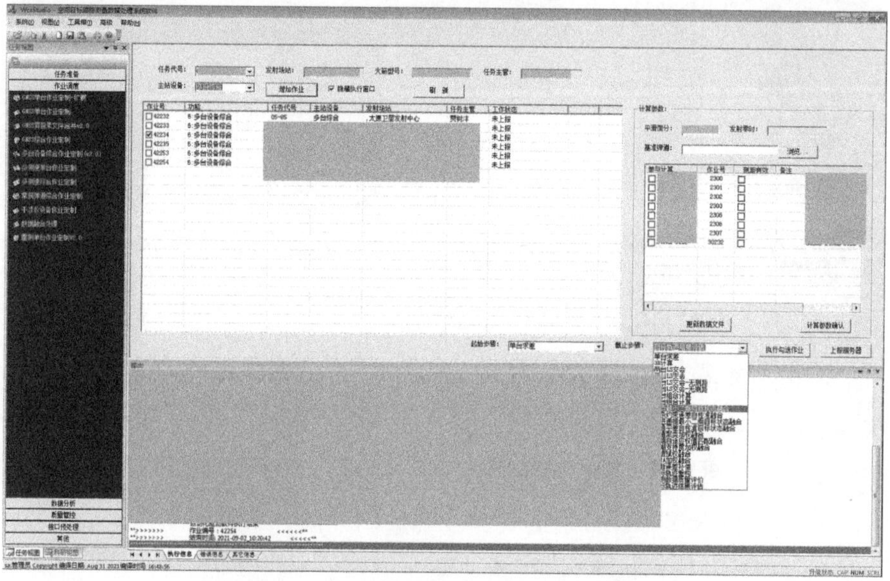

**图 8-23　数据融合处理的计算作业定制界面**

通过单击增加作业或者双击已存在的计算作业这两种操作，可以打开数据融合数据处理计算作业参数填写界面。在参数配置界面中可以填写或选择与数据处理相关的一些参数，如平滑微分点数、标准弹道等参数信息。计算作业参数配置完成后，可选择 3$R$ 计算、2 台 LS 交会、3 台 LS 交会、逐点最小二乘目标状态融合、样条约束误差自校准融合、改进递推最小二乘目标状态融合、拟稳平差自校准目标状态融合、均值聚类加权融合、容错自适应权值匹配融合、模糊支持度加权融合、熵值赋权融合、IOWA 加权融合、截断误差补偿、目标轨迹重构和观测数据质量评价以及目标轨迹结果评估等融合处理算法和评估方法，勾选需要执行的作业即可自动完成数据融合处理工作。

当跟踪测量设备数据融合处理计算完成时，即可开始进行弹道分析工作。弹道分析界面如图 8-24 和图 8-25 所示，还可进行弹道结果的三维图形分析，如图 8-26 所示。

当弹道连接点确定时，可以增加综合处理计算作业，对这些连接点进行逐个配置，并且保存在计算作业配置中，如图 8-27 所示。

作业配置完成后，勾选需要执行的作业即可自动完成弹道连接工作，生成任务报告数据文件，完成数据融合处理工作。

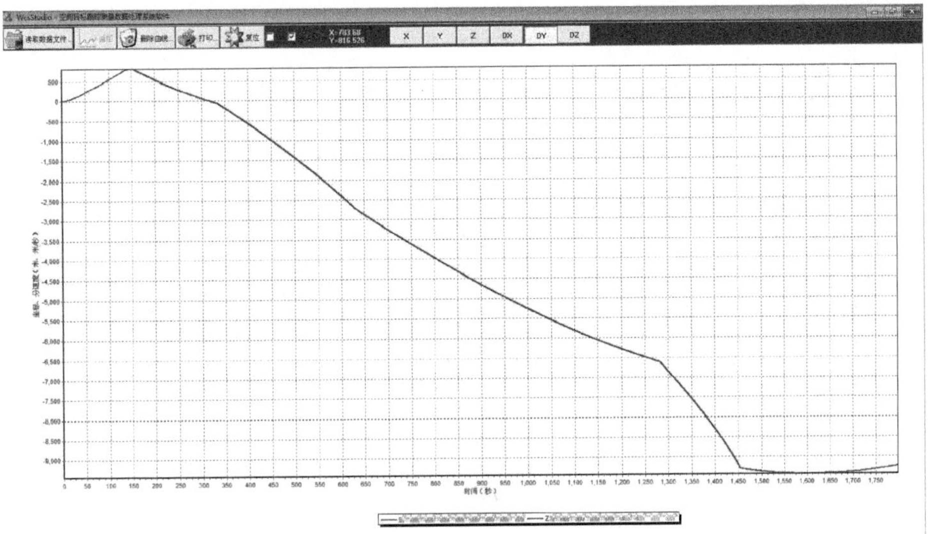

图 8-24　弹道分析界面（一）

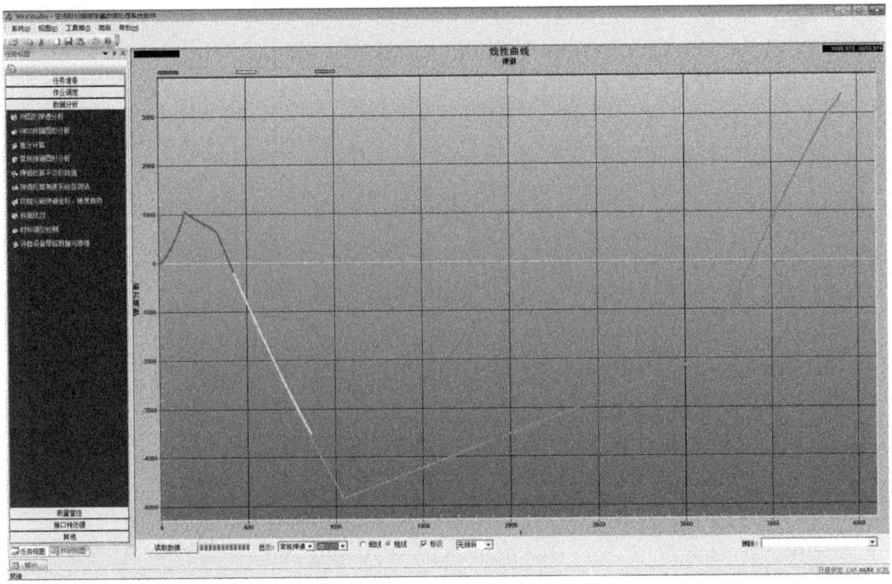

图 8-25　弹道分析界面（二）

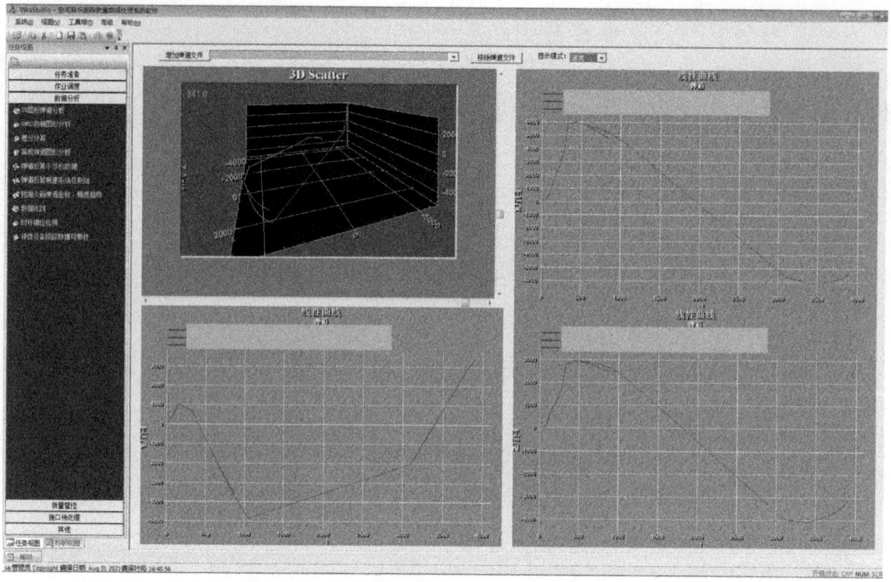

图 8-26 弹道结果的三维图形分析界面

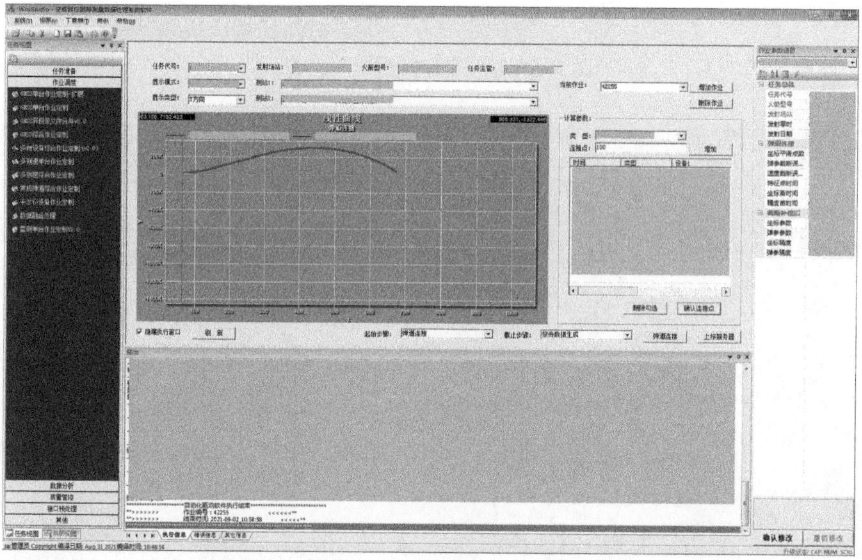

图 8-27 弹道连接界面

## 8.6 小结

本章针对空间目标跟踪测量数据处理的一系列方法模型、处理策略和处理流程，构建了基于插件式框架和 XML 解析的动态数据存储技术采用两层算法结构体系的数据处理系统，重点介绍了数据处理系统的功能和性能、数据处理流程、系统架构。在软件系统的设计和实现中，既跟踪了航天测控系统外测设备发展的新趋势，满足了跟踪测量设备数据处理的需要，同时适应了日益增加的数据处理新方法、新技术对数据处理任务的需求。数据处理系统开发研制完成后，已先后用于各型号导弹、运载火箭和航天器等空间目标跟踪测量数据处理和精度评估，系统运行稳定、整体性能较高、软件质量可靠。该系统完备了航天试验外测数据处理技术，提高了空间目标跟踪测量数据处理精度，为航天飞行试验及型号任务总体研制部门分析、鉴定运载器飞行性能和产品定型等提供了更加可靠的依据，取得了良好的工程应用效果。

## 参考文献

[1] 刘利生．外测数据事后处理［M］，北京：国防工业出版社，2000.

[2] 刘蕴才，张纪生，黄学德．导弹航天测控总体［M］．北京：国防工业出版社，2001.

[3] 夏南银，张守信，穆鸿飞．航天测控系统［M］．北京：国防工业出版社，2002.

[4] 何照才，胡保安．光电测量［M］．北京：国防工业出版社，2002.

[5] 赵业福，李进华．无线电跟踪测量［M］．北京：国防工业出版社，2003.

[6] 张守信．GPS 技术与应用［M］．北京：国防工业出版社，2004.

[7] 蒋波涛．插件式 GIS 应用框架的设计与实现［M］．北京：电子工业出版社，2008.

[8] 陈明，陆岚．基于 NET 插件技术的 GIS 应用框架的设计与实现［J］．信息系统工程，2012（20）：3.

[9] 陈方明，陈奇．基于插件思想的可重用软件设计与实现［J］．计算机工程与设计，2005，26.

[10] 史纪强，何兴曙，万志琼，等．基于插件技术的企业应用集成架构研究［J］．计算机与应用化学，2012（29）：2.

[11] 向慧，赵恒，唐素芬，等．基于插件技术的舰载指控系统应用框架［J］．火力与指挥控制，2010，35（7）.

[12] 张丰，熊小青．基于客户端插件体系结构的 RIAWebGIS 框架原理和实现［J］．测绘与空间地理信息，2012，35（2）.

[13] 王林林，胡德华，王佐成，等．基于 flex 的 RIAWebGIS 研究与实现［J］．计算机应用，2008，28（12）.